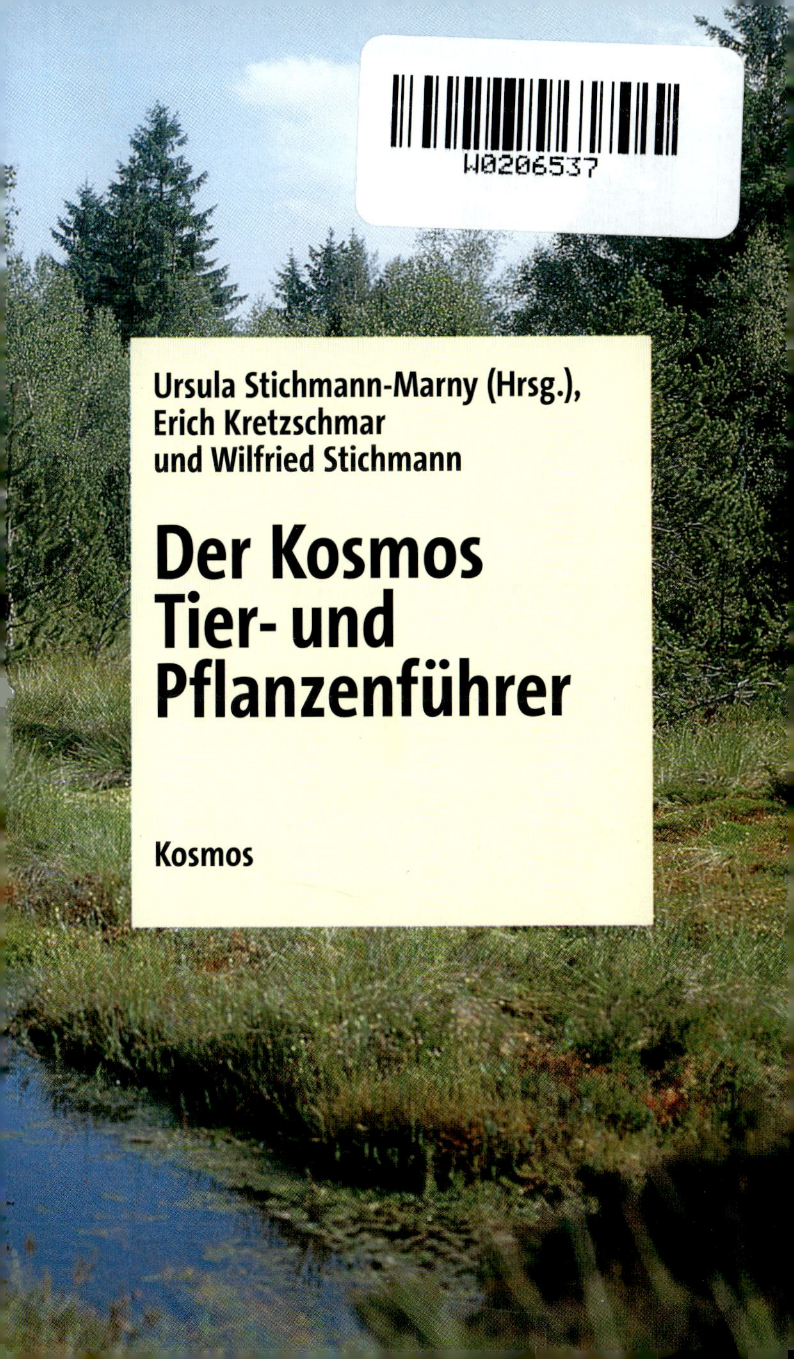

Ursula Stichmann-Marny (Hrsg.),
Erich Kretzschmar
und Wilfried Stichmann

Der Kosmos Tier- und Pflanzenführer

Kosmos

Inhalt

Bestimmungsteil

Bestimmen mit dem Kosmos-Farbcode

Für die Tierbeobachtung

Ferngläser oder Feldstecher werden freihändig benutzt (Maximalvergrößerung 12 x): sie sollten eine Vergrößerung zwischen 7x und 10 x haben. Diese Zahl ist auf dem Gehäuse eingraviert, z.B. 8 x 30 oder 7 x 40. Die zweite Zahl gibt den Durchmesser der Objektivlinse an (z.B. x 30, x 40 usw.).
Teilt man den Objektivdurchmesser durch die Vergrößerung, so erhält man eine Zahl, die als Durchmesser der Austrittspupille bekannt ist. Mit ihr wird die Lichtstärke eines Fernglases gekennzeichnet. Lichtstarke Ferngläser weisen Werte zwischen 4 und 7 auf, z.B. 4 bei 10 x 40, 5 bei 10 x 50, 5 bei 8 x 40, 6,25 bei 8 x 50 und 7,14 bei 7 x 50.

Fernrohre werden mit Stativ benutzt, vor allem für Vogelbeobachtungen an der See und an Binnengewässern sowie für die Wildbeobachtungen im Hochgebirge. Die Vergrößerung liegt maximal bei 40 x, zumindest aber bei 20 x bis 25 x. Der Objektivdurchmesser beträgt in der Regel 60 mm und mehr.

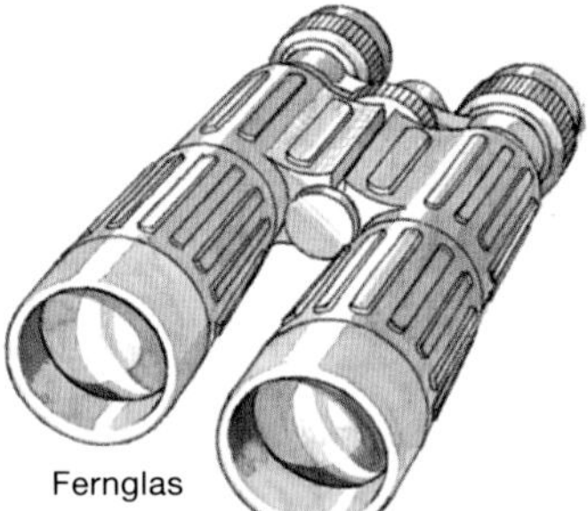
Fernglas

Feldstecher
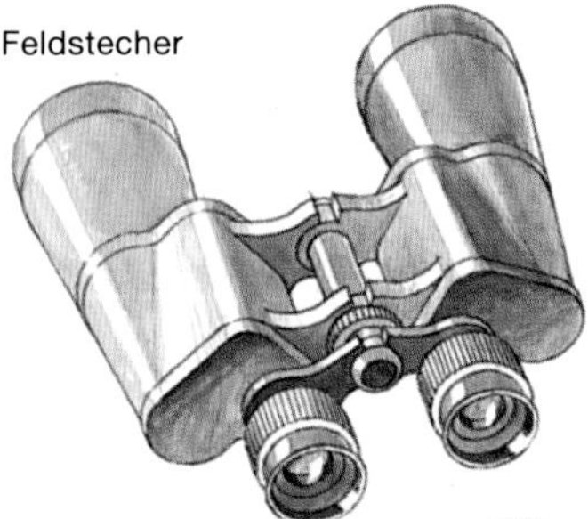

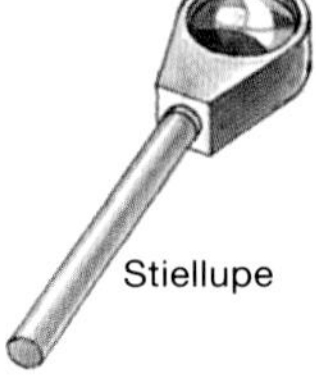
Stiellupe

Becherlupe

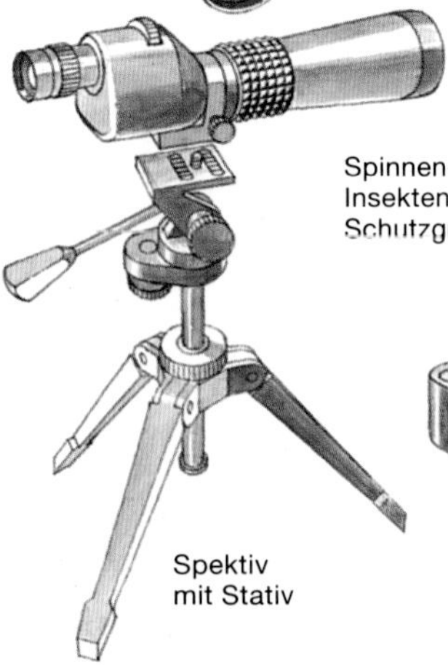
Spektiv mit Stativ

Spinnen- und Insekten-Schutzgreifer

Einschlaglupe

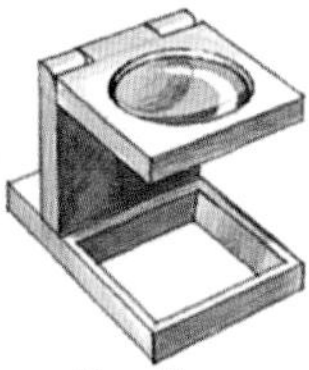
Handlupe

Natürlich bereitet es uns Freude, einen bestimmten Baum, eine Blume, einen Vogel oder Käfer mit dem richtigen Artnamen benennen zu können. Es muß nicht unbedingt der wissenschaftliche Name sein; ein möglichst allgemein akzeptierter deutscher Name genügt uns in der Regel, übrigens auch vielen Fachleuten. Manchmal aber ist die Fülle volkstümlicher Namen verwirrend groß, und ein anderes Mal gibt es – vor allem für weniger auffällige blütenlose Pflanzen und wirbellose Tiere – überhaupt keinen einigermaßen anerkannten deutschen Namen. Dann kommt man um die wissenschaftlichen Bezeichnungen einfach nicht herum!

Aber deutscher Name hin und wissenschaftliche Bezeichnung her, Namen allein kann man sich oft nur schwer merken. Wenn man den Namen der Pflanzen- oder Tierart kennt, dann möchte man meistens auch etwas mehr über sie wissen, ohne lange Abhandlungen lesen zu müssen. Es sollte möglichst etwas Bemerkenswertes, vielleicht etwas Besonderes sein, was man dann künftig mit der Art verbindet, wenn sie einem irgendwo und irgendwann einmal wieder begegnet.

„Stützwissen" nennt man Kenntnisse, die nicht vorrangig auf Erkennungsmerkmale abzielen und auch nicht unbedingt auf bedeutsame Sachverhalte ausgerichtet sind, aber dafür schlaglichtartig etwas erhellen, was die betreffende Tier- und Pflanzenart für viele Menschen bemerkens<u>wert</u>, merk<u>würdig</u> oder kurzum interessant macht. Stützwissen zu einzelnen Tier- und Pflanzenarten soll den Naturfreund motivieren und leichter in die Lage versetzen, Arten nicht nur zu bestimmen und zu benennen, sondern auch im Gedächtnis zu bewahren, und zwar weil sie ihm etwas bedeuten und weil er mit ihnen mehr verbindet als nur den Namen.

Derartiges Stützwissen zu möglichst vielen heimischen Tier- und Pflanzenarten anzubieten, ist das vorrangige Ziel dieses Kosmos-Naturführers. In ihm werden erstmals mit originalen Naturdokumenten führender Naturfotografen fast 1000 Tier- und Pflanzenarten vorgestellt, die ausnahmslos im natürlichen Lebensraum und in für die Art möglichst charakteristischer Erscheinungsform fotografiert wurden.

Die Gliederung der Texte

Auf den den Fotos gegenüberstehenden Seiten findet man Texte zu sämtlichen abgebildeten Arten.

Dort ist jeweils nur ein einziger deutscher und ein wissenschaftlicher Name genannt. Im Register der Pflanzen- und Tierarten am Ende des Bandes erscheinen mit entsprechendem Verweis etliche weitere volkstümliche Namen. In den deutschen Pflanzennamen wurde zwischen Art- und Gattungsbezeichnung ein Bindestrich gesetzt: z. B. Wiesen-Flockenblume, Berg-Ahorn usw. In den anderen systematischen Gruppen ist das nur ausnahmsweise möglich und sinnvoll.

Unter den Namen stehen in der ersten Zeile bei sämtlichen Arten Zahlen, Symbole oder Stichworte, mit denen z. B. Aussagen zur Größe, zur Blütezeit, zur Zeit des Vorkommens der Art usw. gemacht werden.

Es folgt unter **K** (Kennzeichen) statt einer längeren Beschreibung der Artmerkmale oder des Erscheinungsbildes nur ein Hinweis auf das eine oder andere markante Kennzeichen, das im Gedächtnis zu bewahren sich besonders lohnt.

Unter **V** (Verbreitung) wird kurz umrissen, wo man der Art möglicherweise begegnen kann, manchmal auch, wie wahrscheinlich oder zufällig eine solche Begegnung angesichts der Häufigkeit oder Seltenheit der Art ist.

In nahezu sämtlichen Artbeschreibungen werden unter **W** (Wissenswertes) ausgewählte Sachverhalte aufgeführt, die „Stützwissen“ enthalten. Diese können von Fall zu Fall von sehr unterschiedlicher Art und Herkunft sein. Wir haben uns bemüht, nach Möglichkeit jeweils die besondere Bedeutung der Arten für den Menschen herauszustellen und Sachverhalte in den Vordergrund zu rücken, die eine enge Mensch-Natur-Beziehung unterstreichen. Dabei kann die Art und Weise, wie sich die Begegnung mit der betreffenden Art vollzieht, ebenso bedeutsam sein wie der Zugang über den Namen, der manchmal Merkmale beschreibt oder auf den Lebensraum verweist, oft aber auch alte, kulturhistorisch interessante Verknüpfungen aufzeigt. Zumindest bei vielen Pflanzenarten sind auch die wissenschaftlichen Namen bekannt, so daß es sich durchaus lohnt, auch bestimmte wissenschaftliche Namen zu erklären und mit Besonderheiten der betreffenden Arten in Verbindung zu bringen. In etlichen Fällen stellen hervorstechende biologische Phänomene, in anderen wiederum die mit Tier- und Pflanzenarten verbundene volkstümliche Überlieferung etwas besonders Bemerkenswertes dar.

Die behandelten Arten

Trotz der großen Zahl der behandelten Arten kann dieser Kosmos-Naturführer nur eine Auswahl aus der Artenfülle Mitteleuropas bieten. Aufgenommen wurden nur die mit bloßem Auge sichtbaren, vorzugsweise die auffälligen und möglichst gut unterscheidbaren Arten. Bei den Pflanzenarten sind im wesentlichen die Blütenpflanzen berücksichtigt worden, während andere systematische Gruppen nur mit Einzelbeispielen vertreten sind. Somit kann und will dieser Kosmos-Naturführer keines der speziellen Pflanzen- und Tierbestimmungsbücher ersetzen.

Die Anordnung der Arten folgt in diesem Band dem Prinzip, die systematischen Gruppen mit großen und damit auffälligen und von vielen Menschen zuerst beachteten Arten den anderen voranzustellen. Damit kommt es zur Umkehr des gewohnten Durchgangs durch das biologische System und zur Abfolge von den Säugetieren und Vögeln über die Reptilien und Amphibien zu den Wirbellosen.

Die krautigen Blütenpflanzen wurden einerseits nach Blütenfarben zusammengefaßt, andererseits innerhalb der Farbgruppen aber doch möglichst nach Familien und Gattungen einander zugeordnet. Bei der Zuordnung der einzelnen Pflanzenarten zu den Farbgruppen treten manchmal Probleme auf, einerseits weil die Übergänge zwischen den Farbgruppen fließend sind, andererseits weil die Blütenfarben auch innerhalb einer Art erheblich variieren können. Dennoch ist jede Art nur unter einer einzigen Farbe abgehandelt. Im Zweifelsfall schlägt man auch unter ähnlichen Farben nach. Eine Farbskala mit Eintragung der in diesem Buch angestrebten Abgrenzungen finden Sie auf den Klappen.

Bei ähnlichen, schwer unterscheidbaren Arten fiel die Wahl nach Möglichkeit auf die in Mitteleuropa häufigste bzw. am weitesten verbreitete Art.

Der räumliche Bezugsrahmen für diesen Band ist Mitteleuropa von Dänemark bis zur Schweiz und von den Niederlanden bis in die Tschechei und nach Österreich. Unberücksichtigt bleiben die ausschließlich in und unter Wasser lebenden Arten mit Ausnahme der Süßwasserfische, Muscheln und Krebstiere. Wasser-, Wat- und Sumpfvögel sowie Wasser- und Sumpfpflanzen, soweit es sich um Blütenpflanzen handelt, sind in diesem Naturführer vertreten, weil sie auch von Land her beobachtet und bestimmt werden können. Für die marinen Ökosysteme, aber auch speziell für die Hochgebirgsflora, wird auf die Naturführer verwiesen, die diesen Lebensräumen gewidmet sind.

Von den 6000 Säugetierarten, die gegenwärtig auf der Erde leben, sind nur ca. 90 Arten freilebend in Mitteleuropa anzutreffen (1,5%). Von den 18 Ordnungen der Säugetiere sind in Mitteleuropa nur 6 mit freilebenden Arten vertreten. Aus diesen 6 Ordnungen werden in diesem Buch jeweils mehrere Vertreter vorgestellt: Aus der Ordnung der Paarhufer vom Rothirsch bis zum Steinbock 8 Arten, die Raubtiere vom Fuchs bis zum Mauswiesel mit 8 Arten, die Hasentiere mit 3 Arten, die Nager vom Murmeltier bis zur Schermaus mit 15 Arten, die Fledertiere mit 6 Fledermausarten und die Insektenfresser vom Igel bis zur Waldspitzmaus mit 5 Arten.

Als Vertreter der Klasse der höchstentwickelten und dem Menschen nächstverwandten Wirbeltiere sind sie uns so vertraut, daß es keiner besonderen Beschreibung ihrer Gestalt bedarf. Zur Benennung der Körperteile bedienen wir uns in aller Regel auch der für den Menschen gebräuchlichen Begriffe. Zwar kennt die Jägersprache für die jagdbaren Säugetierarten besondere Bezeichnungen, die in diesem Buch jedoch nicht verwendet werden.

In der Kopfleiste ist zunächst die Kopf-Rumpf-Länge (KR) verzeichnet, die individuell variieren kann. Bei Arten, bei denen der Unterschied zwischen den Geschlechtern besonders groß ist, werden die Maße der weiblichen Tiere gesondert aufgeführt. Entsprechend wird beim Körpergewicht (G) verfahren. Die Schwanzlänge (S) ist gesondert angegeben.

Als entscheidende Besonderheiten der Säugetiere gelten unter anderem

- die Ernährung der Jungtiere mit dem Sekret von Milchdrüsen;
- die gleichmäßige Körpertemperatur, die nur bei Winterschläfern zeitweilig variiert;
- das Haarkleid, das bei den Walen allerdings zurückgebildet ist;
- die besonders drüsenreiche Haut;
- zwei Gliedmaßenpaare (außer bei Walen, denen das hintere fehlt);
- das differenzierte Gebiß.

Zu den Säugetieren gehören die größten heimischen Tiere, allen voran der Rothirsch (♂ bis 300 kg; in Nord- und Osteuropa der Elch: ♂ bis 500 kg), aber auch die nur 3–5 g schwere Zwergspitzmaus (Zwergfledermaus 4–6 g, Zwergmaus 5–8 g). Unter den Säugetieren ist die Zahl der Arten, die der Mensch bewußt in Mitteleuropa eingebürgert oder stärker verbreitet hat, besonders groß; man denke nur an Dam- und Muffelwild, Nutria und Wildkaninchen.

Etliche Säugetierarten haben sich auf das Leben in der Nachbarschaft des Menschen und auf die Nutzung der durch den Menschen veränderten oder angereicherten Lebensräume und Ressourcen eingestellt. Dazu gehören keineswegs nur Hausmäuse und Wanderratten, sondern auch Steinmarder mit besonderer Vorliebe für Autos, Füchse als Nutznießer von Abfalleimern und Eichhörnchen am Vogelfutterhaus.

Dennoch begegnen Säugetiere dem Wanderer und Naturfreund in aller Regel seltener als Vögel und Vertreter etlicher anderer Tiergruppen. Gründe dafür sind bei den größeren, d. h. bei den bejagten Arten oft die große Fluchtdistanz und die heimliche Lebensweise. Viele kleinere Säugetierarten sind dämmerungs- und nachtaktiv. Weil die Verfolgung und das Fangen von Säugetieren zum Zweck der Beobachtung oder des Nachweises von bestimmten Arten für den Naturfreund nicht in Betracht kommen, bleibt es meistens bei Zufallsbegegnungen. Wer allerdings häufiger möglichst früh morgens oder in der Abenddämmerung unterwegs ist, bevorzugte Lebensräume der Tiere kennt und sich angemessen in Feld und Flur verhält, wird auch Säugetierarten begegnen, die viele Menschen nur aus Büchern und Filmen kennen.

Unter allen Tiergruppen erfreuen sich die Vögel der stärksten Zuneigung des Menschen. Ihr zumeist farbiges Gefieder, ihre vielfältigen Rufe und Gesänge, ihre bewundernswerten Flug- und Zugleistungen und nicht zuletzt ihre intensive Brutpflege sichern ihnen Aufmerksamkeit und einen hohen Bekanntheitsgrad.
Von den weltweit beschriebenen 8700 Vogelarten kann man in Mitteleuropa – Brutvögel und Gäste zusammengerechnet – mit rund 300 Arten rechnen (knapp 3,5 %).
Die Beschäftigung mit der Vogelwelt, ist aus mehreren Gründen besonders reizvoll:

- Vögel sind überall – selbst im Stadtzentrum – anzutreffen, in Gärten und Parks sogar in besonders großer Artenzahl.
- Vögel sind zu allen Jahreszeiten zu beobachten, im Winterhalbjahr oft in auffallend großen Ansammlungen und etliche Arten in unmittelbarer Hausnähe, z. B. bei der Winterfütterung.
- Viele Vogelarten sind so zutraulich, daß man ihre Aktivitäten sogar ohne Fernglas aus geringer Distanz verfolgen kann.
- Die Sinnesleistungen der Vögel entsprechen weitgehend jenen des Menschen; deshalb nehmen wir auch die Rufe und Gesänge wahr, mit denen die Vögel miteinander kommunizieren.

Bei manchen Vogelarten sind Männchen und Weibchen, erwachsene und junge Tiere an der Färbung und/oder Zeichnung des Gefieders zu unterscheiden. Außerdem kann eine zweimalige Mauser im Jahr bei ein und demselben Vogel zu unterschiedlichen Brut- und Ruhekleidern bzw. Pracht- und Schlichtkleidern bzw. Sommer- und Winterkleidern führen. Weil das Erscheinungsbild einer Vogelart in vielen Fällen erst durch mehrere Abbildungen vollständig dargestellt werden kann, dieses aber hier nicht möglich ist, empfiehlt es sich, zusätzlich einen speziellen Vogelführer zu benutzen.

Bezeichnungen des Vogelkörpers

Daten der zum Größenvergleich genannten Vogelarten (grobe Richtwerte)

Höckerschwan	158 cm/1 kg	S. 102
Graureiher	91 cm/1,75 kg	S. 92
Gans (= Graugans oder kleine Hausgans)	80 cm/3 kg	S. 104
Silbermöwe	56 cm/900 g	S. 108
Ente (= Stockente)	53 cm/1 kg	S. 96
Bussard (= Mäusebussard)	53 cm/950 g	S. 88
Haushuhn (= mittelgroße Rasse)	50 cm/1,2 kg	
Krähe (= Raben-, Nebel- oder Saatkrähe)	46 cm/500 g	S. 58
Bläßhuhn	38 cm/650 g	S. 50
Lachmöwe	37 cm/300 g	S. 108
Taube (= Felsen- oder Haustaube, kleiner als Ringeltaube)	33 cm/300 g	
Amsel	26 cm/100 g	S. 66
Star	22 cm/75 g	S. 60
Sperling (= Haussperling)	15 cm/30 g	S. 78

Einige der mit besonderem Namen belegten Körperteile sind in der Abbildung auf Seite 10 gekennzeichnet.

Die Kopfleiste der Texte zu den einzelnen Arten enthält zunächst die Länge (L) des betreffenden Vogels von der Schnabel- bis zur Schwanzspitze. Bei einigen besonders langschwänzigen Arten stehen hinter L zwei Zahlen: die erste für die Kopf-Rumpf-Länge, die zweite – durch ein + Zeichen verbunden – für die Schwanzlänge. – Um eine leicht verwertbare Information über die Größe des behandelten Vogels zu geben, sind in der Mitte der Zeile hinsichtlich der Körpergröße vergleichbare Arten genannt, und zwar mit dem Zusatz ~ = etwa so groß wie, > = größer als, >> = viel größer als oder < = kleiner als und << = viel kleiner als. Die Vergleichsarten mit ihren Größen und Gewichten sind in der Tabelle aufgeführt.
Innerhalb der angegebenen Zeiten kann mit den betreffenden Arten in Mitteleuropa gerechnet werden. Dabei unterscheidet man grob zwischen Jahresvögeln (Jan.–Dez.), die ganzjährig hier vorkommen können, Sommervögeln (z. B. Apr.–Sept.), die hier brüten oder übersommern, den Winter aber anderswo verbringen, und Wintervögeln (z. B. Nov.–Febr.), die anderswo den Sommer verbringen und brüten, bei uns jedoch als Wintergäste auftreten.

Reptilien, Amphibien, Fische

Reptilien, Amphibien und Fische gehören zu den sogenannten Kaltblütern oder Wechselwarmen. Sie können ihre Körpertemperatur nicht wie die Vögel und Säugetiere konstant halten, sondern sind von der Außentemperatur abhängig.
Die **Reptilien** oder Kriechtiere sind in ihrer Entwicklung vom Wasser unabhängig geworden. Sie legen Eier mit einer pergamentartigen Schale, die nicht wie bei den Vögeln bebrütet werden. Einige Arten wie Waldeidechse und Kreuzotter bringen lebende Junge zur Welt. Bei uns kommen nur wenige Arten der Eidechsen, Schlangen und Schildkröten vor; alle häufigeren werden in diesem Buch vorgestellt. Den meisten Menschen viel bekannter als die heimischen sind manche tropischen Arten, wie etwa Krokodile oder Riesenschlangen. Übertroffen werden diese in ihrer Popularität noch von den Dinosauriern, von denen sogar die wissenschaftlichen Namen heute fast jedem Kind

bekannt sind. Allerdings starben die Riesenreptilien schon vor 65 Millionen Jahren aus.

Die **Amphibien** oder Lurche sind bei uns durch die Froschlurche (Frösche, Kröten, Unken) und Schwanzlurche (Molche und Salamander) vertreten. Sie vollziehen eine Metamorphose (Umwandlung) vom Wasserleben zum Landleben. Aus den ins Wasser abgelegten Eiern schlüpfen Larven, die bei den Froschlurchen als Kaulquappen bezeichnet werden. Diese leben ausschließlich im Wasser und atmen mit Kiemen. Bei den Larven der Molche sind die Kiemenbüschel am Kopf deutlich sichtbar, bei den Kaulquappen dagegen nicht. Im Gegensatz zu den Larven atmen die ausgewachsenen Tiere mit Lungen und zu einem erheblichen Anteil auch über die Haut. Manche Arten bringen auch lebende Larven (Feuersalamander) oder wie der Alpensalamander sogar voll entwickelte Jungtiere zur Welt. In diesem Buch werden alle heimischen Arten genannt.

Von den **Fischen** werden hier nur die Süßwasserfische erwähnt. Lediglich einige wandernde der in diesem Buch genannten Arten wie Lachs und Aal sind regelmäßig auch im Meer anzutreffen. Bei den Fischen wird neben der Körpergröße auch das Gewicht genannt. Lediglich bei einigen Kleinfischarten wird darauf verzichtet, da verläßliche Angaben fehlen. Auch auf eine Angabe des jahreszeitlichen Vorkommens wird hier verzichtet, da Fische ganzjährig aktiv sind. Es ist nicht leicht, Fische in ihrem natürlichen Lebensraum zu beobachten. Dennoch kann man, ausgerüstet mit einem Fernglas und einem erheblichen Maß an Geduld, interessante Einblicke in das Leben von Fischen gewinnen. Geeignete Beobachtungsorte sind z. B. Brücken über klaren Bächen oder Flüssen, unter denen sich manche Fischarten gern aufhalten. Auch von unbewachsenen Ufern von Stillgewässern aus kann man häufig Fische sehen. Wer sich für Details interessiert, muß allerdings ein Aquarium besuchen.

Die Kopfleiste der Texte zu den einzelnen Arten enthält zunächst die Länge (L) der betreffenden Art (die Angaben in Klammern nennen Maximalgrößen), dann (außer bei den Fischen), die Angabe der Monate, in denen die Art anzutreffen ist.

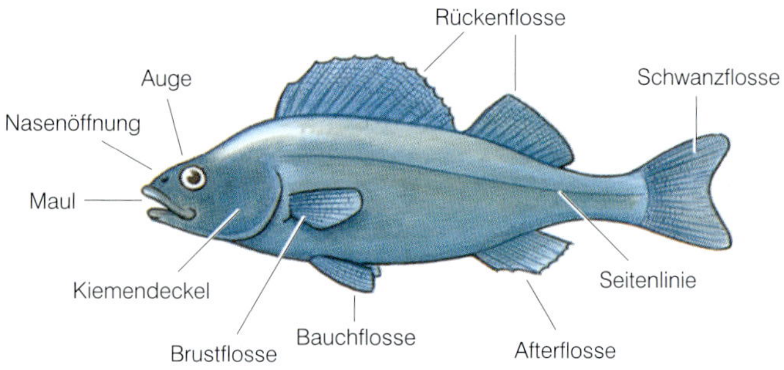

Körperteile eines Fisches

Die Insekten stellen die größte Klasse aller Tiere. Bisher wurden mehr als eine Million Arten beschrieben, fast täglich kommen neue Arten hinzu. Vor allem die tropischen Regenwälder bieten eine unglaubliche Formenfülle. Dagegen kommen in Mitteleuropa „nur“ bescheidene dreißigtausend Arten vor. Neben der enormen Artenfülle, die in keinem Bestimmungsbuch auch nur annähernd vollständig dargestellt werden kann, erstaunt auch die manchmal unglaubliche Individuenzahl von manchen Insektenarten auf engstem Raum. Hier sei nur auf die staatenbildenden Ameisen und Bienen hingewiesen. Weit übertroffen werden sie von den hier nicht behandelten Termiten, die zu mehreren Millionen in einem Staat leben können. Von den wegen ihrer geringen Größe hier ebenfalls nicht behandelten Springschwänzen leben bis zu 60000 Tiere auf nur einem Quadratmeter Rasen. Andere Schätzungen gehen von über 500 Millionen Insekten auf einem Hektar (= 10000 Quadratmeter) Weideland aus. Wir leben im Zeitalter der Insekten! Sie beeinflussen in vielerlei Hinsicht unser Leben. Die Bilanz von Ernten hängt von Insekten ab, seien sie nun die Bestäuber bestimmter Nutzpflanzen oder Fraßschädlinge. Unzählige Krankheiten mit alljährlich Millionen von Opfern werden von Insekten übertragen, allen voran die Malaria.

Insekten zu charakterisieren fällt nicht immer leicht. Doch zeigt der Grundbauplan der ausgewachsenen Tiere (Imagines) weitgehende Übereinstimmung. Der Körper ist gegliedert in Kopf (Caput), Bruststück (Thorax) und Hinterleib (Abdomen). Der Kopf trägt ein Paar Fühler (Antennen), die als Tast- und Geruchssinnesorgane dienen und ein Paar Komplexaugen, die wegen ihrer wabenartigen Linsen auch als Facettenaugen bezeichnet werden. Hinzu kommen bei vielen Insekten drei Punktaugen auf der Stirn. Weiterhin erwähnenswert sind die Mundwerkzeuge, die sich bei den verschiedenen Insektenordnungen sehr stark unterscheiden, aber alle auf

Körperteile eines Käfers

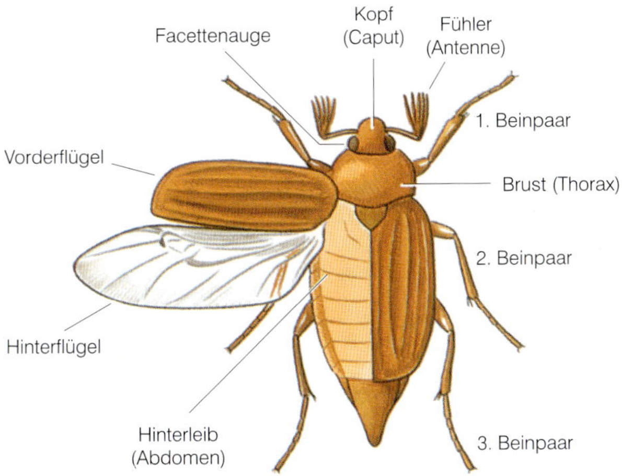

denselben Grundbauplan zurückzuführen sind.
Das Bruststück besteht aus drei Abschnitten, der Vorder-, Mittel- und Hinterbrust. Jeder Brustabschnitt trägt ein Beinpaar, Insekten haben also insgesamt sechs Beine und werden deshalb auch als Hexapoda (= Sechsfüßer) bezeichnet. Die meisten Insekten haben zwei Flügelpaare, die an der Mittel- und Hinterbrust sitzen. Einige Gruppen sind aber flügellos, z. B. die Fischchen, Flöhe, Tierläuse u. a. Manchmal sind die Flügel umgewandelt, am stärksten wohl bei den Zweiflüglern, z. B. den Fliegen, deren Hinterflügel zu den trommelschlegelartigen Schwingkölbchen umgewandelt sind.

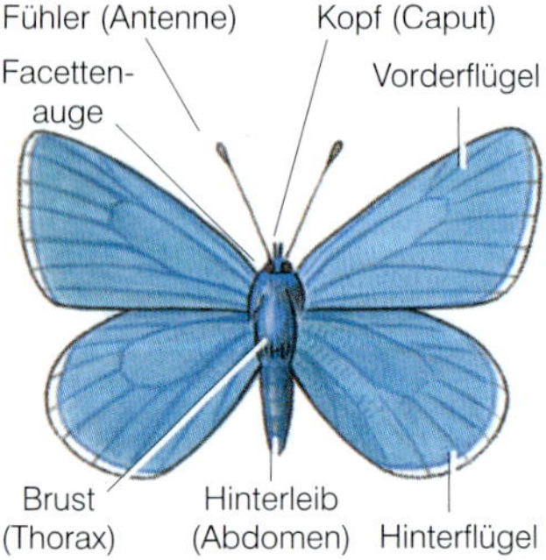

Körperteile eines Schmetterlings

Der Hinterleib (Abdomen) besteht aus 11 Segmenten, die aber nicht alle sichtbar sind. Gliedmaßen finden sich hier nicht, oft aber Hinterleibsanhänge, die sog. Cerci, sehr auffällig z. B. bei den Eintagsfliegen.
Insekten entwickeln sich aus Eiern. Man unterscheidet zwei Arten der

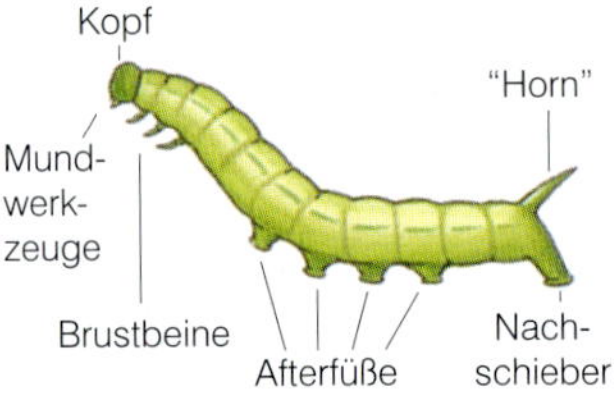

Körperteile einer Raupe

Entwicklung, die vollständige und die unvollständige Metamorphose. Die vollständige Metamorphose umfaßt Ei, Larve, Puppe und Imago (z. B. Schmetterlinge, Zweiflügler). Die Larven werden je nach Gruppe mit den unterschiedlichsten Namen bezeichnet, z. B. Raupe bei den Schmetterlingen, Engerling bei manchen Käfern oder Made bei den Fliegen. Bei der unvollständigen Metamorphose (z. B. bei den Heuschrecken) fehlt ein Puppenstadium. Hier ähneln die Larven den ausgewachsenen Tieren, man bezeichnet sie auch als Nymphen.
Die artenreichste Insektenordnung bei uns und auch weltweit ist die Ordnung der Käfer (Coleoptera). In Mitteleuropa wurden bisher ca. 8000 Arten nachgewiesen. Ihre Vorderflügel sind zu harten Schutzdecken, den Elytren, umgewandelt. Als Flugorgane dienen nur die Hinterflügel.
Die zweitgrößte Gruppe stellen die Schmetterlinge mit fast 3500 mitteleuropäischen Arten. Sie haben mit feinen Schuppen bedeckte Flügel. Bei den Schmetterlingen wird wie bei einigen anderen Arten (z. B. Libellen) neben der Körperlänge (L) auch die Flügelspannweite (Sp) angegeben.
Auch hier geben die Monatsangaben in der Kopfleiste die Zeit an, in der man die Art antreffen kann.

Sonstige Wirbellose

Neben den Insekten gibt es zahlreiche weitere Wirbellose, von denen in diesem Buch aber nur einige Gruppen abgehandelt werden. Nahe verwandt mit den Insekten sind die Spinnentiere (Spinnen, Weberknechte, Milben, Skorpione u. a.), Hundert- und Tausendfüßer und Krebstiere, die alle zum Stamm der Gliederfüßer (Arthropoda) zusammengefaßt werden. Ein weiterer sehr artenreicher Stamm ist der Stamm der Weichtiere oder Mollusken. In diesem Buch werden von ihnen einige wenige Vertreter der Land- und Süßwasserlungenschnecken sowie der Muscheln vorgestellt. Schließlich sollen noch die Plattwürmer (Plathelminthes) und die Ringelwürmer (Annelida) erwähnt werden.

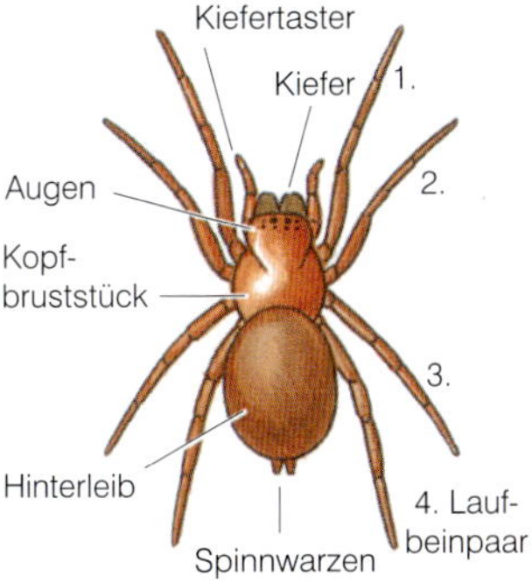

Körperteile einer Spinne

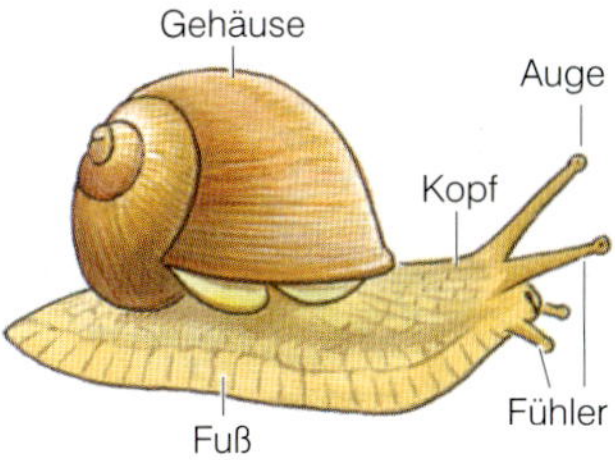

Körperteile einer Schnecke

Krautige Blütenpflanzen

Von den 400000 Pflanzenarten der Erde zählen rund 250000 zu den Blütenpflanzen. Damit ist die jüngste Abteilung des Pflanzenreichs zugleich die mit Abstand größte und für den Menschen und die Biosphäre wichtigste systematische Gruppe. In Mitteleuropa umfaßt die Vegetation gut 1700 wildwachsende Arten Blütenpflanzen, die sich im Verhältnis 9 : 1 auf krautige Arten und auf Holzgewächse verteilen.
Bei den krautigen (d. h. nicht verholzten) Blütenpflanzen unterscheidet man zwischen ausdauernden (perennierenden) Arten, den mehrjährigen Stauden, die in der Kopfleiste der Artbeschreibungen mit dem Symbol ♃ ausgewiesen sind und 72 % aller heimischen Blütenpflanzen ausmachen, und den Einjährigen mit dem Symbol ⊙, zu denen 18 % aller Blütenpflanzen zählen. Mit dem Symbol ⊙ sind auch jene Arten gekennzeichnet, die in ihrem ersten Lebensjahr nur Blätter – meistens in einer bodennahen Rosette – ausbilden und im zweiten Jahr blühen, Samen hervorbringen und danach absterben; sie werden deshalb auch als Zweijährige bezeichnet.
Ein erheblicher Prozentsatz der in Mitteleuropa wildwachsenden Kräuter ist hier ursprünglich nicht heimisch. Sie wurden vom Menschen – zumeist unbeabsichtigt – zusammen mit Handelsgütern eingeschleppt: die sogenannten Alteinwanderer (Archaeophyten) schon seit der Jungsteinzeit, die Jungeinwanderer (Neophyten) erst nach der Entdeckung Amerikas.
Unter den verschiedenen Blütenpflan-

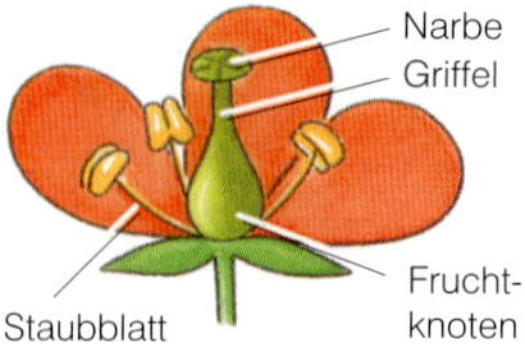

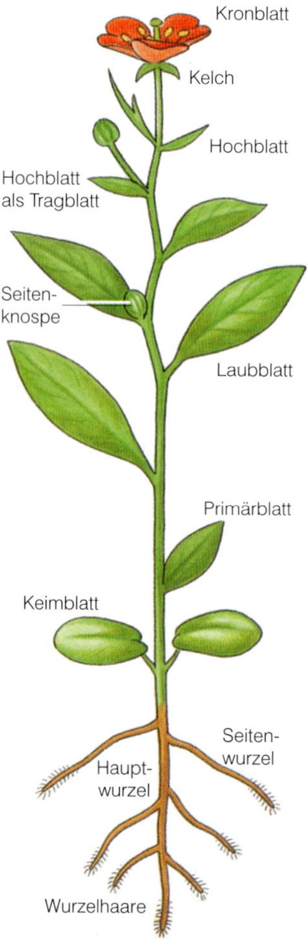

Schema einer Blütenpflanze

zen treten die Arten mit meist großen, farbigen und duftenden Einzelblüten oder Blütenständen in der Regel besonders hervor. Es sind die Insektenblütler. Im Vergleich zu ihnen haben die Windblütler nur sehr unscheinbare Blüten, die fast immer stark reduziert und damit viel kleiner sind, dafür aber meistens in sehr blütenreichen Blütenständen eng beisammenstehen. Windblütler müssen sehr viel Pollen produzieren, da es vom Zufall abhängt, ob ein Pollenkorn auf eine Narbe gelangt.
Die nachfolgende schematische Abbildung enthält die verschiedenen Teile einer kompletten Blüte sowie die verschiedenen Blattypen.
Durch die Bildung von Blütenständen wird bei den Insektenblütlern trotz geringer Größe der Einzelblüte die Lockwirkung auf Insekten erhöht bzw. bei Windblütlern eine hohe Pollenproduktion gewährleistet. Eine Übersicht über die wichtigsten Blütenstände enthält die nachfolgende Abbildung.
In der Kopfleiste der einzelnen Artbeschreibungen sind bei den Blütenpflanzen außer der Lebensdauer die Wuchshöhe und die Blütezeit genannt. Vor allem bei windenden und kriechenden Arten ist zu bedenken, daß die „Wuchshöhe" den Abstand der höchsten Pflanzenteile vom Boden und nicht die Länge der Triebe meint. Die oft sehr lang bemessene Blütezeit gilt nicht unbedingt für den Einzelstandort oder gar für eine einzelne Pflanze. Sie trägt vielmehr den Verhältnissen in den sehr unterschiedlichen Klimabereichen Mitteleuropas Rechnung. Dennoch können ungewöhnlicher Witterungsverlauf und die Nachblüte noch immer in Einzelfällen zu einer Überschreitung der genannten Zeiträume führen.
Die krautigen Blütenpflanzen sind nach Blütenfarben zusammengefaßt. Die auf den Klappen abgebildete

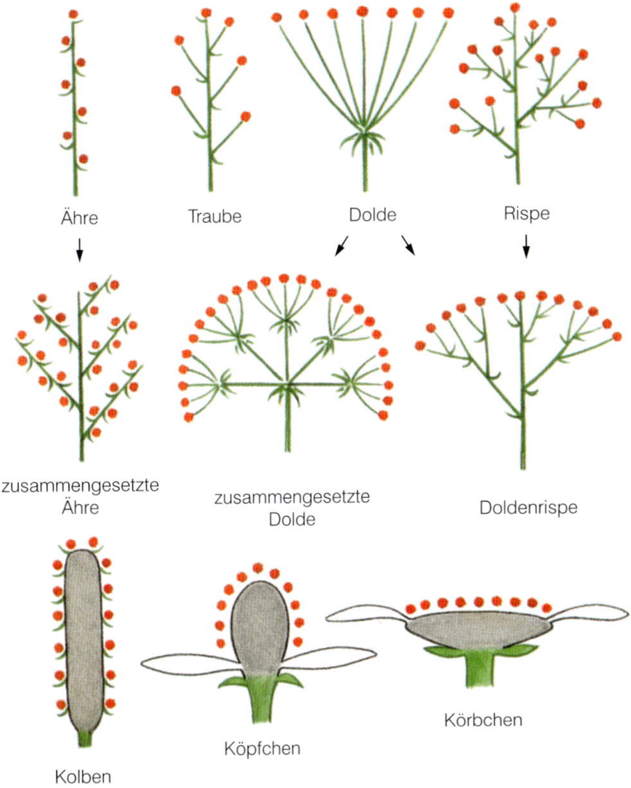

Blütenstände

Farbskala soll die Zuordnung der gefundenen Blüten erleichtern. Die Variationsbreite der Blütenfarbe ist jedoch bei manchen Arten so groß, daß man gelegentlich bei zwei ähnlichen Farben nachschlagen muß. Jede Pflanzenart ist nämlich nur einmal abgebildet.

Bäume und Sträucher

Bäume, Sträucher und Zwergsträucher haben eines gemeinsam: Ihre verholzten Sproßachsen überdauern Kälte- und Trockenperioden und tragen Knospen, die neu ausschlagen und Blätter bzw. Nadeln sowie Seiten-

zweige hervorbringen. Während sich Bäume durch einen mehrere Meter hohen unverzweigten Stamm auszeichnen, verzweigen sich Sträucher schon dicht über dem Boden oder bilden neue Triebe (Schößlinge), die die Hauptachse in ihrem Längenwachstum übertreffen können. Bleiben sie niedriger als 1 m, rechnet man sie zu den Zwergsträuchern.
Doch so einfach wie hier angedeutet ist die Abgrenzung zwischen Bäumen und Sträuchern keineswegs immer. Bäume, die aus dem Stock (Baumstumpf) wieder ausgeschlagen sind oder durch Wild- bzw. Viehverbiß oder durch starke Windeinwirkung überformt wurden, können sehr wohl die Wuchsform von Sträuchern zeigen. Andererseits können einzelne Sträucher wie z. B. Weißdorn und Faulbaum mehrere Meter hohe Stämme ausbilden, so daß die Grenze zwischen Bäumen und Sträuchern letztlich doch oft fließend bleibt.

Die Höhe des Stammes und des gesamten Baumes ist nicht nur von Art zu Art sehr unterschiedlich, sondern weist auch eine erhebliche individuelle Schwankungsbreite auf. 40 bis 60 m hohe Bäume gelten in Mitteleuropa schon als Baumriesen. Freistehende Bäume zeichnen sich durch kürzere Stämme, tiefer ansetzende und insgesamt mächtigere Kronen bei oft vergleichsweise geringerer Gesamthöhe aus. Die Wuchsformen solcher Solitäre unterscheiden sich oft so stark von den Bäumen im Walde, daß sie der Ungeübte am Erscheinungsbild nur schwer als Vertreter derselben Art erkennt. Wenn dann zusätzlich noch Wind und Wetter jahrzehntelang auf solche Solitärbäume einwirken, dann entstehen jene markanten Baumgestalten, die den Betrachter – und vor allem auch den Fotografen – durch ihre Einmaligkeit beeindrucken.

Gräser und grasähnliche Arten

Die große Artenzahl, die Unscheinbarkeit der Blüten und die Ähnlichkeit der Blätter erschweren die genaue Bestimmung der unter dem Stichwort „Gräser" zusammengefaßten Arten, die im botanischen Sinne drei verschiedenen Familien mit weltweit über 8000 Arten angehören. Ca. 380 von ihnen kommen auch in Mitteleuropa vor.
Die mit Abstand wichtigste Familie sind die Süßgräser, zu denen u. a. die Getreidearten und die Futtergräser gehören und die damit für die Welternährung eine zentrale Bedeutung haben. Die Halme der Süßgräser sind stielrund, hohl und an den Knoten deutlich verdickt. Die stark reduzierten, auf Windbestäubung ausgerichteten, zwittrigen Blüten stehen in Ährchen, die zu Ähren oder Rispen zusammentreten und dadurch erst den Gesamtblütenstand bilden.
Grasartige oder stengelähnliche stielrunde Blätter haben auch die Binsengewächse, doch sind die Stengel knotenlos. Von den ca. 40 in Mitteleuropa vorkommenden Arten der Familie werden in diesem Buch nur eine Binse *(Juncus)* und zwei Hainsimsen *(Luzula)* beispielhaft behandelt.
Ebenfalls nur ein kleiner Einblick in die Artenfülle kann bei den Sauer- oder Riedgräsern geboten werden, die sich durch 3kantige Stengel und 3zeilig gestellte Blätter von den Süßgräsern und den Binsengewächsen unterscheiden. Von den ca. 140 mitteleuropäischen Arten dieser Familie entfallen rund 100 auf eine einzige Gattung: auf die Seggen *(Carex)*. Ihre Kenntnis ist weitgehend Spezialisten und beson-

ders kundigen Botanikern vorbehalten.
Für die Süß- und Sauergräser gibt es spezielle Literatur, da man nur mit Abbildungen die Arten nicht einwandfrei bestimmen kann.

Sporenpflanzen

Unter dieser Bezeichnung werden sehr unterschiedliche blütenlose Pflanzen zusammengefaßt, die sich durch zumeist einzellige Sporen vermehren. Viele von ihnen sind nur unter dem Mikroskop näher zu erkennen.
Die auffälligsten und größten sind die **Farngewächse,** deren Vorfahren als Bäume im Erdaltertum jene Wälder aufbauten, denen wir die Steinkohle verdanken. Als Sproßpflanzen mit echten Wurzeln und mit Leitgefäßen stehen sie den Blütenpflanzen verwandtschaftlich am nächsten. Zu ihnen gehören außer den eigentlichen Farnen auch die Bärlapp-Arten und die Schachtelhalme. Dennoch umfassen die Farngewächse in Mitteleuropa kaum mehr als 90 Arten.
Viel artenreicher begegnen uns da schon die **Moose,** die weder echte Gefäße noch echte Wurzeln, zum Teil aber doch zumindest beblätterte „Stämmchen" haben und damit die Übergangsposition zwischen Sproß- und Lagerpflanzen einnehmen. Sie sind in Mitteleuropa mit über 600 Arten vertreten.
Während Farngewächse und Moose Blattgrün besitzen, sind die **Pilze** chlorophyllfrei und auf die Ernährung aus organischem Material angewiesen. Sie leben als Schmarotzer oder als Fäulnisbewohner auf lebenden bzw. toten Pflanzen oder Tieren. Die für den Naturhaushalt überaus wichtigen Pilze entziehen sich größtenteils dem unmittelbaren Anblick. In Mitteleuropa gibt es fast doppelt so viele Arten Pilze wie Blütenpflanzen.
Die **Flechten** schließlich, bei denen es sich bekanntlich um aus Pilzen und Algen kombinierte Lebewesen handelt, zählt man ebenso wie die Pilze zu den Lagerpflanzen. Allein in Europa muß man mit über 2000 Flechtenarten rechnen.
Diese gewaltigen Zahlen verdeutlichen bereits, daß in diesem Buch sowohl von den Farngewächsen und Moosen als auch von den Pilzen und den Flechten nur einige wenige Arten beispielhaft zur Vorstellung der unterschiedlichen Wuchsformen behandelt werden können. Wie bei den Gräsern und den grasartigen Pflanzen erhält man auch bei den Sporenpflanzen einen intensiveren Einblick, wenn man auf die zugehörigen speziellen Bestimmungsbücher zurückgreift.

Früchte

Mit ihrer Farbenpracht und Formenvielfalt gehören vor allem Beeren und Steinfrüchte zur Zier der Wälder, Hekken und Gebüsche. Sie verfehlen ihre Lockwirkung auf Vögel und Menschen nicht. Früchte gehen vor allem aus den Fruchtknoten hervor und umschließen die Samen bis zur Reife. Danach dienen sie der Verbreitung der Samen, die entweder ausgestreut werden (Öffnungs- oder Streufrüchte) oder von der Frucht umschlossen bleiben, wenn sie sich gemeinsam von der Pflanze trennen (Schließfrüchte).

Öffnungsfrüchte

Balg
(Rittersporn)

Hülse
(Erbse)

Schote
(Schöllkraut)

Kapsel
(Mohn)

Schließfrüchte

Steinfrucht
(Kirsche

Nuß
(Haselnuß)

Beere
(Tomate)

Sammelfrüchte

Sammel-Steinfrucht
(Himbeere)

Sammel-Nußfrucht
(Erdbeere)

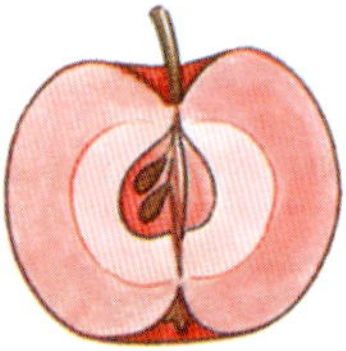

Apfelfrucht

Fruchtstände

Zu den Öffnungsfrüchten gehören Balg, Hülse, Schote und Kapsel, zu den Schließfrüchten Beere, Nuß und Steinfrucht.
Wenn auch der Blütenboden an der Fruchtbildung beteiligt ist und mehrere aus einzelnen Fruchtknoten hervorgegangene Früchtchen zu einer einzigen Frucht vereinigt sind, spricht man von einer Sammelfrucht.
Unter den Schließ- und Sammelfrüchten gibt es etliche, die auch von Menschen geschätzt und gesammelt werden. Hier ist genaue Artenkenntnis gefragt, weil nicht alle diese Früchte wohlschmeckend und einige ungenießbar oder sogar giftig sind. Wirklich gefährlich sind solche Früchte, die zugleich wohlschmeckend und giftig sind oder bereits in geringster Dosis den Organismus schädigen. Bei solchen Arten wurde im Text auf die Ge-

fährlichkeit hingewiesen. In vielen Fällen aber können über die Schadwirkung keine generellen Aussagen gemacht werden, weil die einzelnen Menschen sehr unterschiedlich reagieren und weil regional und in bestimmten Reifephasen und schließlich beim Verzehr größerer Mengen Giftwirkungen spürbar werden können, die sonst in aller Regel nicht auftreten. Ohne daß deshalb nun alle diesbezüglich verdächtigen Arten als giftig verteufelt werden sollen, sollte man den Genuß von Wildfrüchten in größeren Mengen auf die bekannten, gut bekömmlichen Arten beschränken.

In den Kopfleisten sind bei den Früchten die Größe (Durchmesser oder Länge) und grob die Reifezeit vermerkt.

Naturnahe und naturferne Lebensräume

Alle in diesem Buch behandelten Pflanzen- und Tierarten haben ihren Lebensraum in der Kulturlandschaft. Ursprüngliche Landschaften gibt es in Mitteleuropa so gut wie keine mehr. Jeder Quadratmeter Boden mit seiner Flora und Fauna ist in den letzten 5 Jahrtausenden irgendwann direkt oder indirekt vom Menschen mehr oder weniger nachhaltig beeinflußt und verändert worden. Wenn überhaupt, dann kann man noch im Hochgebirge von Urlandschaften sprechen. Von Urwäldern kann nur noch in wenigen Ausnahmefällen und mit allerlei Einschränkungen die Rede sein. Die meisten sogenannten Urwälder sind in Wirklichkeit in früheren Zeiten vom Menschen als Viehweide genutzt und oft ausgeplündert worden, danach jedoch weitgehend der natürlichen Entwicklung überlassen geblieben. Nicht um Ursprünglichkeit, bestenfalls um Natürlichkeit kann es bei solchen Vegetationsformen gehen.

Auch Wacholder-Heiden, Borstgras- und Kalk-Magerrasen, Feuchtwiesen und Niederwälder sind historische Kulturlandschaften. In ihnen sind allerdings teilweise mehr verschiedene Pflanzen- und Tierarten zu finden, als in den ihnen vorausgehenden Urlandschaften – meistens flächendeckende Wälder – je heimisch waren. Durch die Auflichtung und Rodung der Wälder gestattete der Mensch zahlreichen licht- und wärmeliebenden Pflanzen- und Tierarten eine stärkere Ausbreitung, teilweise überhaupt erst die Einwanderung nach Mitteleuropa. Etliche weitere Arten wurden unbewußt mit anderen Gütern aus aller Welt eingeschleppt, andere – neben den Nutzpflanzen vor allem Ziergewächse, Bäume und Sträucher, Wild- und Fischarten – auch bewußt eingebürgert.

Die Folge war, daß trotz der Verdrängung und Ausrottung mancher empfindlicher Urbewohner die Artenvielfalt in Mitteleuropa über Jahrtausende zunahm und wahrscheinlich zu Anfang des 19. Jahrhunderts ihren Höhepunkt erreichte. Seither jedoch geht es bergab!

Naturnahe Kulturlandschaften

Waldrodung und Waldweide sowie die nachfolgende landwirtschaftliche Nutzung führten im Laufe der Jahrhunderte zu agrarischen Kulturlandschaften, deren Erscheinungsbild durch die unterschiedlichen Formen extensiver und intensiver Nutzung schließlich von einem bunten, vielgestaltigen Mosaik unterschiedlichster Biotope bestimmt war. Dazu gehörten Wallhecken und Feldgehölze, Kopfbaumreihen und Streuobstwiesen ebenso wie Heiden und Magerrasen, Mergelkuhlen und Lesesteinhaufen um nur einige wenige zu nennen. Zumindest bei nur extensiver Nutzung entwickelte sich in vielen Fällen die Vegetation zwar nicht völlig vom Menschen unbeeinflußt, d. h. zwar nicht natürlich, aber immerhin mehr oder weniger naturnah. Manche kaum bewirtschafteten Bauernwälder, große, seit eh und je durch natürliche Ansamung von Bucheckern verjüngte Buchenbestände, nur schwer nutzbare Wälder an Steilhängen und in Schluchten können durchaus noch als sehr naturnah bezeichnet werden, obwohl auch sie letztlich durch menschliches Wirken mitgeformt werden, und sei es nur über gelegentliche Holzentnahme, Einbringung weiterer Baumarten, Hege unnatürlich hoher Wildbestände oder Schadstoffeintrag über die Luft.

Naturferne Kulturlandschaften
Andere Lebensräume der agrarischen Kulturlandschaft, zumeist Ergebnisse der Nutzungsintensivierung nach Entwässerung, Heide- oder Wildlandkultivierung sowie Flurbereinigung, Mineraldüngung und Biozideinsatz in den letzten beiden Jahrhunderten, zeichnen sich durch ausgesprochene Naturferne aus. Dazu gehören vor allem die fast völlig von Wäldern und Hecken entblößten reinen Ackerbaulandschaften, die vielfach als Kultursteppen bezeichnet werden, aber auch die riesigen, im Kahlschlagverfahren bewirtschafteten Fichtenmonokulturen auf ehemaligen Laubholzstandorten, die Maisfelder hier und die Douglasien-Plantagen und Weihnachtsbaumkulturen dort. Meistens sind Großflächigkeit und Einseitigkeit (Eintönigkeit) die gemeinsamen Kennzeichen solcher moderner Agrarlandschaften, die für die frühere Artenvielfalt der Flora und Fauna nur noch wenig Raum übriglassen.

Neue Lebensräume
Seit der Mitte des vorigen Jahrhunderts entwickelt sich auf immer größeren Flächen der zuvor agrarisch geprägten Kulturlandschaft die urban-industrielle Landschaft mit einer Vielzahl neuartiger Biotoptypen, die sich teils durch extreme Naturferne, teils aber auch durch eine überraschende Naturnähe auszeichnen. Einerseits sind es dicht bebaute Siedlungsgebiete oder aber aufgelockerte Siedlungen mit intensiv gepflegtem Rasen und mit Kulissen aus fremdländischen Gehölzen, asphaltierte Parkplätze und Verkehrsflächen, Fabrikhallen, begradigte und betonierte, zu Abwasserkloaken verkommene ehemalige Flüsse und Bäche und anderes mehr. Andererseits sieht man u. a. Schrebergärten und Parks, Sand- und Kiesgruben, Talsperren und Stauseen, Steinbrüche und Halden, Kanäle, Bahndämme und Straßenränder. Bei solchen Bestandteilen der urban-industriell geprägten Kulturlandschaft spricht man heute von sekundären Ökosystemen, die u. a. recht artenreiche und teilweise im Laufe der Zeit wieder naturnäher gewordene „Sekundärbiotope", „Biotope aus zweiter Hand", umfassen können. Angesichts der Verarmung der Pflanzen- und Tierwelt in weiten Teilen der Agrarlandschaft können sich manche Flächen im städtisch-industriell überformten Bereich zu ausgesprochen schutzwürdigen Ersatzbiotopen entwickeln.

Naturschutz
Viele Leser werden sich an Pflanzen- und Tierarten in solchen Biotopen aus zweiter Hand erfreuen.
Eine wichtige Aufgabe des Naturschutzes und der Landschaftspflege ist es, gerade in der agrarisch geprägten Kulturlandschaft ein Mittelmaß an Naturnähe und Biotop- und Artenvielfalt zurückzugewinnen. Nicht weniger bedeutsam ist es, in der urban-industriell geprägten Kulturlandschaft vielfältige naturnähere Sekundärbiotope zu entwickeln und zu sichern. Für Mensch und Natur lebenswichtig sind

der Schutz und die Ausweitung der nicht oder nur extensiv genutzten Flächen, der Verzicht auf den Einsatz von Bioziden auf allen nicht intensiv genutzten Ländereien und die Verringerung des Dünger-, Biozid- und Schadstoffeintrags auf der Gesamtfläche. Zusammen mit der Renaturierung bereits stark geschädigter naturferner Landschaftsteile sind dies die entscheidenden Ansätze, um trotz der dichten Besiedlung in Mitteleuropa jenen Grad an Naturnähe und Biotopvielfalt zu gewährleisten, ohne den es kein artenreiches Pflanzen- und Tierleben und damit auch keine Begegnung mit der Fülle des Lebens und kaum Naturerlebnisse geben kann.

Der Umgang mit Tieren und Pflanzen

Ein Höchstmaß an Umsicht und Behutsamkeit bei jedem Umgang mit freilebenden Tieren und wildwachsenden Pflanzen walten zu lassen, ist längst oberstes Gebot für alle Freunde der heimischen Tier- und Pflanzenwelt. Eher kann man auf Nachweis und Registrierung seltener Arten verzichten, als die nachhaltige Störung oder gar die Tötung von Tieren und die Auslöschung von Pflanzen in Kauf zu nehmen. Zurückhaltung ist oft die vornehmste Pflicht des Naturfreundes.

Die Listen besonders zu schützender Arten und die „Roten Listen" der im Bestande bedrohten Pflanzen- und Tierarten sind bereits so umfangreich und obendrein nur für Deutschland gültig bzw. regional sehr unterschiedlich, daß es sich empfahl, in diesem Buch auf diesbezügliche Einzelangaben bei den Arten zu verzichten. Statt dessen wird an die Leser appelliert, zunächst grundsätzlich alle Tier- und Pflanzenarten als so wertvoll und schutzwürdig anzusehen, daß man ihnen keinen Schaden zufügt. Tiere nicht zu töten und nicht zu verletzen, ist inzwischen eine Selbstverständlichkeit. Bestimmung und Beobachtung müssen sehr rücksichtsvoll erfolgen. Nester, Eier und Larven dürfen keinen Schaden nehmen, und die Lebensstätten müssen unverändert bleiben.

Der Einwand, nicht Naturbeobachter und -fotografen, sondern Landwirtschaft, Wasser- und Straßenbau sowie Flächenversiegelung für Siedlung und Industrie stellten die entscheidenden Gefahren für die heimische Tier- und Pflanzenwelt dar, ist zwar richtig, gestattet aber keinen Freibrief für den Naturfreund. Je mehr die Lebensräume vieler Tier- und Pflanzenarten und damit die Populationen schrumpfen, um so gefährlicher sind natürlich alle direkten Eingriffe in die übriggebliebenen Bestände geworden, letztlich auch die geringfügigsten.

Alle nicht mit dem Menschen vertrauten Vögel und Säugetiere werden mit einem guten Fernglas möglichst aus solcher Distanz beobachtet, daß sie nicht auffliegen oder flüchtig werden. Kleintiere, die man kurzfristig mit einer Becherlupe betrachten möchte, werden sofort anschließend an genau dem Ort wieder ausgesetzt, wo man sie aufnahm.

Bei den Pflanzen gilt es, besonders überlegt und gegebenenfalls differenziert vorzugehen. Hier helfen allein weder Rote Listen noch die Artenschutzverordnung. Für den jeweils ganz konkreten Fall, den Bereich oder Standort ist die Häufigkeit oder Seltenheit der betreffenden Art ausschlaggebend. Wenn sie nur in einzelnen Exemplaren auftritt, ist sie auch dann besonders schutzwürdig, wenn sie in keiner Roten Liste verzeichnet ist. Hier sollte sie auf keinen Fall – auch nicht zum Herbarisieren – gepflückt werden. Nötigenfalls muß sogar auf die Entnahme einzelner Pflanzenteile zur Artbestimmung verzichtet werden. Unterirdische Pflanzenteile sollten generell unangetastet bleiben. Statt Wildstauden für den Naturgarten auszugraben, sollte man Samen der gewünschten Arten einsammeln, in Saatschalen aussäen, die Keimlinge pikieren und den Garten mit selbstgezogenen Jungpflanzen bereichern. Der etwas höhere Arbeitsaufwand wird durch das Erfolgserlebnis wieder wettgemacht. Im übrigen kann man aus Samen gezogene Wildstauden auch in vielen Gartengeschäften und Pflanzenhandlungen bekommen.

Pflücken erlaubt!

Nun gibt es aber auch Allerweltspflanzen, wie man sie an Straßen- und Wegrändern, an Eisenbahndämmen, auf Brache, Industrieödland und Schuttplätzen findet. Hier sind nach Inkrafttreten gesetzlicher Bestimmungen mit Herbizid-Verbot wieder etliche Wildstauden anzutreffen, darunter vor allem solche, die von der Stickstoff-Überdüngung durch Landwirtschaft, Abfälle und Einträge aus der Luft profitieren und sich nicht selten massenhaft vermehren.

Naturschützer fordern, daß diese Pflanzenbestände gemäht werden und daß das Mähgut entfernt wird, damit die Nährstoffanreicherung nicht immer weiter fortschreitet. Dadurch würden nämlich überall dieselben – insgesamt vergleichsweise wenigen – Pflanzenarten gefördert, die eine Vielzahl anderer, weniger konkurrenzstarker Arten verdrängen würden.

Hier nun besteht Gelegenheit, einem verbreiteten Wunsch von Kindern und Erwachsenen nach praktischer Beschäftigung mit Pflanzen Raum zu geben, zumal der pädagogische Wert des „Begreifens", d.h. des In-die-Hand-Nehmens, und des sinnvollen Verwertens nicht hoch genug eingeschätzt werden kann. Es trägt nachweislich dazu bei, die betreffenden Arten bekannter zu machen und darüber hinaus die Wildkräuter in ihrer Gesamtheit in Wert zu setzen.

Von draußen einige Blütenstengel mit heimzubringen und sich an ihnen zu erfreuen, wenn sie dann – kunstvoll arrangiert – in einer Vase oder Schale stehen, sollte auch für den engagiertesten Naturschützer kein Grund zur Kritik oder zum Naserümpfen sein. Der Blumenfreund sollte Wert darauf legen, mit wenigen Stengeln Gestecke anzufertigen, in denen die Schönheit gerade mancher sonst kaum beachteter Allerweltspflanzen so recht zur Geltung kommt.

Es müssen nicht unbedingt Maiglöckchen und Schlüsselblumen sein, die örtlich durch die besondere Vorliebe der Spaziergänger ohnehin bereits stark dezimiert werden! Für Strauß und Gesteck kommen auch ganz andere Wildkräuter und vor allem Gräser in Betracht.

Arten, die in der Regel sehr häufig sind und die Entnahme einzelner Stengel durchaus unbeschadet ertragen, sind in diesem Buch mit einem Strauß-Symbol () kenntlich gemacht. Wir haben diese Arten selbst erprobt, mit ihnen Sträuße und zum Teil auch Gestecke gestaltet und viel Freude daran gehabt.

Trotz der allgemeinen Verbreitung der mit dem Strauß-Symbol versehenen Pflanzenarten ist nicht auszuschließen, daß die eine oder andere Art örtlich nur sporadisch auftritt; dann ist sie in jedem Falle wie andere schutzwürdige Pflanzen zu behandeln!

Für alle, vor allem auch für die mit dem Strauß-Symbol gekennzeichneten Wildpflanzen gelten die folgenden drei Grundsätze:

- Pflanzen abschneiden, nie abrupfen oder gar mit Wurzeln herausziehen!
- Nur an Straßen- und Wegrändern, an Eisenbahndämmen, auf Brachen, Industrieödland und Schuttplätzen sammeln. Stets darauf

achten, wohin man tritt. Pflanzenbestände nicht niederwalzen und zerstören!
– Ausschließlich die örtlich häufigen, im einzelnen benannten und genau bekannten Arten sammeln. Alle anderen Pflanzenarten sind tabu.

Verwendete Abkürzungen und Symbole

K Kennzeichen
V Verbreitung
W Wissenswertes

G Gewicht
KR Kopf-Rumpf-Länge
L Gesamtlänge
L+ Gesamtlänge (Kopf-Rumpf + Schwanz)
S Schwanzlänge
Sp Spannweite

~ so groß wie
> größer als
>> viel größer als
< kleiner als
<< viel kleiner als

⊙ ein- oder zweijährige Art
♃ ausdauernde Art
♂ Männchen
♀ Weibchen
 häufige Pflanze, für Sträuße geeignet (s. S. 24)

Maßangaben
bei Pflanzen = Höhe
bei Früchten = Länge bzw. Durchmesser

Monatsangabe
bei Pflanzen = Blütezeit
bei Früchten = Reifephase
bei Vögeln = Beobachtungszeitraum in Mitteleuropa

1 Rothirsch
Cervus elaphus

KR ♂ 180–210, ♀ 150–180 cm S 12–15 cm G ♂ 120–200, ♀ 75–100 kg
K: Das Haarkleid unserer nach dem Elch größten europäischen Hirschart ist im Sommer rotbraun und im Winter graubraun, der Spiegel hellgelb. Vom Sommer bis zum Spätwinter tragen die männlichen Tiere (**1 a**) meist mehr als 8 Enden zählende Geweihe.
V: Früher weit verbreitet, heute nur noch in größeren Waldgebieten.
W: In der Brunftzeit (Mitte Sept./Anf. Okt.) ist das Röhren der männlichen Tiere weithin zu vernehmen. Geweihstangen werden alljährlich im Jan./Febr. abgeworfen und bis Juli neu aufgebaut. Früher regelmäßig im Frühwinter in äsungsreichere Laubwälder in den Niederungen wandernd, muß sich das Rotwild heute mit einem stark eingeschränkten Jahreslebensraum begnügen. Dort kann es – vor allem bei überhöhten Beständen – durch Schälen der Rinde und durch Verbeißen junger Bäume das Waldökosystem schädigen.

2 Damhirsch
Cervus dama

KR ♂ 130–160, ♀ 110–140 cm S 15–20 cm G ♂ 100–125, ♀ 45–65 kg
K: Die Färbung ist sehr unterschiedlich, doch meistens rötlich braun mit hellen Flecken. Die männlichen Tiere haben – von August bis April – ein schaufelförmiges Geweih.
V: Ursprünglich in Nordafrika und Kleinasien beheimatet, gelangte die Art im Mittelalter (vielleicht schon zur Römerzeit) nach Europa, wo sie heute vielerorts – in zum Teil isolierten Vorkommen – eingebürgert ist.
W: Damwild kommt mit kleineren Waldgebieten aus als das Rotwild, ist weniger störungsempfindlich und besser für die Gatterhaltung geeignet. Es wird auch zur extensiven Grünlandnutzung gehalten.

3 Sikahirsch
Cervus nippon

KR ♂ 120–160, ♀ 110–140 cm S 11–15 cm G ♂ 50, ♀ 35 kg
K: Im Sommer hellbraun, im Winter dunkelbraun; auffallend weißer Spiegel. Die Geweihe der männlichen Tiere zählen bis zu 8 Enden.
V: Aus dem Ussuri-Gebiet, Ostchina, Japan und Taiwan seit Ende des 19. Jh. nach Europa geholt, wo es heute inselartige Einbürgerungsgebiete gibt, z. B. in Schleswig-Holstein, im Sauerland und am Oberrhein.
W: Diese kleine Hirschart steht größenmäßig zwischen Dam- und Rehwild (Schulterhöhe Rotwild ca. 120 cm, Damwild ca. 90 cm, Sikawild ca. 80 cm, Rehwild ca. 70 cm). Sie wurde in Ostasien der Panten (Bastgeweihe) wegen, aus denen in China heute noch Aphrodisiaka hergestellt werden, in Hirschfarmen gehalten.

4 Reh
Capreolus capreolus

KR bis 120 cm S 2–3 cm G 15–30 kg
K: Sowohl im rotbraunen Sommer- als auch im dunkel graubraunen Winterkleid fällt der weiße Spiegel auf; der Schwanz ist kaum erkennbar. Das Gehörn des Bocks zählt 4–6 Enden.
V: Eine erstaunliche Anpassungsfähigkeit ermöglicht dem Reh das Vorkommen in fast allen Bereichen unserer Kulturlandschaft bis in die Randgebiete der Städte und bis in industriell überformte Biotope.
W: Rehe leben streng ortsgebunden, oft ganzjährig auf einer nur 1 qkm großen Fläche. Die Böcke markieren und verteidigen Reviere. Je nach dem Begattungstermin (Hauptbrunft Ende Juli/Aug., Nebenbrunft Nov./Dez.) werden die Kitze (**4 b**) nach einer Tragzeit von ca. 10 oder 6 Monaten geboren. Im ersten Falle erfolgt in den ersten 4–5 Monaten eine verlangsamte Entwicklung (Eiruhe).

1a

1b

2

3

4a

4b

1 Wildschwein
Sus scrofa

KR 120–170 cm S 15–30 cm
G 40–120 kg, maximal 300 kg
K: Die Wildform unserer Hausschweine ist unverwechselbar.
V: Ganz Europa außer Großbritannien und dem größten Teil Skandinaviens war ursprünglich von Wildschweinen besiedelt, die vom Menschen allerdings in die schrumpfenden Waldreste abgedrängt wurden.
W: Ausdruck der besonderen Anpassungsfähigkeit ist die Tatsache, daß Wildschweine sehr scheu, aber auch sehr zutraulich sein können. Mit der Ausweitung des Maisanbaus dringt die Art immer öfter und weiter in Ackerbaugebiete vor. Auf den Feldern können Wildschweine erhebliche Schäden anrichten. Als Allesfresser leben sie sowohl von Wurzeln, Früchten, Gräsern und Kräutern als auch von Würmern und Bodeninsekten. Die Bache (**1 b**) wirft ihre 3–9 Frischlinge normalerweise im Frühjahr; immer häufiger aber treten verfrühte oder stark verspätete Würfe auf. Bei Schnee sind die Frischlinge gefährdet, vor allem wenn sich Skifahrer außerhalb der Loipen bewegen.

2 Mufflon
Ovis ammon musimon

KR 110–130 cm S 6–10 cm
G 30–40 kg
W: Ein Wildschaf mit hellem Sattelfleck und Hörnern, die bei den männlichen Tieren (Widder) stark gekrümmt und groß und bei den Weibchen nicht gewunden und höchstens 18 cm lang sind, manchmal auch fehlen.
V: Die ursprünglichen Bestände auf Korsika und Sardinien sind klein und gefährdet. Dafür gibt es in anderen Teilen Europas, vor allem in Mittelgebirgslagen, künstlich eingebürgerte Populationen.
W: Das Mufflon lebt in Herden. Es hat sich vielerorts gut den neuen Lebensbedingungen angepaßt. Die Neigung zur Bastardierung mit anderen Schafrassen, vor allem mit Heidschnucken, stellt ein ernstes Problem dar, da damit zugleich die Schäden im Wald zunehmen.

3 Gemse
Rupicapra rupicapra

KR 100–120 cm S 7–8 cm
G 40–50 kg
K: Gesichtszeichnung mit dunklen Streifen vom Hornansatz beidseitig über die Augen bis zur Nase; Aalstrich auf dem Rücken; bis 20 cm lange Hörner (bei beiden Geschlechtern).
V: In den Hochgebirgsregionen, vor allem an felsigen Steilhängen, von den Pyrenäen über die Alpen bis zum Kaukasus verbreitet.
W: Mufflon, Gemse und Steinbock sind Hornträger, deren Hörner lebenslang erhalten bleiben und weiterwachsen (und nicht wie die Geweihe der Hirsche und Rehböcke alljährlich erneuert werden). Gemsen wurden auch außerhalb der Alpen eingebürgert, u. a. im Schwarzwald, in der Schwäbischen Alb und im Elbsandsteingebirge.

4 Steinbock
Capra ibex

KR ♂ 140, ♀ 115 cm S 15 cm
G ♂ 70–120, ♀ 40–50 kg
K: Markante Merkmale sind die graue Fellfarbe und die schweren Hörner, die bei den männlichen Tieren nach hinten geschwungen sind, während sie bei den weiblichen Tieren gerade nach hinten weisen.
V: Alpen, Kaukasus und Zentralasien; in Spanien eine eigene Art.
W: Alle heutigen Steinbock-Vorkommen (allein in den Alpen leben über 20 000 Tiere) gehen auf wenige Dutzend Steinböcke zurück, die im italienischen Nationalpark Gran Paradiso die Verfolgung durch den Menschen überlebten.

1a

1b

2

3

4

1 Fuchs
Vulpes vulpes

KR 70–80 cm S 40 cm G 6–10 kg

K: Rotbrauner, allerdings individuell recht unterschiedlicher Pelz; auffallend die buschige Lunte, die die halbe Kopf-Rumpf-Länge erreicht.

V: In den unterschiedlichsten Lebensräumen – vom Wald bis in die Dünen und von der Feldflur bis in Städte und Industriegebiete – meist häufiger als vermutet.

W: Die Intelligenz des Fuchses ist sprichwörtlich; sie gestattet ihm nicht nur das Überleben trotz intensiver Bejagung durch den Menschen, sondern sogar die Nutzung aller erdenklichen vom Menschen angereicherten Ressourcen bis hin zu Mülltonnen und Hausgeflügel. Als Hauptüberträger der Tollwut gelten ihm sowohl Abschußaktionen als auch Impfmaßnahmen (z. B. über präparierte Köder).

2 Dachs
Meles meles

KR 60–75 cm S 15–18 cm
G 10–20 kg

K: Gedrungene Gestalt; silbergrauer Pelz, weißer Kopf mit beiderseits schwarzen Streifen über Augen und Ohren bis zum Nacken.

V: Wenn der Dachs in Mitteleuropa nicht in allen Waldgebieten anzutreffen ist, dann infolge der Nachstellungen durch den Menschen.

W: Der zeitweilig praktizierten Begasung der Fuchsbaue zur Tollwutbekämpfung fielen viele Dachse zum Opfer. Durch strikte Schonung erholen sich die Bestände. Dachsbaue sind noch geräumiger als Fuchsbaue und bis zu 5 m tief. Dort hält der Dachs im mit Moos und Laub ausgepolsterten Kessel seine Winterruhe, bei der es sich allerdings um keinen Winterschlaf mit stark sinkender Körpertemperatur und reduzierter Herzschlagfrequenz, sondern nur um einen gewöhnlichen Tiefschlaf handelt.

3 Fischotter
Lutra lutra

KR 70–90 cm S 40–50 cm
G 10–12 kg

K: Lang und kurzbeinig, anliegend behaart, dunkelbraun.

V: Nur an wenigen naturnahen Gewässern, sonst weithin ausgerottet.

W: Der Fischotter gehört zu den spezialisiertesten Beutegreifern. Er ist auf ungestörte, fischreiche Gewässer angewiesen, schwimmt und taucht hervorragend (bis zu 8 Minuten). Starke Verfolgung, Gewässerausbau und Wasserverschmutzung bedrohen seine Existenz. Neuerdings gibt es vermehrt Bemühungen zur Wiederausbreitung der Art (u. a. durch Zuchtstationen, Bachrenaturierung, ganzjährige Schonzeit).

4 Iltis
Mustela putorius

KR ♂ 40–45, ♀ 35 cm S 18 cm
G ♂ 1,2–1,6, ♀ 0,8–1,0 kg

K: Der schwarzbraune Pelz erscheint durch helle Unterwolle zweifarbig; das weißliche Gesicht wirkt um Augen und Stirn dunkel maskiert.

V: In Mitteleuropa weit verbreitet, vor allem im Waldrandbereich, in Gewässer- und Dorfnähe.

W: Die Modernisierung der Dörfer und Gehöfte entzieht dem Iltis viele seiner ehemaligen Lebensräume. Sein Rückgang vollzieht sich infolge seiner nächtlichen Lebensweise vielfach unbemerkt. Nur selten hört man noch vom „mörderischen Wirken“ des Iltis in Geflügelställen. Die Bezeichnung „Stänker“ verweist auf den intensiven Geruch, den der Iltis bei Gefahr durch Entleeren seiner Stinkdrüse verbreitet.
Das zur Kaninchenjagd gehaltene Frettchen ist ein schon seit Jahrhunderten in Gefangenschaft gezüchteter Iltis-Albino, der wahrscheinlich auf den osteuropäischen Steppeniltis zurückgeht.

1

2

3

4

1 Steinmarder
Martes foina

KR 40–50 cm S 25 cm
G ♂ 1,7–2,1, ♀ 1,2–1,5 kg

K: Hauskatzengroß, graubraunes Fell mit weißem, unten gegabeltem Kehlfleck.

V: Im Wald ebenso wie in Siedlungsnähe, vor allem in Dörfern und auf Einzelhöfen; in Mitteleuropa weit verbreitet und zum Teil häufig.

W: Bei dem „Poltergeist" auf dem Dachboden handelt es sich meistens um den Steinmarder, der ausgesprochen nachtaktiv ist. Im Wald bewohnt er Baumhöhlen, manchmal auch größere Nistkästen. Steinmarder greifen Beute bis Rehkitz-Größe; manche scheinen sich auf Ratten spezialisiert zu haben. Zu Klagen geben Marder Anlaß, die sich in waldnahen Stadtteilen von unten an Kabel und Gestänge geparkter Autos heranmachen und Leitungen zerbeißen (**1 a**).

2 Baummarder
Martes martes

KR 40–50 cm S 25 cm
G ♂ 1,2–1,6, ♀ 0,8–1,4 kg

K: Im Gegensatz zum Steinmarder mit kleinerem, meist gelblichem Kehlfleck (Latz); Färbung mehr braun.

V: Nur in Waldgebieten; meistens erheblich seltener als der Steinmarder.

W: Baummarder bewohnen außer Baumhöhlen auch verlassene Vogel- und Eichhornnester. Sie jagen am Boden, mit Vorliebe jedoch in den Baumkronen, dort nicht selten sogar Eichhörnchen. Wegen ihrer überwiegend nachtaktiven Lebensweise bekommt man beide Marderarten nur selten einmal zu Gesicht.

3 Hermelin
Mustela erminea

KR 22–32 cm S 8–10 cm
G ♂ 150–350, ♀ 120–170 g

K: Oberseits braun, unterseits weiß, stets mit schwarzem Schwanzende; im Winter rein weiß. Wie bei allen Marderarten sind die Männchen deutlich größer als die Weibchen.

V: Deutliche Bevorzugung der landwirtschaftlich geprägten Kulturlandschaft mit Hecken, Rainen, Gebüschen und Grabenrändern.

W: Hermelin und Mauswiesel sind öfter bei Tage zu sehen als die anderen Marderarten. Das Hermelin jagt Kleinsäuger, besonders gern Wühlmäuse, und erbeutet gelegentlich auch Junghasen. In Zeiten starker Mäusevermehrung nimmt auch der Hermelinbestand zu. Bei reichem Beuteangebot werden gelegentlich tote Mäuse gestapelt. Das weiße Winterkleid (das eigentliche Hermelinfell, **3 b**) bietet in Regionen mit nur wenigen Schneetagen im Jahr kaum Farbanpassung, wohl aber Kälteschutz durch die luftgefüllten weißen Haare.

4 Mauswiesel
Mustela nivalis

KR 11–24 cm S 6 cm
G ♂ 70–130, ♀ 50–80 g

K: Farbverteilung wie beim Hermelin, allerdings ohne schwarze Schwanzspitze. Nur in den Alpen und in Skandinavien im Winter auch weiße Exemplare.

V: Ebenso weit verbreitet wie das Hermelin, sogar noch häufiger in Gärten und Gebäuden.

W: Das Mauswiesel ist das kleinste Raubtier Europas. Zeitweilig glaubte man, die kleinsten Mauswiesel gehörten zu einer eigenen Art, dem Zwergwiesel; heute betrachtet man sie als Ausdruck der enormen Variationsbreite ein und derselben Art. Mauswiesel leben fast ausschließlich von Mäusen, die sie auch in ihren Gängen verfolgen. Daß von Jägern immer noch Mauswiesel mit Fallen gefangen und getötet werden, hätte schon längst gesetzlich unterbunden werden müssen.

1a

2

3a

1b

3b

4

1 Feldhase
Lepus europaeus

KR 60–70 cm S 8–10 cm G 4–6 kg

2 Wildkaninchen
Oryctolagus europaeus

KR 40–50 cm S 5–7 cm
G 1,7–2,5 kg

K: Hasen sind deutlich größer als Wildkaninchen, haben längere Ohren und braunes (statt graubraunes) Fell.

V: Während Hasen vor allem offenes Gelände (Felder, Wiesen) und nur in geringer Zahl den Wald bewohnen, leben Kaninchen in Parks, Gärten, an Waldrändern und in Hecken.

W: Der Feldhase ist ein Langstrekkenläufer, das Wildkaninchen hingegen ein Sprinter, der bei Gefahr schnell startet, aber schon nach kurzer Strecke ermüdet und möglichst rasch seine Höhle (**2b**) aufsuchen muß. Während der Feldhase drei- bis viermal im Jahr nach einer Tragzeit von 42–44 Tagen 2–4 mit Fell und offenen Augen gut entwickelte Nestflüchter zur Welt bringt, setzt das Wildkaninchen vier- bis sechsmal im Jahr nach 28–31 Tagen 5–8 nackte und blinde Nesthocker. Die Fruchtbarkeit des Karnickels ist sprichwörtlich. Hasen gehören seit eh und je zur Tierwelt Mitteleuropas. Wildkaninchen – übrigens die Stammeltern unserer Hauskaninchen – sind erst seit dem frühen Mittelalter durch den Menschen aus Spanien zu uns gelangt und in der Folgezeit nahezu weltweit verbreitet worden.

3 Schneehase
Lepus timidus

KR 53–58 cm S 5–6 cm G 2–3 kg

K: Größe zwischen Feldhasen und Wildkaninchen; Ohren relativ kurz mit auffallenden schwarzen Spitzen.

V: In Nordeuropa und in den Alpen.

W: Während der Eiszeit war der Schneehase auch in Mitteleuropa weit verbreitet. Gegenwärtig weicht er in Skandinavien noch weiter nach Norden zurück, während der Feldhase nachdrängt. Das weiße Winterhaar ist eine Anpassung an die Schneelandschaft; im Sommer wirkt der Schneehase grauer als der Feldhase.

4 Murmeltier
Marmota marmota

KR 55–70 cm S 13–16 cm
G 5–6 kg

K: Hasengroßer Nager; auffallend ist sein schriller Pfiff.

V: Hochgebirgsmatten und Geröllfelder in den Alpen und Karpaten in Höhen zwischen 1000 und 3000 m.

W: Wenn jemand „schläft wie ein Murmeltier“, dann muß er sich schon anstrengen. Denn 7 Monate währt der Winterschlaf des Murmeltieres in dem 2–3 m tiefen Bau. „Mus montis“ (Bergmaus) nannten die Lateiner das in Kolonien lebende Tier; über das althochdeutsche „murmunto“ wurde daraus „Murmeltier“.

5 Eichhörnchen
Sciurus vulgaris

KR 20–23 cm S 17–20 cm
G 250–400 g

K: Unverwechselbar.

V: Vor allem in Parks und in artenreicheren Mischwäldern.

W: Das Eichhörnchen vermag sowohl stammauf- als auch stammabwärts zu klettern und bei seinen rasanten Sprüngen den Schwanz als Steuer einzusetzen. Zwischen Hellrot und Schwarzbraun gibt es vielerlei Farbvarianten. Baumsamen und Früchte, Pilze und Insekten, aber auch Vogeleier und Jungvögel stehen auf dem Speiseplan des Eichhörnchens, das im Herbst einen Vorrat an Nüssen und Baumsamen verscharrt. Es hält keinen Winterschlaf. In Kälteperioden aber kann es sich tagelang in seinen runden, etwa 20–40 cm großen Kobel zurückziehen.

1

2a

2b

4

3

5

1 Hamster
Cricetus cricetus

KR 24–32 cm S 5–6 cm G 500 g
K: Meerschweinähnlicher, kurzbeiniger Nager mit dreifarbigem Pelz (rostgelb-weiß-braunschwarz).
V: In Kultursteppe und Steppe; von Belgien durch das mittlere Deutschland ostwärts (Schwerpunkt in Sachsen und Thüringen); kein zusammenhängendes Verbreitungsgebiet.
W: Der Hamster ist aus Redewendungen allgemein bekannt. Er „hamstert" bis zu 15 kg Pflanzenmaterial (vor allem Getreide) als Wintervorrat. Durch intensiven Ackerbau wird er stark zurückgedrängt. Von Oktober bis März hält er im bis zu 2 m tiefen Bau seinen Winterschlaf, bei dem die Körpertemperatur von 38 auf 4 °Celsius und die Herzfrequenz auf weniger als 10 Schläge/Minute absinkt, aus dem er jedoch etwa alle 5 Tage erwacht und von seinen Vorräten frißt.

2 Bisam
Ondatra zibethica

KR 30–35 cm S 20 cm
G 1,0–1,5 kg
K: Gewandter Schwimmer (**2b**) und Taucher, kaninchengroß, mit seitlich zusammengedrücktem Schwanz.
V: Ursprünglich in Nordamerika beheimatet; seit 1905 ist die Art von Prag aus in weite Teile Mitteleuropas eingewandert; immer noch weiter expandierend.
W: Ufer- und Dammschäden durch die bis 1 m tiefen Bisamhöhlen und extreme Übernutzung der Ufervegetation unterstreichen die Problematik der Einbürgerung faunenfremder Arten. In Fluß- und Seemarschen gehen vom Bisam die größten Gefahren aus, kein Wunder, daß man seine weitere Ausbreitung (allerdings wahrscheinlich vergeblich) durch intensiven Fang zu stoppen versucht. Bis 1 m aus dem Wasser ragende Baue aus Pflanzenmaterial (**2c**), auf dem Wasser schwimmende, abgebissene Pflanzenteile, Schwimmgassen in den Wasserpflanzenbeständen und Landwechsel deuten auf die Gegenwart des Neubürgers hin.

3 Nutria
Myocastor coypus

KR 50 cm S 35 cm G 6–10 kg
K: Fast doppelt so groß wie der Bisam, mit rundem Schwanz und großen orangefarbenen Schneidezähnen; gut schwimmend, aber selten tauchend.
V: Seit 1926 in Deutschland als Pelztier in Farmen gehalten (stammt aus Südamerika). Verwilderte Tiere bilden punktuell (und meist nur vorübergehend) freilebende Kolonien.
W: Kalte Winter führen bei Nutrias offensichtlich zu Erfrierungen und begrenzen das Vorkommen.

4 Biber
Castor fiber

KR 80–90 cm S 36 cm G bis 3 kg
K: Der größte europäische Nager wirkt plump, hat einen horizontal abgeplatteten Schwanz („Kelle" von 30 cm Länge und 14 cm Breite) und große orangerote obere Schneidezähne.
V: Früher in Europa weit verbreitet, heute nur noch an der mittleren Elbe, im Rhonedelta und an einigen Orten Ost- und Nordeuropas. Außerdem Wiedereinbürgerungsversuche (z. B. an der Donau).
W: Biber haben mit ihren Staudämmen in vorchristlicher Zeit die europäischen Tallandschaften maßgeblich mitgestaltet. Wegen ihres Fettes („Bibergeil"), ihrer Baumfällaktivitäten (**4b**), und weil sich Rinder in ihren unterirdischen Bauten die Beine brachen, wurden sie fast überall stark verfolgt und ausgerottet. Der Schwund der Auenwälder und die Wasserverschmutzung machen auch den Restbeständen das Leben schwer.

1

2a

2b

2c

3

4a

4b

1 Siebenschläfer
Glis glis

KR 16 cm S 13 cm G 120 g
K: Blaugraue Oberseite, dunkle Ringe um die Augen.

2 Haselmaus
Muscardinus avellanarius

KR 8 cm S 7 cm G 22 g
K: Gleichmäßig rötlichgelber Pelz, ohne schwarzen Rückenstreifen.
V: Alle 4 Schlafmaus-Arten (auch Bilche genannt) sind in Süd- und Mitteldeutschland häufiger als im Norden, wo sie in der Norddeutschen Tiefebene weitgehend fehlen. Laub- und Mischwälder, Parks und waldnahe Gärten werden bevorzugt, von der Haselmaus vor allem strauchreiche Gebüsche und Jungwuchs.
W: Die Bilche (das sind in Mitteleuropa neben Siebenschläfer und Haselmaus noch Garten- und Baumschläfer) bleiben durch ihre nächtliche Lebensweise meistens unentdeckt. Nur wenn sie in Jagdhütten, Gartenhäuser, Dachböden oder Vorratskeller eindringen, wird ihre Gegenwart registriert. Die vergleichsweise großen Augen der Dämmerungstiere und den langen, kurz buschig behaarten Schwanz haben der größte und der kleinste heimische Bilch gemeinsam. Beide Arten bauen auch kugelförmige Nester, der Siebenschläfer kopfgroß frei im Geäst, die Haselmaus faustgroß vorzugsweise in Bodennähe (bis 2 m hoch). Vor allem der Siebenschläfer nutzt gern Baumhöhlen und Nistkästen. Beide Bilche halten einen ausgiebigen Winterschlaf, der beim Siebenschläfer statt der 7 (Name!) sogar 8–9 Monate dauern kann.

3 Hausratte
Rattus rattus

KR 20 cm S 25 cm G bis 250 g
K: Färbung sehr variabel, von schwarz bis braun; Schwanz länger als der Körper (wirkt wie eine übergroße Hausmaus).

4 Wanderratte
Rattus norvegicus

KR 25 cm S 20 cm G bis 500 g
K: Meist oberseits rötlich graubraun; Schwanz kürzer als der Körper.
V: Die häufigste und am weitesten verbreitete Rattenart in Mitteleuropa ist die Wanderratte, die regelmäßig auf Müllplätzen und in der Kanalisation und über letztere auch auf Höfen und in Siedlungen vorkommt. Die Hausratte dagegen ist oder war vorzugsweise Bewohnerin von Dachböden und ist regional sehr selten geworden oder sogar völlig verschwunden (z. B. in Westfalen). Die aus den Tropen stammende und über Schiffe weltweit verbreitete Hausratte ist gegenüber der ursprünglich in Nordostasien heimischen und ebenfalls durch den Menschen weltweit verbreiteten Wanderratte wahrscheinlich die wärmeliebendere, ganz sicher die weniger anpassungsfähige und konkurrenzunterlegene Art.
W: Die Wanderratte (im Volksmund auch „Wasserratte“ genannt) kann gut schwimmen und tauchen, die Hausratte (auch als „Dachratte“ bezeichnet) ist dagegen der bessere Kletterer. Die Hausratte ernährt sich weitgehend von Pflanzen, die Wanderratte auch von kleinen Tieren; sie tötet z. B. Küken und Hauskaninchen und dezimiert die Gelege von Bodenbrütern, etwa in den Möwenbrutkolonien, aber auch von Enten- und Hühnervögeln. Die Wanderratte kann in kopfstarken Familienverbänden leben, in denen fremde Ratten nicht geduldet werden. Als Krankheitsüberträger und weithin schlimmster Vorratsschädling wird die Wanderratte überall intensiv bekämpft. Als natürliche Feinde der Ratten spielen Hunde und Katzen, Steinmarder und Iltisse sowie Eulen die größte Rolle. Gelegentlich werden Wanderratten auch von Graureihern erbeutet.

1

3

2a

4

2b

1 Hausmaus
Mus musculus

KR 8–9 cm S 6–9 cm G 20–30 g

K: Wie bei allen echten Mäusen ein körperlanger Schwanz. Oberseits braungrau oder graubraun. Einzige Maus mit dem von weißen Mäusen bekannten muffigen „Mäusegeruch".

V: Die ursprünglich in Steppen von Nordafrika bis Ostasien verbreitete Art ist durch ihre enge Bindung an den Menschen Kosmopolit geworden.

W: Vorräte und Abfälle des Menschen bilden die Hauptnahrung der Hausmaus, die sich wahlweise stärker bis ausschließlich pflanzlich oder tierisch ernähren kann. Wo sich der Mensch zurückzieht (z. B. Truppenübungsplätze), verschwindet meistens auch die Hausmaus.

2 Gelbhalsmaus
Apodemus flavicollis

KR 11 cm S 11 cm G 22–45 g

K: Rostbrauner Rücken gegen weißen Bauch scharf abgesetzt; gelbes Halsband, das der im übrigen sehr ähnlichen Waldmaus meistens fehlt.

V: Laubwälder sowie Hecken und Gebüsche in der Agrarlandschaft.

W: Im Winter kommt die Art – oft über die Fassadenbegrünung – auch in Gebäude. Sie klettert gewandt und legt Vorräte gelegentlich auch in Nistkästen an. Beim schnellen Hüpfen benutzt sie oft nur die Hinterbeine.

3 Zwergmaus
Micromys minutus

KR 6 cm S 6 cm G 5–8 g

K: Auch diese kleinste unter den eigentlichen Mäusen ist langschwänzig und kann ihren Schwanz sogar als Greiforgan einsetzen. Die zierliche, oberseits reh- bis gelbbraune Maus ist ein gewandter Halmkletterer.

V: Gebunden an gras- und hochstaudenreiche Vegetation, vorwiegend in der Ebene; als Sekundärbiotop auch Getreidefelder.

W: Die Zwergmaus baut kugelige Nester mit seitlichem Eingang an Getreide- und Grashalmen bis 40–80 cm über dem Boden.

4 Feldmaus
Microtus arvalis

KR 10 cm S 4 cm G 30–50 g

K: Diese und die nächste Art stehen als Vertreter der Wühlmäuse, die ausschließlich in selbstgewühlten unterirdischen Gängen leben, einen plumpen, walzenförmig gedrungenen Körper und – als auffallendstes Merkmal – einen kurzen Schwanz haben. Die Feldmaus, wohl das häufigste heimische Säugetier, ist meistens gelbgrau mit schwärzlich grauer Unterwolle (variabel, mehrere Unterarten!).

V: In ganz Mitteleuropa, vor allem auf Äckern und Wiesen.

W: Die Art zeichnet sich durch eine extrem starke Vermehrung aus und gilt als schlimmster Schädling der Landwirtschaft (1 Weibchen könnte theoretisch in einem Jahr mit Kindern und Kindeskindern über 500 Nachkommen haben). Massenvermehrung und Zusammenbruch der Bestände erfolgen in 3–5jährigem Zyklus. Das unterirdische Gangsystem wird oberirdisch durch „Laufstraßen" zwischen den Ausgängen ergänzt.

5 Schermaus
Arvicola terrestris

KR 17 cm S 10 cm G 80–120 g

K: Fast rattengroßer Nager, jedoch kürzerer Schwanz (im Volksmund „Wasserratte").

V: Sowohl an Gewässern (hier mit amphibischer Lebensweise) als auch in trockenen Gegenden auf Feldern und in Gärten.

W: Ihre Gänge befinden sich dicht unter der Erde. Die Erdhaufen sind grobschollig, meistens mit Gras. Durch Fraß an Baumwurzeln können Gehölze zum Absterben gebracht werden.

1a

2

1b

3

4

5

Fledermäuse

In Mitteleuropa sind 22 verschiedene Arten nachgewiesen. Für den Laien sind sie zunächst allesamt nur „Fledermäuse“. Die allen Arten gemeinsamen Merkmale sind so auffällig, daß das Gemeinsame die Artunterschiede überdeckt.

Die Flügel lassen bei näherer Betrachtung den Grundbauplan der Säugetier-Extremität erkennen: Oberarm, stark verlängerter Unterarm und 5 Finger, von denen nur der Daumen seine Ausgangsform und Kralle behalten hat, während die anderen Finger stark verlängert und ohne Krallen sind. Eine dünne Flughaut erstreckt sich vom Hals, den Körperseiten und dem Schwanz unter Einbezug der kurzen Hinterbeine bis zu den Fingerspitzen. Die Zehen allerdings sind frei und dienen den Fledermäusen als Klammerorgane, mit denen sie sich kopfabwärts aufhängen können. Die spitzen Zähne weisen die Fledermäuse als Insektenjäger aus. Ihre Echopeilung mit Hilfe schneller Tonfolgen im Ultraschallbereich (30000 bis 70000 Schwingungen je Sekunde) gehört zu den wunderbarsten Naturphänomenen. Entsprechend groß ist das Hörvermögen, während die kleinen Augen wohl nur Hell und Dunkel sowie Graustufen zu unterscheiden vermögen.

Die durchweg nachtaktiven Fledermäuse brauchen für den Tag- und den Winterschlaf jeweils geeignete Unterschlupfmöglichkeiten in Baumhöhlen, Stollen, Gemäuern oder auf Dachböden. Gerade der Entzug geeigneter Schlupfwinkel durch moderne Bauweise, Abbruch alter Gebäude und Fällen höhlenreicher Bäume, das Verschließen von Höhleneingängen, Kellern und Dachböden, sicher aber auch die Beseitigung ehemals insektenreicher Biotope und nicht zuletzt der Einsatz von Bioziden haben zu einem Rückgang der Fledermäuse regional um über 90% und stellenweise zum völligen Verschwinden einzelner Arten geführt. Biozide, vor allem chlorierte Kohlenwasserstoffe, wirken auf Fledermäuse besonders fatal, weil sie – aus Beutetieren stammend – im Depotfett angereichert und bei dessen Abbau im Winterschlaf konzentriert freigesetzt werden. Unabhängig davon leiden Fledermäuse unter dem Biozideinsatz, weil er das Nahrungsangebot entscheidend schmälert.

Zu den häufigsten Arten gehören:

1 Kleine Hufeisennase
Rhinolophus hipposideros

KR 4 cm S 3 cm Sp 23 cm G 7 g
Mehr im südlichen Mitteleuropa; häutiger Nasenaufsatz von der Schnauze bis zur Stirn; breitet im Schlaf Flügel wie einen Mantel um den Körper (**1b**).

2 Fransenfledermaus
Myotis nattereri

KR 5 cm S 4 cm Sp 25 cm G 8 g
Kommt erst spät aus dem Versteck; überwintert meist in Höhlen oder Brunnen; jagt vor allem in Obstgärten und in bewaldeten Gebieten.

3 Langohr
Plecotus auritus

KR 5 cm S 5 cm Sp 25 cm G 8 g
Riesige Ohrmuscheln (3 x Kopflänge); langsamer Zickzackflug in Bodennähe (**3b**), gern in Siedlungen.

4 Abendsegler
Nyctalus noctula

KR 7 cm S 5 cm Sp 36 cm
G 30 g
Gewandter Flieger (bis 50 km/h), fliegt schon am frühen Nachmittag; Wanderflüge bis 1000 km südwärts.

5 Zwergfledermaus
Pipistrellus pipistrellus

KR 4 cm S 3 cm Sp 20 cm G 5 g
Kleinste Art; oft schon in der Abenddämmerung aktiv; gern in Siedlungsnähe.

1a

1b

2

3a

3b

4

5

1 Igel
Erinaceus europaeus

KR 26 cm S 3 cm G 1 kg

K: Allgemein bekannt; in Ost- und Südeuropa gibt es ähnliche Arten.

V: Allgemein verbreitet; ursprünglich in Laubwäldern, heute vor allem in Hecken, Gebüschen, an Waldrändern und in Gärten.

W: Der tausendfache Straßentod der Igel bezeugt, daß instinktives, im natürlichen Lebensraum optimal angepaßtes Verhalten einer Tierart unter den Bedingungen der modernen Technik zum Verhängnis werden kann. Gemeint ist das reglose Ausharren und Stachelzeigen angesichts der mörderischen Autoreifen. Dabei halten sich Igel besonders gern auf Straßen auf, weil sie dort im Autoverkehr gestorbene Insekten finden, die ihrerseits vom abends noch wärmeabstrahlenden Asphalt angelockt wurden. Igeljunge werden mit weißen, weichen Stacheln geboren; nach 2–3 Tagen beginnt das Wachstum pigmentierter Stacheln (**1b**). Ob es sinnvoll ist, spätgeborene und daher im Herbst noch gar zu leichte Igel (weniger als 500 g) in Pflege zu nehmen und großzupäppeln, ist unter Experten umstritten.

2 Maulwurf
Talpa europaea

KR 14 cm S 2,5 cm G 100 g

K: Grauschwarzes, samtiges Fell; große Vorderfüße als Grabschaufeln.

V: Ganz Mitteleuropa; Felder, Gärten und vor allem Wiesen, soweit der Grundwasserspiegel nicht zu hoch ansteht.

W: Körperbau und Lebensweise des Maulwurfs weisen ihn als eine hochspezialisierte Art aus. Die walzenförmige Körpergestalt, der strichfreie Pelz, die Grabschaufeln, die rüsselartige Schnauze und die reduzierten Augen sind Anpassungen an ein Leben unter der Erde. Im Sommer nur 10–40 cm tief, im Winter noch 20 cm tiefer hat der Maulwurf sein Gangsystem, in dem er nach dort eingedrungenen Insektenlarven, Schnecken und vor allem nach Würmern sucht. Die bekannten Maulwurfhügel sind im Garten zwar lästig, die ganzjährig geschützten Tiere selbst jedoch wichtige Helfer im Sinne der biologischen Schädlingsbekämpfung.

Spitzmäuse
haben mit den echten Mäusen nichts zu tun. Sie gehören nicht zu den Nagern, sondern zu den Insektenfressern, die über ein komplettes Gebiß mit nadelspitzen Zähnchen verfügen und sehr erfolgreiche und gefräßige Beutegreifer sind. Ihr Kopf ist spitzschnauziger als der der echten Mäuse. Drüsen an der Schwanzwurzel verströmen einen starken Moschusgeruch, weshalb Katzen totgebissene Spitzmäuse unangerührt liegenlassen.

3 Hausspitzmaus
Crocidura russula

KR 8 cm S 3,5 cm G 10 g

Gern in Haus, Hof und Garten; Nest oft im Kompost- oder Misthaufen.

4 Wasserspitzmaus
Neomys fodiens

KR 8 cm S 6 cm G 15 g

Der gewandte Schwimmer und Taucher, dessen eingefettetes Fell im Wasser von einer silbrigen Hülle aus Luftbläschen umgeben ist, kann sogar auf dem Gewässergrund laufen und überwältigt seine Beute zumeist im Wasser.

5 Feldspitzmaus
Crocidura leucodon

KR 8 cm S 3,5 cm G 10 g

Bei dieser Art ist die Färbung der Oberseite scharf von der helleren Unterseite abgegrenzt. Nicht abgebildet ist die Zwergspitzmaus, das kleinste Säugetier Mitteleuropas (KR 5,5 cm, S 4 cm, G 3–5 g, im Winter sogar noch darunter).

1a

2

1b

3

4

5

1 Ringeltaube
Columba palumbus

L 41 cm > Haustaube Jan.–Dez.
K: Größte europäische Wildtaube, einzige mit weißen Hals- und Flügelflecken; Nestruf fünf- bis sechssilbig.
V: Wälder und Feldgehölze ebenso wie Parks, Gärten und Alleen; Nahrungssuche auf Feldern, Grünland.
W: Die Ringeltaube ist ein Paradebeispiel für die Verstädterung von Vögeln und die damit verbundene Bestandszunahme und Verhaltensänderung. Früher galt sie als selten und schwer zu erjagen (Sprichwort: „Das ist eine Ringeltaube"). Ihren Namen verdankt sie dem weißen Halsring. Das Taubennest besteht aus dünnen Reisern. Bei drei Bruten im Jahr werden jeweils in der Regel zwei Junge großgezogen (Nesthocker, **1b**).

2 Hohltaube
Columba oenas

L 33 cm ~ Haustaube (Jan.) März–Okt. (Dez.)
K: Keinerlei Weiß im Gefieder; bestimmten Farbschlägen der Haustaube zum Verwechseln ähnlich.
V: Wälder und Feldgehölze mit Baumhöhlen; seltener als die anderen drei Taubenarten.
W: Eine Reihe monotoner, nicht weit hörbarer „Hu-ru-ru-ru"-Laute (meist auf der 1. Silbe betont) ist der Nestgesang dieser Taubenart, die ihr Gelege in einer Baumhöhle bebrütet. Vielerorts ist sie völlig auf Höhlen des Schwarzspechts angewiesen, der für seine Zimmerarbeit wiederum alte, dicke Baumstämme braucht. Hier und dort nimmt die Hohltaube auch eigens für sie aufgehängte Nistkästen an.

3 Turteltaube
Streptopelia turtur

L 27 cm << Haustaube Apr.–Sept.
K: Kleine Taube mit rostbraunem Rücken.
V: Wälder, Feldgehölze, zunehmend auch an gehölzreicheren Dorf- und Stadträndern.
W: Lautmalerei liegt dem Namen dieser Taubenart zugrunde. Ihr anhaltendes, lang gereihtes „turr-turr" ist unverwechselbar. Den Winter verbringt die Turteltaube in den Savannen südlich der Sahara.

4 Türkentaube
Streptopelia decaocto

L 28 cm << Haustaube Jan.–Dez.
K: Hellbraune Oberseite, schwarzer Nackenring und besonders langer Schwanz.
V: In den meisten Städten und vielen Dörfern Mitteleuropas seit den fünfziger Jahren heimisch geworden.
W: Nicht alle Mitbürger teilen die Freude der Vogelkundler an dieser neu eingewanderten Taubenart. Schon in der Morgendämmerung beginnt der Tauber zu balzen und läßt dabei seinen recht aufdringlichen Ruf vernehmen: gu-gùh-gu, mit einer deutlichen Betonung der zweiten Silbe. In der ersten Hälfte unseres Jahrhunderts war die Türkentaube in Europa auf den Balkan beschränkt, wo sie sich des besonderen Schutzes der Türken erfreute. Sie waren es auch, die die Türkentaube wahrscheinlich aus Indien nach Kleinasien holten und ihr kultische Verehrung zuteil werden ließen. Zur rasanten Ausbreitung der Art haben die starke Vermehrung (bis zu 5 Bruten im Jahr, jeweils 2 Eier) und die geringe Heimattreue vieler Jungvögel beigetragen, die bereits im Alter von 3 Monaten selbst wieder brüten können und sich oft weit von ihrem Brutort entfernt ansiedeln.

Verwilderte **Haustauben** treten in großer farblicher Variation auf. Viele sind von der wildlebenden Stammform, der Felsentaube *(Columba livia)*, kaum zu unterscheiden, die im Mittelmeerraum auf Küstenklippen und Felsen brütet.

1a

1b

2

3

4

1 Großtrappe
Otis tarda

L ♂ 102, ♀ 80 cm > Hausgans Jan.–Dez.

K: Durch Größe und Gestalt unverwechselbar; im Flug weißer Flügelschild; Kopf und Hals grau, ohne schwarze Abzeichen.

V: In Steppen, aber auch in waldfreien, großflächigen Acker- und Wiesengebieten; jeweils eng begrenzte Vorkommen im Osten.

W: Der große, bis 15 kg schwere Laufvogel wirkt mit seinem erhabenen Kopf ausgesprochen würdevoll. Die Art braucht weite, übersichtliche und ungestörte Ebenen. Verinselung der Landschaft durch Straßen- und Wegebau ist die Hauptursache für das Schrumpfen der Bestände.

2 Auerhuhn
Tetrao urogallus

L ♂ 94, ♀ 67 cm < Truthahn Jan.–Dez.

K: Hahn dunkel rußbraun (**2a**), Henne braun (**2b**); beide groß und mit gefächertem Schwanz.

V: Unter- und altholzreiche Waldgebiete in mittleren und höheren Gebirgslagen; nur noch im Süden.

W: Die Art lebt im Sommer stärker auf dem Waldboden, im Winter dagegen im Wipfelbereich und fällt durch ihren laut polternden Abflug auf. Der Balzgesang mit einer nur 7 Sekunden langen Strophe knappender und schleifender Laute ist überraschend leise. Der „Urhahn" ist nach alter Jägerüberlieferung so liebestoll, daß er bei der Balz taub und blind ist, weshalb man manchem Liebhaber nachsagt, er sei vor Liebe blind wie ein Auerhahn.

3 Birkhuhn
Lyrurus tetrix

L ♂ 62, ♀ 42 cm ~ Haushuhn Jan.–Dez.

K: Hahn schwarz mit weißen Flügelbinden und leierförmigem Schwanz, Henne braun mit schwach gekerbtem Schwanz.

V: Sowohl mit Erlen und Birken durchsetzte Moore, Feuchtwiesen und Heiden in der Ebene als auch lichte Laubwälder im Mittelgebirge und Gehölze an der Baumgrenze im Hochgebirge. Fehlt heute im Westen und im zentralen Mitteleuropa.

W: Berühmt ist die Gruppenbalz, bei der die Hähne laut kullern und fauchen. Der Birkhuhn-Bestand unterliegt im Norden offenbar starken Schwankungen: Auf enorm hohe Bestände im 19. Jh. erfolgte zwischen 1910 und 1920 ein radikaler Zusammenbruch bis zum völligen Erlöschen in weiten Landstrichen.

4 Haselhuhn
Tetrastes bonasia

L ♂ 36, ♀ 34 cm << Haushuhn Jan.–Dez.

K: Rebhuhngroßer, brauner Vogel; der Fächerschwanz mit breiter schwarzer Endbinde.

V: Lichte Mischwälder mit Unterholz und Beerensträuchern, vor allem noch im Süden.

W: Die Art hat eine sehr hohe und feine Stimme, die eher an einen Singvogel erinnert. Restbestände im Westen leben zumeist in den früher alle 10–20 Jahre als Brennholz genutzten Niederwäldern.

5 Alpenschneehuhn
Lagopus mutus

L 34 cm < Haushuhn Jan.–Dez.

K: Im Sommer graubrauner Rumpf mit weißen Flügeln (**5a**), im Winter weiß (**5b**).

V: Im Krummholzgürtel der Alpen und Pyrenäen, auch in Nordeuropa.

W: Der deutliche Farbwechsel ermöglicht eine optimale Tarnung auch in der Winterlandschaft. Die Tiere lassen sich oft einschneien und scharren Schlafhöhlen in den Schnee.

1

2a

2b

3

4

5a

5b

1 Rebhuhn
Perdix perdix

L 29 cm ~ Taube Jan.–Dez.

K: Kurzschwänzig und von insgesamt gedrungener Gestalt; Hahn mit hufeisenförmigem Brustfleck.

V: Felder, Wiesen und Brachland der Ebene und des Hügellandes.

W: Das Rebhuhn gilt als optimal dem Boden angepaßt. Bei Annäherung eines Feindes drückt es sich so effektiv, daß es oft übersehen wird. Wenn es im letzten Augenblick doch abfliegen muß, kommt ihm der Überraschungseffekt zustatten. Die Art brütet am Rande von Hecken und im Getreide. Während der Brutzeit vernimmt man den Ruf des Hahns („kirr-eck"), vor allem in der Abenddämmerung. Der starke Rückgang in den letzten Jahrzehnten ist eine Folge des intensivierten Ackerbaus.

2 Wachtel
Coturnix coturnix

L 18 cm < Amsel Apr.–Sept.

K: Verkleinertes Abbild des Rebhuhns; Hahn mit dunklem Kehlband.

V: Vor allem Getreidefelder, aber auch Wiesen und Wildland.

W: Der einzige Zugvogel unter den Hühnerverwandten ist in seinem Brutgebiet nur schwer zum Auffliegen zu bewegen. So hört man ihn häufiger, als man ihn sieht. Ihr bei Tag und Nacht vernehmbarer markanter Ruf („wick-ti-tick") und ihr früher zeitweilig massenhaftes Auftreten haben der Wachtel zu einer enormen Popularität verholfen. Ihr Ruf hat ungezählte Übersetzungen gefunden: z. B. „Bück-den-Rück" und „Tritt-mi-nit" zum Schnitter, „Weck-den-Knecht" zum Bauern, „Grüß-di-Gott" bei der Ankunft und „Hüt-di-Gott" beim Abzug. Der Wachtelbestand schwankt von Jahr zu Jahr sehr stark, ist aber insgesamt stark rückläufig, nicht zuletzt wohl auch durch die Bejagung während des Zuges.

3 Fasan
Phasianus colchicus

L ♂ 80, ♀ 60 cm > Haushuhn Jan.–Dez.

K: Langer Schwanz, Henne erd-, Hahn kupferfarben und mit grünem Kopf.

V: Abwechslungsreiche Kulturlandschaft, gern in Röhricht und Weidengebüsch.

W: Vom Fluß Phasis in Kolchis (Kleinasien) sollen die Argonauten den Phasianus (Fasan) genannten Vogel nach Griechenland mitgebracht haben. Sein Fleisch war schon in der Antike sehr geschätzt. Bis heute wird die letztlich aus Südostasien stammende Art immer wieder ausgesetzt und als Jagdwild genutzt.

4 Bläßhuhn
Fulica atra

L 38 cm < Ente Jan.–Dez.

K: Schwarz, mit weißer Stirnplatte (Blesse).

V: Gewässer aller Art, soweit nicht gar zu klein; häufig.

W: Die Art hat in neuerer Zeit ihre Brutvorkommen deutlich ausgeweitet. Im Winterhalbjahr gibt es auf größeren Gewässern oft Tausende von Bläßhühnern, die besonders gern nach Wandermuscheln tauchen.

5 Teichhuhn
Gallinula chloropus

L 33 cm ~ Taube Jan.–Dez.

K: Dunkler Vogel mit roter Stirnplatte, grünen Beinen und weißen Unterschwanzdecken.

V: Auf Gewässern aller Art, auch auf sehr kleinen; häufig.

W: Teich- und Bläßhuhn, im Volksmund oft gemeinsam als „Wasserhühnchen" bezeichnet, sind verwandtschaftlich nicht den Hühnern, sondern den Rallen zuzuordnen. Beide Arten werden in Parks fast handzahm.

1

2

3

4

5

Die **Spechte** sind durch ihren Körperbau dem Nahrungserwerb und dem Bruthöhlenbau an Baumstämmen angepaßt. Sie haben kräftige Meißelschnäbel, Kletterfüße mit 2 nach vorn und 2 nach hinten gerichteten Zehen und Stützschwänze mit steifen Schwanzfedern.

1 Buntspecht
Picoides major

L 23 cm ~ Amsel Jan.–Dez.
K: Schwarz-weiß-rotes Gefieder mit roten Unterschwanzdecken und großen weißen Schulterflecken. Ruft „Kick".
V: Häufigste Spechtart in Wäldern, Gärten und Parks.
W: Der bekannteste unserer Spechte kommt im Winter bis ans Futterhaus, entzieht sich aber sonst oft dem Beobachter, indem er auf die abgewandte Stammseite läuft. Im Frühling trommeln sowohl Männchen als auch Weibchen und nehmen dadurch Kontakt mit Artgenossen auf. Trockene Äste dienen als Schallverstärker. Als „Spechtschmiede" bezeichnet man ausgearbeitete Stammnischen, in die Zapfen zum Aushacken der Samen eingeklemmt werden. Oft liegen Hunderte von Zapfen unter einer solchen Schmiede. Holzbewohnende Insektenlarven, Käfer und Raupen bilden die Hauptnahrung des Buntspechtes.

2 Zwergspecht
Picoides minor

L 14 cm ~ Sperling Jan.–Dez.
K: Schwarz-weiße Bänderung; kein Rot auf der Unterseite; Rufreihe „kikikik..".
V: Laub- und Mischwälder, vor allem Weichholzauen und Parks.
W: Diese kleinste europäische Spechtart hat ihre Bruthöhlen meistens in totem Holz. Bei der Nahrungssuche ist der Zwergspecht oft an dünnen Ästen zu beobachten.

3 Grünspecht
Picus viridis

L 32 cm < Taube Jan.–Dez.
K: Oberseits vor allem grün, unterseits gelbgrün; Rot von der Stirn bis zum Nacken. Rufreihe wie schallendes Gelächter: „glükglükglük . . .".
V: Wald-Feld-Mosaiklandschaft sowie Parks mit Lichtungen und Rasen.
W: Der Grünspecht ist häufig zur Futtersuche (vor allem Ameisen) am Boden, bewegt sich hüpfend und hackt bis zu 10 cm tiefe Erdlöcher. Am Stamm klettert er spiralförmig aufwärts. Er kann selbst Höhlen zimmern, benutzt aber gern fremde.

4 Schwarzspecht
Dryocopus martius

L 46 cm ~ Krähe Jan.–Dez.
K: Größe, schwarzes Gefieder und schwerfälliger Flug. „Kliöh"-Rufe.
V: Größere Waldgebiete mit Altholzinseln; vor allem in Buchenwäldern, aber auch in Nadelholz.
W: Der meist recht scheue Vogel fällt vor allem im Frühling durch sein lautes Trommeln auf. Die Trommelwirbel bestehen aus 10–15 Schlägen je Sekunde. Indem der Schwarzspecht immer wieder zu Beginn der Brutzeit einzelne neue Höhlen zimmert, schafft er ein Nistplatzangebot auch für andere größere Höhlenbrüter, z. B. Dohle, Hohltaube und Rauhfußkauz.

5 Wendehals
Jynx torquilla

L 16 cm > Sperling Apr.–Sept.
K: Reich gemustertes, rindenartiges Gefieder; Rufreihe mit 8–15 fast gleichhohen Tönen: „gäh-gäh-gäh . . .".
V: In lichten Wäldern und Parks, nur sehr lückenhaft verbreitet.
W: Langsame, schlangenartige Kopfbewegungen bei der Balz und beim Drohen waren der Anlaß für die Namensgebung. Die Verbreitungsgrenzen haben sich in den letzten Jahrzehnten deutlich nach Süden verschoben.

1

2

3

4

5

1 Eisvogel
Alcedo atthis

L 16 cm ~ Sperling Jan.–Dez.
K: Metallischer Glanz des Gefieders (Name: Eisvogel = Eisenvogel); schneller, geradliniger Flug über das Wasser.
V: An stehenden und fließenden Gewässern, lückenhaft verbreitet.
W: Strukturfarben lassen das Gefieder des Eisvogels je nach Lichteinfall unterschiedlich changieren, weshalb man ihn poetisch mit einem „fliegenden Edelstein“ vergleicht. Von einem Ansitzplatz oder aus dem Rüttelflug stürzt er sich ins Wasser und erbeutet kleine Fische. Gewässerverschmutzung und Uferbefestigung, aber auch strenge Winter gefährden vielerorts die Existenz dieser Art. Der Eisvogel braucht frische Steilufer zum Bau seiner ca. 1 m langen Brutröhre.

2 Bienenfresser
Merops apiaster

L 28 cm ~ Amsel Mai–Sept.
K: Lebhaft gefärbtes Gefieder und lange Schwanzspieße; schwalbenartiger Flug.
V: Aus Süd- und Südosteuropa gelegentlich nach Mitteleuropa vorstoßend und dann Bruten in Sandgruben; bevorzugt offenes Gelände.
W: Im Mittelmeerraum ist die in Kolonien brütende Art nicht selten anzutreffen. Der rasante Flug, zu dem die Bienenfresser oft von Telefondrähten aus starten, ist eine wahre Augenweide. Bienen, Wespen und andere stechende Hautflügler sind die Hauptnahrung dieser eleganten Flieger.

3 Wiedehopf
Upupa epops

L 28 cm ~ Amsel Apr.–Sept.
K: Auffällige Haube; schwarz-weiß quergebänderte Schwingen und Schwanz; schmetterlingsartiger Flatterflug.
V: Offene Landschaften mit Gehölzen und Obstgärten; nur im Osten und Süden; insgesamt selten und im Bestand rückläufig.
W: Der Name wird mit althochdeutsch witu (Holz) und hopf (hüpfen) in Zusammenhang gebracht. Der Wiedehopf sucht seine Nahrung (Insekten und Larven) am Boden. Er nistet in hohlen Bäumen und manchmal in Nischen an Gebäuden. Schon bei Moses wird er ein stinkendes, unreines Tier genannt. Als Abwehrreaktion verspritzen die Nestlinge ihren Darminhalt, wobei auch das übelriechende Bürzeldrüsensekret austritt.

4 Ziegenmelker
Caprimulgus europaeus

L 27 cm ~ Amsel Apr.–Okt.
K: Schnurrender Gesang und Flügelklatschen in der Dämmerung.
V: Nur lokal in Heiden und Mooren sowie in lichten Kiefernwäldern.
W: Die Mär, der die Art die Namen „Ziegenmelker“ und *Caprimulgus* verdankt, geht bereits auf Plinius zurück. Im schwalbenartigen Flug und mit weit geöffnetem Schnabel jagt der Ziegenmelker Nachtschmetterlinge.

5 Kuckuck
Cuculus canorus

L 33 cm ~ Taube Apr.–Sept.
K: So bekannt der Ruf, so wenig bekannt ist das sperber- oder falkenähnliche Erscheinungsbild.
V: Verbreitet in Wäldern und Wald-Feld-Mosaiklandschaften, aber auch in Röhrichten und Dünen.
W: Der bekannte Brutparasit (**5b** Jungkuckuck im Teichrohrsänger-Nest) hat die Menschen schon früh beschäftigt. Um keine andere Vogelart ranken sich soviel Aberglaube und Volksbrauch. Da ist der Kuckuck Frühlingsbote, Wettermacher und Prophet, der über Wohlstand und Lebenserwartung Auskunft gibt. Ungezählte Lieder besingen ihn.

1

2

3

4

5a

5b

1 Alpensegler
Apus melba

L 21 cm >> Rauchschwalbe Mai–Aug.

K: Deutlich größer als Mauersegler; braunes Gefieder, trillernde Rufe.

V: Nur im Süden, vor allem in den Südalpen; brütet in Felsspalten, aber auch an Gebäuden (z. B. in Freiburg/Breisgau).

W: Der Alpensegler ergreift Nistmaterial oft im Fluge. Koloniebrüter.

2 Mauersegler
Apus apus

L 17 cm > Rauchschwalbe Mai–Aug.

K: Ein rasanter Flieger mit langen, sichelförmigen Flügeln (**2b**) und schrillen Rufen; fast durchgehend schwärzliches Gefieder.

V: Am häufigsten über kleinen historischen Orten, aber auch über der City der Großstädte; gelegentlich überall im Luftraum anzutreffen.

W: Der Mauersegler zeigt die vollkommenste Anpassung an das Leben in der Luft, wo er mehr als drei Viertel seines Lebens verbringt. Hier jagt er Fluginsekten und nimmt sogar Wasser und Nistmaterial im Fluge auf; Schlecht-Wetter-Gebieten weicht er oft Hunderte von Kilometern weit aus. Obwohl er ursprünglich reiner Felsbrüter war, findet man ihn heute überall an Türmen und hohen Gebäuden (**2a**), wo er in Mauerlöchern, Nischen und unter Dachziegeln brütet.

3 Rauchschwalbe
Hirundo rustica

L 15 + 4 cm ~ Sperling Apr.–Okt.

K: Glänzende dunkelblaue Oberseite; tief gegabelter Schwanz mit langen Schwanzspießen.

V: In Dörfern und auf Höfen.

W: Der Mensch ist den Schwalben seit je her besonders zugetan. Ihre Ankunft im Frühling wird in Liedern und Gedichten besungen und mancherorts gar festlich begangen. Sie gelten als Glücksbringer, denen man gern Einlaß gewährt und niemals etwas zuleide tut. Das halboffene Lehmnest wird nicht nur auf der Tenne und in Ställen, manchmal auch im Flur und in der Spülküche geduldet, früher oft im Rauch des offenen Herdes (Name). Dorthin gelangt die Rauchschwalbe auch durch kleinste Öffnungen.

4 Mehlschwalbe
Delichon urbica

L 13 cm < Rauchschwalbe Apr.–Okt.

K: Unterseite und Bürzel weiß, Oberseite blauschwarz; leicht gegabelter Schwanz.

V: Außer im ländlichen Raum vielfach auch in Städten anzutreffen.

W: Die halbkugeligen, bis auf ein Einflugloch geschlossenen Lehmnester findet man – meistens zu mehreren – außen an Gebäuden unter den Dachvorsprüngen (**4a**). Rückgang der Fluginsekten, Mangel an feuchtem, lehmigem Schlamm als Nistmaterial (**4b**) und Absturz der Nester infolge der Erschütterung der Gebäude durch den Straßenverkehr lassen vielerorts die Brutkolonien der Mehlschwalbe schrumpfen.

5 Uferschwalbe
Riparia riparia

L 12 cm < Rauchschwalbe Apr.–Sept.

K: Oberseits erdfarbenes Gefieder, unterseits überwiegend weiß.

V: In der Nähe von Gewässern sowie von Sand- und Kiesgruben; nur lokal verbreitet.

W: Die sehr gesellige Art bildet manchmal große Brutkolonien. In steile Ufer und Sandwände baut sie 60–100 cm lange, waagerechte Röhren mit querovaler Öffnung. Durch Uferverbauung (Befestigung, Abflachung) haben die Uferschwalben viele Brutplätze verloren.

1

2a

2b

3

4a

4b

5

1 Kolkrabe
Corvus corax

L 64 cm > Bussard Jan.–Dez.
K: Größter Krähenvogel; keilförmiges Schwanzende.
V: Rückzugsgebiete der ehemals weiter verbreiteten Art in den Alpen und in Norddeutschland; neuerdings Wiederausbreitung, zum Teil unterstützt durch Wiedereinbürgerung.
W: Sowohl „kolk“ und „rab“ als auch „kräh“ sind lautmalerische Bildungen. Im Volksmund wird zwischen Raben und Krähen meist nicht unterschieden. Der stattliche Wotansvogel war aber wohl stets der Kolkrabe, während als Verkünder von Unglück und Tod alle schwarzen Krähen betrachtet wurden. Sie galten bei vielen Völkern als weise und allwissend. Als Aas- und Abfallverwerter wurden sie zu „Galgenvögeln“.

2 Rabenkrähe
Corvus corone corone

L 47 cm > Taube Jan.–Dez.
K: Einfarbig schwarzes Gefieder; ruft „krah-krah-krah“.
V: In der gehölzdurchsetzten Agrarlandschaft, aber auch in Parks und in Dünen weit verbreitet.
W: Raben- und Nebelkrähe *(Corvus corone cornix,* **2b**) – letztere mit grauem Rücken und Unterkörper – sind zwei Rassen einer Art. Im Grenzgebiet beider Rassen – beispielsweise an der Elbe – gibt es Mischpopulationen zwischen der westlichen Raben- und der östlichen Nebelkrähe.

3 Saatkrähe
Corvus frugilegus

L 46 cm ~ Krähe Jan.–Dez.
K: Weißes Gesicht mit grindiger, unbefiederter Schnabelwurzel; schwarzes Gefieder glänzender als bei der Rabenkrähe; ruft „kroah“.
V: Agrarlandschaften mit Feldgehölzen; manchmal in Ortschaften.
W: Die Saatkrähe brütet in Kolonien, in denen die Nester dicht beisammenstehen können. Während es früher in Mitteleuropa viele Kolonien mit zum Teil Tausenden von Brutpaaren gab, sind es heute nur noch wenige relativ kleine Kolonien. Früher wegen ihres vermeintlichen Schadens zum Teil radikal verfolgt, ist die Art heute ganzjährig geschützt. Im Winter weilen hierzulande Hunderttausende von Saatkrähen aus Osteuropa. Auch tagsüber gesellig, bilden sie abends oft riesige Schlafgesellschaften.

4 Dohle
Corvus monedula

L 33 cm < Taube Jan.–Dez.
K: Schwarzes Gefieder mit grauem Nacken und grauer Unterseite; ruft „jack“.
V: Feldgehölze und Parks mit alten Bäumen sowie Ortschaften, vor allem solche mit historischen Bauten.
W: Mehr noch als Baumhöhlen und Felsnischen dienen ihr heute Kamine, Schadstellen in Dächern und Gemäuern und die Luftlöcher der Hochbunker als Brutplätze.

5 Elster
Pica pica

L 23 + 23 cm < Taube Jan.–Dez.
K: Unverkennbar durch schwarzweißes Gefieder und langen Schwanz.
V: Baumgruppen am Siedlungsrand, besonders an Autobahnen.
W: Die Elster gilt wegen ihrer Vorliebe für glitzernde Dinge als „diebisch“. Weil sie Eier und Junge anderer Singvögel frißt, erhitzen sich an ihrer ganzjährigen Schonzeit vielerorts die Gemüter bis hin zu wahren „Glaubenskriegen“. Dabei sind weder eine nennenswerte Dezimierung der Kleinvogelwelt noch eine Ausrottung der besonders anpassungsfähigen und notfalls auch sehr vorsichtigen Elster zu befürchten.

1

2a

2b

3

4

5

1 Eichelhäher
Garrulus glandarius

L 34 cm < Krähe Jan.–Dez.

K: Blauschwarze Bänderung der Flügeldecken, weißer Bürzel; lautes Kreischen: „rätsch".

V: In Wäldern aller Art, allgemein häufig, oft auch in Gärten und Parks.

W: Der Name „Häher" geht auf ein althochdeutsches Verb im Sinne von „heiser kreischen" zurück. Artgenossen und andere Tierarten achten auf das Geschrei des Eichelhähers, das von Unbekanntem und Gefährlichem gleichermaßen ausgelöst werden kann. Dem besonders lernfähigen Vogel wird ein erstaunliches Unterscheidungsvermögen nachgesagt. So ist er von Fall zu Fall sehr scheu oder fast handzahm. Seinem angeborenen Sammeleifer verdanken wir Eichen auch dort, wo sie kein Mensch gepflanzt hat. Im Herbst kann der Eichelhäher täglich 150–200 Eicheln unter Samenbäumen einsammeln und an anderen Orten in den Boden stecken; nur einen Bruchteil findet er im Winter wieder.

2 Tannenhäher
Nucifraga caryocatactes

L 32 cm < Krähe Jan.–Dez.

K: Dunkelbraunes Gefieder mit weißen Tropfen.

V: Verstreut in Nadelwäldern des Berglandes; im Winter auch im Tiefland und in Laubwäldern.

W: Die Zirbelkiefer (Arve) verdankt ihre Verbreitung ganz maßgeblich dem Tannenhäher. Außer den einheimischen begegnet man in Mitteleuropa im Winterhalbjahr auch von Zeit zu Zeit den dünnschnäbeligen sibirischen Tannenhähern.

3 Alpendohle
Pyrrhocorax graculus

L 38 cm < Krähe Jan.–Dez.

K: Schwarz, mit auffallendem gelben Schnabel und roten Beinen.

V: Auf höhere Gebirgslagen im Süden beschränkt, örtlich recht häufig.

W: Mit herrlichen Segel- und Sturzflügen begeistert die Alpendohle die Bergtouristen, denen gegenüber sie an bestimmten Orten (Lifte, Berghotels) sehr zutraulich sein kann.

4 Star
Sturnus vulgaris

L 22 cm < Amsel (Jan.) Febr.–Nov. (Dez.)

K: Im Herbst und Winter glänzendes Gefieder mit kleinen weißen Tropfen („Perlstar"), im Sommer schlichter; Jungvögel graubraun. Stare trippeln, Amseln hüpfen.

V: In Stadt und Land recht häufig.

W: Baumhöhlen in Wäldern, Nistkästen in Gärten, Mauerlöcher an Gebäuden und Lücken zwischen Dachziegeln werden vom Star als Brutplatz angenommen. Insofern war er oft ein „Kriegsgewinnler", als er in zerstörten Städten besonders viele Bruthöhlen fand. Auch des wintermilden Klimas wegen schätzt er die Städte, wo er immer häufiger auch zu überwintern versucht. Nach der Brutzeit finden sich viele zehntausend Stare an gemeinsamen Schlafplätzen ein.

5 Pirol
Oriolus oriolus

L 24 cm ~ Amsel Mai–Sept.

K: Männchen mit gelbem Körper und schwarzen Flügeln und Schwanz (**5a**), Weibchen mehr gelbgrün (**5b**); ruft „düdlio".

V: In reich strukturierten Wäldern, alten Obstgärten und Parks.

W: Der scheue Wipfelbewohner ist häufiger zu hören als zu sehen. Deshalb wird er nach seinem melodischen Ruf „Pirol", vielerorts „Vogel Bülow" oder scherzhaft „Bierhold" oder „Bierhol" genannt. Oft kehrt der „Pfingstvogel" erst Mitte Mai aus seinem afrikanischen Winterquartier zurück.

1

2

3

4

5a

5b

1 Kohlmeise
Parus major

L 14 cm ~ Sperling Jan.–Dez.

K: Schwarzer Kopf und schwarzer Bauchstreif; ruft „zizidäh".

V: In Wäldern, Hecken, Parks und Gärten; überall häufig.

W: „Kohlrabenschwarz", schwarz wie Kohle, sind Kopf, Kehle und Brustband der Kohlmeise. Sie ist dem Menschen am vertrautesten. Jede Landschaft hat für die Frühlingsstrophe der Kohlmeise ihren eigenen Vers: „Du bist lieb" ist nur einer unter vielen. Bei der Nistplatzsuche zeigt sie vor allem in den Siedlungen eine große Anpassungsfähigkeit. Nester fand man in Verkehrsampeln, länger geparkten LKW, Briefkästen und Teppichstangen, alten Maschinen und Behältern. Kohlmeisen sind die häufigsten Nutzer der Nistkästen und örtlich mit den Menschen so vertraut, daß sie auf dem Hut oder der Hand landen.

2 Blaumeise
Parus caeruleus

L 12 cm < Sperling Jan.–Dez.

K: Kopfplatte, Flügel und Schwanz blau; ruft „tsi-tsi-tsitsi".

V: Wie die Kohlmeise verbreitet.

W: Am Futterhaus weicht die kleinere Blaumeise der Kohlmeise meistens aus. Ihre geringere Größe sichert ihr den Vorteil, eine für andere Höhlenbrüter zu kleine Bruthöhle für sich allein zu haben. Nach der Brutzeit sieht man die verschiedenen Meisenarten oft in gemischten Trupps zur Nahrungssuche umherziehen.

3 Sumpfmeise
Parus palustris

L 12 cm < Sperling Jan.–Dez.

K: Glänzendschwarze Kappe (bei der sehr ähnlichen Weidenmeise mattschwarz); ruft schnell „pitsche-tsche-tsche" (Weidenmeise breit „dääh – dääh- dääh").

V: Ebenfalls weit verbreitet, aber in den Ortschaften etwas seltener als Kohl- und Blaumeise.

W: Sumpf- und Weidenmeise sind im Gefieder einander sehr ähnlich, unterscheiden sich jedoch in ihren Lockrufen, ihren Lebensräumen und im Nestbau. Die Sumpfmeise wählt vorhandene Höhlen, die Weidenmeise zimmert sie meist selbst in morsches Holz. Die Sumpfmeise versteckt gern Sonnenblumenkerne in Rindenspalten.

4 Tannenmeise
Parus ater

L 11 cm < Sperling Jan.–Dez.

K: Schwarzer Kopf mit auffallendem weißem Nackenfleck; ruft „wize-wize-wize".

V: In Nadelwäldern – vor allem in Fichtenforsten – verbreitet, auch in koniferenreichen Gärten und Parks.

W: Die Tannenmeise brütet gern in Bodennähe in Böschungen und Baumstümpfen, auch in niedrig aufgehängten Nistkästen.

5 Haubenmeise
Parus cristatus

L 12 cm < Sperling Jan.–Dez.

K: Schwarz-weiß melierte Haube; ruft „pürr".

V: In Nadel- und Mischwäldern.

W: Die Haubenmeise bevorzugt Naturhöhlen, die sie sich selbst zurechtzimmert.

6 Schwanzmeise
Aegithalos caudatus

L 6+8 cm < Sperling Jan.–Dez.

K: Auffällig langer Schwanz; ruft „serrp-serrp".

V: Strukturreiche Wälder, Parks und Obstgärten.

W: Im Gegensatz zu den echten Meisen ist die Schwanzmeise kein Höhlenbrüter; sie baut ein geschlossenes, kugelförmiges Nest aus Moos und Flechten.

1
2

3

4

5

6

1 Gartenbaumläufer
Certhia brachydactyla

L 13 cm < Sperling Jan.–Dez.
K: Ein rindenfarbener Vogel, der am Stamm aufwärts läuft; dünner Bogenschnabel; „titt titt sitteroi-titt".
V: In ganz Mitteleuropa in Parks, Gärten, z. T. auch in lichten Wäldern.
W: Neben dem Gartenbaumläufer gibt es den insgesamt selteneren Waldbaumläufer, der eine längere Gesangsstrophe hat. Die Baumläufer sind dem Leben am Stamm hervorragend angepaßt. In Spiralen huschen sie von dessen Basis bis zum Wipfelansatz und suchen dabei in den Borkenspalten nach Insekten.

2 Kleiber
Sitta europaea

L 14 cm ~ Sperling Jan.–Dez.
K: Ein Kletterer mit graublauer Oberseite; trillernd „ti-ti-ti-ti".
V: Wälder, Gärten und Parks, sofern ältere Laubbäume vorhanden sind.
W: Der Kleiber klettert an den Bäumen sowohl auf- als auch abwärts, ohne – wie die Spechte – dabei den Schwanz als Stütze zu gebrauchen. Er paßt den Eingang der von ihm ausgewählten Bruthöhle seinen Körpermaßen an, indem er die Ränder mit Lehm verklebt (Kleiber = Kleber) und so größere Brutplatzkonkurrenten fernhält.

3 Mauerläufer
Tichodroma muraria

L 17 cm > Sperling Jan.–Dez.
K: Unverwechselbar durch rote Flügeldecken und dunkle, runde Flügel.
V: Im Hochgebirge über 1800 m, an Felsen, vor allem in Felsschluchten, insgesamt selten.
W: Dieser Felskletterer kommt im Winter in die Täler herab und wird gelegentlich an Hauswänden beobachtet. Vereinzelt hat der Mauerläufer auch schon an Gebäuden gebrütet.

4 Seidenschwanz
Bombycilla garrulus

L 18 cm < Star Nov.–Febr.
K: Braunes Gefieder und Häubchen; gelbe Schwanzspitze und farbige Abzeichen auf den Flügeln.
V: Brutvogel in den Nadelwäldern Nordskandinaviens und Sibiriens; in Mitteleuropa als unregelmäßiger Wintergast in Parks und Gärten.
W: Die plötzliche Ankunft dieser auffälligen, meist geselligen und zutraulichen Vögel deutete der Volksaberglaube früher als ein schlechtes Omen („Pestvogel"). Die sog. „Wintersteher" unter den Früchten dienen dem Seidenschwanz als Nahrung, vor allem die Schneeballbeeren.

5 Zaunkönig
Troglodytes troglodytes

L 9,5 cm winzig Jan.–Dez.
K: Ein Winzling mit braunem Gefieder und kurzem gestelztem Schwanz.
V: Gärten, Parks und Wälder, gern an Ufern und in Dickungen, allgemein verbreitet.
W: Die nach den Goldhähnchen kleinste Vogelart hat einen überraschend laut schmetternden Gesang. Der Zaunkönig lebt vor allem in Bodennähe und huscht wie eine Maus selbst in enge Spalten und Fugen.

6 Wasseramsel
Cinclus cinclus

L 18 cm < Star Jan.–Dez.
K: Gestalt wie Zaunkönig, nur viel größer; schwärzliches Gefieder und weißer Latz.
V: Immer an Gewässern, meistens an schnell fließenden Bächen, Wehren, Wasserfällen; fehlt im Norden.
W: Die Wasseramsel ist der einzige heimische Singvogel, der seine Nahrung auch unter Wasser sucht. Sie taucht, schwimmt mit flugartigen Bewegungen und läuft auf dem Grund nicht allzu tiefer Bäche.

1

2

3

4

5

6

1 Amsel
Turdus merula

L 26 cm bekannt Jan.–Dez.

K: Männchen schwarz mit leuchtend gelbem Schnabel; Weibchen dunkelbraun, nur Kehle gefleckt; wohltönender Gesang ohne Wiederholungen.

V: In Stadt und Land überall häufig.

W: Ursprünglich nur in Wäldern beheimatet, eroberte die Amsel in den letzten 2 Jahrhunderten Dörfer und Städte und läßt heute auch in der City der Metropolen ihren Gesang vernehmen, manchmal – durch Neonleuchten verwirrt – zu nächtlicher Zeit.

2 Singdrossel
Turdus philomelus

L 23 cm < Amsel Febr.–Nov.

K: Oberseits braun, unterseits hell mit länglichen, dunkelbraunen Flekken; abwechslungsreicher Gesang, in dem 1–3silbige Motive mehrmals wiederholt werden; Flugruf „zipp".

V: In Wäldern, Parks und Gärten allgemein verbreitet.

W: Die Strophen hat der Volksmund vielfach in Verse gesetzt: „Küss de bruut – küss de bruut" oder „Wir lieben uns – wir lieben uns"; „Uns lütt Friedrich küßt de Diern, de Diern in't Holt!"

3 Misteldrossel
Turdus viscivorus

L 27 cm > Amsel Febr.–Nov.

K: Oberseits braun, unterseits hell mit runden, dunkelbraunen Flecken; amselähnlicher Gesang mit wiederholten Motiven; schnarrender Ruf.

V: Laub- und Nadelwälder; im Westen und Nordwesten auch kleine Gehölze, Parks und Gärten.

W: Durch ihre Vorliebe für die weißen Mistelbeeren, aus denen früher Leim für den Vogelfang (Leimruten) gewonnen wurde, trägt sie zur Verbreitung der Mistel bei. Daß das schon lange bekannt ist, beweist das lateinische Sprichwort „Turdus ipse cacat malum", „Die Drossel bereitet sich ihr Unheil selbst", und zwar mit ihrem Kot.

4 Wacholderdrossel
Turdus pilaris

L 26 cm ~ Amsel Jan.–Dez.

K: „Bunteste" Drossel mit kastanienbraunem Rücken und grauem Kopf und Bürzel; schackernder Ruf.

V: In Baumgruppen, vor allem in Pappelreihen, und in Feldgehölzen der Agrarlandschaft; im Winter in Scharen auf Wiesen und Feldern.

W: Die einzige heimische Drosselart, die in Kolonien brütet. Sie ist vielerorts erst in den letzten Jahrzehnten heimisch geworden. Riesige Scharen der Wacholderdrossel treffen im Herbst bei uns ein. Früher wurden sie vielfach mit Vogelleim (Leimruten) gefangen (Krammetsvogel).

5 Rotdrossel
Turdus iliacus

L 21 cm << Amsel Okt.–März

K: Braune Drossel mit rostroten Flanken und einem hellen Streifen über dem Auge; Flugruf „zieh".

V: Brutvogel in Nordeuropa; als Durchzügler und Wintergast hierzulande oft auf Wiesen und Feldern.

W: Beim Überfliegen hell erleuchteter nächtlicher Städte lassen die Rotdrosseln häufig ihre hohen und gedehnten Flugrufe vernehmen.

6 Ringdrossel
Turdus torquatus

L 24cm ~ Amsel Jan.–Dez.

K: Beide Geschlechter schwarz mit weißem Halbring auf der Brust.

V: Nur im Gebirge, meistens oberhalb der geschlossenen Gebirgswälder im Knieholz und in einzelnen Nadelbäumen.

W: Neben der Gebirgsrasse der Ringdrossel gibt es eine nordische Rasse, die in Norwegen und Schottland vorkommt.

1

2

3

4

5

6

1 Braunkehlchen
Saxicola rubetra

L 13 cm < Sperling Apr.–Sept.

K: Weiße Streifen über den Augen, weiße Flecken an der Schwanzwurzel; Kehle und Brust rostbraun (Name), beim Weibchen nur angedeutet.

V: Mit Gebüschgruppen durchsetzte, extensiv genutzte Wiesen, gern Feuchtwiesen; im Bergland häufiger als in der Ebene; selten und durch Intensivnutzung von Grünland vielerorts völlig verschwunden.

W: Das Braunkehlchen ist für die Vogelkundler eine Indikatorart für naturnahes Grünland und erfolgreichen Feuchtwiesenschutz. Im Brutgebiet sitzt es gern auf Drähten, Zaunpfosten und den Spitzen der Dorngebüsche und trockener Hochstauden.

2 Rotkehlchen
Erithacus rubecula

L 14 cm < Sperling Jan.–Dez.

K: Orangefarben vom Gesicht bis zur Brust (Name); scharf „zick-zick".

V: Wälder, Parks, gehölzreiche Gärten; allgemein häufig.

W: Die großen Augen kennzeichnen das Rotkehlchen als einen dämmerungsaktiven Vogel. In seiner liebenswürdigsten Art erlebt es vor allem der Gärtner beim Graben, wenn es sich nahebei auf die Schollen setzt. Viele volkstümliche Namen beziehen sich auf seine Brustfarbe. Eine besondere Rolle spielt die Art in Legenden zur Leidensgeschichte Christi.

3 Blaukehlchen
Cyanosylvia svecica

L 14 cm < Sperling Apr.–Sept.

K: Männchen im Brutkleid mit blauem Fleck vom Schnabel bis zur Vorderbrust (Name); Weibchen mit weißlichem Kehlfleck, von einem schwarzen Latz U-förmig eingerahmt.

V: Nur lokal im Weidengebüsch an Gräben und Ufern; selten.

W: In Mitteleuropa haben die Blaukehlchen einen weißen Stern im blauen Brustgefieder, in Nordeuropa und lokal in den Alpen und Sudeten einen braunen Stern.

4 Hausrotschwanz
Phoenicurus ochruros

L 14 cm < Sperling März–Okt.

K: Schwanz und Bürzel rostrot (Name); übriges Gefieder schwarz (beim Männchen, mit hellem Flügelfleck) bzw. dunkelgrau (beim Weibchen); Gesang mit knirschenden Lauten.

V: Sowohl in Siedlungen als auch im felsigen Gelände; weit verbreitet.

W: Schon vor dem ersten Morgengrauen trägt der Hausrotschwanz vom Dachfirst aus seinen Gesang vor. Er brütet in Mauerhöhlen und -nischen und nimmt auch Nistkästen (Halbhöhlen) an. Seine oft registrierten Bestandsschwankungen hängen mit der Grenze seiner Verbreitung im Norden zusammen; bereits in Skandinavien und Großbritannien fehlt die Art nahezu vollständig.

5 Gartenrotschwanz
Phoenicurus phoenicurus

L 14 cm < Sperling Apr.–Sept.

K: Schwanz und Bürzel wie Hausrotschwanz, sonst jedoch heller und farbiger (Männchen mit orangefarbener Brust, mit schwarzem Latz bis zum Gesicht und mit weißer Stirn, **5a**; Weibchen **5b**).

V: Gärten, Parks und lichte Wälder, vor allem in tieferen Lagen; deutlich seltener als der Hausrotschwanz und immer noch rückläufig.

W: Bei beiden Rotschwanz-Arten ist der Schwanz fast ständig in zitternder Bewegung. Der Gartenrotschwanz brütet in Höhlen in Gemäuer und Holz. Der Volksmund hat dem Anfangsteil seines Gesanges Texte unterlegt: „Früh-steh-ich-auf" und „Hüete di, hüete di-di", letzteres als Mahnung an Nesträuber.

1

2

3

4

5a

5b

1 Nachtigall
Luscinia megarhynchos

L 17 cm   > Sperling   Apr.–Sept.

K: Unscheinbar braunes Gefieder; klangvoller Gesang, der nach einem wehmütigen Crescendo in einen schmetternden Schlag übergeht.

V: In gebüschreichen Parks, lichten Eichen-Hainbuchen- und Auenwäldern, vor allem in tieferen Lagen.

W: Im Osten und Nordosten löst der Sprosser die Nachtigall ab; der Überschneidungsbereich beider Arten ist schmal. Der Unterschied in der Färbung ist gering, im Gesang doch recht deutlich: Dem Sprosser fehlt das Crescendo. Von beiden sagt man, daß sie im Mai Tag und Nacht, im Juni nur noch nachts singen und danach verstummen. Der Name Nachtigall enthält das altgermanische „gallan" (= gellen, singen) und bedeutet „Nachtsängerin". Schon im Altertum fand die Art höchste Verehrung. Bis heute ist das Attribut Nachtigall ein Ehrentitel für große Sängerinnen geblieben.

2 Steinschmätzer
Oenanthe oenanthe

L 15 cm   ~ Sperling   Apr.–Okt.

K: Der auffallend weiße Bürzel.

V: Im baumarmen Gelände wie an Ackerrändern mit Lesesteinhaufen, auf Extensivweiden, in Mooren, Heiden und Dünen; nur gebietsweise.

W: Der Steinschmätzer huscht knicksend am Boden dahin; er brütet in Steinhaufen und Kaninchenbauten.

3 Gelbspötter
Hippolais icterina

L 13 cm   < Sperling   Mai–Aug.

K: Oberseits grünlich-grau, unterseits gelblich. Abwechslungsreicher Gesang sowohl mit wohltönenden als auch mit knarrenden Lauten.

V: In Gärten und Parks, in Hecken und an Waldrändern.

W: Der Gelbspötter nimmt Gesangsmotive anderer Arten in seinen Gesang auf: er „spottet" (Name). Stare, Amseln, Meisen und Buchfinken werden vorzugsweise imitiert. Charakteristisch sind Wiederholungen kurzer Motive, die sich anhören wie: „Schmidt-Schmidt-hatte Töchter sieben, sieben-Töchter-sieben, alle heiratsfähig, Schmidt-Schmidt . . .".

4 Mönchsgrasmücke
Sylvia atricapilla

L 14 cm   < Sperling   Apr.–Okt.

K: Graubraunes Gefieder mit beim Männchen (**4a**) schwarzer und beim Weibchen (**4b**) brauner Kopfplatte. Gesang zweigeteilt: leise und gequetscht beginnend und mit lauten Flötentönen endend (Überschlag).

V: Unterholzreiche Wälder und strauchreiche Gärten und Parks; häufigste Grasmücken-Art.

W: Die Grasmücken-Arten brüten meist bodennah in Sträuchern und ernähren sich von Insekten und Spinnen, verschmähen im Herbst aber auch Beeren nicht. Der Name „Mönch" zielt auf das schwarze Käppchen; „Gras-smücke" meint den „Gras-Schmieger", der sich durch die dichte Vegetation bewegt.

5 Gartengrasmücke
Sylvia borin

L 14 cm   < Sperling   Mai–Sept.

K: Schlicht oliv-graubraun; Gesang lang orgelnd.

V: Wie Mönchsgrasmücke, jedoch seltener in Gärten.

6 Zaungrasmücke
Sylvia curruca

L 13 cm   < Sperling   Apr.–Okt.

K: Graubraune Oberseite, dunkle maskenartige Wangen.

V: In offenen, mit Gebüschgruppen durchsetzten Landschaften; an Waldrändern, in Parks und Gärten.

W: Ihre Strophe geht in ein unmelodisches Klappern über, weshalb die Art auch „Müllerchen" genannt wird.

1

2

3

4b

4a

5

6

1 Heckenbraunelle
Prunella modularis

L 15 cm ~ Sperling Jan.–Dez.

K: Unauffällig, Kopf und Hals grau, Rücken braun; klirrender Gesang.

V: Gebüschreiche Gärten und Parks, unterholzreiche Wälder; häufig.

W: Die Heckenbraunelle hält sich gern in Boden- und Gebüschnähe auf; nur zum Gesang wählt sie niedrige Baumspitzen, besonders gern kleine Fichten. Sonst lebt sie recht heimlich. Sie wird manchmal mit dem Sperling verwechselt, von dem sie sich jedoch u. a. durch den dünnen Schnabel unterscheidet.

2 Alpenbraunelle
Prunella collaris

L 18 cm < Star Jan.–Dez.

K: Helle, dunkel punktierte Kehle; Schwanzwippen und lerchenartiger Gesang.

V: In den Alpen und Sudeten oberhalb der Baumgrenze auf Geröllhängen.

W: Der lerchenartige Gesang wird vom Boden und im kurzen Singflug vorgetragen. Im Winterhalbjahr ist die Art auch in tieferen Lagen zu beobachten.

3 Grauer Fliegenschnäpper
Muscicapa striata

L 14 cm < Sperling Apr.–Sept.

K: Graubrauner Rücken, helle Brust mit leichten Streifen; im Sitzen aufrechte Haltung; Gesang aus leicht überhörbaren „sipp"-Lauten.

V: Gehöfte, Gärten, Parks.

W: Der Vogel fällt durch sein Verhalten auf. Er startet von einem niedrigen Sitzplatz aus, um in gewandtem Flug Insekten zu erhaschen und zum alten oder einem ähnlichen Platz zurückzukehren. Er nistet in Halbhöhlen, gern auch an Gebäuden auf Mauervorsprüngen, Fensterbänken und in Mauernischen.

4 Trauerfliegenschnäpper
Ficedula hypoleuca

L 13 cm < Sperling Apr.–Sept.

K: Kontrast zwischen dunkler Ober- und weißlicher Unterseite, vor allem beim Männchen; hastiger Wechsel zwischen einem höheren und einem tieferen Ton: „huti-huti-huti . . ."

V: Gärten, Parks, Wälder; fehlt im äußersten Süden Mitteleuropas.

W: Der Trauerfliegenschnäpper erhascht vorüberfliegende Insekten, hält sich aber auch häufig am Boden auf. Nicht selten streitet er sich mit Meisen um einen von beiden begehrten Nistkasten.

5 Wintergoldhähnchen
Regulus regulus

L 9 cm winzig Jan.–Dez.

K: Rundlich wirkendes Vögelchen mit gelber Kopfplatte, die schwarz begrenzt ist. Der Gesang ist eine sehr feine, hohe Tonreihe, die etwa 3 Sekunden lang ist und auf- und abschwillt.

V: Vor allem in Nadelwäldern und in mit Nadelbäumen durchsetzten Parks.

W: Das Winter- und das nahe verwandte Sommergoldhähnchen sind die kleinsten Vögel Europas: 4 Tiere sind nicht schwerer, als ein Normalbrief sein darf. Daß Wintergoldhähnchen den Winter in unseren Breiten verbringen, ist angesichts der geringen Körpergröße besonders erstaunlich. Nach der Brutzeit schließen sich die Goldhähnchen gern umherstreifenden Meisenschwärmen an. Sie können auf einer Nadel sitzen und auch an schneebedeckten Fichtenzweigen noch winzige Insekten bzw. deren Eier finden, weil sie die Zweige von unten anfliegen. Die Stimmfühlungslaute und die zarten Gesänge der Goldhähnchen sind so hoch, daß sie sich an der Obergrenze des menschlichen Hörvermögens bewegen und vor allem von älteren Menschen oft nicht mehr wahrgenommen werden.

1

2

3

4

5

1 Zilpzalp
Phylloscopus collybita

L 11 cm << Sperling März–Nov.

K: Schlanke, unscheinbar grünlichbraune Vögel, äußerlich dem Fitis zum Verwechseln ähnlich, doch sehr unterschiedliche Gesänge.

V: In allen lichten Biotopen vom Wald bis zum Garten häufig.

W: Zilpzalp und Fitis gehören zu den häufigsten Vögeln der sommerlichen Landschaft. Daß dennoch beide Arten relativ wenig bekannt sind, zeigt, wie sehr wir dem Auge Vorrang gegenüber dem Ohr geben. Die Arten sind sehr unscheinbar, haben jedoch einprägsame Gesänge: der Fitis eine weiche abfallende Tonreihe, der Zilpzalp eine Folge gleichförmiger „till-tell-till-tell"-Rufe. Die Namen beider Arten sind lautmalerisch: „Zilpzalp" nach dem Gesang, „Fitis" nach dem 2-silbigen Lockruf.

2 Waldlaubsänger
Phylloscopus sibilatrix

L 13 cm < Sperling Apr.–Sept.

K: Von den beiden anderen Laubsänger-Arten durch gelbe Kehle und weiße Bauchseite unterschieden. Gesang ein schwermütiges „düh-düh-düh" (10–12 mal) und ein schwirrendes „sip-sip-sip-sirrr".

V: Vor allem Buchenhallenwälder mit wenig Unterwuchs, aber mit einigen tief ansetzenden Klebästen.

W: Die Art fällt dadurch auf, daß das Männchen singend von einem niedrigen Ast zu einem anderen fliegt.

3 Feldschwirl
Locustella naevia

L 13 cm < Sperling Apr.–Sept.

K: Selten zu sehen, doch am Gesang unverkennbar: heuschreckenähnliches Sirren, 1–2 Minuten lang.

V: Meistens am Boden oder in Bodennähe in der dichten Vegetation von Feuchtwiesen, Ackerrainen, Brachen und Forstkulturen.

W: Der Feldschwirl läßt seinen ungewöhnlichen Gesang oft auch nachts vernehmen. Die wechselnde Lautstärke ist darauf zurückzuführen, daß der Vogel während des Gesangs seinen Kopf hin und her dreht.

4 Teichrohrsänger
Acrocephalus scirpaceus

L 13 cm < Sperling Mai–Sept.

5 Drosselrohrsänger
Acrocephalus arundinaceus

L 19 cm > Sperling Mai–Sept.

K: Braune Vögel des Röhrichts; der Drosselrohrsänger ist viel größer und auffälliger, jedoch seltener als der Teichrohrsänger. Der Gesang zeichnet sich durch Wiederholung kurzer Motive aus, unter denen häufig ein „teck-teck-teck" zu hören ist.

V: Röhrichte und dichte Untervegetation; der Drosselrohrsänger in größeren Röhrichtbeständen.

W: Die Rohrsänger bauen kunstvolle Nester, die zwischen 3–4 Rohrhalmen aufgehängt sind. Die als Nistmaterial benutzten Halme werden naß eingebaut. Luftgetrocknet verleihen sie dem Nest hohe Stabilität.

6 Sumpfrohrsänger
Acrocephalus palustris

L 13 cm < Sperling Mai–Sept.

K: Dem Teichrohrsänger ähnlich, aber viel klangvollerer Gesang mit nur wenigen knarrenden Lauten.

V: Sümpfe, Ufer von Gewässern, aber auch Getreidefelder.

W: Die Art gehört zu den wenigen heimischen Nachtsängern. Sie hat vor allem in den durch Stickstoff-Düngung geförderten Hochstaudenbeständen der Ackerränder einen neuen Lebensraum gefunden, den sie so gern annimmt, daß man ihren Zweitnamen „Getreiderohrsänger" bereits für angemessener hält als den ersten.

1

2

3

4

5

6

1 Feldlerche
Alauda arvensis

L 18 cm > Sperling Febr.–Nov.

K: Braunes Gefieder mit dunkelbrauner Streifung; unterseits weißlich, nur Brust gestreift; Singflug.

V: Acker- und Grünland, Dünen und Brache, weit verbreitet.

W: Jedermann kennt die Feldlerche, wenn sie hoch am Himmel ihr trillerndes Lied vernehmen läßt. „Trillern wie eine Lerche" ist eine bekannte Redewendung, die vor allem auf die hohen Töne abzielt. Indem sie ihr Revier aus der Luft markiert, weist die Feldlerche auf ihre Herkunft aus ursprünglich steppenartigen Landschaften hin. Sie wurde zum Charaktervogel auch der baumärmsten Landstriche.

2 Haubenlerche
Galerida cristata

L 17 cm > Sperling Jan.–Dez.

K: Brauner Vogel mit Häubchen.

V: Kurzrasiges, staubig-trockenes Gelände vor allem im Siedlungsbereich; Straßenkreuzungen, Bahn- und Industriegelände, Brachen.

W: Im Gegensatz zur Feldlerche, die nur bei Erregung einen Haubenansatz zeigt, trägt die Haubenlerche ihren Namen ständig zu Recht. Auf ihre Vorliebe für warme und trockene Biotope weist ihre punktuelle Verbreitung zumeist in der Ebene und hier vor allem in den urbanen Wärmeinseln hin.

3 Baumpieper
Anthus trivialis

L 15 cm ~ Sperling März–Sept.

K: Ober- und unterseits gestreift, schlank; lauter Gesang, der mit „zia-zia-zia" endet, vorgetragen von einer hohen Warte oder im Singflug.

V: Kahlschläge mit jungen Baumkulturen, Waldränder und Lichtungen im Wald, Heiden.

W: Die forstliche Kahlschlagwirtschaft, von Naturschützern in der Regel abgelehnt, verschaffte dem Baumpieper günstige Lebensräume. Er startet meistens von niedrigen Singwarten und beginnt erst am höchsten Punkt mit seinem Gesang.

4 Bachstelze
Motacilla alba

L 18 cm > Sperling Febr.–Nov.

K: Kräftige Schwarz-Weiß-Zeichnung und langer Schwanz.

V: In der Agrarlandschaft oft, aber nicht unbedingt an Gräben; immer häufiger in Dörfern und Städten.

W: Bekäme die Art heute ihren Namen, würde man sie eher „Dachstelze" nennen, wobei „Stelze" wahrscheinlich auf „Stert" (Schwanz, heute noch plattdeutsch „Wippstert") zurückgeht. Bruten an Gebäuden, vor allem in Dachrinnen und unter Dachziegeln, sind keine Seltenheit.

5 Gebirgsstelze
Motacilla cinerea

L 18 cm > Sperling Jan.–Dez.

K: Oberseits grau, unterseits gelb, besonders langschwänzig.

V: An Flüssen und Bächen des Berg- und Hügellandes.

W: Die Art ist stärker als die anderen Stelzen an fließendes Wasser gebunden. Dadurch ist ihr Vorkommen in der Ebene stark eingeschränkt, vor allem auf Mühlenwehre.

6 Schafstelze
Motacilla flava

L 17 cm > Sperling Apr.–Sept.

K: Rücken olivgrün, unterseits gelb, langschwänzig.

V: Feuchtwiesen, Sümpfe, aber auch Wiesen und Getreidefelder.

W: In den letzten 30 Jahren ist die Art seltener geworden und vielerorts völlig verschwunden. Ihren Namen trägt sie, weil sie sich gern in der Nähe von Weidevieh aufhält, das mit den Hufen Insekten aufscheucht.

1

2

3

4

5

6

1 Neuntöter
Lanius collurio

L 18 cm < Star Apr.–Sept.

K: Rotbrauner Rücken; Männchen mit auffälliger schwarzer Maske und grauem Scheitel und Bürzel.

V: Mit Dornsträuchern durchsetzte Hecken, Gebüsche und Steinbrüche; lückenhafte Verbreitung.

W: Die für Singvögel ungewöhnliche Ernährungsweise gab Anlaß für gleich mehrere verschiedene deutsche Namen, wobei das „Neun" wohl für „Viel" steht (wie in der Redewendung vom „Neunmalklugen"). Als Ansitzjäger hält der Neuntöter von einer Warte Ausschau, um sich auf seine Beute zu stürzen, zu der neben großen Insekten auch kleine Wirbeltiere gehören. Bei Nahrungsüberschuß werden Beutetiere auf Dornen und Stacheldraht aufgespießt („Dorndreher").

2 Raubwürger
Lanius excubitor

L 24 cm < Amsel Jan.–Dez.

K: Größe und schwarz-hellgrauer Gefiederkontrast; schwarzer Augenstreif und langer Schwanz.

V: Waldränder, größere Lichtungen und Schläge, Heiden, heckenreiches Grünland; große Verbreitungslücken.

W: Der Raubwürger verhält sich wie ein kleiner Greif, der von seiner Warte – oft ein Telegrafenmast – zu Jagdflügen startet und gelegentlich rüttelt. Zu den Beutetieren, die er aufspießt, gehören u. a. auch Kleinvögel.

3 Haussperling
Passer domesticus

L 15 cm bekannt Jan.–Dez.

K: Das Männchen unterscheidet sich durch schwarzen „Schlips" und grauen Scheitel vom schlicht gefärbten graubraunen Weibchen.

V: Streng an die Umgebung des Menschen gebunden; Nester an Gebäuden, vereinzelt frei in Bäumen.

W: Der Haussperling oder Spatz ist seit alters fast allgegenwärtiger Siedlungsnachbar des Menschen: vom Einödhof bis in die City der Großstadt. Er ist so sehr an den Menschen und seine Aktivitäten gebunden, daß im Kriege evakuierte Höfe und Dörfer nach wenigen Jahren auch spatzenfrei waren. Nach ihm benannten die Schweizer wegen der ursprünglichen Form der Klöße ihre Mehlspeise. In den verschiedensten Redewendungen ist immer an den kleinen Vogel gedacht, ob nun vom „Spatzenhirn", vom „Spatz in der Hand" oder von den „Kanonen" die Rede ist, mit denen man auf Spatzen schießt.

4 Feldsperling
Passer montanus

L 14 cm < Sperling Jan.–Dez.

K: Beide Geschlechter mit kastanienbraunem Scheitel und auffallendem dunklem Wangenfleck.

V: Häufiger in ländlichen Siedlungen anzutreffen als in Städten.

W: Als Höhlenbrüter tritt die Art oft mit Meisen in Konkurrenz um Baumhöhlen und Nistkästen. Mit dem Rückgang der Pferde und der mit Korn gefütterten freilaufenden Hühner hat sich das Nahrungsangebot für Körnerfresser wie den Feldsperling erheblich verringert, was nicht ohne Einfluß auf die Vogelbestände blieb.

5 Schneefink
Montifringilla nivalis

L 18 cm < Sperling Jan.–Dez.

K: Im Fluge deutlicher Schwarz-Weiß-Kontrast durch Weiß an Schwanz und Flügeln.

V: Auf nackten Felsen in den Gipfellagen der Alpen über 2000 m.

W: Die oft sehr zutraulichen Vögel suchen an verschiedenen Orten bereits Kontakt zum Menschen und stellen sich beispielsweise an hochgelegenen Gebäuden wie Almhütten und Seilbahnstationen ein.

1

2

3

4

5

1 Kernbeißer
Coccothraustes coccothraustes

L 18 cm > Sperling Jan.–Dez.

K: Kräftiger dreieckiger Schnabel, braune Grundfärbung, weißes Flügelfeld; Ruf spitz „zicks“.

V: Mischwälder, Gärten, Parks.

W: Der größte heimische Finkenvogel ist seltener zu sehen, weil er sich meistens in hohen Baumkronen aufhält. Er lebt vor allem von Samen und kann sogar Kirschkerne knacken.

2 Grünling
Chloris chloris

L 15 cm ~ Sperling Jan.–Dez.

K: Olivgrünes (Männchen) oder graugrünes Gefieder (Weibchen), gelbe Flügelflecken; Rufe ein gedehntes „düht“ und ein klirrendes „gigigi“.

V: Gärten, Friedhöfe, Feldgehölze.

W: Seinen trillernden Gesang trägt der Grünling im Balzflug vor. Die großen Hagebutten der Kartoffelrose haben es ihm besonders angetan; er öffnet das Fruchtfleisch, um an die Nüßchen zu gelangen.

3 Buchfink
Fringilla coelebs

L 15 cm ~ Sperling Jan.–Dez.

K: Die doppelte weiße Flügelbinde; kein weißer Bürzel; Ruf „pink“ (Fink) und ein markanter Schlag.

V: Wälder aller Art und alle anderen baumbestandenen Flächen.

W: Als einer der häufigsten Vögel kommt der Buchfink überall vor, wo es einige Bäume gibt. Der Volksmund hat dem Gesang verschiedene Texte unterlegt: „Bin ich nicht ein schöner Bräutigam?“, „Fink, Fink, Fink schreibt an die Regierung“, „Gegrüßet, gegrüßet seist du Maria“ u. a. m. Finken wurden wegen ihres klangvollen Schlages gern gehalten. Da in Skandinavien fast nur Männchen überwintern, hat C. v. Linné den Fink als *Fringilla coelebs*, den Ehelosen, bezeichnet.

4 Bergfink
Fringilla montifringilla

L 15 cm ~ Sperling Okt.–Apr.

K: Weißer Bürzel und orangefarbenes Gefieder von der Brust bis zur Schulter; quäkende Rufe.

V: Im Winterhalbjahr meist in Schwärmen in Buchenwäldern oder auf Feldern, oft mit Buchfinken.

W: Die Wintergäste und Durchzügler aus Skandinavien fallen bei reicher Bucheckernmast oft wie Heuschrekkenschwärme in die Wälder ein, in denen daraufhin die erwartete Naturverjüngung völlig ausfallen kann.

5 Gimpel
Pyrrhula pyrrhula

L 15 cm ~ Sperling Jan.–Dez.

K: Weißer Bürzel, schwarze Kappe; Ruf klagend „dü“.

V: Gärten, Obstweiden, Parks und strauchreiche Wälder, möglichst mit kleinen Koniferen.

W: Den wenig scheuen Vogel kann man durch Nachahmung seines Rufes anlocken und leicht fangen. Deshalb gilt er als Symbol der Einfalt: „simpler Gimpel“. Der Name soll auf „gumpen“ (hüpfen) zurückgehen. „Dompfaff“ wird er seiner Kappe und der kardinalsroten Brust wegen genannt.

6 Stieglitz
Carduelis carduelis

L 12 cm < Sperling Jan.–Dez.

K: Weiß-schwarzer Kopf mit roter Gesichtsmaske, gelbes Flügelband; Ruf „stieglitt“ (Name = Lautmalerei).

V: Dörfer, Gärten, Obstweiden; im Winter auf Brache und Ödland.

W: Der Stieglitz sitzt gern auf den Fruchtständen von Korbblütlern, vor allem von Disteln, und frißt die Samen: deshalb auch „Distelfink“. Sein buntes Gefieder soll er deshalb tragen, weil er zu spät kam, als der liebe Gott den Vögeln die Farben gab; für ihn waren nur noch die Reste übrig.

1

2

3

4

5

6

1 Fichtenkreuzschnabel
Loxia curvirostra

L 17 cm > Sperling Jan.–Dez.

K: Männchen rot, Weibchen oliv; Ober- und Unterschnabel übereinander gekreuzt; Ruf laut und durchdringend „gipp-gipp-gipp".

V: Nadel-, vor allem Fichtenwälder, auch nadelholzreiche Gärten.

W: Die Art tritt in stark wechselnder Zahl auf und kann überall erscheinen, wenn es viele Fichtenzapfen gibt. Das ist neuerdings (trockenheits- und immissionsbedingt) häufiger als früher der Fall. An den hängenden Zapfen bewegt sich der Fichtenkreuzschnabel mit papageienhafter Geschicklichkeit. Er brütet in der Zeit der Reife der Fichtensamen, also vorzugsweise im Februar/März. Der Legende nach verbog sich der Schnabel des Vogels, als er sich bemühte, die Nägel herauszuziehen, mit denen Christus ans Kreuz geschlagen wurde.

2 Erlenzeisig
Spinus spinus

L 12 cm << Sperling Jan.–Dez.

K: Gelbe Federn an den Schwanzseiten; Männchen mit dunkler Kopfplatte; hängt oft an Erlenzapfen; tritt im Winter in Trupps auf.

V: Meistens in Erlen oder Birken, zur Brutzeit in Nadelbäumen.

W: Nach der Volksmeinung baut der Zeisig unsichtbare Nester. Diese sind in der Tat in den höchsten Spitzen von Koniferen nur schwer auffindbar.

3 Girlitz
Serinus serinus

L 11 cm << Sperling März–Okt.

K: Bürzel deutlicher gelb und Gefieder insgesamt noch stärker gestreift als beim Erlenzeisig; als Gesang ein mehrere Sekunden dauerndes hohes Sirren oder Girren („Girlitz").

V: Gärten, Parks, Siedlungen.

W: In den letzten 100 Jahren hat die Art ihr Siedlungsgebiet von Südwesten nach Nordosten über Mitteleuropa ausgeweitet und dringt auch jetzt noch weiter vor. Gern nutzt der Girlitz Antennen als Singwarten. Er erinnert an die Wildform des Kanarienvogels, mit der er eng verwandt ist.

4 Bluthänfling
Carduelis cannabina

L 13 cm < Sperling Jan.–Dez.

K: Brauner Rücken; Männchen im Sommer mit blutroter Stirn und Brust (Name!).

V: Siedlungen mit Hecken und Gebüsch, Feldhecken; zur Nahrungssuche auf Feldern und Brache.

W: Er ist nach seiner Lieblingsnahrung benannt: „Hanfsamenfresser".

5 Goldammer
Emberiza citrinella

L 17 cm > Sperling Jan.–Dez.

K: Leuchtend gelbes Gefieder am Kopf und auf der Unterseite, rotbrauner Bürzel; Strophe „tsi-tsi-tsi . . .zieh" („Wie wie hab' ich dich lieb!").

V: In der Agrarlandschaft bis in die Siedlungen, auch an Waldrändern.

6 Rohrammer
Emberiza schoeniclus

L 15 cm ~ Sperling (Jan.)März–Okt.(Dez.)

K: Männchen sind im Frühling am schwarzen Kopf und schwarzer Kehle zu erkennen; stockende 5silbige Strophe: „Za—ti—tai—zizi"; Ruf schilpend wie der des Haussperlings: „Er schimpft wie ein Rohrspatz".

V: Röhrichte und Sumpfgebiete unterschiedlichster Art, vereinzelt auch in Feldern, vor allem im Raps.

W: Die Rohrammer singt gern von der Spitze eines Halms oder Krautes aus und verschwindet bei Gefahr in der Vegetation unterhalb der Singwarte.

1

2

3

4

5

6

1 Waldohreule
Asio otus

L 36 cm ~ Taube Jan.–Dez.
K: Auffällige Federohren; ruft tief „huh“ und manchmal auch kläffend.
V: Landschaften mit mosaikartigem Wechsel von Wald und Feld; außerhalb der Brutzeit auch in Parks und auf Friedhöfen.
W: Die Art erregt immer dann besonderes Aufsehen, wenn sie im Winter in Trupps auftritt, die sich oft aus nächster Nähe beobachten lassen.

2 Uhu
Bubo bubo

L 67 cm > Bussard Jan.–Dez.
K: Die mit Abstand größte Eulenart.
V: Strukturreiche Wald-Feld-Landschaften, mit Felsen als Brutplatz und mit besonderem Nahrungsangebot; Restbestände und Wiederansiedlung in Alpen und Mittelgebirgen.
W: Nach teilweise vollständiger Ausrottung breitet sich der Uhu seit den 70er Jahren durch Schutz und Wiedereinbürgerung langsam wieder aus. Daß er sich als Rattenjäger an Müllkippen nützlich machen kann, hat auch viele Experten überrascht.

3 Schleiereule
Tyto alba

L 34 cm ~ Taube Jan.–Dez.
K: Sehr helle Eule mit herzförmigem Gesicht; Rufe mit schnarrenden und zischenden Lauten.
V: Menschliche Siedlungen; in Kirchtürmen und auf Dachböden von Bauernhöfen und Scheunen.
W: Die Art ist ein reiner Kulturfolger und kann in unseren Breiten außerhalb menschlicher Siedlungen schneereiche Winter nicht überstehen. Durch Verlust bisheriger Brutplätze und durch Unfälle im Verkehr und infolge Verdrahtung der Landschaft ist es zu einem alarmierenden Rückgang der Art gekommen.

4 Waldkauz
Strix aluco

L 38 cm > Taube Jan.–Dez.
K: Ein kräftiger grau- oder rotbrauner Vogel von gedrungener Gestalt und mit gestreiftem oder geflecktem Gefieder; großer, runder Kopf ohne Federohren; Ruf „ki-wick“, Balzgesang klangvoll okarinaartig, mit „huuh“ beginnend, von längeren Pausen unterbrochen und mit einem Tremolo endend.
V: Die häufigste Eulenart Mitteleuropas bevorzugt Altholzbestände, aber auch Parks und größere Gärten.
W: Die nach vorn gerichteten Augen, den lautlosen Flug und die Speiballen oder Gewölle mit Haaren und Schädelstücken der Beutetiere haben alle Eulenarten gemeinsam. Der Waldkauz macht von Zeit zu Zeit von sich reden, wenn sich wieder einmal ein Tier in Nestnähe gegenüber dem Menschen besonders aggressiv zeigte. Als Nachtvögel haben alle Eulen für viele Menschen noch immer etwas Unheimliches an sich. Der Aberglaube machte sie zu Totenvögeln und Unheilsbringern, deren Stimmen die am Kranken- oder Sterbebett Wachenden zusätzlich erschreckten.

5 Steinkauz
Athene noctua

L 24 cm << Taube Jan.–Dez.
K: Ein kleiner, rundlich wirkender Kauz mit geflecktem Rückengefieder; Ruf schrill „kwiu“.
V: Dorfränder mit Obstweiden und mit Kopfbäumen durchsetztes Grünland; stark zurückgehend.
W: Alte Kopfweiden und Höhlen in Obstbäumen sind mit Abstand die begehrtesten Brutplätze der Art, die unter Wiesenumbruch und Intensivierung der Landwirtschaft besonders leidet. Vor allem ihretwegen schneiteln Vogelschutzgruppen die noch vorhandenen Kopfbäume und vermehren sie durch Setzen von Steckhölzern.

1

2

3

4

5

1 Turmfalke
Falco tinnunculus

L 34 cm ~ Taube Jan.–Dez.

K: Rüttelflug; spitze Flügel und rotbrauner Rücken.

V: Sowohl offene Agrarlandschaften, Feuchtgebiete und Dünen als auch städtische Lebensräume mit Straßenrändern, Baulücken, Brache und Parks.

W: Der Turmfalke brütet in alten Krähen- und Elsternnestern, aber auch auf nackten Felsen und im Gemäuer von Türmen und anderen hohen Gebäuden sowie in eigens für ihn konstruierten Nistkästen. Seine Beute, die weit überwiegend aus Mäusen, aber auch aus größeren Insekten besteht, schlägt er aus dem Rüttelflug (**1 a**), zu dem er sich gegen den Wind ausrichtet, oder von der Ansitzwarte aus. Autofahrer kennen ihn als unbekümmerten Jäger auf den kurz geschorenen Rasen in unmittelbarer Nachbarschaft der Fahrbahn.

2 Baumfalke
Falco subbuteo

L 35 cm ~ Taube Apr.–Okt.

K: Im Fluge besonders lange, sichelförmige Flügel und kurzer Schwanz; sonst schwarze Bartstreifen, dunkelgrauer Rücken und rotbraunes Schenkelgefieder („Hosen").

V: Offene Kulturlandschaften mit einzelnen Baumgruppen und Feldgehölzen.

W: Der Baumfalke ist wie kein anderer heimischer Greifvogel auf das Leben in den Lüften ausgerichtet. Wie der Mauersegler, als dessen vergrößertes Abbild er im Fluge erscheint, ist er ständig „auf den Flügeln". Kleinvögel sind seine Hauptbeute. Insekten fängt und verzehrt er im Fluge. Gern stellt er sich zur Libellenjagd in gewässerreichen Landschaften ein. Hier erwartet er häufig abends auch die Schwalben, wenn sie sich an ihrem Schlafplatz versammeln.

3 Sperber
Accipiter nisus

L 28–38 cm ♀ > Taube Jan.–Dez.

K: Männchen mit rotbrauner, Weibchen mit grauer Bänderung („Sperberung").

V: Mosaikartig aus Wald und Feld zusammengesetzte Kulturlandschaft; im Winter Jagdflüge bis in Dörfer und städtische Gärten.

W: Der Sperber jagt dicht über Hekken und Gebüschen und überrascht seine Beute. Diese besteht zu über 90 % aus Kleinvögeln. Sie werden im Flug, im Gezweig oder am Boden überwältigt. Gelege und kleine Junge werden vom Weibchen bewacht und betreut, während das Männchen kleinere Beutetiere als Nahrung sowohl für das Weibchen als auch für den Nachwuchs herbeischafft. Erst wenn die Jungen weiter herangewachsen sind, beteiligt sich auch das Weibchen mit größeren Beutetieren an deren Versorgung.

4 Habicht
Accipiter gentilis

L 47–58 ♀ ~ Bussard Jan.–Dez.

K: Im Flug runde Flügel und langer Schwanz; Altvögel dunkel graubraun, unterseits gebändert, Jungvögel mehr rotbraun, unterseits gestreift.

V: Wälder, vor allem Nadelwald, zur Jagd auch im offenen Gelände.

W: Die Männchen sind fast ein Drittel kleiner als die Weibchen und werden deshalb „Terzel" genannt. Der Habicht überrascht seine Beutetiere, wenn er urplötzlich aus dem Hinterhalt herabstößt. Die Beuteskala reicht vom Hasen bis zur Maus; vornehmlich werden Tauben, Krähen und Kaninchen erbeutet. Dank ganzjähriger Schonzeit haben sich die Bestände von Habicht und Sperber in den letzten Jahren wieder erholt. In den verschiedenen Ökosystemen müssen immer auch „Planstellen" für diese beiden Freibeuter akzeptiert werden.

1a

1b

2

3

4

1 Mäusebussard
Buteo buteo

L 53 cm bekannt Jan.–Dez.

K: Im Segelflug breite Flügel, kurzer Hals und meist breit gefächerter Schwanz; sehr variable Gefiederfärbung und -zeichnung: miauende Rufe („Katzenaar“).

V: Fast überall in Feld und Wald, vor allem in abwechslungsreichen Agrarlandschaften.

W: Die langandauernd oft hoch am Himmel ohne Flügelschlag kreisenden Vögel sind allgemein bekannt. Neben den vorherrschenden braunen Tieren treten manchmal auch mehr oder weniger weitgehend weiß gefärbte Individuen auf (**1 b**). Es handelt sich um individuelle Variationen, nicht etwa um geographische Rassen. Im Sturzflug aus geringerer Höhe erbeutet der Mäusebussard vorzugsweise Mäuse, nur ausnahmsweise auch andere Kleinsäuger und Kleinvögel sowie Insekten und Aas. Er ist in Mitteleuropa die häufigste Greifvogelart.

2 Rotmilan
Milvus milvus

L 61 cm > Bussard Jan.–Dez.

K: Langer rotbrauner Schwanz, der deutlich gegabelt ist; ungewöhnlich eleganter Segelflug, gelegentlich von kräftigen Flügelschlägen unterbrochen.

V: Wald-Feld-Landschaften, bevorzugt im Hügelland und im Mittelgebirge, fehlt in den Benelux-Ländern.

W: Der Rotmilan ist das Vorbild des Dichters, der ihn zum „König im Reich der Lüfte“ erhob. Er beherrscht die Flugkunst wie kaum ein anderer Vogel. Als Nahrung dienen ihm Aas, Kleinvögel und Säuger bis Kaninchengröße. Gern hält er sich in Reiherkolonien auf, wo er wohl überwiegend von Abfällen und toten Jungreihern profitiert. Im Winterhalbjahr versammeln sich oft mehrere Dutzend Milane an gemeinsamen Schlafplätzen.

3 Schwarzmilan
Milvus migrans

L 56 cm ~ Bussard März–Okt.

K: Schwanz weniger tief gegabelt und Gefieder insgesamt dunkler als beim Rotmilan.

V: Wald-Feld-Landschaften, bevorzugt in Gewässernähe; im nordwestlichen Mitteleuropa fehlend.

W: Die Lebensweise des Schwarzmilans ist der des Rotmilans ähnlich. Tote Fische spielen auf seiner Speisekarte eine größere Rolle. Außerdem versucht er häufiger, anderen Beutegreifern die Beute abzujagen. Weltweit ist er eine der häufigsten Greifvogelarten.

4 Rohrweihe
Circus aeruginosus

L 53 cm ~ Bussard März–Okt.

K: Im für Weihen typischen Gaukelflug werden die Flügel flach V-förmig gehalten (wie bei einer Papierschwalbe); kein Weiß am Bürzel, Weibchen mit gelblichem Scheitel, Männchen mit grauem Flügelfeld.

V: In Feuchtgebieten, vor allem in Verlandungszonen von Gewässern; nur punktuell verbreitet.

W: Die Art baut große Nester im Röhricht und erbeutet Säuger bis Ratten- und Vögel bis Teichhuhngröße, außerdem Fische, Frösche und besonders häufig Eier und nestjunge Vögel.

5 Wiesenweihe
Circus pygargus

L 44 cm < Bussard Apr.–Sept.

K: Kleiner als die anderen Weihen; Weibchen braun mit weißem Bürzel, Männchen hellgrau mit schwarzen Flügelspitzen.

V: Ursprünglich in Mooren, Feuchtwiesen und Heiden, jetzt auch in Raps- und Getreidefeldern; die seltene Art fehlt in größeren Teilen Mitteleuropas.

1a

1b

2

3

4

5

1 Steinadler
Aquila chrysaetos

L 76–89 cm >> Bussard Jan.–Dez.

K: Größe; erwachsene Tiere fast einfarbig dunkelbraun; eindrucksvoller Segelflug, gelegentlich von kraftvollen Flügelschlägen unterbrochen.

V: In der Felsregion und in den Gebirgswäldern der Alpen wohl wieder über 200 Brutpaare.

W: Der Adler ist der „König der Vögel" und der „Vogel der Könige". Seit der Antike genießt er – bis hin zum Legionsadler der Römer – fast göttliche Verehrung. Die Bibel nutzt ihn zu vielerlei Gleichnissen für Macht, Kraft und Sinnesschärfe. Als Wappentier ist er weiter verbreitet als irgendeine andere Vogelart. Und in der Tat kann man sich der Faszination dieses majestätischen Beutegreifers kaum entziehen, wenn er zwischen den Berggipfeln kreist. Seinen Horst baut er in Felsnischen oder auf Bäumen. Schwaches Reh- und Rotwild sowie Murmeltiere, manchmal auch Schafe dienen ihm als Beute. Nicht selten frißt er auch Aas. Nach jahrzehntelangem Rückgang scheinen Schutzprogramme inzwischen zur Konsolidierung der Adlerbestände beizutragen.

2 Seeadler
Haliaeetus albicilla

L 69–91 cm >> Bussard Jan.–Dez.

K: Größe; erwachsene Tiere mit weißem, keilförmigem Schwanz; Flügel im Segelflug kaum gewinkelt.

V: Brutvogel im Nordosten, an der Meeresküste und in der Nachbarschaft großer Seen und Flüsse; in Mitteleuropa kaum noch 50 Brutpaare.

W: Seit der Mitte des 19. Jh. ist der Seeadler stark zurückgegangen, anfangs infolge direkter Verfolgung, später dann vor allem infolge der Vergiftung seiner Nahrung durch Pestizide und Schwermetalle. Inzwischen jedoch zeitigt intensiver Schutz erste Erfolge. Er brütet auf Felsklippen und alten Bäumen, greift Säugetiere bis hin zu Rehen und unter den Vögeln besonders Enten.

3 Fischadler
Pandion haliaetus

L 51–58 cm ~ Bussard Apr.–Sept.

K: Kopf (mit angedeuteter Haube) und Bauch weiß (mit braunem Brustband); Flügel im Fluge deutlich gewinkelt gehalten.

V: Immer in der Nähe größerer, fischreicher Gewässer; nur im Nordosten Brutvogel (knapp 100 Brutpaare); zur Zugzeit vielerorts an Fischteichen und Talsperren.

W: Der Fischadler jagt über Gewässern, rüttelt, stürzt sich mit vorgestreckten Fängen ins Wasser und taucht ganz unter. Er lebt fast ausschließlich von Fischen. Sein Nest baut er auf Felsklippen oder alten Bäumen, neuerdings manchmal auch auf Hochspannungsmasten.

4 Wanderfalke
Falco peregrinus

L 38–48 cm ~ Krähe Apr.–Okt.

K: Breiter schwarzer Bartstreif; lange spitze Flügel; zwischen Gleitphasen Ruderflug mit flachen Flügelschlägen.

V: Abwechslungsreiche Landschaften mit Felsen und höherem Baumbestand; Brutvogel im Süden und Osten, vereinzelt auch wieder im Nordwesten.

W: Der Rückgang dieser Falken war jahrelang erschreckend; neuerdings deutet sich eine leichte Trendwende an: Der Bestand in Mitteleuropa könnte bei 100 Brutpaaren liegen. Hauptbeute des Wanderfalken sind Vögel bis Krähen- und Taubengröße. Seit vorchristlicher Zeit als Beizvögel hochgeschätzt, müssen die Falken auch heute noch aufmerksam vor Nesträubern geschützt werden.

1

2a

2b

3

4

1 Graureiher
Ardea cinerea

L 91 cm bekannt Jan.–Dez.

K: Ein langhalsiger und langbeiniger Vogel, der im Flug seinen Hals Z-förmig einzieht; graue Oberseite, dunkle Schwingen.

V: Zum Fischfang an Gewässern, zur Rast und zum Mäusefang auf Wiesen und Feldern; Brutkolonien in hohen Bäumen.

W: Die ganzjährige Schonzeit hat dem Reiherbestand gut getan: Nach einem Tief in den 50er und 60er Jahren hat er sich deutlich erholt. Heute ist der Graureiher in den weitesten Teilen Mitteleuropas regelmäßig anzutreffen und teilweise so vertraut, daß er Goldfische aus den Gartenteichen holt. Als bevorzugtes Wild für die Beizjagd der Könige und des Adels spielt die Art auch kulturhistorisch eine wichtige Rolle. Manche Brutkolonien sind seit über 100 Jahren belegt; sie umfassen von einigen wenigen bis mehrere hundert Brutpaare.
Die großen Horste werden immer wieder benutzt und ausgebessert. Schon Ende Februar kehren die Reiher in die Kolonien zurück und legen ab Anfang März 4–5 Eier. Weil die Eier in Abständen von 2 Tagen gelegt, aber vom ersten Ei an bebrütet werden, schlüpfen die Jungen zeitversetzt. Nur die stärksten – je nach Nahrungsangebot 3 oder 4 bzw. nur 1 oder 2 – werden groß und nach 1 1/2 Monaten flügge. Während die meisten Altreiher in Mitteleuropa überwintern, können die Jungreiher bis ans Mittelmeer ziehen und sich danach am Geburtsort oder in entfernten Brutkolonien ansiedeln.

2 Silberreiher
Casmerodius albus

L 89 cm ~ Graureiher Jan.–Dez.

K: Größer als die anderen weißen Reiher; gelbe Färbung der Schnabelwurzel.

V: Nur im Südosten (Neusiedler See) als Brutvogel in der dichten Ufervegetation von Seen; außerhalb der Brutzeit auch weiter nördlich, jedoch stets als Seltenheit.

W: Dieser majestätische Reiher, der keine langen „Reiherfedern" vom Kopf herabhängen hat, brütet kolonieweise im Röhricht und nicht – wie der Graureiher – auf Bäumen.

3 Purpurreiher
Ardea purpurea

L 79 cm < Graureiher März–Okt.

K: Deutlich kleiner und dunkler als der Graureiher; besonders langer, schlangenartig bewegter Hals.

V: Sümpfe und Röhrichte sind zugleich Jagd- und Brutgebiet; in den Niederlanden, in Österreich und Ungarn jeweils mehrere 100, in Deutschland und der Schweiz nur einzelne Brutpaare.

W: Bei insgesamt ähnlichen Verhaltensweisen gibt sich diese Art heimlicher als der Graureiher und zieht sich gern ins Röhricht zurück. Das Zugverhalten ist stärker ausgeprägt und führt viele Purpurreiher bis in die Sahelzone.

4 Große Rohrdommel
Botaurus stellaris

L 76 cm < Graureiher Jan.–Dez.

K: Plumper als andere Reiher wirkend, mit braun gebändertem und geflecktem Gefieder.

V: In Mitteleuropa nur noch vereinzelt in größeren Schilfröhrichten; Bestand stark rückläufig, insgesamt nur noch wenige 100 Paare.

W: Die Art fliegt nur selten, aber dann mit reiherartiger Halshaltung. Die Rohrdommeln leben einzeln versteckt im Röhricht; auffallend sind jedoch die weithin hörbaren dumpfen Rufe („prumb") in der Dunkelheit. Bei Gefahr richtet der Vogel den Schnabel senkrecht nach oben und reckt sich so, daß er im Röhricht optimal getarnt ist („Pfahlstellung").

1

2

3

4

1 Kranich
Grus grus

L 118 cm >> Graureiher Febr.–Nov.

K: Sehr großer Schreitvogel mit schiefergrauem Gefieder und herabhängendem, schwärzlichem „Schwanz" (gebildet von den inneren Armschwingen); im Flug Keilformation; Hals und Füße ausgestreckt; Rufe laut trompetend „gruh gruh" (Name).

V: Zur Brut in Sümpfen und Bruchwäldern, auf dem Zug an gehölzfreien Ufern und auf Feldern; Brutvogel im nordöstlichen Mitteleuropa.

W: Innerhalb eines schmalen, durch Deutschland verlaufenden Korridors gehören die Kranichkeile zu den regelmäßig wiederkehrenden Frühjahrs- und Herbstbildern. An traditionellen Sammelplätzen werden oft große Kranichscharen beobachtet. Im Frühjahr begeistern die „tanzenden Kraniche", die flügelschlagend in die Luft springen, die Beobachter. Wegen ihrer lebenslangen Einehe gelten die Kraniche als Sinnbild der Liebe und Treue. Kaum jemand, der von einem Kran spricht oder ihn bedient, weiß, daß der lange Kranichhals bei der Namensgebung Pate stand. Im Brutgebiet ist die Art sehr störungsempfindlich. Offenbar zeitigen die intensiven Schutzbemühungen erste Erfolge: Der Kranich nimmt zu und breitet sich aus.

2 Löffler
Platalea leucorodia

L 86 cm < Graureiher Apr.–Sept.

K: Schneeweißes Gefieder und löffelförmiger Schnabel (Name!); im Flug mit ausgestrecktem Hals, meist mehrere Tiere in breiter Front.

V: Flachwasserbereiche als Nahrungs- und Röhrichte und Ufergebüsche als Brutbiotope; nur wenige Brutplätze mit insgesamt kaum 1000 Paaren in Holland, Österreich und Ungarn.

W: Die Löffler führen den Schnabel mit pendelnden Kopfbewegungen durch das flache Wasser und nehmen dabei Nahrung auf. Sie brüten in streng geschützten Kolonien und gehen dennoch im Bestand zurück.

3 Schwarzstorch
Ciconia nigra

L 97 cm > Graureiher März–Sept.

K: Oberseite schwarz, Bauch weiß; langsamer Flug mit ausgestrecktem, abwärts geneigtem Hals.

V: Auen und naturnahe Waldbestände im östlichen Mitteleuropa.

W: Der störungsempfindliche Waldvogel war früher in Deutschland weiter verbreitet. Anfang unseres Jahrhunderts erloschen viele Vorkommen. Neuerdings breitet sich die Art auch westlich der Elbe wieder aus, wenn sie ruhige Waldungen und darin eingeschlossene Feuchtgebiete und Weiher findet.

4 Weißstorch
Ciconia ciconia

L 102 cm > Graureiher Febr.–Okt.

K: Der bekannte stattliche Schreitvogel hat weißes Gefieder mit schwarzen Schwingen, rote Beine und roten Schnabel; langsamer Flug ohne bestimmte Formation, oft segelnd und gleitend; Schnabelklappern.

V: Vor allem von feuchtem Grünland und Gewässern umgebene Dörfer; nur in Teilen Mitteleuropas; im Westen starker Bestandsrückgang.

W: „Adebar" (altsächsisch) ist der „Träger" oder „Bringer", der das Neugeborene im Schnabel trägt und auch sonst Frühling, Glück und Segen bringt, weshalb früher mancherorts die Turmwächter den ersten Storch im Frühling mit dem Horn anzeigten. Er war und ist gern gesehener Mieter, für dessen Nest ein Wagenrad auf dem Dach befestigt wird. Dennoch ist es um seine Zukunft vielerorts nicht gut bestellt: Die Entwässerung früher froschreicher Feuchtwiesen, die Verdrahtung der Landschaft und die Vergiftung der Heuschrecken in den afrikanischen Winterquartieren lassen die Brutbestände schrumpfen.

1

2

3

4a

4b

Schwimmenten
„gründeln“, d.h. sie folgen dem Vers aus dem bekannten Kinderlied „Köpfchen in das Wasser, Schwänzchen in die Höh“. Sie liegen höher auf dem Wasser als die tiefer einsinkenden Tauchenten; der Schwanz weist schräg nach oben. Beim Start vom Wasser erheben sie sich ohne zu laufen unmittelbar in die Luft. – Bei allen Entenarten (auch bei den Tauchenten) weisen die Erpel bunte, artspezifische Farbmuster auf. Die Weibchen sind dagegen durchweg schlicht braun.

1 **Stockente**
Anas platyrhynchos

L ♂ 57, ♀ 49 cm bekannt. Jan.–Dez.
K: Erpel mit glänzend grünem Kopf, weißem Halsring, braunroter Brust und schwarzen „Schwanzlocken“.
V: An Gewässern aller Art.
W: Die Stammform unserer Hausenten akzeptiert auch schneeweiße Partner. Vielerorts sind die Stockenten-Bestände deshalb stark mit Hausenten bastardiert. Auch reinrassige Stockenten kommen bis in die Städte. Dieselben Tiere können am Parkteich handzahm sein, im benachbarten Jagdrevier aber die übliche Fluchtdistanz einhalten. Der Name „Stockente“ deutet darauf hin, daß die Art gern auf Bäumen – vor allem auf Kopfbäumen – und in Baumhöhlen brütet.

2 **Krickente**
Anas crecca

L ♂ 36, ♀ 34 cm << Stockente
Jan.–Dez.
K: Kleinste heimische Entenart; Erpel mit dunklem Kopf, grauem Rükken, weißem Flügelstreifen und grünem Spiegel; Ruf „kritt“ (Name).
V: Gewässer mit üppiger Ufervegetation, Sümpfe und überschwemmte Wiesen; nach der Stockente die zweithäufigste Schwimmente.
W: Der kurze Hals gestattet der kleinen Ente erfolgreiches Gründeln nur im bis zu 20 cm tiefen Wasser.

3 **Knäkente**
Anas querquedula

L ♂ 39, ♀ 36cm << Stockente
März–Okt.
K: Kleine Entenart; Erpel mit weißen Streifen an den Kopfseiten.
V: Sümpfe und Röhrichte; brütet vereinzelt im nördlichen Mitteleuropa.
W: Ihren Namen hat die Art nach ihrem schnarrenden Ruf.

4 **Löffelente**
Anas clypeata

L ♂ 51, ♀ 48 cm < Stockente
Jan.–Dez.
K: Erpel mit dunkelbraunen Flanken. Der Löffelschnabel (Name!) fällt bei Männchen und Weibchen auf.
V: Gewässer mit Verlandungszonen und Sümpfe; vor allem im Norden stellenweise Brutvogel.

5 **Pfeifente**
Anas penelope

L ♂ 49, ♀ 44 cm < Stockente
Jan.–Dez.
K: Der Erpel hat einen rotbraunen Kopf mit großer hellgelber Blesse.
V: Nistet in Mooren und Sümpfen Nordeuropas; auf dem Zuge in großen Trupps, vor allem an der Küste.
W: Ihrem pfeifenden Ruf („huihu“) verdankt die Art ihren Namen.

6 **Spießente**
Anas acuta

L ♂ 53 + 17 cm, ♀ 48 + 10 cm
~ Stockente Jan.–Dez.
K: Der Erpel ist an seinem hellen Gefieder, seinem braunen Kopf mit weißem Halsstreif und vor allem an seiner Schlankheit und dem langen Spießschwanz zu erkennen.
V: Brütet in Mooren und Sümpfen, jedoch in Mitteleuropa nur vereinzelt und unregelmäßig.

1

2

3

4

5

6

Tauchenten
holen ihre Nahrung zumeist aus mehreren Metern Tiefe vom Gewässergrund. Man kann sie von Schwimmenten schon daran unterscheiden, daß sie tiefer im Wasser liegen und der Schwanz dem Wasser aufliegt.

1 Reiherente
Aythya fuligula

L ♂ 45, ♀ 43 cm < Stockente
Jan.–Dez.

K: Erpel schwarz mit weißen Seiten; vom Kopf herabhängender Schopf.

V: Auf stehenden Gewässern und langsam fließenden Flüssen.

W: Die hübsche Tauchente ist nach der Stockente der zweithäufigste Brutvogel unter den Enten. Seit den 50er Jahren nimmt die Art zu und breitet sich nach Westen und Süden aus.

2 Tafelente
Aythya ferina

L ♂ 46, ♀ 42 cm < Stockente
Jan.–Dez.

K: Der Erpel mit kastanienbraunem Kopf und schwarzer Brust.

V: Auf etlichen Seen und Weihern als Brutvogel.

W: Auf Seen und Talsperren versammeln sich im Winter oft Tausende von Reiher- und Tafelenten. Auch die Tafelente breitete sich in den letzten 100 Jahren aus.

3 Kolbenente
Netta rufina

L ♂ 57, ♀ 51 cm ~ Stockente
Febr.–Nov.

K: Am roten Schnabel, dem fuchsroten Kopf und den weißen Seiten sind die Erpel leicht zu erkennen.

V: Brutvogel nur an wenigen großen, röhrichtgesäumten Seen.

W: Abweichend vom allgemeinen Bild der Tauchenten liegt die Kolbenente höher im Wasser und nimmt auch mehr Nahrung von der Wasseroberfläche auf.

4 Schellente
Bucephala clangula

L ♂ 45, ♀ 41 cm < Stockente
Jan.–Dez.

K: Erpel mit einem runden weißen Flecken zwischen Auge und Schnabelwurzel. Das viel kleinere Weibchen hat einen braunen Kopf und weißen Halsring.

V: Brütet vereinzelt im Nordosten, sonst Wintergast aus Nordeuropa.

W: Die Art brütet in Baumhöhlen und Nistkästen. Dank seiner geringen Größe paßt das Weibchen sogar in Schwarzspechthöhlen. Die Erpel lassen ein klingelndes Fluggeräusch vernehmen, nach dem die Art benannt ist.

5 Eiderente
Somateria mollissima

L ♂ 62, ♀ 56 cm > Stockente
Jan.–Dez.

K: Ausgefärbte Erpel oben weiß und unten schwarz, Weibchen intensiv gebändert; eigentümliches Kopfprofil: langer, gerade in die Stirn übergehender Schnabel.

V: Brutvogel an der Küste, dort zeitweilig in großen Scharen, seltener an Binnenseen.

W: Bis um 1900 wurden die Eiderdaunen und die Eier gesammelt. Danach nahm der Bestand deutlich zu. Heute leidet die Art, die bis über 15 m tief und 1 Minute lang tauchen kann, nicht selten unter der Ölverschmutzung der Meere.

6 Samtente
Melanitta fusca

L ♂ 56, ♀ 50 cm ~ Stockente
Jan.–Dez.

K: Erpel schwarz mit weißen Flekken am Flügel und unter dem Auge.

V: Auf den Meeren häufiger und zahlreicher Gast aus Nordeuropa. Im Binnenland nur selten zu beobachten.

1

2

3

4

5

6

Säger
sind auf den Fischfang spezialisierte Entenvögel. Mit ihren schlanken Schnäbeln, deren Ränder mit Hornzähnchen sägeartig (Name!) besetzt sind, halten sie die glitschigen Fische fest. Säger wirken insgesamt schlanker als die anderen Entenvögel und tragen vielfach eine kleine Haube. Die verwandten und in ihrer Lebensweise ähnlichen Arten sind unterschiedlich groß und demgemäß auf verschiedene Beutetiergrößen spezialisiert (Konkurrenzvermeidung).

1 Gänsesäger
Mergus merganser

L ♂ 75, ♀ 58 cm < Gans Jan.–Dez.

K: Erpel (**1 a**) weiß mit dunkelgrünem, Weibchen (**1 b**) grau mit braunem Kopf und kleiner Haube.

V: Brutplätze an bewaldeten Küsten (Ostsee) und Flußufern (Alpen); Winterquartiere auf fischreichen Seen, Talsperren und größeren Flüssen.

W: Als versierte Fischer, die bis zu 10 m tief und 30 Sekunden lang tauchen können, jagen die Gänsesäger oft in Gruppen deutlich synchron zusammen. Zum Ausspähen der Fische tauchen sie oft das Gesicht in das Wasser ein (Wasserlugen).

2 Zwergsäger
Mergus albellus

L ♂ 44, ♀ 40 cm << Ente Okt.–Apr.

K: Der Erpel im schneeweißen, apart schwarz gezeichneten Gefieder, das Weibchen mit braunem Oberkopf und weißen Wangen.

V: Brutvogel der Arktis; Wintergast auf Seen, Stauseen und Flüssen.

Lappentaucher
sind keine Entenvögel, aber wie die Säger auf das Fischen und Tauchen spezialisiert. Statt Schwimmhäuten tragen sie an den Zehen breite Lappen. Sie fliegen selten, können zwar stehen, aber kaum laufen. Männchen und Weibchen sind am Federkleid nicht zu unterscheiden. Hinsichtlich der Größenunterschiede zwischen den 3 Arten gilt das bei den Sägern Erklärte.

3 Haubentaucher
Podiceps cristatus

L 48 cm < Ente Jan.–Dez.

K: Im Sommer mit auffallendem Kopfschmuck, im Winter grau bis weiß.

V: Natur- und Baggerseen, Talsperren, gestaute Flußabschnitte; nach deutlicher Bestandszunahme heute vielerorts Brutvogel.

W: Durch ein Schwimmnest an schwankende Wasserstände angepaßt, ist der Haubentaucher der geborene Talsperrenvogel. Durch seine posenreiche Balz und die Fütterung der Küken auf der freien Wasserfläche werden die Menschen leicht auf ihn aufmerksam. Possierlich wirkt es, wenn die Jungen auf dem Rücken der Altvögel „Kahn fahren".

4 Rothalstaucher
Podiceps grisegena

L 43 cm << Ente März–Nov.

K: Rostroter Hals (nur im Sommer), weiße Wangen und schwarze Kappe.

V: Brütet verstreut im Norden, sonst in Osteuropa. Röhrichtreiche Gewässer; außerhalb der Brutzeit häufiger auf dem Meer als auf Binnenseen.

5 Zwergtaucher
Tachybaptus ruficollis

L 27 cm << Bläßhuhn Jan.–Dez.

K: Wirkt wie ein kleiner, rundlicher Federball, auffallend ist der helle Balztriller.

V: Ziemlich weit verbreitet, doch meistens einzeln und mit großen Verbreitungslücken. Zur Brutzeit auf Weihern und Teichen, danach mehr auf Flüssen.

1a

1b

2

3

4

5

1 Höckerschwan
Cygnus olor

L 158 cm bekannt Jan.–Dez.

K: Orangefarbener Schnabel mit Höcker.

V: Sehr häufig verwildert auf Parkteichen und Gewässern aller Art; als Wildvogel nur auf wenigen großen Seen im Nordosten.

W: Brütende Schwäne verschaffen sich – auch bei Menschen – durch Drohgebärden, Flügelschläge und Beißen Respekt. Sonst aber sind sie die Lieblinge der Spaziergänger, von denen sie sich gern füttern lassen. Zur Landung auf dem Wasser oder Eis setzen sie mit vorgestreckten Füßen an. Im Winter gibt es mancherorts große Ansammlungen. Im Sommer scharen sich oft Nichtbrüter zusammen; die Schwäne werden erst nach 3–4 Jahren geschlechtsreif. Manchmal sieht man sie wie Schwimmenten gründeln; infolge ihres langen Halses können sie Pflanzen bis in 1 m Wassertiefe abweiden. – Im Volksmund gilt ein „Schwanenhals" als jungfräulich schön. Bei den Griechen war der Schwan der Begleiter der Göttin der Schönheit, der Venus. Zeus erschien der Leda in Gestalt eines Schwans. Und auch im deutschen Kulturerbe spielt der Schwan eine große Rolle, man denke nur an das Schwanenkleid für Wieland den Schmied und an den Schwan, der Lohengrins Schiff zieht.

2 Singschwan
Cygnus cygnus

L 150 cm ~ Höckerschwan Nov.–März

K: Gelber Schnabel mit schwarzer Spitze.

V: Die auf Island, in Teilen Skandinaviens, Finnlands und Sibiriens heimische Art bevorzugt als Winterquartier bestimmte, traditionell aufgesuchte Gewässer, zumeist in Küstennähe, vereinzelt auch im Binnenland.

W: Seinen Namen trägt der Singschwan wegen seines klangvollen Rufs. Bei den Lappen erfreut er sich besonderer Verehrung, und auch anderswo wurde ihm früher und umfassender Schutz zuteil als beispielsweise Gänsen und anderen Entenvögeln. Treue und monogame Lebensweise verschafften den Schwänen Ansehen und Zuneigung. In den Winterquartieren treffen die Paare meistens in Begleitung ihrer Jungen ein.

3 Zwergschwan
Cygnus bewickii

L 120 cm < Höckerschwan Nov.–März

K: Schwarzer Schnabel mit gelber Schnabelwurzel.

V: Brütet in der Arktis zirkumpolar; überwintert an ähnlichen Orten wie der Singschwan, hat aber weit weniger regelmäßig aufgesuchte Überwinterungsgebiete als dieser.

4 Brandgans
Tadorna tadorna

L ♂ 66, ♀ 62 cm >> Ente Jan.–Dez.

K: Dunkelgrüner Kopf und breiter rotbrauner Gürtel.

V: Zunächst rein auf Küsten und küstennahe Gewässer beschränkt; neuerlich örtlich (z. B. am Niederrhein) auch in das Binnenland vordringend.

W: Die Art brütet in Kaninchenbauen, aber auch in anderen Erdlöchern in Dünen und Dämmen, z. B. unter Betonplatten von gesprengten Bunkern aus dem 2. Weltkrieg. Im Gegensatz zu den Schwimm- und Tauchenten sind beide Partner ziemlich ähnlich und recht bunt gefärbt. Es beteiligen sich auch beide an der Betreuung der Jungen. – Zur Mauser versammeln sich alljährlich über 100 000 Brandgänse in der Deutschen Bucht mit Schwerpunkt auf dem Großen Knechtsand zwischen Ems- und Wesermündung.

1a

1b

2

3

4

Bei den **Gänsen** sind Männchen und Weibchen gleichgefärbt. Sie leben in Dauer-Einehe. Alle Arten sind Bodenbrüter und brauchen sowohl die Nähe von Gewässern als auch zumeist – vor allem im Winterhalbjahr – große Weidegründe. Sie zeichnen sich durch geselliges Verhalten aus.

1 **Graugans** *Anser anser*

L ♂ 82, ♀ 70 cm ~ Hausgans Jan.–Dez.

K: Orangegelber Schnabel; beim Auffliegen auffällige silbergraue Vorderflügel.

V: Brutvogel in Sümpfen und an vegetationsreichen Seen; zum Äsen auch auf Wiesen und Feldern. Im Norden und Osten ursprünglich, im Nordwesten erst neuerdings wiedereingebürgert.

W: Unsere Hausgansrassen stammen von der Graugans ab und haben mit ihren „gang-gang-gang"-Rufen auch noch ein sehr ähnliches Stimmrepertoire wie diese. Sie werden bei den Griechen seit Homers Zeiten gehalten; die Gänse des Kapitols retteten das antike Rom, galten stets als wachsam und klug und wurden erst später – völlig zu Unrecht – die „dummen Gänse". Gänsedaunen zum Füllen der Kissen kannten schon die Römer; Martinsgänse sind seit 1171 belegt. Freilebenden Tieren begegnet man häufiger erst wieder seit den 60er oder 70er Jahren. Einbürgerungsaktionen in Nordwestdeutschland verliefen sehr erfolgreich.

2 **Saatgans** *Anser fabalis*

L ♂ 80, ♀ 73 cm ~ Hausgans Okt.–März

K: Gelber Schnabel mit schwarzer Zeichnung; dunkler Kopf und Hals.

V: Wintergast auf Grünland in der Nähe von Gewässern, regelmäßig auch im Binnenland.

W: Zur Überwinterung braucht die Art große, ungestörte Lebensräume mit Gewässern, auf denen die Gänse nachts schlafen. In ihrer arktischen Heimat brüten sie in sumpfigen Wäldern an Seen und Flüssen.

3 **Bläßgans** *Anser albifrons*

L ♂ 70, ♀ 65 cm < Hausgans Okt.–Apr.

K: Rosa oder gelber Schnabel; weißer Fleck auf der Stirn (Blesse); schwarze Bauchstreifen.

V: Wintergast ähnlich wie die Saatgans, allerdings mehr in Küstennähe bzw. am Unterlauf großer Flüsse.

W: Die Art brütet in der Tundra jenseits der Baumgrenze. Ein großer Teil des Weltbestandes überwintert in Holland und Norddeutschland. Am Niederrhein wurden große Schutzgebiete eingerichtet.

4 **Nonnengans** *Branta leucopsis*

L ♂ 65, ♀ 60 cm << Hausgans Okt.–Apr.

K: Auffällige Schwarz-Weiß-Färbung, weißes Gesicht.

V: Vor allem im Grünland an der Küste und an Flußmündungen als regelmäßiger Wintergast.

W: Als Brutplatz wählt die Art in ihrer arktischen Heimat gern steile Abhänge und Felsen.

5 **Ringelgans** *Branta bernicla*

L ♂ 59, ♀ 56 cm > Ente Sept.–Mai

K: Insgesamt düster wirkend, mit kleinem weißen Fleck am schwarzen Hals.

V: Vorwiegend auf dem Meer und an den Küsten zu Gast.

W: Mit Ausnahme des kolonieartigen Brütens in der felsigen Tundra verbringt die Art die längste Zeit an südlicheren Küsten.

1a

1b

2

3

4

5

1 Prachttaucher
Gavia arctica

L 62 cm > Ente Sept.–Apr.
K: Grauer Kopf bzw. im Winter grauschwarze Kopfoberseite; schlanker Schnabel waagerecht nach vorn gehalten; schwimmt tief im Wasser liegend.
V: Als Wintergast aus Nordeuropa häufig an den Meeresküsten, seltener auf großen Binnenseen.

2 Kormoran
Phalacrocorax carbo

L 92 cm > Gans Jan.–Dez.
K: Erwachsene Tiere schwarz, junge dunkelbraun; schwimmen mit schräg nach oben gerichtetem Schnabel.
V: An Meeresküsten und im Binnenland, allerdings nur an wenigen Orten Brutkolonien.
W: Der Name Kormoran geht auf corvus marinus (Meerrabe) zurück. Die schwarzen Vögel bieten ein eigentümliches Flugbild, weil Hals und Beine ausgestreckt etwa gleich lang sind. Der Schnabel des spezialisierten Fischjägers hat eine Hakenspitze. Unter Wasser schwimmt der Kormoran schnell und gewandt, unterstützt durch rudernde Flügelbewegungen. Häufig sieht man die geselligen Vögel mit zum Trocknen des Gefieders ganz oder halb ausgebreiteten Flügeln auf dem Boden oder im Geäst sitzen (**2b**). Die Kormorane leben recht gesellig. Abends versammeln sie sich an gemeinsamen Schlafplätzen. Ihre Horste errichten sie im Binnenland auf Bäumen in Gewässernähe, an der Küste auf Klippen. Ob sich Brutkolonien halten und bis zu welcher Größe sie sich entwickeln, hängt meistens davon ab, wie sich der Mensch diesem Fischfresser gegenüber verhält. In den Nachbarländern – vor allem in Dänemark und in den Niederlanden – gibt es große, über 1000 Vögel umfassende Brutkolonien. In Deutschland breitet sich die Art neuerdings wieder aus und versucht auch neue Kolonien zu gründen. Manche Angler und Teichwirte fordern bereits einen Abschuß der jedoch ganzjährig geschützten Vögel und verweisen darauf, daß der tägliche Nahrungsbedarf eines Kormorans bei 500 Gramm liegt und ausschließlich mit Fischen gedeckt wird. Die engen Beziehungen des Kormorans zum Menschen reichen bis in die Antike zurück; in China wird er auch heute noch zum Fischfang eingesetzt.

3 Trottellumme
Uria aalge

L 43 cm ~ Krähe Jan.–Dez.
K: Dunkle Ober- und helle Unterseite; schlanker Schnabel.
V: Brutvogel an Steilküsten, in Mitteleuropa nur auf Helgoland; reiner Meeresbewohner.
W: Oft leben mehrere hundert oder gar Tausende von Lummenpaaren zusammen auf einem einzigen Vogelfelsen. Auf Felsvorsprüngen und Felsbändern bebrütet jedes Paar immer nur ein einziges Ei. Dieses hat eine spitze, kreiselähnliche Form, so daß es sich eng im Kreis dreht und nicht so leicht vom schmalen Sims herunterrollt. Anfang Juli springen die jungen Lummen aus luftiger Höhe hinab aufs Meer, wo die Eltern sie bereits erwarten und weiterhin betreuen.

4 Papageitaucher
Fratercula arctica

L 32 cm ~ Taube Okt.–März
K: Breit dreieckiger Schnabel, den im Sommer ein papageienartig buntes Muster ziert (rot, blau, gelb).
V: Aus den Brutgebieten an der Atlantikküste gelegentlich zu Gast auf der Nordsee.
W: Diese Art, die ebenfalls in Kolonien brütet, betreut ihr einziges Ei bzw. ihr Junges in selbst gegrabenen oder vorgefundenen Erdhöhlen.

1

2a

2b

3

4

1 Silbermöwe
Larus argentatus

L 56 cm bekannt Jan.–Dez.
K: Die häufigste Großmöwe der Meeresküsten hat graue, an der Spitze schwarz-weiße Flügel und einen dicken, gelben Schnabel mit rotem Fleck.
V: Brutvogel an vielen Küsten Europas, vereinzelt auch im Binnenland. Außerhalb der Brutzeit sehr zahlreich im Küstengebiet, neuerdings aber auch in küstenfernen Bereichen.
W: Als Begleiterin der Schiffe ist die Silbermöwe allgemein bekannt. Fischfang und Fischindustrie und seit dem 2. Weltkrieg zunehmend auch die Mülldeponien sichern ihr ganzjährig ein reiches Nahrungsangebot. Damit hängt die starke Bestandsausweitung, vor allem auch als Wintergast im Binnenland, zusammen. Starke Brutkolonien in Dünen und am Strand bedrohen vielfach andere Seevogelarten. Versuche zur Bestandsregulation waren nur teilweise erfolgreich.

2 Sturmmöwe
Larus canus

L 41 cm < Silbermöwe Jan.–Dez.
K: Der Silbermöwe ähnlich, jedoch kleiner; Schnabel grüngelblich.
V: Brutvogel an den Küsten, in geringer Zahl auch im Binnenland.
W: Die Sturmmöwe hat ihren Verbreitungsschwerpunkt im Ostseeraum. Sie hat ebenfalls im Bestand zugenommen und ihr Überwinterungsgebiet landeinwärts ausgeweitet.

3 Lachmöwe
Larus ridibundus

L 37 cm bekannt Jan.–Dez.
K: Im Brutkleid mit schwarzbrauner Kopfmaske, sonst mit einem dunklen Fleck hinter dem Auge.
V: Als Brutplatz vegetationsreiche Gewässer im Binnenland und an der Küste; sonst an Gewässern aller Art, auf Feldern und Mülldeponien.
W: Ob sie ihren Namen ihrem Ruf oder aber ihrer Vorliebe für Binnengewässer (Lache, engl. lake) verdankt, bleibt dahingestellt. An Müllkippen und auf frisch gepflügten Feldern halten sich Lachmöwen oft zu Hunderten und Tausenden auf. Sie brüten teilweise in riesigen Brutkolonien.

4 Mantelmöwe
Larus marinus

L 66 cm > Silbermöwe Jan.–Dez.
K: Größe, schwarzer Rücken und schwarze Flügel, fleischfarbene Beine.
V: Brutvogel an steinigen und felsigen Küsten Nord- und Westeuropas, häufig Gast an deutschen Küsten.
W: Die größte Möwenart hat ein breites Nahrungsspektrum. Sie überwältigt sogar junge Enten und Kaninchen.

5 Dreizehenmöwe
Rissa tridactyla

L 41 cm > Lachmöwe Jan.–Dez.
K: Flügelspitzen schwarz, ebenso die Beine; Schnabel gelb.
V: Zumeist Gast an den Küsten; Brutvogel auf steilen Vogelfelsen in Nord- und Westeuropa.
W: In Deutschland brütet die Art nur auf dem Helgoländer Vogelfelsen, wo sich ihr Bestand von 3 Brutpaaren (1938) auf über 2000 erhöht hat.

6 Schmarotzerraubmöwe
Stercorarius parasiticus

L 46 cm < Silbermöwe Apr.–Nov.
K: Braune Möwe mit verlängertem mittlerem Steuerfederpaar, das spitz und 9 cm länger als die übrigen Schwanzfedern ist.
V: Brutvogel in der gesamten Arktis, bei uns Durchzügler an den Küsten.
W: In rasanten Sturzflügen attackieren die Raubmöwen andere Seevögel und jagen ihnen so die Beute ab.

1

2

3

4

5

6

1 Flußseeschwalbe
Sterna hirundo

L 35 cm < Lachmöwe Apr.–Okt.
K: Schlanke, schmalflügelige Möwenverwandte mit gegabeltem Schwanz, schwarzer Kappe und orangefarbenem Schnabel mit schwarzer Spitze.
V: An flachen Meeresküsten, im Binnenland nur noch sehr selten.
W: Dieser Koloniebrüter kam früher auch häufiger auf Kiesbänken in den Flüssen vor (Name!), verlor jedoch die meisten Brutplätze durch Gewässerausbau und Beunruhigung durch Wassersport.

2 Trauerseeschwalbe
Chlidonias niger

L 25 cm ~ Amsel Apr.–Sept.
K: Binnenland-Seeschwalbe mit schwarzem Körper und Kopf.
V: Flachgewässer, verlandende Weiher, Sümpfe und Moore; nur noch vereinzelte Brutplätze.
W: Alle Seeschwalben sind Langstreckenzieher, die auf der Reise bis nach Westafrika gelegentlich auch an Binnengewässern zu beobachten sind.

3 Waldschnepfe
Scolopax rusticola

L 34 cm ~ Taube März–Nov.
K: Plumpe Gestalt, langer gerader Schnabel, Gefieder mit enormem Tarneffekt, Scheitel quer gebändert.
V: Laubwälder, vor allem solche mit Quellmulden und Bächen.
W: Durch „Quorren" und „Puitzen" fällt die Waldschnepfe beim Balzflug in der Dämmerung am ehesten auf. Jagdliche Tradition verherrlicht die Schnepfenjagd. Ihr Wildbret wird so hoch geschätzt, daß man es einschließlich der Eingeweide („Schnepfendreck") zubereitet. Naturschützer fordern für die Art eine ganzjährige Schonzeit.

4 Bekassine
Gallinago gallinago

L 26 cm ~ Amsel März–Nov.
K: Langer gerader Schnabel, braunes Gefieder mit flächenauflösender Musterung, dunklere Längsstreifen auf dem Kopf.
V: Feuchtwiesen, Sümpfe; lückenhaft verbreitet.
W: Der Name geht auf „bécasse", die französische Bezeichnung für Waldschnepfe, zurück. „Himmelsziege" wird die Art wegen des meckernden Geräusches genannt, das im Balzflug beim Herabsausen durch das Vibrieren der abgespreizten Schwanzfedern entsteht.

5 Säbelschnäbler
Recurvirostra avosetta

L 43 cm ~ Krähe März–Nov.
K: Oberseits schwarz-weißes Gefieder; langer, aufwärts gebogener Schnabel.
V: Flachgewässer im Küstenbereich von Nord- und Ostsee, aber auch in Steppengebieten im Südosten.
W: Bei der Nahrungssuche im flachen Wasser führt der Säbelschnäbler mit eingetauchtem Schnabel pendelnde Kopfbewegungen aus.

6 Uferläufer
Actitis hypoleucos

L 20 cm < Star Apr.–Okt.
K: Schwanzwippender, schnell trippelnder Vogel mit brauner Oberseite; Ruf „hidididi".
V: An flachen Ufern von Flüssen, Weihern und Seen.
W: Die Art wird häufig den Sommer über an Fluß- und Seeufern beobachtet, ohne daß sie jemals an dem betreffenden Gewässer als Brutvogel nachgewiesen wird. Die Brutplätze sind in Mitteleuropa offenbar stark gestreut und in den Mittelgebirgen eher zu erwarten als in der Ebene.

1

2

3

4

5

6

1 Brachvogel
Numenius arquata

L 57 cm ~ Haushuhn Febr.–Nov.
K: Langbeiniger Vogel mit langem, abwärtsgebogenem Schnabel.
V: Moore, Heiden, Feuchtwiesen und Dünen; nur im Norden; häufiger Gast an den Küsten.
W: Die melodischen, schwermütig wirkenden Balzstrophen sind weithin vernehmbar. Der Singflug geht vor der Landung in einen Triller über. Der Brachvogel ist die Symbolfigur für den Feuchtwiesenschutz, durch den die durch Umbruch und intensivierte Nutzung des Grünlandes gefährdete Art gerettet werden soll.

2 Uferschnepfe
Limosa limosa

L 40 cm > Taube März–Okt.
K: Langer, gerader Schnabel; schwarzer Schwanz; im Sommer rostbraune, sonst graue Brust.
V: Feuchtwiesen, vor allem Grünland in den Marschen; Brutvogel im Norden, seltener im Osten.
W: Im Balzflug steigt die Uferschnepfe steil himmelan, fliegt in erheblicher Höhe pendelnd hin und her und stürzt schließlich taumelnd herab. Dabei läßt sie ihr „grutto-grutto-grutto“ vernehmen. Besonders vehement attackiert sie Krähen, Elstern, Möwen und andere potentielle Nesträuber. Nach der Brutzeit versammeln sich die Uferschnepfen oft in großer Zahl an gemeinsamen Schlafplätzen.

3 Rotschenkel
Tringa totanus

L 28 cm ~ Amsel März–Okt.
K: Rote Beine und ein an der Basis roter Schnabel; im Flug weißer Rükken und Bürzel sichtbar.
V: Feuchtwiesen und Moore, vor allem in Küsten- und Flußmündungsgebieten.
W: Dieser Wiesenvogel prägt mit seinen melodischen Rufen die Stimmung küstennaher Wiesenlandschaften. Sie klingen etwas klagend wie „tüt-tüt-tüt“, weshalb die Holländer die Art als „Tureluur“ bezeichnen.

4 Kampfläufer
Philomachus pugnax

L ♂ 29, ♀ 24 cm > Amsel März–Okt.
K: Schuppig gemustertes Gefieder; Männchen zur Brutzeit mit heller, dunkler oder brauner Halskrause.
V: Seltener Brutvogel in Feuchtwiesen und Mooren im Norden; häufiger Durchzügler, auch im Binnenland.
W: Die Art zeichnet sich durch einen sehr auffälligen, individuell unterschiedlichen Federschmuck der Männchen aus, deren Balz zu den merkwürdigsten Phänomenen im Sexualverhalten der Vögel gehört.

5 Alpenstrandläufer
Calidris alpina

L 19 cm < Star Jan.–Dez.
K: Kleiner Watvogel mit schwach gebogenem Schnabel; im Brutkleid mit schwarzem Bauchfleck.
V: Strandwiesen, Moore und Sümpfe; seltener Brutvogel an den Küsten, häufiger Durchzügler.
W: Im Wattenmeer sieht man riesige Scharen oft wie Starenschwärme manövrieren. Als Durchzügler aus Skandinavien erscheint die Art auch auf Schlammflächen im Binnenland.

6 Steinwälzer
Arenaria interpres

L 23 cm ~ Amsel Apr.–Okt.
K: Im Sommer mit kastanienbraunem Rücken und schwarzer Brust.
V: Durchzügler an den Küsten.
W: Ihrer markanten Form der Nahrungssuche, bei der sie am Strand Steine und Muscheln umdreht, verdankt die Art ihren Namen.

1

2

3

4

5

6

1 Austernfischer
Haematopus ostralegus

L 43 cm ~ Krähe Jan.–Dez.
K: Großer schwarzer Kopf und Latz; roter Schnabel und Beine.
V: Küsten und Marschen.
W: Der Austernfischer frißt Krebse, Würmer und kleinere Schnecken und vor allem Muscheln, aber kaum Austern. Er fällt durch sein lärmendes Verhalten auf. Bei der Balz trippeln die Vögel mit vorgestrecktem Hals und abwärtsgerichtetem Schnabel umeinander herum. Die Verteilung der Austernfischer im Küstenbereich ist jeweils stark von den Gezeiten abhängig. Neuerdings breitet sich die Art im Nordwesten auch im Binnenland aus.

2 Kiebitz
Vanellus vanellus

L 32 cm ~ Taube Jan.–Dez.
K: Markante Haube, schwarzer Hals, Rückengefieder mit metallischem Glanz, unterseits weiß.
V: Wiesen und Felder, vor allem Feuchtwiesen; weit verbreitet.
W: Im Frühjahr balzt der Kiebitz im taumelnden Fluge über seinem Brutrevier. Dabei ruft er sein helles „Kiewitt“ (Name!) und bringt mit den Flügeln wuchtelnde Geräusche hervor. Der ehemalige Moor- und Sumpfvogel hat sich Anfang des Jahrhunderts zunächst auch auf trockeneres Grünland ausgebreitet und vielerorts sogar auf Sommergetreide-Schlägen gebrütet. Neuerdings jedoch scheint die industrielle Intensivlandwirtschaft ihm weithin die Lebensgrundlagen zu entziehen.

3 Flußregenpfeifer
Charadrius dubius

L 15 cm ~ Sperling Apr.–Sept.
K: Brustband und Gesichtsmaske schwarz, Rücken braun.
V: Ursprünglich auf Sand- und Kiesbänken der Flüsse, heute überwiegend in Sand- und Kiesgruben, auf Abraumhalden und Industriebrache, sofern Wasser in der Nähe ist.
W: Der Flußregenpfeifer zeigt, wie eine Art durch Besiedlung neuer Biotope ihr Überleben sichert. Nur knapp 10% des Brutbestandes entfallen noch auf Flüsse und Bäche, die durch Wasserbau-Maßnahmen und Störungen für die Regenpfeifer weithin unbesiedelbar geworden sind.

4 Seeregenpfeifer
Charadrius alexandrinus

L 16 cm ~ Sperling Apr.–Sept.
K: An der Brustband-Lücke vom Flußregenpfeifer zu unterscheiden.
V: Bewohner vegetationsfreier Küstenbiotope, vor allem an der Nordsee.
W: Die streng an Salzwasser gebundene Art kommt außer an Küsten in Mitteleuropa nur an den salzigen Neusiedler See-Laken vor.

5 Goldregenpfeifer
Pluvialis apricaria

L 28 cm > Amsel März–Okt.
K: Federn der Oberseite dunkelbraun, goldgelb gesäumt; unterseits schwarz.
V: Tundren und Hochmoore; zahlreiche Durchzügler an den Küsten.
W: Die Art war früher im Nordwesten auch im Binnenland verbreitet, weicht aber seit 100 Jahren ständig weiter nach Norden zurück. Die am Gefieder gut von der skandinavischen unterscheidbare norddeutsche Rasse ist inzwischen bis auf wenige niedersächsische Brutpaare ausgestorben. Eine von mehreren Ursachen dürfte die Hochmoor-Kultivierung sein. Die Bezeichnung Regenpfeifer geht wohl auf die irrtümliche Übersetzung des französischen Namens „Pluvier doré“ zurück, der seinerseits lautmalerisch die häufigen „Plüi“-Rufe dieser Vögel aufgreift.

1

2

3

4

5

1 Rotwangenschildkröte
Pseudemys scripta

L bis 25 cm März–Okt.

K: Auffällig rote Flecken hinter den Augen, gelbe Streifen an Kopf und Hals, sonst überwiegend dunkelbraun bis oliv gefärbt.

V: Ursprünglich Nordamerika, heute in vielen Gewässern, insbesondere in den Ballungszentren Mitteleuropas.

W: Die Art, insbesondere die Unterart *elegans*, ist die meistverkaufte Schmuckschildkröte im Zoofachhandel. Die bunten Tiere sind hübsch anzuschauen und auch zunächst unproblematisch zu halten. Doch die Schildkröten wachsen schnell und werden dann von den Besitzern (natürlich „Tierfreunden") oft kurzerhand im nächsten Gewässer ausgesetzt. Im Ruhrgebiet ist die Rotwangenschildkröte inzwischen die verbreitetste Reptilienart! Sie ist winterhart und frißt alle möglichen Tiere, darunter auch seltene Amphibien. Erfolgreiche Fortpflanzung wurde in Mitteleuropa bisher nicht festgestellt.

2 Smaragdeidechse
Lacerta viridis

L bis 40 cm März–Okt.

K: Größte heimische Art, intensiv grün, Männchen mit blauer Kehle.

V: Wärmere Gebiete Europas, bei uns meist isolierte Populationen.

W: Besetzt Reviere, die gegenüber den Artgenossen verteidigt werden. Dabei kommt es zwischen den Männchen oft zu heftigen Kämpfen. Bei uns vor allem durch Zerstörung der Lebensräume stark gefährdet.

3 Zauneidechse
Lacerta agilis

L bis 22 (27) cm März–Okt.

K: Männchen zur Paarungszeit mit smaragdgrüner Seitenfärbung. Weibchen braun mit schwarzweißen Augenflecken.

V: Europa ohne den Mittelmeerraum, Nordskandinavien, Irland und den Norden der Britischen Inseln.

W: Östliche Art, die als Kulturfolger Mittel- und Westeuropa nach der großräumigen Rodung der Wälder besiedelt hat. Heute durch Intensivierung der Landwirtschaft, Aufforstung usw. vielerorts stark gefährdet.

4 Waldeidechse
Lacerta vivipara

L bis 16 cm März–Okt.

K: Dunkelbraun mit dunklen Streifen und gelblichen und dunklen Flecken.

V: Weite Teile Europas, in Skandinavien sogar nördlich des Polarkreises!

W: Weitere gebräuchliche Namen für die Art sind Berg- und Mooreidechse. Dies deutet die Vielfalt der Lebensräume an, die von der Art bewohnt werden. Sie kommt in Skandinavien noch nördlich des Polarkreises vor und ist damit die weltweit am weitesten nach Norden vordringende Reptilienart. Dies gelingt ihr vor allem auch durch die Fähigkeit, lebende Junge zur Welt zu bringen.

5 Blindschleiche
Anguis fragilis

L bis 50 cm Febr.–Okt.

K: Graubraun, oft mit metallischem Glanz, schlangenähnlich.

V: Laubwälder Europas ohne Irland, Nordskandinavien, Südspanien und Mittelmeerinseln.

W: Obwohl die Blindschleiche äußerlich fußlos ist und deshalb oft als Schlange angesehen wird, kann man an ihrem Skelett noch Reste der Extremitäten nachweisen. Weiter unterscheiden sie vor allem die glatte, glänzende Beschuppung sowie die beweglichen, durch Lider verschließbaren Augen von den Schlangen. Blindschleichen können ihren Schwanz abwerfen. Die Weibchen bringen ca. 15 lebende Junge zur Welt.

1

2

3

4

5

1 Ringelnatter
Natrix natrix

L 150 (–200) cm März–Okt.

K: Grundfärbung grau bis schwarz mit charakteristischen gelben Nakkenflecken („Mondflecken").

V: Viele Teile Europas, vor allem in Feuchtgebieten.

W: Die Ringelnatter ist die größte heimische Schlange, dabei aber ungiftig und völlig harmlos. Bei Gefahr versucht sie zu fliehen, in die Enge getrieben zischt sie und sondert übelriechendes Sekret ab. Manchmal stellt sie sich auch tot. Ringelnattern bevorzugen die Nähe zum Wasser, sind hervorragende Schwimmer und ernähren sich vor allem von an und im Wasser lebenden Tieren, besonders von Fischen und Amphibien. Die Beutetiere werden lebend heruntergeschluckt. Die Weibchen legen die Eier in Laubhaufen u. ä. ab, gelegentlich auch in Komposthaufen.

2 Würfelnatter
Natrix tesselata

L 100 (–150) cm Apr.–Sept.

K: Grundfarbe grau mit dunkler Würfelzeichnung.

V: In Südosteuropa weit verbreitet, in Mitteleuropa nur an wenigen klimatisch begünstigten Orten.

W: Lebt an allen Gewässertypen, selbst im Meer und wird dort oft fälschlich als „Seeschlange" bezeichnet. Gern an Flüssen, wo sie oft auf Steinen am Ufer ruht. Durch Gewässerverschmutzung bedroht.

3 Schlingnatter
Coronella austriaca

L 60–70 cm Apr.–Okt.

K: Grundfarbe bräunlich mit dunkelbraunen Punkten, Stricheln oder Flekken auf dem Rücken.

V: In weiten Teilen Europas verbreitet, vor allem an Waldrändern und -lichtungen, Bahndämmen usw.

W: Lebt sehr versteckt, deshalb selten zu beobachten. Ernährt sich von Kleinsäugern und Reptilien (Eidechsen, Blindschleichen). Die Beute wird mit dem Maul gepackt und durch Umschlingen mit dem Körper erdrosselt. Wegen der glatten Beschuppung wird die Art oft auch Glattnatter genannt.

4 Äskulapnatter
Elaphe longissima

L 160 (–200) cm Apr.–Sept.

K: Große Schlange, Grundfarbe braun bis schwarz mit feiner weißer Strichelung.

V: Mittelmeerraum ohne Iberische Halbinsel und südliches Mitteleuropa, in Wäldern und Buschland.

W: Diese Art vertritt bei uns die Gattung der Kletternattern. Ihre Hauptnahrung sind Kleinsäuger und Jungvögel, letztere werden auch kletternd erbeutet. Jungtiere fressen auch Eidechsen. Die Äskulapnatter ist das Wappentier der Ärzte, die Schlange, die sich um den Stab ringelt. Dieser Äskulapstab ist benannt nach dem griechischen Gott der Heilkunst, Asklepios.

5 Kreuzotter
Vipera berus

L bis 80 cm März–Okt.

K: Variable Grundfärbung, meist mit deutlicher Rückenzeichnung (Kreuzmuster).

V: Mittel- und Nordeuropa bis über den Polarkreis hinaus.

W: Einzige bei uns vorkommende Giftschlange. Das Gift ist nicht so wirksam wie bei südeuropäischen Arten und führt bei Menschen nur ausnahmsweise bei unterlassener ärztlicher Behandlung zum Tode, sollte aber dennoch nicht unterschätzt werden. Der letzte Todesfall in Deutschland liegt mehr als 50 Jahre zurück. Die Art ist vor allem durch die Zerstörung ihrer Lebensräume (Moore, Heiden usw.) stark gefährdet.

1a

1b

2

3

4

5

1 Feuersalamander
Salamandra salamandra

L bis 20 cm März–Nov.

K: Auffällig schwarz-gelb gefärbt, die Farbanteile können sehr unterschiedlich sein. Unverwechselbar.

V: Vor allem in den Mittelgebirgen mit zahlreichen Bächen.

W: Die auffällige Färbung wird als Warntracht gedeutet. Ein giftiges Hautsekret schützt die Tiere vor Feinden. Bemerkenswert ist auch die Fortpflanzung. Die Eier entwickeln sich nach der Befruchtung im Mutterleib. Die schon gut entwickelten Larven (**1 b**) werden dann meist in Waldbächen abgesetzt. Eine noch weitergehende Anpassung an das Landleben zeigt der Alpensalamander (*S. atra*), der vollständig entwickelte Junge zur Welt bringt. Feuersalamander können bis zu 50 Jahre alt werden. Sie sind individuell an ihrem Rückenmuster zu erkennen. Die Tiere sind überwiegend nachtaktiv, werden im Sommer bei Regenfällen nach Trockenperioden aber auch tagsüber aktiv, was ihnen im Volksmund auch den Namen „Regenmännchen" eingebracht hat.

2 Bergmolch
Triturus alpestris

L bis 12 cm März–Okt.

K: In der Wassertracht mit auffällig gelber oder orangefarbener Unterseite und Kehle. Oberseite dunkel und intensiv blau marmoriert.

V: Weite Teile Europas ohne den Mittelmeerraum, am häufigsten in Mittelgebirgslagen anzutreffen.

W: Die Art ist in allen Typen von Stillgewässern anzutreffen, gelegentlich sogar in Bachkolken. Oft verlassen die Bergmolche nach dem Ablaichen schon im Juni die Laichgewässer. Man kann die Tiere dann in einem Umkreis von mehreren 100 Metern finden. Sie sind an Land überwiegend nachtaktiv und leben vor allem von Insekten, Spinnen und Würmern.

3 Teichmolch
Triturus vulgaris

L bis 11 cm März–Nov.

K: Männchen in Wassertracht unverwechselbar, Weibchen sehr ähnlich dem Fadenmolch.

V: Weit verbreitet in Europa.

W: Im Flachland die häufigste Molchart, in den verschiedensten Stillgewässern anzutreffen. Auch Gartenteiche werden bei geeigneter Lage oft schnell angenommen. Voraussetzung ist das Vorhandensein von Unterwasserpflanzen, an deren Blätter die Eier einzeln abgelegt werden.

4 Fadenmolch
Triturus helveticus

L bis 9 cm März–Nov.

K: Ähnlich Teichmolch, Männchen in Wassertracht mit fadenförmigem Schwanzende und Rückenleiste.

V: Westeuropäische Art, östliche Verbreitungsgrenze vom Harz über Thüringen und Unterfranken bis zu den Alpen, in Kleingewässern.

W: Die etwa 2 mm hohe Rückenleiste hat der Art auch den Namen Leistenmolch eingebracht. Vor allem im Mittelgebirge häufig.

5 Kammolch
Triturus cristatus

L bis 16 cm März–Okt.

K: Größte heimische Molchart, Bauch gelb mit großen schwarzen Flecken. Männchen in Wassertracht mit hohem, zackigen Rückenkamm.

V: Weite Teile Mittel- und Südeuropas vom Tiefland bis zu 2000 m.

W: Der Kammolch ist die am stärksten bedrohte Molchart Mitteleuropas. Die Art lebt in der offenen Landschaft und benötigt kleinere, vegetationsreiche Stillgewässer und Tümpel. Durch die Vernichtung der Laichgewässer ist der Bestand stark gefährdet. Im Vergleich zu anderen Molcharten verhältnismäßig lange im Wasser.

2

1a

1b

3

4

5

1 Gelbbauchunke
Bombina variegata

L 5 cm Apr.–Sept.

K: Kleine Art mit bräunlicher Oberseite, warzig. Bauch auffällig gelb und blauschwarz gefleckt.

V: Von Frankreich über ganz Mitteleuropa bis nach Nordgriechenland. Im Gegensatz zur folgenden Art in höheren Lagen (bis 1000 m), deshalb auch Berglandunke genannt.

W: Sie stellt nur geringe Ansprüche an ihre Laichgewässer, oft reichen schon wassergefüllte Fahrspuren aus. Beide Unkenarten zeigen bei Bedrohung an Land eine interessante Verhaltensweise. Sie biegen den Rücken durch und drehen die Gliedmaßen so nach außen, daß die Warnfärbung sichtbar wird. So sollen Feinde abgeschreckt werden. Zusätzlich können Unken einen giftigen Schleim absondern.

2 Rotbauchunke
Bombina bombina

L 5 cm Apr.–Sept.

K: Ähnlich Gelbbauchunke, Unterseite aber rot-schwarz gefleckt. Bei manchen Individuen ist der Bauch aber auch orangegelb oder gelb gefleckt. Die schwarze Bauchfärbung ist meist ausgedehnter, die Fingerspitzen immer schwarz.

V: Östliche Art, die in Südschweden, Dänemark, Mitteldeutschland und Österreich ihre westliche Verbreitungsgrenze erreicht. Kommt nur in Niederungen vor und wird deshalb auch als Tieflandunke bezeichnet.

W: Gehört wie die beiden folgenden Arten zu den Scheibenzünglern. Ihre Zunge ist nicht beweglich wie bei anderen Froschlurchen (sog. Schleuderzunge), sondern mit dem Mundboden weitgehend verwachsen. Deshalb kann sie nicht nach vorn geschnellt werden. Typischer Ruf „unk-unk", bei Männchen der Rotbauch- im Gegensatz zur Gelbbauchunke durch Schallblasen verstärkt.

3 Geburtshelferkröte
Alytes obstetricans

L 4–5 cm März–Okt.

K: Unscheinbar bräunlich mit schwarzen Flecken, neben den Unken kleinste bei uns vorkommende Amphibienart.

V: Iberische Halbinsel bis Deutschland und Schweiz, oft in Steinbrüchen.

W: Überwiegend nachtaktive Art, die vor allem durch ihren hellen Ruf auffällt, der an eine Glocke erinnert (Glockenfrosch). In südlichen Gefilden kann man ihre Rufe mit denen der Zwergohreule verwechseln. Bemerkenswert ist die Brutpflege der Art. Der Laich wird nicht im Wasser abgelegt. Das Männchen schlingt sich die Laichschnur um die Hinterbeine und trägt sie mit sich herum. Wenn der Laich entsprechend weit entwickelt ist, begeben sich die Männchen zu einem Tümpel, setzen dort den Laich ab, und die Kaulquappen schlüpfen.

4 Knoblauchkröte
Pelobates fuscus

L 8 cm Apr.–Sept.

K: Braungelbe bis hellgraue Oberseite mit ausgedehnten olivbraunen Flecken und roten Punkten.

V: Mittel- und Osteuropa, vor allem in sandigen Gebieten im Flachland.

W: Färbung sehr variabel, man kann Knoblauchkröten an ihrem Fleckenmuster auf dem Rücken individuell erkennen. Ein markantes Merkmal sind die hornigen Grabschaufeln an den Hinterfüßen, mit denen sich die Tiere bis zu 1 m tief eingraben können (**4b**). Sie graben so gut, daß sie bei Gefahr in Sekundenschnelle verschwunden sind. Bei Berührung sondern sie ein nach Knoblauch riechendes Sekret ab. Unauffällige Rufe, die vor allem nachts und unter Wasser ertönen. Die Larven der Knoblauchkröte (**4c**) sind riesig, bis zu 12 cm, im Extremfall sogar bis zu 18 cm lang.

1a

1b

2

3

4a

4b

4c

1 Erdkröte
Bufo bufo

L ♂ – 9 cm, ♀ – 15 cm März–Okt.
K: Oberseits braun, mit warziger, drüsenreicher Haut, besonders groß sind die Ohrdrüsen.
V: Auf Grund ihrer Anpassungsfähigkeit in Europa weit verbreitet und auch in vom Menschen stark veränderten Landschaften noch verhältnismäßig häufig anzutreffen.
W: Wandern nach dem Verlassen des Winterquartiers in großer Zahl zu ihren Laichgewässern (strenge Laichplatztreue), dabei an stark befahrenen Straßen (durch Überfahren) sehr gefährdet. Da es immer sehr viel mehr männliche als weibliche Tiere gibt, versuchen die Männchen sich schon während der Wanderung ein Weibchen zu sichern. Sie umklammern die Weibchen und lassen sich auf deren Rücken zum Laichgewässer tragen. Oft kommt es vor, daß mehrere Männchen ein Weibchen besetzen. Die Männchen selbst geben, wenn sie von Geschlechtsgenossen umklammert werden, einen quiekenden Laut von sich, der den Irrtum signalisiert. Sie werden dann sofort wieder losgelassen. Die Larven der Erdkröte haben die typische Kaulquappengestalt und sind ganz schwarz. Sie schlüpfen aus den Eiern, die in bis zu 7000 Eiern umfassenden Gallertschnüren an Ästen, Wurzeln, vorjähriger Vegetation usw. abgelegt werden. Erdkrötenlarven (**1 b**) bilden dichte Schwärme. Wie die erwachsenen Tiere enthalten sie recht wirksame Giftstoffe und werden deshalb von vielen Freßfeinden gemieden.

2 Kreuzkröte
Bufo calamita

L bis 8 cm Apr.–Okt.
K: Die kleinste der bei uns vorkommenden echten Kröten. Charakteristischer gelber Längsstreifen auf der Rückenmitte.
V: Weite Teile Europas, ohne Südosteuropa, vor allem in Sandgebieten.
W: Die Männchen haben eine große kehlständige Schallblase, mit der sie laute Rufe erzeugen können. In ruhigen Nächten kann man sie kilometerweit hören. Kreuzkröten sind die agilsten aller Kröten und wandern weit umher. Sie hüpfen nicht, sondern laufen so schnell, daß man in der Dämmerung eher an eine umherhuschende Maus denken könnte.

3 Wechselkröte
Bufo viridis

L ♂ – 8 cm, ♀ – 10 cm Apr.–Sept.
K: Das grüne Fleckenmuster auf graubrauner Grundfärbung der Oberseite hat der Art auch den Namen „Grüne Kröte“ eingebracht.
V: Östliche Steppenart, sehr häufig in Südosteuropa, sporadisch in Mitteleuropa, vor allem auf Sandböden.
W: Besonders auffallend durch ihre trillernden Rufe, die abends ertönen. Legt ihre krötentypischen Laichschnüre in jeder Art von Stillgewässer ab. Wie alle Kröten überwintern auch sie unter Wurzeln, Steinen, in Höhlen oder Mauselöchern.

4 Laubfrosch
Hyla arborea

L bis 5 cm März–Sept.
K: Kleinster heimischer Frosch, meist grasgrün gefärbt, kann seine Färbung nach Grau, Braun oder Gelb ändern. Schwarzer Seitenstreifen.
V: Weite Teile Europas.
W: Überwiegend nachtaktiv, vor allem durch die lauten „käkäkäk ...“-Rufe der Männchen auffallend. Sonnt sich tagsüber gern auf Brombeeren oder Schilfhalmen. Dank der mit Saugscheiben versehenen langen Zehen ein hervorragender Kletterer, der auch im Astwerk weite Sprünge machen kann. Nur während der Paarungszeit am Wasser.

1a

1b

3

2

4b

4a

1 Wasserfrosch
Rana esculenta

L 9–12 cm Apr.–Nov.
K: Grasgrün mit dunklen Flecken auf Rücken, Flanken und Beinen. Schallblasen hinter den Mundwinkeln.
V: Weit verbreitet in Stillgewässern in Mittel- und Osteuropa.
W: Aufgrund ihrer überwiegend grünen Färbung werden die drei einander sehr ähnlichen „Arten“ Wasserfrosch, Seefrosch (s.u.) und Kleiner Wasserfrosch (*Rana lessonae*) häufig als Grünfrösche zusammengefaßt. Dabei handelt es sich bei dem Wasserfrosch um einen Bastard, der aus der Kreuzung der beiden anderen Arten hervorging. Besonders interessant ist, daß die Bastarde vielfach nur noch mit einer Elternart zusammenleben, mit der sie sich immer wieder rückkreuzen. Wasserfrösche leben in den unterschiedlichsten stehenden Gewässern, in denen die Tiere auch häufig überwintern.

2 Seefrosch
Rana ridibunda

L bis 15 cm Apr.–Okt.
K: Meist bräunlicher gefärbt als der Wasserfrosch, oft mit hellgrüner Rückenlinie. Größter europäischer Frosch.
V: Weit verbreitet vom Rhein bis zum Kaspischen Meer und Persischen Golf.
W: Die keckernden, sehr lauten Rufe sind gut von den Rufen der Wasserfrösche zu unterscheiden. Wo sich Seefrösche in Gartenteichen angesiedelt haben, waren sie schon mehrfach Auslöser von Nachbarschaftsstreitigkeiten.

3 Grasfrosch
Rana temporaria

L bis 10 cm Febr.–Nov.
K: Braun, dunkle Zeichnung. Stumpfe Schnauze, kleiner und flacher Fersenhöcker.
V: Europa ohne den Süden, im Norden bis zum Nordkap! Außerhalb der Laichzeit in Wäldern.
W: Grasfrösche erscheinen sehr früh im Jahr an ihren Laichgewässern. Die Männchen mit im Gegensatz zu den Grünfröschen kehlständiger Schallblase lassen dort ihre relativ leisen, knurrenden Rufe ertönen. Die Weibchen legen meist einen Laichballen mit bis zu 4000 Eiern auf den Gewässergrund. Nach kurzer Zeit steigen die Eier an die Oberfläche (**3b**). Oft kommt es vor, daß die Laichgewässer nach dem Ablaichen noch einmal zufrieren, dann sterben nur die Eier an der Oberfläche ab. Die Larven (Kaulquappen) sind schwarz gefärbt (**3c**). Auf ihren Wanderungen sind die Frösche durch den Straßenverkehr sehr gefährdet.

4 Springfrosch
Rana dalmatina

L 6–8 cm Febr.–Nov.
K: Ähnlich Grasfrosch, mit langen Hinterbeinen und spitzer Schnauze.
V: Weit verbreitet in Südeuropa und im Süden Mitteleuropas. Laubwaldbewohner.
W: Wandert sehr früh im Jahr, oft noch vor dem Grasfrosch. Die Männchen rufen unter Wasser. Die Weibchen bleiben nur bis zu 5 Tage am Laichgewässer.

5 Moorfrosch
Rana arvalis

L bis 7 cm März–Nov.
K: Ähnlich Grasfrosch, oft mit heller Rückenlinie; spitzere Schnauze und großer, hoher Fersenhöcker.
V: Weite Teile Mittel-, Nord- und Osteuropas, vor allem in den Niederungen.
W: Die Männchen sind zur Paarungszeit oft hellblau gefärbt. Die Art ist u. a. durch Verpilzung des Laiches als Folge von Gewässerversauerung gefährdet.

1

3a

2

3b

4

3c

5

1 Lachs
Salmo salar

L bis 120 (–150) cm G max. 30 kg
K: Stromlinienförmiger Körper, mit Fettflosse. Färbung sehr variabel.
V: Atlantikküste, Island und Ostsee.
W: Begehrter Speisefisch; wegen seines „lachsroten" Fleisches und seines bemerkenswerten Verhaltens einer der bekanntesten Fische. Die ausgewachsenen Lachse wandern oft Hunderte von Kilometern aus dem Meer flußaufwärts, um in den Quellgebieten der Flüsse abzulaichen. Charakteristisch sind die Sprünge über Stromschnellen und Wehre. Die Jungtiere bleiben zunächst 2–3 Jahre im Süßwasser, wandern dann ins Meer und kehren nach ca. 3 Jahren wieder zurück. Lachse können bis zu 100 km an einem Tag wandern und erkennen ihren Heimatfluß am Geruch wieder.

2 Bachneunauge
Lampetra planeri

L bis 25 cm
K: Aalähnliche Gestalt mit zwei Rückenflossen, die hintere geht in die Schwanzflosse über.
V: Saubere Bäche.
W: Das Bachneunauge ist ein Vertreter einer urtümlichen, fischähnlichen Gruppe von Wirbeltieren, den Kieferlosen. Statt der Kiefer ist bei ausgewachsenen Tieren eine Saugscheibe mit Hornzähnen ausgebildet. Ihren Namen haben sie von den 7 Kiemenspalten, die zusammen mit dem Auge und dem Nasenloch den Eindruck von 9 Augen auf jeder Körperseite vermitteln. Die Weibchen legen im Frühjahr bis 1400 Eier ab und sterben dann. Die Larven werden als Querder bezeichnet und leben 3–5 Jahre im weichen Schlamm. Nach der Metamorphose im Winter pflanzen sich die Tiere im Frühjahr fort. Die ausgewachsenen Tiere fressen nichts. Durch fortschreitende Gewässerverschmutzung bedroht.

3 Forelle
Salmo trutta

L 50 (–70) cm G bis 8,5 kg
K: Bachforelle grünlich-braun mit zahlreichen schwarzen und roten Flecken, Meer-(See-)Forelle silbern mit wenigen dunklen Flecken.
V: In Flüssen und Seen in ganz Europa sowie an den Atlantikküsten.
W: Man unterscheidet je nach Lebensraum: Bach-, See-, Meerforelle. Diese werden manchmal auch als eigene Unterarten beschrieben. Alle Formen laichen aber im Süßwasser ab. Dazu wandert die Meeresform flußaufwärts. Wird häufig ausgesetzt.

4 Äsche
Thymallus thymallus

L bis 60 cm G bis 4,5 kg
K: Auffällig große Rückenflosse und Fettflosse.
V: Saubere, kühle Flüsse, manchmal auch Seen in Mittel-, Ost- und Nordeuropa.
W: Das Fleisch der Äsche soll nach Thymian riechen, daher der wissenschaftliche Name. Nach ihr ist auch die Äschenregion im Oberlauf der Flüsse mit schnell fließendem, klarem, kühlem und sauerstoffreichem Wasser benannt. Durch die Verbauung und Verschmutzung unserer Fließgewässer ist die Art wie viele andere stark im Bestand zurückgegangen.

5 Elritze
Phoxinus phoxinus

L bis 12 cm
K: Klein, meist grünlich-braun mit silbrigem Bauch. Männchen zur Laichzeit mit auffällig rotem Bauch.
V: Flüsse in weiten Teilen Europas.
W: Die Elritze hat ähnliche Lebensraumansprüche wie die Äsche und ist aus gleichen Gründen gefährdet. Sie lebt in großen Schwärmen, die sich oft nahe der Wasseroberfläche aufhalten. Eiablage über kiesigem Untergrund.

1
2
3
4
5

1 Karpfen
Cyprinus carpio

L 70 (–120) cm G bis 20 kg

K: Hochrückiger, braungrüner Fisch. Körper mit großen Schuppen bedeckt. 2 Paar Barteln.

V: In weiten Teilen Europas in stehenden und langsam fließenden, vegetationsreichen Gewässern mit schlammigem Untergrund.

W: Karpfen waren ursprünglich in Osteuropa und Asien heimisch, sind aber heute in ganz Europa weit verbreitet. Vor allem in den Teichwirtschaften der Klöster im Mittelalter erfreuten sie sich sehr großer Beliebtheit (Fastenspeise). Die Wildform, der „Schuppenkarpfen“, ist heute recht selten. Je nach Beschuppung unterscheidet man heute weitere Formen, z. B. Spiegelkarpfen (Körper nur teilweise beschuppt) und Lederkarpfen (Körper ohne Schuppen). Karpfen, die bis zu 30 Jahre alt werden können, werden in zahllosen Teichen gehalten und oft als Angelfisch ausgesetzt.

2 Karausche
Carassius carassius

L bis 50 cm G bis 5 kg

K: Hochrückig mit kleinem Kopf und ohne Barteln.

V: Weit verbreitet in Stillgewässern.

W: Die Art hat ähnliche Lebensansprüche wie der Karpfen und zeichnet sich durch ihre Widerstandsfähigkeit gegenüber niedrigem Sauerstoffgehalt aus. Wie viele andere Vertreter aus der Familie der Karpfenfische (Cyprinidae) ernähren sich Karauschen sowohl von Pflanzen als auch von Tieren, insbesondere von Mükkenlarven. Die Weibchen legen bis zu 300 000 Eier.

3 Goldfisch
Carassius auratus auratus

L bis 35 (–40) cm G bis 3 kg

K: Ähnlich der vorigen Art, mit charakteristisch orangeroter Färbung.

V: Ursprünglich aus China und Ostsibirien, heute in weiten Teilen Europas eingeführt.

W: Heute überall in allen Gewässertypen ausgesetzt. Insbesondere in der Nähe von Städten gibt es kaum ein Gewässer ohne Goldfische. Zur Fortpflanzung kommt es meist nur in pflanzenreichen stehenden oder langsam fließenden Gewässern, wo die Weibchen bis zu 400 000 Eier an Wasserpflanzen ablegen. Viele Zuchtformen.

4 Schleie
Tinca tinca

L bis 40 (–70) cm G bis 4 kg

K: Sehr schleimige Haut, Schwanzflosse kaum ausgebuchtet, 2 Barteln.

V: Stillgewässer in fast ganz Europa.

W: Schleien leben vor allem am Grunde von Gewässern, die auch der Karpfen bevorzugt. Im Winter graben sie sich sogar in den Schlamm am Gewässerboden ein. Die Weibchen legen im Frühjahr bis zu 900 000 Eier, aus denen nach etwa einer Woche die 5 mm langen Larven schlüpfen. Diese halten sich mit einem am Kopf befindlichen Haftorgan so lange an Pflanzen fest, bis der Dottervorrat aus dem Dottersack aufgezehrt ist.

5 Plötze
Rutilus rutilus

L bis 30 (–50) cm G bis 2 kg

K: Silbrig, Brust-, Bauch- und Afterflossen meist rötlich.

V: In vielen europäischen Gewässern, nicht im Mittelmeerraum.

W: Wegen der roten Iris werden Plötzen auch sehr häufig als Rotaugen bezeichnet. In vielen Gewässertypen, selbst im Brackwasser der Ostsee. Sehr tolerant gegenüber ungünstigen Lebensbedingungen wie hohen Temperaturen und Sauerstoffmangel. Allesfresser, oft in großen Schwärmen. Sie können unter günstigen Umständen 12 Jahre alt werden.

1

2

3

4

5

1 Hasel
Leuciscus leuciscus

L bis 30 cm G bis 0,6 kg

K: Schlank, silbrig mit spitzem Kopf und kleinem Mund. Flossen gelborange.

V: Fließgewässer in Europa nördlich der Alpen und Pyrenäen ohne den hohen Norden.

W: Hasel sind Schwarmfische, die vor allem in klaren Fließgewässern, besonders häufig in kleinen Flüssen und Bächen leben. Sie ernähren sich bevorzugt von Insekten und deren Larven, häufig von Fluginsekten von der Wasseroberfläche. Zahlreiche ähnliche Arten mit z. T. kleinen Verbreitungsgebieten vor allem in Südosteuropa.

2 Moderlieschen
Leucaspius delineatus

L bis 12 cm

K: Schlank, silbrig mit stark nach oben gerichtetem Maul.

V: Weit verbreitet in Mittel- und Osteuropa zwischen Rhein und Wolga, vor allem in langsam fließenden Flüssen und Weihern mit viel Vegetation.

W: Moderlieschen bilden oft große Schwärme. Der Laich wird in Schnüren um Wasserpflanzen gewunden. Neuerdings erfreuen sich Moderlieschen großer Beliebtheit in Gartenteichen. Da sie sich zu einem großen Teil von Wirbellosen ernähren, ist dies aber durchaus kritisch zu sehen.

3 Bitterling
Rhodeus sericeus

L bis 6 (–10) cm

K: Klein, hochrückig, mit endständigem Maul. Männchen zur Laichzeit mit rosa Kehle, Brust und Bauch, Weibchen mit 5 cm langer Legeröhre.

V: Weite Teile Mittel- und Osteuropas von Frankreich bis zum Kaspischen Meer, vor allem in Altwässern.

W: Der Bitterling ist ein typischer Altwasserbewohner. Seine Fortpflanzungsbiologie macht ihn zu einer der interessantesten Fischarten Europas. Bei uns einzigartig ist die Ablage der Eier in die Mantelhöhle von Maler- oder Teichmuscheln (*Unio pictorum, Anodonta cygnaea*). Dies ist möglich durch die lange Legeröhre der Weibchen. Pro Muschel werden 10–25 Eier abgelegt, ein Weibchen kann 40–100 Eier produzieren. Die Eientwicklung dauert etwa 3 Wochen, die Jungfische verlassen die Muscheln, wenn der Inhalt des Dottersackes aufgebraucht ist. Ohne die Muscheln können sich Bitterlinge nicht erfolgreich fortpflanzen. Angeblich soll sein bitteres Fleisch (Name!) den Bitterling vor Raubfischen schützen, dennoch wurde er schon oft im Verdauungstrakt verschiedener Arten gefunden.

4 Rotfeder
Scardinius erythrophthalmus

L bis 30 (–45) cm G bis 2 kg

K: Sehr ähnlich der Plötze, die Rükkenflosse sitzt aber weiter hinten, die Flossen sind rot, die Iris ist gelb bis orange.

V: Europa ohne die Iberische Halbinsel und Nordskandinavien, häufig in Seen und langsam fließenden Flüssen.

W: Ein Schwarmfisch, der sich von Pflanzen und Insekten ernährt; sehr oft von Anglern ausgesetzt.

5 Gründling
Gobio gobio

L bis 15 (–20 cm) G bis 120 g

K: Langgestreckter, gerundeter Körper, Maul unterständig mit 2 Barteln.

V: Europa ohne Italien und Griechenland. Ein typischer Flußfisch, lebt sowohl in Tieflandflüssen wie in schneller fließenden Bächen, hält sich aber auch in Seen und sogar in salzarmen Gebieten der Ostsee.

W: Benötigt sauberes Wasser mit hohem Sauerstoffgehalt, kann aber kurzfristig schlechtere Wasserqualität vertragen.

1

2

3

4

5

1 Hecht
Esox lucius

L 100 (–150) cm G bis 15 (- 65) kg

K: Sehr groß und langgestreckt mit langer, entenschnabelartiger Schnauze, Färbung variabel, meist grünlichbraun, Seiten mit heller Bänderung.

V: Weite Teile Europas ohne den Süden. Hechte leben von Natur aus vor allem in langsam fließenden, vegetationsreichen Flüssen und in Seen.

W: Bekannter Speisefisch, bei Sportanglern sehr beliebt und oft ausgesetzt. Die natürlichen Vorkommen sind heute zum Teil bedroht, da Hechte vor allem in Überschwemmungsbereichen von Flüssen ablaichen, und solche Bereiche sind heute durch die allgegenwärtigen Flußbegradigungen selten geworden.

2 Wels
Silurus glanis

L 200 (–500) cm G 50 (- 300) kg

K: Sehr groß, dunkel, mit langer Afterflosse. 2 lange Barteln am Ober- und 4 kurze Barteln am Unterkiefer.

V: Große Flüsse und Seen in Mittel- und Osteuropa, oft ausgesetzt.

W: Neben dem Hausen (*Huso huso*) größter europäischer Fisch, der bis zu 20 Jahre alt werden kann. Vor allem Fischfresser (Aale, Schleien u. a.), frißt aber auch wie der Hecht Wasservögel, Frösche und Schermäuse.

3 Schlammpeitzger
Misgurnus fossilis

L bis 30 (–50) cm

K: Langgestreckter, rundlicher Körper mit dunklen Seitenstreifen, 5 Paar Barteln um das endständige Maul.

V: Mittel- und Osteuropa vom östlichen Frankreich bis zur Wolga. Meist verborgen im Schlamm von langsam fließenden Flüssen und Weihern.

W: Schlammpeitzger sind überwiegend nachtaktiv. Da sie oft in sehr sauerstoffarmen Gewässern leben, haben Schlammpeitzger eine besondere Art der Atmung entwickelt, die sog. Darmatmung. Dabei wird Luft geschluckt und im stark gefalteten Darm Sauerstoff aufgenommen. Bei großer Trockenheit können sie im Schlamm eingegraben in einem Ruhezustand überleben. Weil sie in der Lage sind, Luftdruckänderungen wahrzunehmen, werden sie auch als „Wetterfische" bezeichnet. Besonders vor Gewittern schnappen sie oft an der Wasseroberfläche nach Luft.

4 Steinbeißer
Cobitis taenia

L bis 10 (–14) cm

K: Langgestreckt mit 3 Paar Barteln, Körperseiten mit Fleckenreihen, unter jedem Auge ein Doppeldorn.

V: Europa mit Ausnahme des äußersten Nordens.

W: Wegen der Dornen unter den Augen oft auch als „Dorngrundeln" bezeichnet. Sie kommen in ähnlichen Lebensräumen vor wie die Schlammpeitzger. Auch sie haben hochempfindliche Bartfäden („Barteln"), mit denen Nahrung ertastet wird. Steinbeißer ernähren sich vor allem von auf und im Schlamm lebenden Wirbellosen, z. T. auch von Pflanzen. Mulm, der mit der Nahrung aufgenommen wird, wird durch die Kiemenöffnungen wieder ausgestoßen.

5 Bachschmerle
Noemacheilus barbatulus

L 15 (–18 cm)

K: Mit 6 Barteln, aber ohne Dornen unter den Augen. Färbung fleckig graubraun.

V: In kleinen Fließgewässern in weiten Teilen Europas.

W: Die Art, die oft auch einfach als Schmerle oder auch als Bartgrundel bezeichnet wird, ist ein typischer Fisch der Bäche. Tagsüber verstecken sich Bachschmerlen meist zwischen Steinen, nachts jagen sie nach kleinen Wirbellosen.

1

2

3

4

5

1 Aal
Anguilla anguilla

L 90 (–200) cm G bis 4 kg
K: Langgestreckte, schlangenähnliche Gestalt mit langem Flossensaum.
V: Europa mit seinen Küsten.
W: Aale laichen in der Sargassosee bei den Bermuda-Inseln. Die Larven mit der Form eines Weidenblattes wandern innerhalb von 3 Jahren quer über den Atlantik und erreichen als transparente Glasaale die europäischen Flußmündungen. Die Jungaale halten sich bis zur Geschlechtsreife 8–15 Jahre im Süßwasser auf, um dann als Silberaale die Wanderung zur Sargassosee anzutreten. Aale sind überwiegend nachtaktiv und ernähren sich von bodenlebenden Tieren. Durch Wasserbauwerke und Gewässerverschmutzung sind die Wandermöglichkeiten oft beschränkt, so daß heute Jungaale tief im Binnenland ausgesetzt werden.

2 Quappe
Lota lota

L 50 (–120) cm G bis 32 kg
K: Langgestreckt mit einer kurzen und einer sehr langen Rückenflosse. Ein langer Bartfaden am Unterkiefer, je ein kurzer an jeder Nasenöffnung.
V: Ähnlich Groppe (s. u.).
W: Einzige heimische Süßwasserart der ca. 60 Arten der Dorschfische; lebt in Flüssen und Seen. Die Weibchen laichen im Winter – oft unter Eis – bis zu 3 Millionen Eier ab.

3 Flußbarsch
Perca fluviatilis

L 35 (–50) cm G bis 5 kg
K: Schön gefärbt, mit roten Bauch- und Afterflossen, Körper dunkel gebändert. 2 Rückenflossen.
V: Weit verbreitet in Europa in Tieflandflüssen, Seen und Weihern.
W: Der Flußbarsch, oft auch nur Barsch genannt, ist in vielen Gewässern recht häufig. Während sich die Jungfische vor allem von Wirbellosen ernähren, fressen ausgewachsene Barsche fast ausschließlich Fische, Artgenossen inklusive.

4 Zander
Stizostedion lucioperca

L 70 (–130) cm G bis 10 (- 18) kg
K: Groß, mit auffälligen Eckzähnen („Hundezähne“) im Maul.
V: Ursprünglich westlich bis etwa zur Elbe, durch Aussetzung heute auch in größeren Gewässern Westeuropas.
W: Ausgeprägter Fischjäger, der jeden kleineren Fisch frißt, Artgenossen eingeschlossen. Sehr schmackhaft, beliebter Angelfisch.

5 Groppe
Cottus gobio

L 10–15 cm
K: Mit breitem abgeflachtem Kopf („Dickkopp“), Dorn am Kiemendeckel, sehr breite Brustflossen.
V: Die Groppe lebt vor allem in sauberen Bächen und kleineren Flüssen.
W: Groppen ernähren sich von Wirbellosen, Fischeiern und -brut und sind deshalb bei Anglern nicht beliebt.

6 Dreistacheliger Stichling
Gasterosteus aculeatus

L 8–11 cm
K: Namensgebend sind 3 Stacheln vor der Rückenflosse; Körper schuppenlos.
V: In allen Gewässertypen vom Meer bis zum Graben anzutreffen.
W: Die Art ist als eines der „Paradetiere“ der Verhaltensforschung bekannt geworden, vor allem wegen des Fortpflanzungsverhaltens. Die Männchen bauen Nester aus Pflanzen, in die sie die Weibchen zur Eiablage locken, und betreuen anschließend das Gelege.

1

2

3

4

5

6

1 Gemeiner Wasserfloh
Daphnia pulex

L ♂ 1,8 mm, ♀ 4 mm

K: Rundlich, zart, Schale durchscheinend gelblich, bräunlich oder grünlich. Lange Antennen.

V: In stehenden Gewässern.

W: Einer der häufigsten Blattfußkrebse. Der Name leitet sich von den blattförmigen Extremitäten ab. Diese dienen dazu, Nahrung, z. B. Algen, heranzustrudeln. Zur Fortbewegung wird das 2. Antennenpaar genutzt. Der Name Wasserfloh kommt von den hüpfenden Bewegungen, die durch Schläge mit den Antennen erzeugt werden. Die meisten Wasserflöhe leben in kleinen Stillgewässern, aber auch in den Uferzonen größerer Seen. Sie pflanzen sich sowohl geschlechtlich als auch durch Jungfernzeugung fort.

2 Kellerassel
Porcellio scaber

L bis 18 mm

K: Grauschwarz oder braun, gelegentlich gefleckt, 7 Laufbeinpaare, geknickte Antennen.

V: In ganz Europa häufig an dunklen, feuchten Plätzen.

W: Asseln sind landbewohnende Krebse. Kellerasseln haben an den Hinterbeinen Kiemen, die ständig feucht gehalten werden müssen. Deshalb kommen sie auch meist an feuchteren Orten vor, z. B. in Fallaub, Komposthaufen und feuchten Kellern. Andere landbewohnende Asseln atmen mit Tracheen. Die Jungtiere entwikkeln sich wie bei den Wasserasseln in einem Brutbeutel. Hauptnahrung sind verrottende Pflanzenteile.

3 Wasserassel
Asellus aquaticus

L ♂ bis 12 mm, ♀ bis 8 mm

K: Grundfärbung grau mit helleren Flecken, Körper abgeflacht.

V: Europa ohne Iberische Halbinsel.

W: Wasserasseln bewohnen fast alle Gewässertypen. Wichtig ist das Vorhandensein von verrottendem Pflanzenmaterial. Man findet die Tiere meist am Gewässergrund zwischen Fallaub, zu dessen Abbau sie beitragen. Sie betreiben Brutpflege, die Jungtiere bleiben längere Zeit im Brutsack des Weibchens.

4 Bachflohkrebs
Gammarus pulex

L 12–15 (–20) mm

K: Grau oder hellbraun, Körper seitlich abgeplattet.

V: Mitteleuropa nördlich der Donau. Die Hauptverbreitung der meisten Flohkrebse liegt im Meer. Bachflohkrebse kommen häufig in Bächen und Flüssen, aber auch in Seen des Hügellandes vor.

W: Bachflohkrebse ernähren sich vor allem von zersetzenden Pflanzenteilen. Häufig findet man Männchen und Weibchen aneinandergeklammert (Bild). Die Weibchen legen bis zu 100 Eier in eine Brutkammer auf der Bauchseite ab, in der sich dann die Jungtiere entwickeln. Die Tiere gehören mit zur wichtigsten Nahrung von bachbewohnenden Fischen.

5 Flußkrebs
Astacus astacus

L bis 20 (25) cm

K: 1. Beinpaar mit kräftigen Scheren, lange Fühler, Färbung grau oder braun.

V: In Bächen und Flüssen in Mittel- und Nordeuropa.

W: Größter heimischer Süßwasserkrebs, auch Edelkrebs genannt. Früher in sauberen Fließgewässern weit verbreitet und häufig, heute aber sehr selten. Hauptursache für das Verschwinden ist die durch den Pilz *Aphanomyces astaci* verursachte „Krebspest". Heute sind auch viele ehemalige Krebsbäche verschmutzt.

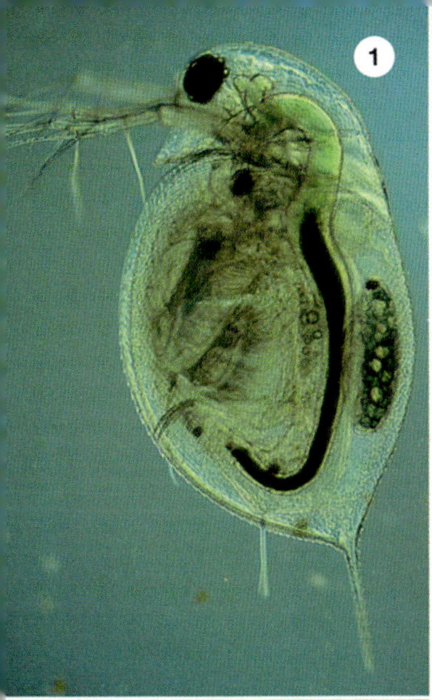
1

2

3

4

5

1 Gartenkreuzspinne
Araneus diadematus

L bis 17 mm Aug.–Okt.

K: Färbung sehr variabel, auf dem Abdomen ein weißes Kreuz.

V: Weit verbreitet, oft in Gärten.

W: Die bekannteste bei uns vorkommende Radnetzspinne. Die großen Netze (**1 b**) findet man meist in Bäumen und Sträuchern. Sie dienen dem Beutefang. Die Gartenkreuzspinne lauert oft mitten im Netz, während die meisten anderen Arten in einem Versteck sitzen. Über einen Signalfaden bekommen sie die Information, wenn sich eine Beute im Netz verfängt. Die Beute wird mit den Kieferklauen gebissen, dabei wird lähmendes Gift injiziert. Dann geben die Spinnen Verdauungssaft ab, der das Opfer zersetzt. Bei uns heimische Spinnen sind für Menschen harmlos.

2 Streckerspinne
Tetragnatha extensa

L bis 11 mm Mai–Aug.

K: Sehr schlanke Spinne mit großen, dornbesetzten Cheliceren. Vorderkörper gelbbraun, Hinterleib gelbgrün. Mehrere ähnliche Arten.

V: Weit verbreitet in Mitteleuropa. Lebt zwischen Gräsern in Bodennähe, fast immer in der Nähe von Gewässern.

W: Streckerspinnen sind nach ihrem Verhalten benannt, die Vorder- und Hinterbeine lang nach vorn bzw. nach hinten zu strecken, so daß man sie kaum entdecken kann. Die Netze unterscheiden sich von denen der Radnetzspinnen durch die offene Nabe.

3 Winkelspinne
Tegeneria atrica

L bis 18 mm Jan.–Dez.

K: Lange Beine, dunkelbraun mit Winkelflecken auf dem Hinterleib.

V: Weit verbreitet in Mitteleuropa.

W: Häufigste in Gebäuden vorkommende Spinne, wird wie 3 ähnliche Arten oft auch als Hausspinne bezeichnet. Die Beine können bis zu dreimal so lang wie der Körper sein, was den Tieren ein imposantes Aussehen verleiht. Sie bauen in Zimmerecken, Nischen usw. ein dichtes Gespinst mit Fangfäden. Nachts streifen sie oft umher. Ihr häufiges Vorkommen in Kellern und Wohnungen macht sie neben den Kreuzspinnen wohl zu den bekanntesten heimischen Spinnen.

4 Wasserspinne
Argyroneta aquatica

L bis 15 mm Jan.–Dez.

K: Vorderkörper grau, Hinterleib braun.

V: Nördliches Europa und Asien.

W: Einzige wasserbewohnende Spinne. Da die Wasserspinne keine Kiemen besitzt, muß Atemluft von der Oberfläche beschafft werden. Dazu streckt sie das Hinterleibsende aus dem Wasser und taucht ruckartig ab. Dabei bleibt eine Luftblase haften, die mit den Hinterbeinen festgehalten wird. Diese transportiert die Spinne entlang eines Wegfadens zu einem zuvor gesponnenen, engmaschigen Netz, unter dem die Luftblase freigelassen wird. Dieser Vorgang wird vielfach wiederholt, das Netz wölbt sich glockenartig auf. So entsteht eine Art „Taucherglocke“, in der die Spinne lebt. Von Zeit zu Zeit steigt sie nach oben, um die verbrauchte Luft zu ergänzen.

5 Waldwolfsspinne
Pardosa lugubris

L bis 10 mm Mai–Sept.

K: Dunkelbraun mit hellen Rückenstreifen, häufigste von ca. 30 sehr ähnlichen heimischen Arten.

V: Weit verbreitete Art.

W: Bodenbewohnende Spinnen, die gut sehen können und ihre Beute laufend blitzschnell überwältigen. Die Jungen werden auf dem Rücken getragen (**5 b**).

1a

2

1b

3

4

5b

5a

1 Sektorenspinne
Zygiella x-notata

L bis 6 mm Juli–Dez.
K: Graubraun, Rücken und Beine glänzend schwarz, Hinterleib silbrig.
V: Weit verbreitet, Kulturfolger.
W: Der Name leitet sich von dem typischen Netz mit zwei Sektoren ohne Fangfäden ab (**1 b**). Von hier aus führt der Signalfaden zum Versteck. Kommt häufig in Ortschaften vor. Sie webt ihr Netz in Fenstern, Zäunen usw.

2 Zitterspinne
Pholcus phalangioides

L bis 11 mm Jan.–Dez.
K: Sehr lange dünne Beine, ähnlich einem Weberknecht, hellgrau mit dunkler, undeutlicher Zeichnung.
V: Mittel- und Südeuropa. Bei uns nur innerhalb von Gebäuden.
W: Zitterspinnen weben unregelmäßige Netze, die unter der Decke hängen. Ihr Name leitet sich von dem Verhalten ab, bei Gefahr durch Bewegungen das Netz zum Schwingen zu bringen. Dadurch wird die Spinne fast unsichtbar.

3 Fensterspinne
Amaurobius fenestralis

L bis 11 mm Jan.–Dez.
K: Vorderkörper braun, Hinterleib braungelb mit schwarzem Fleck.
V: Weit verbreitete Art.
W: Gespinste gelegentlich an Fenstern zu finden (Name!). Die Weibchen spinnen sich nach der Befruchtung mit ca. 100 Eiern ein. Sie sterben nach dem Schlüpfen der Jungen und dienen diesen als erste Nahrung.

4 Raubspinne
Pisaura mirabilis

L bis 14 mm Mai–Juli
K: Färbung variabel von braun bis grau, charakteristische Rückenzeichnung.
V: An Waldrändern und Hecken.
W: Die langbeinigen Spinnen lassen sich oft beim Sonnenbad auf Brennnesseln beobachten. Das Männchen bringt dem Weibchen ein „Brautgeschenk“, z. B. in Form einer eingesponnenen Fliege, dar. Nimmt das Weibchen die Fliege an, nutzt das Männchen die Gelegenheit zur Kopulation. Das Weibchen trägt zwei Wochen einen kugelförmigen Eikokon mit sich herum (**4 b**). Vor dem Schlüpfen webt sie ein Gespinst, in das der Kokon abgelegt wird. Die Jungen werden vom Weibchen bewacht.

5 Listspinne
Dolomedes fimbriatus

L bis 22 mm Mai–Aug.
K: Groß, dunkelbraun mit hellen Rändern, lange Beine.
V: Weit verbreitet in europäischen Feuchtgebieten.
W: Eine der größten heimischen Spinnen; wie die verwandte Raubspinne eine Jagdspinne, die keine Netze baut. Die Tiere leben immer in der Nähe von Gewässern und können auch auf der Wasseroberfläche laufen. Bei Gefahr tauchen sie sogar unter. Listspinnen, oft auch Gerandete Jagdspinnen genannt, überwältigen auch große Beutetiere und fangen sogar Jungfische und -frösche.

6 Zebraspringspinne
Salticus scenius

L bis 6 mm Apr.–Okt.
K: Charakteristisch schwarz-weiß gezeichnet.
V: Weit verbreitet in Europa, Nordafrika, Nordasien und Nordamerika, Kulturfolger.
W: Jagt an sonnigen Hauswänden, Balkonen, Mauern usw. Springspinnen können sehr gut sehen, schleichen sich an ihre Opfer an, springen auf sie und lähmen sie durch einen Biß. Ein sackartiges Wohngespinst dient als Schutz vor schlechter Witterung und für die Eier.

1a
2
1b
3
4b
4a
5
6

1 Veränderliche Krabbenspinne
Misumena vatia

L bis 10 mm Mai–Juli
K: Weibchen weiß, gelb oder grün, Männchen braun mit braun-weiß gestreiftem Hinterleib.
V: In blütenreichen Landschaften.
W: Die Weibchen können ihre Farbe ändern, sie lauern auf Blüten, die ihrer Körperfarbe gleichen. Dabei sind sie für anfliegende Insekten praktisch unsichtbar. Der Farbwechsel geschieht durch die Verlagerung von Farbstoffen aus der Epidermis in das Körperinnere und umgekehrt. Die Männchen können ihre Farbe nicht verändern. Das krabbenähnliche Aussehen wird bedingt durch die stark verlängerten vorderen Beinpaare. Wie Krabben können sie auch seit- und rückwärts laufen.

2 Labyrinthspinne
Agelena labyrinthica

L bis 15 mm Juli–Aug.
K: Grau mit bräunlicher Zeichnung.
V: Weit verbreitet in Europa.
W: Lebt in niederer Vegetation und baut ein Netz mit einem Labyrinth von Fangfäden dicht über dem Boden.

3 Zebraspinne
Argiope bruennichi

L ♂ – 6 mm, ♀ – 20 mm Juli–Sept.
K: Unverwechselbar.
V: Wärmeliebende Art, auf Wiesen und an Wegrainen, in Ausbreitung begriffen.
W: Wegen ihrer charakteristischen Zeichnung auch Wespenspinne genannt. Auffällig ist auch das Netz mit einem weißen, zickzackförmigen Band.

4 Zecke, Holzbock
Ixodes ricinus

L 2,5 (♀ – 4 mm; vollgesogen (**4b**) – 12 mm) Mai–Okt.
K: Dunkel rotbraun, 8 Beine.
V: Weit verbreitet, besonders häufig in feuchteren Wäldern mit ausgeprägter Strauch- und Krautschicht.
W: Nur die Weibchen lauern auf Blättern oder Zweigspitzen auf Warmblüter, auf die sie sich in geeignetem Augenblick fallen lassen. Sie saugen 5–14 Tage lang Blut. Dieses ist zwar lästig, die wahren Probleme für die Menschen resultieren aber aus der Tatsache, daß diese Zecken dabei die Frühsommer-Meningo-Encephalitis (FSME; eine Art von Hirnhautentzündung) und Borreliose (eine bakterielle Infektion), zwei gefährliche Krankheiten, übertragen. Deshalb sollte man in Zeckengebieten möglichst geschlossene Kleidung tragen, sich mit Mückenschutzmitteln einreiben und z. B. nach einer Waldwanderung den Körper auf Zecken absuchen.

5 Weberknecht
Phalangium opilio

L bis 9 mm, sehr lange Beine Juni–Nov.
K: Hellgrau mit dunkler Zeichnung.
V: Holarktisch verbreitet, hält sich meist in dichtem Pflanzenbewuchs auf.
W: Weberknechte werden oft für Spinnen gehalten, unterscheiden sich aber in wesentlichen Merkmalen. Im Gegensatz zu den Spinnen besitzen sie einen einteiligen Körper und nur ein Augenpaar. Da sie keine Spinnwarzen haben, können sie auch keine Netze weben. Sie sind überwiegend nachtaktiv und Allesfresser. Die Beine sind sehr lang und zerbrechlich, bei Gefahr können sie von manchen Arten sogar leicht abgeworfen werden.

6 Brauner Steinläufer
Lithobius forficatus

L 20–32 mm
K: Dunkel rotbraun, 15 Beinpaare.
V: Weltweit verbreitet, ruht meist unter Steinen.
W: Sehr häufig unter Steinen, Rinde usw. Junge haben nur 7 Beinpaare, die Zahl nimmt bei jeder Häutung zu. Jagt wie andere Hundertfüßer Insekten, Regenwürmer usw., die mit einem Giftbiß gelähmt werden.

1a

1b

2

3

4a

4b

5

6

1 Silberfischchen
Lepisma saccharina

L ca. 10 mm
K: Flügellos, silbrig-glänzend, 3 Hinterleibsanhänge, Augen klein.
V: Kosmopolit, Kulturfolger.
W: Silberfischchen, wegen ihrer Vorliebe für Kohlenhydrate auch als Zuckergast bezeichnet (auch der wissenschaftliche Name weist darauf hin), sind Kulturfolger, die bei uns nur in Häusern vorkommen, vor allem in Speisekammern, Badezimmern, Bibliotheken usw. Die harmlosen Tiere sind nachtaktiv. Sie sind wohl die bekanntesten Vertreter der sog. Ur-Insekten, die oft unter dem Namen Apterygota (= Flügellose) zusammengefaßt werden. Silberfischchen können sehr schnell laufen, deshalb sieht man sie meist nur kurz, bevor sie ein Versteck aufsuchen. Sie können mehrere Jahre alt werden.

2 Gemeine Eintagsfliege
Ephemera danica

L bis 24 mm Sp 45 mm Mai–Aug.
K: Körper braun mit 3 langen Anhängen, Flügel bräunlich mit dunklen Flecken, Vorderflügel mehr als doppelt so groß wie die Hinterflügel.
V: Weite Teile Europas, vor allem in Mittelgebirgslagen.
W: Typische Vertreterin der Eintagsfliegen, deren Name auf die nur sehr kurze Lebensspanne der ausgewachsenen Tiere hinweist. Während die Larvalentwicklung bis zu 3 Jahre dauern kann, leben die ausgewachsenen Tiere mancher Arten nur wenige Stunden, meist aber 2–4 Tage. Nach dem Schlüpfen schwärmen sie oft in großer Zahl in der Abenddämmerung. Dabei finden sich Männchen und Weibchen zur Paarung. Die Männchen sterben nach kurzer Zeit, die Weibchen nach der Eiablage. Die meisten Arten legen ihre Eier in Fließgewässer ab, die hier gezeigte Art kommt wie einige andere auch in Stillgewässern vor. Die Larven von *Ephemera* graben Gänge in den Gewässergrund. Andere Arten leben unter Steinen oder frei auf dem Boden des Gewässers. Die Larven tragen Tracheenkiemen am Hinterleib und besitzen von wenigen Ausnahmen abgesehen ebenfalls 3 Anhänge. Die zahlreichen Arten reagieren oft sehr empfindlich auf Gewässerverschmutzung, so daß sie als Indikatororganismen zur Bestimmung der biologischen Güte von Fließgewässern herangezogen werden.

3 Steinfliege
Perlodes spec.

L bis 28 mm Apr.–Juli
K: Bräunlich gefärbt, 4 fast gleich große Flügel, 2 Schwanzanhänge.
V: Vor allem in Mittelgebirgen in bzw. an Bächen weit verbreitet.
W: Die ausgewachsenen Tiere sind recht unauffällig; da sie meist in der Nähe von Fließgewässern vorkommen, bezeichnet man sie auch als Uferfliegen. Die mehr als 100 mitteleuropäischen Steinfliegenarten sind nur von Spezialisten zu unterscheiden; ein sehr wichtiges Bestimmungsmerkmal ist die Aderung der Vorderflügel. Steinfliegen paaren sich in der Ufervegetation oder am Boden. Das Weibchen legt die Eier in Fließgewässer ab.

4 Steinfliegenlarve

Mit ihrer abgeflachten Gestalt sind die Larven der Steinfliegen gut an das Leben in schnell fließendem Wasser angepaßt. Im Gegensatz zu den Eintagsfliegenlarven haben sie nur 2 Schwanzanhänge. Auch Tracheenkiemen findet man nur sehr selten, sie nehmen den Sauerstoff über die Körperoberfläche auf. Steinfliegenlarven sind sehr empfindlich gegen ein Absinken des Sauerstoffgehaltes, z. B. infolge von Gewässerverschmutzung. Deshalb sind auch sie gut geeignete Indikatororganismen.

1

2

3

4

1 Gebänderte Prachtlibelle
Calopteryx splendens

L 50 mm Sp 70 mm Juni–Sept.

K: Körper des Männchens blau, metallisch glänzend, Flügel mit breiter, blaugrüner Binde, Weibchen metallisch grün, Flügel gelblich.

V: Europa, Nordafrika und Vorderasien. Eine Charakterart langsam fließender, noch weitgehend sauberer Bäche und Flüsse.

W: Sitzen die Tiere in der Ufervegetation, sind sie nicht leicht zu entdekken. Im Flug fallen vor allem die Männchen sofort auf. Sie besetzen Reviere, die sie immer wieder mit einem eigenartigen Schwirrflug abgrenzen. Dringen fremde Artgenossen in das Revier ein, werden sie von den Revierinhabern angegriffen. Interessant ist auch das Paarungsverhalten. Die Männchen zeigen einfliegenden Weibchen zunächst die Unterseite des Hinterleibes. Dann führen sie im Flug einen Balztanz vor, an den die Paarung anschließt (Paarungsrad, **1 b**). Das Weibchen fliegt dann zum Eiablageplatz und legt die Eier in schwimmende Pflanzenteile ab. Dabei taucht es manchmal ganz unter. Die Männchen verteidigen wieder ihr Revier.

2 Große Pechlibelle
Ischnura elegans

L – 28 mm Sp 35–40 mm Mai–Sept.

K: Hinterleib schwarz, 8. Hinterleibssegment leuchtend blau gefärbt.

V: Weit verbreitet in Europa und Nordasien. Eine unserer häufigsten Libellenarten, die an fast allen Gewässertypen vorkommt.

W: Oft die ersten Libellen, die sich an neu angelegten Gartenteichen einfinden. Das Verhalten bei der Eiablage unterscheidet sich von den übrigen Schlankjungfern durch die Tatsache, daß das Weibchen die Eier ohne die Begleitung des Männchens in Wasserpflanzen ablegt.

3 Frühe Adonislibelle
Pyrrhosoma nymphula

L – 35 mm Sp – 45 mm Apr.–Aug.

K: Männchen mit überwiegend rotem Hinterleib, ab dem 7. Segment mit schwarzer Zeichnung, Weibchen mit mehr Schwarz. Beine immer schwarz gefärbt.

V: Weit verbreitet in Europa.

W: Sehr frühe Art, vor allem an vegetationsreichen Kleingewässern, oft auch an Gartenteichen. Der Name bezieht sich auf das Adonisröschen, welches wiederum nach Adonis benannt ist. Adonis war nach der griechischen Mythologie ein Geliebter der Göttin Aphrodite. Deren Gemahl Ares verwandelte sich in einen Eber und tötete aus Eifersucht Adonis bei einer Jagd. Aus jedem Blutstropfen ist ein Adonisröschen geworden. Trotz der Färbung sind die Libellen meist nur im Flug zu entdecken, da sie sich sonst in dichtem Pflanzenwuchs verstecken. Die ähnliche Späte Adonislibelle *(Ceriagrion tenellum)* ist eine südliche Art, die bei uns nur selten vorkommt. Sie ist leicht an den hellroten Beinen zu erkennen.

4 Weidenjungfer
Chalcolestes viridis

L – 45 mm Sp – 60 mm Juli–Okt.

K: Körper grünmetallisch bis kupferfarben, Flügelmal einfarbig hellbraun.

V: Weit verbreitet in Mittel- und Südeuropa. Lebensraum sind von Weiden und Erlen gesäumte Weiher.

W: Bemerkenswert ist vor allem die Fortpflanzungsbiologie dieser Art. Die Eier werden in über die Wasseroberfläche reichende Zweige der Bäume eingebohrt (**4 b**). Die Rinde schwillt an den Eiablagestellen meist leicht an. Die im Herbst abgelegten Eier können auch sehr harte Fröste überstehen. Im Frühjahr schlüpft eine 2 mm lange sog. Prolarve, die sich ins Wasser fallen läßt und dort weiterentwickelt.

1a
1b
4a
2
3
4b

1 Hufeisenazurjungfer
Coenagrion puella

L 35–40 mm Sp bis 50 mm Mai–Sept.
K: Männchen blau-schwarz gefärbt, auf dem 2. Hinterleibssegment ein „U"- bzw. hufeisenförmiges schwarzes Mal (Name!). Die Weibchen sind überwiegend schwarz mit grünlicher, seltener bläulicher Zeichnung.
V: Weit verbreitet in Europa ohne den Norden. Hufeisenazurjungfern kommen mit Ausnahme von schnell fließenden Gewässern an fast allen Gewässertypen vor.
W: Man unterscheidet 2 Unterordnungen der Libellen, die Großlibellen (Anisoptera) und die Kleinlibellen (Zygoptera). Die Hufeisenazurjungfer ist eine typische Kleinlibelle. Diese kann man leicht am dünnen, streichholzartigen Hinterleib erkennen. Wenn die Kleinlibellen ruhen, legen sie ihre Flügel dachartig über dem Hinterleib zusammen. Eine Ausnahme machen die Binsenjungfern (Lestidae), die ihre Flügel schräg nach hinten abspreizen. Die ausgewachsenen Tiere schlüpfen etwa Anfang Mai. Sie haben eine Lebenserwartung von ca. 4 Wochen. Da aber nicht alle Tiere zeitgleich schlüpfen, kann man die Art bis Ende August beobachten. Zur Paarung greifen die Männchen die Weibchen hinter dem Kopf mit ihren Hinterleibszangen. Die Weibchen nehmen den Samen aus der vom Männchen vor der Partnersuche gefüllten Samentasche. Dazu biegen sie den Hinterleib weit vor. Diese Haltung bezeichnet man als Paarungsrad. Die Weibchen stechen die Eier in verschiedene Wasserpflanzen ein. Dabei werden sie ständig vom Männchen begleitet und nach wie vor mit den Hinterleibszangen festgehalten. So verhindern sie die Paarung des Weibchens mit anderen Männchen. Die Entwicklungszeit der Eier beträgt je nach den örtlichen Bedingungen zwischen zwei und fünf Wochen. Die Larven überwintern.

2 Große Königslibelle
Anax imperator

L –80 mm Sp –110 mm Mai–Sept.
K: Brustseiten blaugrün, Hinterleib kräftig blau mit schwarzer Zeichnung auf der Oberseite.
V: Weit verbreitet in Europa, vor allem an nährstoff- und pflanzenreichen Weihern und Altwässern.
W: Große Königslibellen sind tatsächlich die größten heimischen Libellen. An warmen Sommertagen kann man die Männchen oft stundenlang über dem Wasser fliegen sehen, ohne daß sie sich einmal niedersetzen. Großlibellen sind wesentlich kräftiger gebaut als die Kleinlibellen, die Flügel werden in der Ruhe im allgemeinen waagerecht ausgebreitet. Die Weibchen werden bei der Eiablage nicht von den Männchen festgehalten. Die Weibchen der Großen Königslibelle setzen sich auf Wasserpflanzen und stechen die Eier in dicke Stengel ein. Dabei tauchen sie mit dem Hinterleib unter Wasser.

3 Larve einer Kleinlibelle

Kleinlibellenlarven sind schlank und langgestreckt. Am Hinterende tragen sie drei verhältnismäßig große, blattförmige Fortsätze. Diese dienen der Fortbewegung wie auch der Atmung.

4 Larve einer Großlibelle

Auch die Larven der Großlibellen sind viel kräftiger gebaut als die der Kleinlibellen. Ihnen fehlen die blattförmigen Fortsätze. Sie bewegen sich nach dem Rückstoßprinzip fort, indem sie Wasser aus dem Enddarm herauspressen. Libellenlarven sind Räuber, die mit ihrer Fangmaske, die blitzartig nach vorn geschleudert werden kann, andere Lebewesen erbeuten. Die größten Larven können selbst kleine Fische und Molche überwältigen.

1

2

3

4

1 Blaugrüne Mosaikjungfer
Aeshna cyanea

L – 80 mm Sp – 110 mm Juni–Nov.
K: Sehr groß, Männchen charakteristisch blau-grün-schwarz gefärbt, Weibchen ohne Blau.
V: Weit verbreitet in Mittel-, Südwest- und Osteuropa bis zum Kaukasus. An allen Stillgewässern, bevorzugt aber an kleineren Gewässern.
W: Die häufigste der 8 bei uns vorkommenden Arten der Gattung *Aeshna*. Nach dem Schlupf ab Mitte Juni zunächst mehrere Wochen fernab von Gewässern, oft in Wäldern, jagend. Ab August zur Fortpflanzung wieder am Wasser.

2 Vierfleck
Libellula quadrimaculata

L – 50 mm Sp – 85 mm Mai–Juli
K: Eindeutig gekennzeichnet durch einen dunklen Fleck an jedem Flügelvorderrand (Name).
V: Holarktisch verbreitet. Lebt an pflanzenreichen Stillgewässern, besonders häufig aber in Mooren.
W: Kommt es zu Massenentwicklung, können Wanderschwärme aus Tausenden von Tieren entstehen, die Hunderte von Kilometern fliegen. Die entkräfteten Libellen werden dann häufig von Vögeln gefressen.

3 Schwarze Heidelibelle
Sympetrum danae

L – 35 mm Sp – 55 mm Juli–Nov.
K: Männchen völlig schwarz, Weibchen ähnlich anderen Heidelibellen.
V: Weit verbreitet in den gemäßigten Zonen der Paläarktis.
W: Die Art kommt an den verschiedensten Stillgewässern vor, besonders häufig aber an pflanzenreichen Moorgewässern. Hier löst sie im Spätsommer und Herbst die Kleine Moosjungfer als häufigste Großlibellenart ab. Die Tiere kann man sehr gut beobachten, wenn sie sich sonnen.

4 Kleine Moosjungfer
Leucorrhinia dubia

L 30–40 mm Sp 50–60 mm Mai–Aug.
K: Männchen schwarz mit roten Flecken auf Thorax und Abdomen, Weibchen mit gelben Flecken.
V: Nord- und Mitteleuropa, Nordasien, Hochmoorbewohner.
W: Im Frühsommer häufigste Großlibelle der Hochmoore und saurer, nährstoffarmer Gewässer.

5 Blutrote Heidelibelle
Sympetrum sanguineum

L 35–40 mm Sp 50–60 mm Juni–Okt.
K: Männchen leuchtend rot, Weibchen gelbbraun gefärbt, Beine einheitlich schwarz.
V: Weit verbreitet in Europa und Westasien, an Stillgewässern aller Art.
W: Eine der häufigsten der insgesamt 11 europäischen Arten der Heidelibellen. Mit Ausnahme der vorstehenden Art ist der Hinterleib bei den Männchen immer rot gefärbt. Die Weibchen sind gelbbraun. Die Eier werden ins Wasser oder über feuchtem Boden am Ufer abgelegt und überwintern.

6 Großer Blaupfeil
Orthetrum cancellatum

L 45–50 mm Sp 75–90 mm Mai–Sept.
K: Männchen mit hellblauem Hinterleib, letzte Segmente schwarz, Weibchen gelb- bis braunschwarz.
V: Weit verbreitet in Europa, Nordafrika und Asien. Eine häufige Art, die bevorzugt an Stillgewässern mit vegetationsarmen Ufern vorkommt.
W: In Ufernähe kann man die Männchen häufig an offenen Stellen auf dem Boden, oft auch auf Wegen sitzen sehen. Sie verteidigen Reviere von 10–50 m Uferlänge.

1

2

5

3

6

4

1 Grünes Heupferd
Tettigonia viridissima

L 30–40 mm Juli–Okt.

K: Grasgrün mit langen, dünnen Fühlern und kräftigen Sprungbeinen.

V: Weit verbreitet in Mitteleuropa, lebt vor allem in Gebüschen.

W: Typische Langfühlerschrecke. Bei diesen sind die Fühler mindestens so lang wie der Körper (Name), die Gehörorgane liegen in den Vorderbeinen. Die Männchen zirpen mit Hilfe ihres sog. Stridulationsorgans, das vom basalen Teil der Deckflügel gebildet wird. Zur Lauterzeugung werden die Flügel aneinander gerieben. Die Weibchen besitzen eine lange Legeröhre. Grüne Heupferde können sehr gut klettern und springen, auch ihr Flugvermögen ist gut. Sie ernähren sich überwiegend von Insekten, die mit kräftigen Kiefern gepackt werden. Vom großen Kopf leitet sich der Name Heu„pferd" ab. Die Männchen rufen vor allem in milden Sommernächten sehr ausdauernd.

2 Gemeine Eichenschrecke
Meconema thalassinum

L 10–17 mm Juli–Okt.

K: Wie eine kleine Ausgabe des Grünen Heupferdes, Flügel nur etwa so lang wie der Hinterleib.

V: Weit verbreitet in Mitteleuropa.

W: Vor allem nachtaktive Baumbewohner, die bevorzugt Insekten fressen. Die Weibchen sind am ehesten im Herbst bei der Eiablage an Baumstämmen zu beobachten. Die Männchen besitzen kein Stridulationsorgan. Sie locken Weibchen an, indem sie mit den Hinterbeinen auf einem Blatt trommeln.

3 Warzenbeißer
Decticus verrucivorus

L 25–40 mm Juli–Okt.

K: Grün, mit schwarzen Flecken auf den langen Flügeln.

V: In Europa weit verbreitet in Wiesen, Heiden und an Waldrändern.

W: Große, tagaktive Art, überwiegend auf dem Boden oder in sehr niedriger Vegetation zu finden. Vor allem durch Intensivierung der Landwirtschaft bedroht und enorm im Bestand zurückgegangen. Früher ließ man die Tiere mit ihren kräftigen Kiefern Warzen abbeißen und die Wunden durch den Magensaft verätzen.

4 Feldgrille
Gryllus campestris

L 20–25 mm Mai–Juni

K: Glänzend schwarz mit massigem Kopf, Deckflügel vorn mit gelblicher Binde.

V: Weit verbreitet in Europa ohne den Norden. Sie leben in trockenen Gegenden an sonnigen Hängen, Feldrainen usw.

W: Die Feldgrille ist die früheste Heuschrecke im Jahr. Die Männchen fallen durch ihren lauten Gesang auf. Dabei sitzen sie vor ihrer selbstgegrabenen Erdhöhle. Feldgrillen reagieren sehr empfindlich auf Erschütterungen, die Männchen verstummen bei Annäherung sofort. Bei Gefahr verschwinden sie in ihren Höhlen, mit einem Grashalm lassen sie sich oft wieder hervorlocken. Feldgrillen sind überwiegend nachtaktive Einzelgänger, die sich bevorzugt von Pflanzen ernähren.

5 Maulwurfsgrille
Gryllotalpa gryllotalpa

L bis 50 mm Mai–Okt.

K: Groß, braun, Vorderbeine zu Grabschaufeln umgebildet, großer Halsschild, lange Hinterleibsanhänge.

V: Früher weitverbreitet, selbst in Gärten,heute aber wohl nur noch in Südeuropa häufig.

W: Maulwurfsgrillen graben Gänge in lockeren Böden; zur Brutzeit gräbt das Weibchen eine Höhle, die mit Speichel verfestigt wird. Das Weibchen bewacht die Eier und zunächst auch die Jungtiere.

1

2

3

4

5

1 Heimchen
Acheta domestica

L 15–20 mm Jan.–Dez.

K: Ähnlich Feldgrille, aber kleiner und überwiegend braun gefärbt.

V: Ursprünglich in Nordafrika und Südwestasien beheimatet, heute in ganz Europa verschleppt.

W: Heimchen, gelegentlich auch Hausgrillen genannt, sind Kulturfolger, die man bei uns ganzjährig in Gebäuden antreffen kann, vor allem in Schwimmbädern, Bäckereien, Heizungskellern usw. Im Sommer können sie auch bei uns im Freien überleben, z. B. auf Müllplätzen. Ihre Vorzugstemperatur liegt bei 31 °C. Nachts können die Männchen stundenlang singen, was vielen Menschen lästig erscheint. Heimchen sind sehr genügsame Allesfresser, die sich von allen möglichen Dingen ernähren. Sie sind leicht zu züchten und werden in Zoofachgeschäften als Nahrung für Vögel, Reptilien usw. angeboten. Häufig entkommen einzelne Tiere. Ein viel seltenerer Kulturfolger unter den Heuschrecken ist die Gewächshausschrecke (*Tachycines asynamorus*), die ursprünglich aus Ostasien stammt.

2 Bunter Grashüpfer
Omocestus viridulus

L ♂ – 17, ♀ – 24 mm Juni–Okt.

K: Variabel gefärbt, die Tiere können grün, braun, röt- oder gelblich, oft auch bunt gescheckt sein.

V: Eine sehr weit verbreitete Art, lebt auf Wiesen von der Küste bis ins Gebirge über 2500 m Höhe.

W: Leicht am Gesang zu erkennen, der an einen schnell tickenden Wecker erinnert.

3 Blauflügel-Ödlandschrecke
Oedipoda caerulescens

L 16–28 mm Juli–Okt.

K: Grundfärbung grau oder braun mit dunkler Bänderung, Hinterflügel himmelblau mit schwarzer Binde.

V: Weit verbreitet in Mittel- und Südeuropa auf Trockenrasen, in Heiden und Steppen, bei uns starker Rückgang.

W: Eine sehr trockenheitsliebende Art, gut getarnt, fast nur beim Auffliegen zu entdecken.

4 Gemeiner Grashüpfer
Chorthippus parallelus

L 13–22 mm Juli–Okt.

K: Färbung sehr variabel, meist grün mit Brauntönen.

V: Weit verbreitet in Europa. Gemeine Grashüpfer stellen nur geringe Ansprüche an ihren Lebensraum; man kann sie in praktisch allen Wiesentypen bis über 2000 m Höhe antreffen. Auch auf wenig gemähten Wiesen in Hausgärten können sie sich halten.

W: Eine unserer häufigsten Kurzfühlerschrecken, die, wie der Name besagt, wesentlich kürzere Fühler als der Körper haben. Anders als die Langfühlerschrecken erzeugen sie ihr Zirpen mit Deckflügel und Hinterschenkel. Das Gehörorgan der Kurzfühlerschrecken, das sog. Tympanalorgan, liegt auf den Seiten des ersten Hinterleibsegmentes. Eine Reihe ähnlicher Arten ist am besten an ihren Gesängen zu unterscheiden.

5 Schnarrheuschrecke
Psophus stridulus

L 23–38 mm Juli–Okt.

K: Graubraun mit helleren Flecken, Hinterflügel leuchtend rot mit schwarzer Spitze.

V: Vor allem in Südeuropa, im Norden (bis Südskandinavien) meist selten. Vor allem in Trockenrasen anzutreffen.

W: Die Männchen fliegen im Gegensatz zu den Weibchen sehr gut, im Flug erzeugen sie ein schnarrendes Fluggeräusch. Beim Abflug leuchten auch die roten Hinterflügel auf (**5b**); beides dürfte Feinde erschrecken.

1

2

3

4

5b

5a

1 Gottesanbeterin
Mantis religiosa

L ♂ bis 55 mm, ♀ bis 70 mm Juli–Sept.

K: Groß, schlank mit kleinem, dreieckigen Kopf. Einfarbig hellgrün, gelegentlich auch bräunlich gefärbt (**1 b**).

V: Weit verbreitet in Südeuropa, nördlich der Alpen nur auf ausgesprochenen Wärmeinseln (z. B. Kaiserstuhl).

W: Lebt in sehr warmen Wiesen, Rainen und Ödland, dort durch Intensivlandwirtschaft und Flurbereinigung gefährdet. Gottesanbeterinnen, die zu den größten heimischen Insekten gehören, sind Tagtiere, die sich rein optisch orientieren. Die Vordergliedmaßen sind zu dornenbewehrten Fangbeinen umgebildet und werden in charakteristischer Weise vor der Brust zusammengelegt (Name!). Diese Fangbeine werden blitzartig nach vorn geschnellt, wenn ein Beutetier in ihre Reichweite kommt. Messungen haben ergeben, daß diese Reaktion nur ca. 20 Millisekunden dauert. Die Art ist auch dadurch bekannt geworden, daß Weibchen die Männchen nach der Paarung auffressen sollen. Das macht biologisch aber keinen Sinn; zahlreiche Freilandbeobachtungen bestätigen das Überleben der Männchen. Wahrscheinlich werden diese nur bei ungünstigen Haltungsbedingungen (zu kleine Terrarien) gefressen.

2 Deutsche Schabe
Blatella germanica

L bis 15 mm Jan.–Dez.

K: Bräunlich, Halsschild mit 2 schwarzen Streifen.

V: Weltweit verschleppt.

W: Die Art, auch als „Küchenschabe", „Russe", „Franzose" oder „Schwabe" bezeichnet, stammt trotz ihrer Namen vermutlich aus Asien. Man findet die Tiere trotz intensiver Bekämpfung weltweit, bei uns vor allem in Heizungskellern, Backstuben, Küchen usw. Sie sind Allesfresser, die sehr gut laufen und klettern, aber nicht fliegen können.

3 Orientalische Küchenschabe
Blatta orientalis

L 19–30 mm Jan.-Dez.

K: Dunkelbraun bis schwarz, Weibchen nur mit Stummelflügeln.

V: Weltweit verschleppt.

W: Diese Art ist die ungeliebte „Kakerlake", die bei uns nur in Gebäuden vorkommt. Die Tiere sind sehr lichtscheu und deshalb nachtaktiv. Sie sind Allesfresser, die Nahrungsmittel verderben und auch Krankheiten übertragen können. Da die Tiere Stinkdrüsen besitzen, wird man ihre Anwesenheit bald am Geruch bemerken. Noch größer wird die Asiatische Großschabe (*Periplaneta australasiae*; –40 mm, **3 b**), die als Tierfutter und als Labortier gezüchtet wird und gelegentlich entkommt.

4 Ohrwurm
Forficula auricularia

L bis 16mm März–Okt.

K: Braun mit großen Hinterleibszangen (Cerci). Kurze Vorderflügel, die kompliziert gefalteten Hinterflügel ragen nur wenig hervor.

V: Weit verbreitet in Europa, häufig auch in Gärten.

W: Ohrwürmer waren gefürchtet, weil man ihnen nachsagte, ins menschliche Ohr zu kriechen und das Trommelfell zu durchbeißen. Sicherlich wird der eine oder andere Ohrwurm schon einmal ein Ohr als Versteck aufgesucht haben, der Rest der Geschichte ist aber unwahr. Die gefährlich aussehenden Hinterleibszangen dienen vermutlich der Verteidigung. Ohrwürmer sind Allesfresser; im Garten kann man ihnen mit einem mit Stroh vollgestopften Blumentopf ein Tagesversteck anbieten. Ohrwürmer gehören zu den wenigen Insekten, die Brutpflege betreiben.

1a

1b

2

3a

3b

4

1 Punktierte Ruderwanze
Corixa punctata

L 13–15 mm Jan.–Okt.

K: Groß, Körper länglich-oval, Halsschild mit bis zu 20 Querlinien, Deckflügel gelb-braun gesprenkelt.

V: Europa, in Stillgewässern.

W: Eine der größten von etwa 30 ähnlichen mitteleuropäischen Arten. Die Hinterbeine tragen kräftige Borsten und dienen als Ruder. Die Männchen vieler Arten können durch das Reiben der Vorderbeine über die Kopfkante zirpende Laute erzeugen. Dieses Verhalten hat ihnen den Namen „Wasserzikade" eingebracht. Unter den Flügeln können sie Luft speichern.

2 Rückenschwimmer
Notonecta glauca

L 14–17 mm Jan.–Dez.

K: Langgestreckter Körper mit aufgewölbtem Rücken und flacher, behaarter Bauchseite. Hinterbeine stark verlängert, mit Schwimmborsten.

V: Europa, in Stillgewässern.

W: Der Luftvorrat wird im Gegensatz zu den Ruderwanzen am Bauch transportiert. Die Tiere können empfindlich stechen und werden deshalb auch als „Wasserbienen" bezeichnet.

3 Wasserskorpion
Nepa rubra

L bis 38 mm Jan.–Dez.

K: Körper breit und flach, mit langem Atemrohr.

V: Weit verbreitet in stehenden Gewässern.

W: Charakteristisch sind die zu Fangbeinen umgebildeten Vorderbeine, von denen sich auch der deutsche Name ableitet. Die Tiere lauern in dicht bewachsenen Stillgewässern zwischen Pflanzen auf Beute, vor allem Insekten und deren Larven. Selten sind sie tiefer als Atemrohrlänge untergetaucht.

4 Stabwanze
Ranatra linearis

L bis 70 mm Jan.–Dez.

K: Langgestreckter, stabförmiger Körper, braungelb gefärbt. Sehr langes Atemrohr, Vorderbeine zu Fangbeinen umgewandelt.

V: In pflanzenreichen Stillgewässern.

W: Die Stabwanze lauert zwischen Wasserpflanzen kopfunter auf vorbeischwimmende Beute, die mit den blitzartig vorschnellenden Fangbeinen ergriffen wird. Stabwanzen schwimmen nur selten, zum Standortwechsel klettern sie zwischen den Wasserpflanzen oder laufen mit den hinteren Beinpaaren über den Grund.

5 Schwimmwanze
Ilyocoris cimicoides

L 12–15 mm Jan.–Dez.

K: Körper oval, abgeflacht, Deckflügel dunkelbraun oder oliv gefärbt.

V: Europa, in Stillgewässern.

W: Gute Schwimmer, mit langen Borsten vor allem an den Hinterbeinen; Vorderbeine zu Fangbeinen umgewandelt. Da sie kein Atemrohr haben, müsen sie zum Luftholen an die Wasseroberfläche schwimmen. Schwimmwanzen können sehr schmerzhaft stechen.

6 Wasserläufer
Gerris gibbifer

L bis 13 mm März–Nov.

K: Langgestreckt mit langen Beinen, Körper dunkelbraun.

V: Europa, auf der Oberfläche stehender Gewässer.

W: Durch Ausnutzung der Oberflächenspannung des Wassers können die Tiere auf der Wasseroberfläche laufen. Den Antrieb liefert das mittlere Beinpaar, die Hinterbeine dienen zum Steuern. Mit den Vorderbeinen wird die Beute, ins Wasser gefallene Insekten, festgehalten.

1

2

3

4

5

6

1 Gemeine Feuerwanze
Pyrrhocoris apterus

L 10–12 mm Apr.–Okt.

K: Auffällig schwarz-rot gezeichnet, Flügel meist nicht voll entwickelt.

V: Weit verbreitet in Europa, Nordasien, Nordafrika und Mittelamerika.

W: Eine häufige Art, die sehr gesellig ist und in großer Zahl an Linden, seltener auch an Robinien, lebt. Sie ernährt sich vor allem von den Früchten der Linde, saugt aber auch Baumsäfte und oft auch an toten Insekten. Die ausgewachsenen Tiere überwintern.

2 Rote Mordwanze
Rhinocoris iracundus

L 14–18 mm Mai–Sept.

K: Charakteristisch schwarz-rot gefärbt, langer, gebogener Rüssel.

V: Weite Teile Europas ohne den Norden und die Britischen Inseln. Wärmeliebende Art, die in Mitteleuropa vor allem im Süden vorkommt.

W: Mordwanzen jagen bevorzugt Insekten, die mit den Vorderbeinen festgehalten und mit Hilfe des langen Rüssels ausgesaugt werden. Mit dem Rüssel können sie durch Reiben über eine Rinne zwischen den Vorderhüften auch zirpende Laute erzeugen. Mordwanzen gehören zu der großen Familie der Raubwanzen mit über 3000 Arten. Die meisten kommen in den Tropen vor.

3 Lederwanze
Coreus marginatus

L 10–16 mm Apr.–Okt.

K: Dunkelbraune, kräftige Wanze mit 4gliedrigen Fühlern, das letzte Fühlerglied ist schwarz gefärbt.

V: Europa, West- und Mittelasien.

W: Die Art wird auch als Saum- oder Randwanze bezeichnet. Der Name leitet sich von den breiten Hinterleibsrändern ab. Die feuchtigkeitsliebenden Tiere leben vor allem auf Ampfer und Brombeeren.

4 Streifenwanze
Graphosoma lineatum

L bis 10 mm Mai–Aug.

K: Rot mit schwarzen Streifen, in Mitteleuropa unverwechselbar.

V: Süd- und Mitteleuropa, Westasien. Die Tiere sind vor allem im Mittelmeerraum sehr häufig. Bei uns bevorzugen sie warme Böschungen und Wiesen an Südhängen, wo sie meist auf blühenden Doldenblütlern wie Wiesenkerbel und Bärenklau vorkommen.

W: Diese wohl farbenprächtigste der bei uns vorkommenden Baumwanzen signalisiert mit ihrer auffälligen Färbung ihre Ungenießbarkeit. So ist sie vor Freßfeinden gut geschützt. Die Tiere saugen auch an den oben genannten Pflanzen. Den Larven fehlt die rote Farbe, das Streifenmuster ist aber schon zu erkennen. Sie werden nach dem Schlüpfen zunächst für einige Zeit von der Mutter bewacht.

5 Rotbeinige Baumwanze
Pentatoma rufipes

L 13–15 mm Juni–Okt.

K: Dunkelbraun mit rötlichen Beinen, Hinterleib mit schwarz-weiß-rot gezeichnetem Saum. Spitze des Schildchens mit leuchtend orangefarbenem Fleck.

V: Weit verbreitet in Europa, Westasien und Nordafrika. Eine häufige Baumwanze, die in Wäldern, aber auch in Parks und Gärten vorkommt.

W: Die Tiere leben auf den verschiedensten Baumarten wie Ahorn, Linde usw., in Gärten auch auf Obstbäumen. Hier saugen sie gerne an den Früchten. Daneben ernähren sie sich aber auch von toten Insekten. Die Larven überwintern im Unterschied zu anderen Baumwanzen, bei denen die voll entwickelten Tiere den Winter überdauern. Bei uns zahlreiche weitere der mit weltweit 6000 Arten sehr großen Wanzenfamilie.

1

2

3

4

5

1 Weichwanze
Stenodema laevigatum

L 8–9 mm Apr.–Okt.

K: Langgestreckte Wanze, bräunlich oder grünlich gefärbt.

V: Weit verbreitet in Europa und Asien, vor allem auf Gräsern in feuchteren Wiesen zu finden.

W: Eine sehr häufige Vertreterin der mit weltweit über 6000 Arten größten Wanzenfamilie, der Weich- oder Blindwanzen (Miridae). Der Name Weichwanzen bezieht sich auf die sehr dünne und weiche Panzerung der Tiere, der Name Blindwanzen auf das Fehlen der Punktaugen (Ocellen). Die Wanzen sind aber nicht blind, denn die Komplexaugen sind voll funktionsfähig. Weichwanzen leben auf den unterschiedlichsten Pflanzen und saugen deren Säfte auf. Während die meisten Weichwanzen als Ei überwintern, überwintern bei den Arten der Gattung *Stenodema* die ausgewachsenen Tiere.

2 Blutzikade
Cercopis vulnerata

L 8–10 mm Apr.–Aug.

K: Stromlinienförmiger Körper, Flügel auffällig schwarz-rot gezeichnet, Augen klein, Fühler sehr kurz.

V: Weit verbreitet in Europa, im Norden seltener, auf Wiesen, in Hecken und an Waldrändern.

W: Eine sehr auffällige Schaumzikade (Familie Cercopidae). Allerdings findet man die Schaumnester dieser Art nicht so leicht wie bei der nachfolgend beschriebenen, denn sie befinden sich unter der Erde an Wurzeln von krautigen Pflanzen. Unter der Erde überwintern auch die Larven. Diese durchlaufen während ihrer Entwicklung 5 verschiedene Larvenstadien. Die ausgewachsenen Tiere kann man häufig auf Gräsern und Sträuchern antreffen. Wie die meisten Zikaden können sie mit Hilfe ihrer Hinterbeine recht weit springen.

3 Wiesenschaumzikade
Philaenus spumarius

L 5–7 mm Juli–Okt.

K: Sehr variable Art, rötlich, bräunlich oder grünlich, oft mit dunkler Zeichnung.

V: Holarktisch verbreitet. Sehr häufig, sehr geringe ökologische Ansprüche, auf über 170 Pflanzenarten fressend nachgewiesen.

W: Wohl die bekannteste heimische Zikade, vor allem wegen des Schaumes (**3b**), der als Kuckucksspeichel bezeichnet wird. Diesen erzeugen die Larven (**3a**), indem sie eine aus dem After austretende Flüssigkeit mit Luft „aufblasen". Der Schaum dient als Schutz vor Austrocknung und vor Feinden.

4 Rhododendronzikade
Graphocephala fennahi

L 8–9 mm Juli–Okt.

K: Sehr auffällig gefärbt, Körper und Flügel oberseits intensiv grün mit roten Streifen, Unterseite und Kopf gelb-grün, schwarzer Streifen am Kopf.

V: Weit verbreitet in Nordamerika, eingebürgert in Teilen Europas, vor allem in Parks und Gärten.

W: Diese amerikanische Art ist ein Neubürger in unserer Fauna. Die ersten Tiere wurden vermutlich um 1930 nach Südengland eingeschleppt. Seit etwa 1970 kommt die Art auch auf dem europäischen Festland vor und hat sich seitdem sehr weit verbreitet. Die Tiere leben bevorzugt auf verschiedenen *Rhododendron*-Arten und sind deshalb vor allem in Gärten und Parks anzutreffen. Eine weitere inzwischen bei uns aus Nordamerika eingebürgerte Art ist die Büffelzirpe *(Stictocephala bisonia)*. Der Name leitet sich von dem großen Halsschild mit seinen starken, seitwärts gerichteten Dornen ab. Sie gehört zur Familie der Buckelzirpen (Membracidae).

1

2

3a

3b

4

1 Schwarze Bohnenlaus
Aphis fabae

L 2–3 mm Apr.–Okt.

K: Klein, birnenförmiger Körper, Färbung schwarz oder grün.

V: Weit verbreitet in Europa. Eine typische und sehr häufige Blattlaus, die regelmäßig auch in Gärten auftritt.

W: Es kommen eine grüne und eine schwarze Farbvariante vor. Blattläuse zeigen meist komplizierte Lebenszyklen mit geflügelten und ungeflügelten Tieren (Polymorphie = Vielgestaltigkeit). Schwarze Bohnenläuse überwintern als Eier auf verschiedenen Sträuchern, im Sommer leben sie auf Bohnen, Rüben und anderen Pflanzen. Die Frühjahrsgeneration besteht aus flügellosen Weibchen, die durch Jungfernzeugung (Parthenogenese) sehr viele Nachkommen haben. Diese Weibchen sind lebendgebärend. Blattläuse saugen Pflanzensäfte, vor allem aus Blättern und jungen Trieben der Wirtspflanzen. Diese können bei starkem Befall nachhaltig geschädigt werden. Ein weiteres durch Blattläuse verursachtes Problem ist die Übertragung von Pflanzenviren. Allerdings sorgen zahlreiche natürliche Feinde, vor allem verschiedene Arten von Marienkäfern und Schlupfwespen, aber auch die sogenannten Blattlauslöwen, die Larven von Netzflüglern (S. 168) dafür, daß sich die Vermehrung der Blattläuse in Grenzen hält. Die röhrenartigen Siphonen der Blattläuse sondern wachsumhüllte Blutzellen ab, die möglicherweise die Mundwerkzeuge der Räuber verkleben sollen. Schwärmende Blattläuse werden von Schwalben und Mauerseglern gefressen. Häufig sondern die Blattläuse überschüssigen Zucker als sogenannten Honigtau wieder ab, der einigen Ameisenarten als Nahrung dient. Sie „melken“ die Blattläuse, indem sie den Hinterleib betrillern. Als Gegenleistung verteidigen die Ameisen die Blattläuse gegen Freßfeinde.

2 Blutlaus
Eriosoma lanigerum

L 2–3 mm Apr.–Okt.

K: Purpurbraun gefärbt, Körper mit weißer, wachsartiger Wolle bedeckt.

V: Weit verbreitet, oft in Gärten.

W: Die Tiere befallen bevorzugt Apfelbäume, vor allem an Stellen, an denen Baumsäfte austreten. Sie überwintern oft an den Wurzeln.

3 Kommaschildlaus
Lepidosaphes ulmi

L 1,8–3,5 mm Apr.–Okt.

K: Weibchen bräunlich, flügel- und beinlos, kommaförmige Gestalt. Männchen weiß, mückenähnlich, nur 2 Flügel.

V: Kosmopolitisch verbreitet.

W: Als Schildläuse werden verschiedene Familien von Blattläusen zusammengefaßt, die sich durch einen ausgeprägten Geschlechtsdimorphismus auszeichnen. Die meist flügel- und beinlosen Weibchen sind oft kaum als Insekten zu erkennen. Sie scheiden harte oder wachsartige Strukturen ab, die den Tieren den Namen gaben.

4 Fichtengallaus
Sacchiphantes viridis

L 2 mm Apr.–Okt.

K: Bräunlich, ohne Siphonen.

V: Weit verbreitet auf Nadelgehölzen.

W: Die Art gehört zu einer auf Nadelbäume spezialisierten Familie (Adelgidae). Die Tiere erzeugen zapfenartige Gallen an den Trieben (**4b**), die wegen ihres Aussehens auch als Ananasgallen bezeichnet werden. Die Gallen sind anfangs grün und öffnen sich im Sommer, um die Läuse zu entlassen. Dann verfärben sie sich braun und verholzen. Die nachfolgenden Generationen erzeugen keine Gallen und leben auf verschiedenen Arten von Nadelhölzern.

1
2
3
4a
4b

1 Ameisenjungfer
Myrmeleon formicarius

L 35 mm Sp bis 80 mm Mai–Aug.

K: Schlank mit großen, ungefleckten Flügeln, Körper braun gefärbt.

V: In weiten Teilen Europas, häufiger im Mittelmeerraum. Man findet die Tiere an Sandstränden, Binnendünen, Sandheiden usw.

W: Ameisenjungfern ähneln Libellen, sind aber an den kurzen, keulenförmigen Fühlern leicht zu erkennen. Auch ihre langsame Flugweise unterscheidet sie von den Libellen. Bemerkenswert ist die Lebensweise der Larven, der Ameisenlöwen (**1 b**). Diese leben nur in Sandböden und bauen kleine Trichter (**1 c**), an deren Grund sie sich eingraben. Nur die kräftigen Zangen ragen etwas heraus. Geraten Ameisen über den Rand des Trichters, fallen sie hinein und können im nachrutschenden Sand nicht mehr herausklettern. Die Ameisenlöwen saugen ihre Opfer aus.

2 Libellen-Schmetterlingshaft
Ascalaphus libelloides

L –25 mm Sp –55 mm Juni–Juli

K: Flügel mit auffällig schwarz-gelber Zeichnung, Körper schwarz, Fühler lang, geknöpft, Männchen mit auffälligen Hinterleibsanhängen.

V: Wärmeliebende Art, in Mitteleuropa nur an wenigen Orten.

W: Schmetterlingshafte sind kräftiger gebaut als die Ameisenjungfern, gute Flieger und ernähren sich von Insekten, die sie im Flug fangen. In Ruhestellung werden die Flügel dachziegelartig über dem Körper zusammengelegt. Die Larven leben am Boden und jagen dort Wirbellose.

3 Gemeine Florfliege
Chrysopa perla

L 10 mm Sp 25–30 mm Mai–Sept.

K: Grün gefärbt, Augen goldglänzend, lange, dünne Fühler.

V: Weit verbreitet in Europa.

W: Die Florfliegen, wegen ihrer schönen Augen oft auch Goldaugen genannt, überwintern häufig in Häusern, vor allem auf Dachböden. Sie sind dann durch den Farbstoff Karotin rötlich verfärbt. Im Frühjahr werden sie wieder grün. Die Tiere sind meist dämmerungsaktiv. Mit ihren langen Fühlern tasten sie nach Nahrung. Florfliegen sind ausgeprägte Blattlausjäger. Ihre Eier legen sie auf dünnen Stielen in der Nähe von Blattlauskolonien ab. Die Larven, die oberflächlich an die Larven von Marienkäfern erinnern, ernähren sich von Blattläusen und werden oft auch als Blattlauslöwen bezeichnet.

4 Skorpionsfliege
Panorpa communis

L 20 mm Sp bis 30 mm Mai–Sept.

K: Auf den ersten Blick schnakenähnlich, mit schnabelartig ausgezogenem Kopf und nach oben gebogenem Hinterleib. Flügel stark gefleckt.

V: Weit verbreitet in Wäldern, Hekken usw.

W: Die lang ausgezogenen Mundwerkzeuge gaben der Ordnung den deutschen Namen Schnabelhafte. Die Art hat ihren Namen vom nach oben gekrümmten Hinterleib der Männchen mit dicken Greifzangen. Mit diesen werden die Weibchen bei der Paarung gegriffen; sie können damit aber nicht stechen.

5 Kamelhalsfliege
Raphidia notata

L – 30 mm Sp 25–30 mm Apr.–Juli

K: Braunschwarz mit stark geäderten Flügeln, Vorderbrust stark verlängert.

V: In Nord- und Mitteleuropa verbreitet.

W: Ihren Namen haben die Tiere von der stark verlängerten Vorderbrust (Insekten haben keinen Hals!) und der typischen Kopfhaltung.

1a

1b

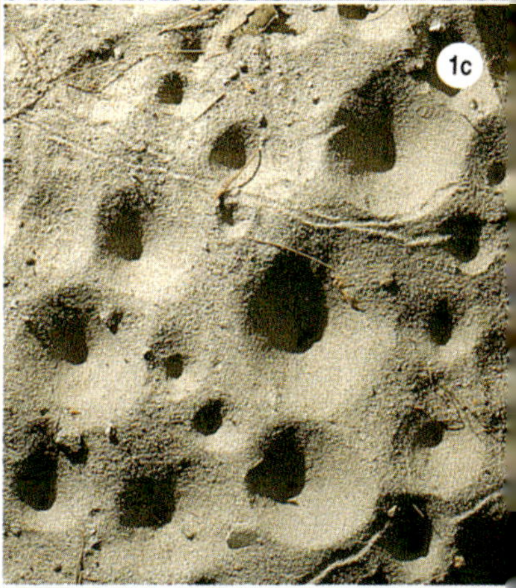
1c

2

3

4

5

1 Hopfenwurzelbohrer
Hepialus humuli

L –35 mm Sp –60 mm Mai–Aug.
K: Brauner Körper, Flügel der Männchen (**1 a**) weiß, der Weibchen (**1 b**) gelblich-braun.
V: Weite Teile der Paläarktis, vor allem in feuchteren Wäldern.
W: Die Art wird auch als Geistermotte, Hopfenmotte oder Hopfenspinner bezeichnet. Die Weibchen sind größer als die Männchen. Nach der Befruchtung streuen sie die Eier im Flug regelrecht aus. Als Futterpflanze der unterirdisch lebenden Raupen dient nicht nur der Hopfen, sondern auch Kletten, Sauerampfer, Huflattich, Löwenzahn und andere Kräuter. In Hopfenkulturen können sie bei Massenentwicklung gelegentlich Schäden anrichten. Die Raupen verpuppen sich in der Erde in einem röhrenartigen Gespinst.

2 Weidenbohrer
Cossus cossus

L –40 mm Sp –85 mm Mai–Aug.
K: Grau-weiß mit zahlreichen schwarzen Strichen, Weibchen größer als Männchen.
V: Weit verbreitet in Europa, in Auwäldern, an Waldrändern, in Gärten.
W: Der Name dieses Falters bezieht sich auf die großen Raupen (**2 b**), die in Weiden, aber auch in Pappeln und Kastanien meterlange Fraßgänge erzeugen. Dadurch können Bäume so stark geschädigt werden, daß sie umknicken. Ihre Entwicklung dauert 2, manchmal sogar 4 Jahre. So gehören Weidenbohrer zu den Schmetterlingen mit dem höchsten Alter. Auffällig ist ein von den Raupen ausgehender Essiggeruch, der ein sicherer Hinweis auf das Vorkommen der Tiere ist. Die Raupe galt im alten Rom als besondere Delikatesse. Der Weidenbohrer gehört zu den Kleinschmetterlingen (s. u.) und ist der größte Vertreter dieser Gruppe.

3 Blutströpfchen
Zygaena filipendulae

L –18 mm Sp –38 mm Juni–Aug.
K: Flügel glänzend blau-schwarz mit 6 paarweise angeordneten roten Flecken.
V: Europa, auf verschiedenen Wiesentypen.
W: Der Name bezieht sich auf die blutroten Flecken auf den Vorderflügeln. Auch die Hinterflügel sind intensiv rot gefärbt. Eine Reihe ähnlicher Arten, die sich vor allem durch Anzahl und Anordnung der Flecken unterscheiden, werden mit dem Blutströpfchen zur Familie der Widderchen (Zygaenidae) zusammengefaßt.

4 Grünwidderchen
Procris statices

L –14 mm Sp –28 mm Mai–Aug.
K: Vorderflügel grün, metallisch glänzend, Hinterflügel grau.
V: Eine Art der feuchten Wiesen und Waldlichtungen, wo sie sehr zahlreich vorkommen kann.
W: In der Ruhestellung legen die Falter die Flügel wie alle Widderchen dachartig zusammen. Die Raupen ernähren sich vor allem von Sauerampfer. Sie überwintern und verpuppen sich auf der Erde.

5 Nesselzünsler
Pleuroptya ruralis

L –19 mm Sp –40 mm Juni–Aug.
K: Flügel und Körper hellbraun mit dunkler Zeichnung.
V: Weit verbreitet in Europa.
W: Eine sehr häufige Art, die man gelegentlich auch am Tag beobachten kann. Nachts kommen sie oft zu Lichtquellen. Wie alle Zünsler besitzen sie an der Basis des Abdomens ein paariges Hörorgan (Tympanalorgan), mit dem sie die Ortungsrufe von Fledermäusen wahrnehmen können. So sind sie in der Lage, jagenden Fledermäusen zu entkommen.

1a

1b

2a

3

2b

4

5

1 Federgeistchen
Pterophorus pentadactyla

L –17 mm Sp –34 mm Mai–Aug.
K: Schneeweiß, unverkennbar.
V: Weite Teile Europas und Asiens, überall in der offenen Landschaft.
W: Das Federgeistchen gehört sicherlich zu den auffälligsten Kleinschmetterlingen. Die Vorderflügel sind zwei-, die Hinterflügel dreifach gespalten (pentadactylus = „Fünffinger"). Die so entstehenden Zipfel sind noch einmal stark gefiedert. So wirken sie wie Vogelfedern, worauf sich der deutsche Name bezieht.

2 Grüner Eichenwickler
Tortrix viridiana

L –11 mm Sp –25 mm Mai–Aug.
K: Vorderflügel grün, Hinterflügel bräunlich, jeweils weiß gesäumt.
V: In Wäldern Europas und Kleinasiens.
W: Die Falter sind eher selten zu sehen, da sie sich meist in den Baumwipfeln aufhalten. Unübersehbar sind hingegen die Fraßspuren der Raupen bei Massenentwicklung.

3 Hornissenschwärmer
Aegeria apiformis

L –20 mm Sp –25 mm Mai–Juli
K: Schwarz-gelb gefärbter Körper, Flügel glasig durchsichtig.
V: Europa und Nordasien, vor allem in Auen, Pappelalleen usw.
W: Größter heimischer Vertreter der Glasflügler. Die durchsichtigen Flügel dieser tagaktiven Falter sind nicht beschuppt. Sie ahmen Wespen oder andere Hautflügler nach und sind so gut vor Freßfeinden geschützt.

4 Großer Gabelschwanz
Cerura vinula

L –30 mm Sp –70 mm Apr.–Juli
K: Gelbweiß mit grauschwarzer Linienzeichnung.
V: Paläarktisch verbreitet, vor allem in Pappel- und Weidenbeständen.
W: Auffällig sind die großen, bis zu 70 mm langen grünen Raupen (**4**) mit schwarzer Zeichnung. Am Hinterende haben sie eine „Schwanzgabel", der Kopf trägt einen purpurroten Rand und schwarze Augenflecken. Bei Gefahr wird der Kopf zur Abschreckung von Feinden angehoben.

5 Mondvogel
Phalera bucephala

L –32 mm Sp –60 mm Mai–Juli
K: Vorderflügel grau mit silbernen Schuppen, an der Spitze mit hellbraunem Fleck, Kopf ebenfalls hellbraun.
V: Weit verbreitet in der Paläarktis.
W: Die Färbung von Kopf und Flügelspitzen bewirkt eine hervorragende Tarnung; gleicht der Mondvogel in Ruhestellung doch einem abgebrochenen Zweigstückchen.

6 Kleines Nachtpfauenauge
Eudia pavonia

L –45 mm Sp –60 mm Apr.–Mai
K: Weibchen grau mit brauner Zeichnung, Männchen gelbbraun mit brauner Zeichnung, beide mit je einem Augenfleck auf allen 4 Flügeln.
V: In weiten Teilen der Paläarktis in Heidegebieten und Kiefernwäldern.
W: Starke Geschlechtsunterschiede. Mit ihren federartigen Fühlern können die Männchen die von den Weibchen abgegebenen Sexuallockstoffe (Pheromone) über eine Entfernung von mehreren Kilometern wahrnehmen.

7 Eichenprozessionsspinner
Thaumetopoea processionea

L –18 mm Sp –35 mm Juli–Aug.
K: Unscheinbar graubraun gefärbt.
V: Mittel- und Südeuropa.
W: Die Haare der Raupen sind giftig; sie wandern in langen Reihen zum Fressen.

1

2

3

4a

4

5

6

7

1 Birkenspinner
Endromis versicolora

L –39 mm Sp –90 mm März–Mai

K: Lebhaft gezeichnete, braun-weiß-schwarz gefärbte Flügel, deshalb auch Scheckflügel genannt.

V: Europa und Sibirien, lebt bevorzugt in lichten Birkenwäldern.

W: Eine Art mit deutlichem Geschlechtsdimorphismus; die Weibchen sind viel größer als die Männchen. Die Falter nehmen keine Nahrung auf. Die Männchen fliegen auch tagsüber auf der Suche nach Weibchen, die dann meist im Wipfelbereich der Bäume sitzen. Die Raupen leben vor allem auf Birken, aber auch auf Erlen und Linden.

2 Kupferglucke
Gastropacha quercifolia

L –43 mm Sp –82 mm Mai–Sept.

K: Bräunlich mit violettem Schimmer. Weibchen fast doppelt so groß wie die Männchen.

V: Europa und nördliches Asien bis nach Japan, in der Kulturlandschaft.

W: Die Falter tarnen sich durch eine ungewöhnliche Ruhestellung: Die Vorderflügel werden dachartig über dem Körper zusammengelegt, die Hinterflügel schauen seitlich darunter hervor. So wirken sie wie ein trockenes Blatt, was durch die Färbung noch verstärkt wird. Die Raupen leben an Obstbäumen und Salweiden. Früher galten sie als Schädlinge in Obstplantagen, heute ist die Art recht selten geworden, vermutlich vor allem durch massiven Einsatz von Insektiziden.

3 Ringelspinner
Malacosoma neustria

L –20 mm Sp –40 mm Juni–Aug.

K: Hellbraun mit dunklen Linien auf den Flügeln, Färbung sehr variabel.

V: Weit verbreitet in Europa.

W: Die Weibchen legen Eier in Ringen um Zweige, worauf sich der Name bezieht. Die Raupen sind sehr bunt, mit hellblauen, orangefarbenen, schwarzen und weißen Streifen. Sie ernähren sich vom Laub verschiedener Obstbäume: Schlehen, Weiden, Eichen usw.

4 Eichenspinner
Lasiocampa quercus

L –37 mm Sp –80 mm Mai–Aug.

K: Männchen (**4a**) kastanienbraun mit gelbem Band auf den Flügeln, Weibchen (**4b**) heller, viel größer als die Männchen.

V: Weite Teile Europas und Asiens, in Laubwäldern, Heiden, Mooren.

W: Nach der Kupferglucke die größten der bei uns vorkommenden Glucken. Die Färbung ist sehr variabel, Falter aus Moorgebieten und Gebirgen sind viel dunkler als solche aus dem Flachland. Die Raupen werden bis zu 75 mm lang. Sie sind polyphag, d. h. sie ernähren sich von vielen verschiedenen Pflanzen, u. a. von Heidekraut, Brombeeren, Heidelbeeren, Eichen und Birken. Sie sind braun-schwarz und lang behaart. Ihre Entwicklung verläuft sehr langsam, in klimatisch ungünstigen Gebieten überwintern sie zweimal in einem braunen, festen Kokon im Gras.

5 Sichelspinner
Drepana falcataria

L –18 mm Sp –36 mm Apr.–Aug.

K: Grundfarbe bräunlich oder grau, Hinterflügel oft sehr hell, Spitzen der Vorderflügel sichelartig nach außen gebogen.

V: Weite Teile Europas.

W: Wegen der oft sehr hellen Färbung wird er auch als Weißer Sichelflügel, wegen einer der Hauptfutterpflanzen als Birkensichler bezeichnet. Die Raupe frißt aber nicht nur an Birken, sondern auch an Erlen. Die fein behaarten Raupen haben ein zugespitztes Hinterende. Sie sind grün mit braunem Rücken. Charakteristisch ist ihre Ruhehaltung mit erhobenem Vorder- und Hinterende.

1
2
3
4a
4b
5

1 Nonne
Lymantria monacha

L –27 mm Sp –55 mm Juli–Sept.

K: Weiß, Vorderflügel mit schwarzen Zickzackbändern, Hinterflügel grau.

V: Europa, in Nadelwäldern.

W: Die Raupen sind schwarz mit einem großen, hellgrauen Fleck auf dem Rücken. Ihre Hauptnahrung sind Fichtennadeln. Vor allem in Fichtenmonokulturen können sie bei Massenentwicklung enorme Schäden verursachen.

2 Goldafter
Euproctis chrysorrhoea

L –22 mm Sp –38 mm Juni–Aug.

K: Schneeweiß gefärbt, Hinterleib überwiegend braungelb, Weibchen größer mit sehr dickem Hinterleib.

V: Europa, in Laubwäldern, Gärten und Obstplantagen.

W: Eine der häufigsten Arten der Familie der Schadspinner (Lymantriidae), die alle sehr auffällige, bunte und stark behaarte Raupen haben. Oft stehen die Haare in bürstenförmigen Büscheln. Häufig sind die Haare wie beim Goldafter giftig. Die Raupen sind sehr gesellig und leben in Obstbäumen, Eichen und anderen Laubbäumen. Sie spinnen gemeinsam feste Nester an Zweigenden, in denen sie überwintern. Interessant ist, daß sie als Schutz vor Feinden ihre giftigen Haare mit einspinnen.

3 Zweipunkt-Schilfeule
Archanara geminipunctata

L 16 mm Sp 27–33 mm Juli–Aug.

K: Hellbraun oder rötlichbraun gefärbter Falter, kaum gezeichnet. Namengebend sind die zwei weißen Punkte auf den Vorderflügeln.

V: Weit verbreitet in Europa.

W: Eine Art der Feuchtgebiete, deren Raupen in den Stengeln des Schilfes leben und sich vom Mark ernähren. Sie können in Gegenden mit ausgedehnten Schilfflächen sehr häufig sein, treten aber immer nur lokal auf. Es gibt eine Reihe verwandter Arten, die sich z. T. von Schilf, aber auch von anderen Sumpfpflanzen wie Rohr- und Igelkolben, Wasserschwaden, Binsen und Seggen ernähren. Oft sind die Raupen monophag, d. h. auf eine Pflanzenart spezialisiert.

4 Saateule
Agrotis segetum

L –21 mm Sp –40 mm Mai–Okt.

K: Sehr variabel gezeichnet, Grundfarbe der Vorderflügel braun, Hinterflügel perlmuttartig glänzend.

V: Holarktisch verbreitet, kommt auch in Afrika vor.

W: Eine sehr häufige Art aus der Familie der Eulenfalter (Noctuidae). Die Raupen sind polyphag und ernähren sich von den Wurzeln krautiger Pflanzen. In Gärten und auf Feldern können sie erhebliche Ernteausfälle verursachen.

5 Gamma-Eule
Autographa gamma

L 20 mm Sp –40 mm Mai–Sept.

K: Vorderflügel braun variabel gezeichnet, charakteristisch ist das gammaförmige Mal. Die Hinterflügel sind graubraun gefärbt.

V: Europa, Asien, Afrika, überall.

W: Die Gamma-Eule ist eine der wenigen am Tage fliegenden Eulen. Alljährlich wandern sie aus den Subtropen in großer Zahl nach Norden und legen dabei z. T. mehrere 1000 Kilometer zurück. Im Sommer vermehren sie sich hier, im Herbst fliegen die Nachkommen dann wieder nach Süden. Die ausgewachsenen Falter saugen an vielen Blütenpflanzen, z. B. an Disteln. In Gärten besuchen sie gern den Sommerflieder und die Blumen in Balkonkästen. Auch die Raupen sind nicht wählerisch und kommen an den unterschiedlichsten krautigen Pflanzen vor.

1
2
3
4
5

1 Hausmutter
Noctua pronuba

L –30 mm Sp –60 mm Mai–Okt.

K: Vorderflügel braun, variabel gezeichnet, Hinterflügel gelb mit schmalem, schwarzem Band.

V: Paläarktisch verbreitet, nahezu überall zu finden.

W: Eine häufige Art, die sich oft in Häuser verfliegt, daher der Name Hausmutter. Vom wissenschaftlichen Gattungsnamen *Noctua* leitet sich der Name für die Familie der Eulenfalter = Noctuidae ab. Die bis zu 55 mm langen Raupen leben polyphag an den verschiedensten krautigen Pflanzen. Regelmäßig kann man sie auch in Gärten antreffen, wo sie in Gemüsekulturen nicht so gern gesehen sind.

2 Blaues Ordensband
Catocala fraxini

L –48 mm Sp –95 mm Juli–Okt.

K: Grau mit schwarzer und weißer Zeichnung. Die schwarzen Hinterflügel tragen ein breites, blaßblaues Band.

V: In weiten Teilen der Paläarktis, vor allem in der Nähe von Pappelbeständen.

W: Größter einheimischer Eulenfalter und einer der größten bei uns vorkommenden Schmetterlinge überhaupt. Heute leider sehr selten geworden. Die Raupen entwickeln sich auf Pappeln, Eschen (darauf weist der wissenschaftliche Name hin: *Fraxinus* = Esche), Birken u. a. Die Falter schlüpfen je nach geographischer Lage von Juli bis Oktober. Die Eier werden an die Futterpflanzen gelegt.

3 Rotes Ordensband
Catocala nupta

L –40 mm Sp –78 mm Juli–Okt.

K: Eine große Eule, Vorderflügel dunkelbraun mit schwarzen und braunen Linien. Hinterflügel auffällig rot mit 2 schwarzen Bändern.

V: Weite Teile Europas und Asiens. Eine relativ häufige Art, die man tagsüber auch an Hauswänden finden kann.

W: Allerdings sind die Tiere gut getarnt, da sie die auffälligen Hinterflügel unter den mit einer Tarnzeichnung versehenen Vorderflügeln verbergen (**3 b**). Bei Störungen breiten sie die Vorderflügel aus (**3 a**). So kommt die auffällige Rotfärbung plötzlich zum Vorschein, was Freßfeinde irritieren dürfte. Diesen Moment nutzen die Falter zum Entkommen. Rote Ordensbänder kommen selten zum Licht, man kann sie aber auf gärendem Fallobst, an dem sie gern saugen, beobachten. Die Raupen leben auf Weiden und Pappeln.

4 Messingeule
Diachrysia chrysitis

L –20 mm Sp –36 mm Mai–Sept.

K: Grundfarbe braun, Vorderflügel mit 2 breiten, grünlich glänzenden Bändern, Hinterflügel einfarbig braun.

V: Paläarktisch verbreitet, an Waldrändern, Lichtungen, in Gärten, Parks usw.

W: Neben den anderen auf dieser Seite abgebildeten Arten einer der schönsten Eulenfalter. Die meisten dieser mit 40 000 Arten größten Schmetterlingsfamilie sind eher unscheinbar braun oder grau gefärbt. In Europa kommen ca. 1000 Arten vor. Alle Eulen zeichnen sich durch ein besonderes Hörorgan, das Tympanalorgan, aus. Sie können damit die Ultraschallrufe von Fledermäusen, ihren größten Feinden, wahrnehmen. Haben sie einen Ortungsruf von Fledermäusen registriert, lassen sie sich einfach fallen und haben so eine gute Chance zu entkommen. Die Messingeule ist weit verbreitet. Die Raupen sind polyphag und fressen an Lippenblütlern wie Taubnessel, Hohlzahn und Ziest, aber auch an Natternkopf, Wegerich, Löwenzahn u. a.

1
2
3a
3b
4

1 Zimtbär
Phragmatobia fuliginosa

L 13–19 mm Sp 27–40 mm Mai–Aug.

K: Vorderflügel zimtbraun gefärbt (Name), Hinterflügel rot mit mehr oder weniger ausgedehnter schwarzer Zeichnung.

V: Weit verbreitet in der Paläarktis, u. a. auf Wiesen und Brachland.

W: Eine häufige Art, die in den Alpen bis zu einer Höhe von 3000 m vorkommt. Die Falter kommen häufig zum Licht. Es gibt 2 Generationen, eine von April bis Juni und eine zweite von Juli bis September. Die Raupen der 2. Generation überwintern. Sie verpuppen sich im Frühjahr unter Steinen, in Spalten und auf dem Boden.

2 Weiße Tigermotte
Spilosoma menthastri

L 18–24 mm Sp 36–46 mm Mai–Juli

K: Weiß mit schwarzen Flecken, Hinterleib orangegelb gefärbt.

V: Weite Teile der Paläarktis, überall.

W: Die Art wird auch als Minzenbär (wissenschaftlicher Name *Mentha* = Minze) bezeichnet. Die Raupen sind aber polyphag und fressen auch an Brennesseln, Löwenzahn, Taubnesseln, Ampfer und anderen Kräutern. Man kann sie auch in Gärten antreffen. Sie sind dunkelbraun, lang behaart und haben eine rote Linie auf dem Rücken. Sie verpuppen sich an der Erde, die Puppen überwintern.

3 Purpurbär
Rhyparia purpurata

L –26 mm Sp –54 mm Juni–Juli

K: Sehr variabel gefärbt, Vorderflügel gelb mit braunschwarzen Flecken, Hinterflügel rot mit schwarzen Flekken, Körper braun.

V: Weite Teile der Paläarktis, in Heiden, auf Waldwiesen.

W: Eine mehr östliche Art, die relativ selten ist. Die polyphagen Raupen sind dunkelgrau mit grauen und rostfarbenen Haaren.

4 Brauner Bär
Arctia caja

L 22–37 mm Sp 50–68 mm Juni–Aug.

K: Vorderflügel sehr variabel braunweiß gemustert, Hinterflügel orangerot mit blauen Flecken.

V: Weite Teile der Paläarktis, nahezu überall anzutreffen.

W: Ein sehr markanter Nachtfalter mit einer auffälligen Warntracht. Die Raupen (**4 b**) sind wie bei allen Bärenspinnern (Familie Arctiidae) zottelig behaart, was ihnen ihren deutschen Namen eingebracht hat. Bei vielen Arten gibt es als Schutz vor Feinden giftige Haare. Bei Gefahr rollen sich die Raupen ein. Die Raupen des Braunen Bären leben auf verschiedenen Sträuchern wie Himbeere, Heidelbeere und Schlehe. Sie überwintern und verpuppen sich erst im nächsten Frühjahr. Die Falter sind sehr variabel gefärbt, die größten Abweichungen zeigt die Form *lutescens*, bei der die rote Färbung der Hinterflügel durch Gelb ersetzt ist.

5 Schönbär
Callimorpha dominula

L 21–28 mm Sp 46–58 mm Juni–Juli

K: Vorderflügel schwarz mit metallischem Glanz und gelben und weißen Flecken, Hinterflügel rot mit schwarzen Flecken.

V: Europa und Teile Asiens, vor allem in feuchten Wäldern und Tälern.

W: Einer der wenigen Bärenspinner, die voll ausgebildete Mundwerkzeuge haben und regelmäßig Nektar aufnehmen. Trotz des großen Verbreitungsgebietes treten die Falter nur sehr lokal auf. Wegen seiner Färbung wird er auch als Spanische Fahne bezeichnet.

1

2

3

4a

4b

5

1 Purpurspanner
Lythria purpurata

L –15 mm Sp –30 mm Apr.–Aug.

K: Vorderflügel olivbraun mit meist 3 purpurrot gefärbten Bändern, die oft verschmelzen. Hinterflügel gelb mit dunkler Basis.

V: Weit verbreitet, überwiegend auf kalkarmen, sandigen Böden.

W: Eine der schönsten heimischen Spannerarten. Die Raupen des Purpurspanners sind oberseits rot, auf der Unterseite grün gefärbt. Sie ernähren sich von Sauerampfer.

2 Großer Frostspanner
Erannis defoliaria

L –26 mm Sp –41 mm Sept.–Dez.

K: Sehr variabel gefärbt, Vorderflügel weiß- oder braungelb mit schwarzem Mittelfleck und dunklen Querbändern, Hinterflügel grauweiß.

V: Weit verbreitet in Europa, fast überall zu finden.

W: Der Große Frostspanner gehört mit einer Reihe verwandter Arten zu den wenigen Schmetterlingen, die im Winter selbst bei Schneelage fliegen. Die Weibchen (**2b**) sind flügellos und klettern auf Bäumen umher. Frostspanner sind als Obstbaumschädlinge sehr gefürchtet, da die Raupen bei Massenentwicklung ganze Bestände kahl fressen können. Ihren Namen trägt die Familie von der eigentümlichen Fortbewegungsweise der Raupen (**2c**). Deren mittlere Bauchfüße sind fast völlig zurückgebildet, so daß die Fortbewegung nur mit den 3 Beinpaaren an der Brust und den 2 Beinpaaren am Hinterende erfolgen kann. Wenn die Raupe langgestreckt ist, zieht sie die Hinterbeine bis an die vorderen heran, der Körper bildet einen Halbkreis. Dann erfolgt das „Spannen", die Raupe streckt den Körper soweit voran, wie es nur geht. Dann werden die hinteren Beinpaare wieder herangezogen usw.

3 Stachelbeerspanner
Abraxas grossulariata

L –21 mm Sp –45 mm Juli–Aug.

K: Weiß mit auffälliger schwarzer Fleckung und gelben Bändern. Sehr variabel gezeichnet.

V: Paläarktisch verbreitet, auch in Gärten und Obstplantagen.

W: Dieser schöne Spanner galt früher ebenfalls als Schädling an Stachel- und Johannisbeeren, ist aber heute sehr selten geworden.

4 Holunderspanner
Ourapteryx sambucaria

L –30 mm Sp –50 mm Mai–Aug.

K: Gelblich-weiß gefärbt mit zarten braunen Linien auf den Flügeln, Hinterflügel schwalbenschwanzähnlich ausgezogen.

V: Mittel- und Südeuropa, an Waldrändern, Hecken usw.

W: Einer der größten heimischen Spanner. Wegen der charakteristischen Hinterflügel wird er auch Nachtschwalbenschwanz genannt.

5 Birkenspanner
Biston betularia

L –32 mm Sp –60 mm Mai–Aug.

K: Flügel weiß mit schwarzer Zeichnung oder völlig dunkel rußschwarz gefärbt.

V: Weite Teile Europas und Asiens, in Wäldern und Gärten.

W: Bekannt geworden ist dieser Falter wegen seiner schwarzen Form, die im vergangenen Jahrhundert in Industriegebieten Englands beschrieben wurde. Sie ist heute in Industriegebieten viel häufiger als die ursprünglich gut auf Birkenrinde getarnte helle Form. Dieser sogenannte Industriemelanismus wird als Anpassung an die verschmutzte Umwelt gedeutet und hat Einzug in alle Schulbücher gefunden. Die Entstehung der schwarzen Form ist auf eine Mutation zurückzuführen.

1

2a

2c

2b

3

4

5

1 Totenkopf
Acherontia atropos

L –60 mm Sp –120 mm Juni–Okt.

K: Sehr groß, Hinterleib gelbschwarz mit blauem Mittelstreif, unverkennbar (s. u.).

V: Tropisches Afrika mit Madagaskar, wandert bis nach Mitteleuropa und Asien.

W: Einer der spektakulärsten bei uns vorkommenden Schmetterlinge. Sie wandern alljährlich in wechselnder Zahl aus den Tropen bei uns ein, überstehen den Winter aber nicht. Namengebend ist die totenkopfähnliche Zeichnung auf dem Bruststück. Die Raupe (**1 b**) ist bis zu 90 mm lang, gelb oder braun mit grünlichen Streifen und einem S-förmig gebogenen Hinterleibsanhang. Sie lebt auf verschiedenen Nachtschattengewächsen, vor allem Bocksdorn, aber auch auf Kartoffeln. Die Falter dringen in Bienenstöcke ein und stechen mit ihrem kräftigen Rüssel die Waben an, um Nektar zu saugen. Oft werden sie dabei von den Bienen getötet. Bei Gefahr können sie zirpende Töne erzeugen.

2 Ligusterschwärmer
Sphinx ligustri

L –50 mm Sp –120 mm Mai–Juli

K: Vorderflügel dunkelbraun mit schwarzer Zeichnung, Vorderrand oft grau, Hinterflügel und -leib rosa mit schwarzer Bänderung.

V: Paläarktisch verbreitet, oft in Gärten.

W: Bei uns der häufigste der großen Schwärmer. Viel öfter als den Falter sieht man allerdings die auffälligen Raupen (**2 b**). Sie sind grün gefärbt und tragen an den Seiten rote und weiße Streifen. Am Hinterende findet sich ein gebogener Dorn. Da zu ihren Hauptfutterpflanzen Liguster und Flieder gehören, trifft man sie häufig auch in Gärten an, selbst in ständig gestutzten Ligusterhecken der Vorgärten. Leider werden die Raupen dort von manchen Gartenbesitzern völlig grundlos getötet. Da sie einzeln auftreten, besteht keinerlei Grund für eine Bekämpfung. Die Puppe überwintert tief in der Erde.

3 Kiefernschwärmer
Hyloicus pinastri

L –45 mm Sp –80 mm Mai–Juli

K: Vorderflügel grau mit schwarzer Zeichnung, Hinterflügel dunkelgrau, Bruststück mit 2 schwarzen Längsstreifen.

V: Weit verbreitet in Europa, in trockenen Nadel-, insbesondere Kiefernwäldern, recht häufig.

W: Die Art wird auch als Tannenpfeil bezeichnet. Die Raupen sind grün mit schwarzen Längsstreifen und leben an verschiedenen Nadelbäumen.

4 Windenschwärmer
Agrius convolvuli

L –50 mm Sp –120 mm Mai–Okt.

K: Ähnlich wie der Ligusterschwärmer gefärbt, aber ohne die rosafarbenen Hinterflügel.

V: Tropische Art, weit verbreitet in Afrika, Südasien und Australien.

W: Wie der Totenkopf wandern Windenschwärmer in jedem Jahr in unterschiedlicher Anzahl nach Norden. Sie sind wie alle Schwärmer hervorragende Flieger (**4 a**) mit im Vergleich zu anderen Schmetterlingen sehr langen, schmalen Flügeln. In der Ruhe werden die Flügel nach hinten gelegt, was dem Falter ein pfeilartiges Aussehen gibt. Durch die Tarnfärbung kann man die ruhenden Falter nur sehr schwer entdecken. Sie haben einen sehr langen Rüssel (etwa 10 cm) und können dementsprechend an Blüten mit den längsten Röhren saugen, z. B. an Tabak. In Gärten besuchen sie auch gern Phlox. Die Raupen leben bevorzugt an Ackerwinde. Sie sind braun oder grün gefärbt mit schwarzen Seitenflecken. Die bis zu 60 mm großen Puppen liegen in einer Kammer unter der Erde.

1a
1b
2a
2b
3
4a
4b

1 Pappelschwärmer
Laothoe populi

L –45 mm Sp –90 mm Mai–Aug.

K: Graubraun mit dunkelbrauner Zeichnung. Basis der Hinterflügel rostrot gefärbt.

V: Europa, in Pappelbeständen.

W: Pappelschwärmer gehören zu unseren häufigsten Schwärmern. Sie nehmen wie die Abendpfauenaugen keine Nahrung auf. Verglichen mit anderen Schwärmern sind sie eher schlechte Flieger. Wenn sie ruhen, spreizen auch sie die Flügel seitlich ab, die Hinterflügel ragen vorn unter den Vorderflügeln hervor. Bei Gefahr wird der rote Fleck auf den Hinterflügeln präsentiert. Die Raupe ähnelt der Raupe des Abendpfauenauges und lebt vor allem auf verschiedenen Pappelarten und Weiden.

2 Abendpfauenauge
Smerinthus ocellata

L –44 mm Sp –80 mm Mai–Aug.

K: Vorderflügel grau mit brauner Zeichnung, Hinterflügel gelb-rot mit großem, schwarz und weiß eingefaßtem blauen Augenfleck.

V: Europa und westliches Asien.

W: Die Flügel werden in Ruhehaltung nicht wie bei den meisten anderen Schwärmern über dem Körper zusammengelegt, sondern seitlich abgestreckt. Dabei bleiben die Augenflecken allerdings verborgen. Wird das Abendpfauenauge z. B. durch einen Vogel gestört, zieht es die Vorderflügel rasch nach vorn und zeigt die Augenflecken. Außerdem bewegt es den Hinterleib auf und ab. Der Rüssel ist bei dieser Art verkümmert. Die Falter sind weit verbreitet. Die Raupen leben auf verschiedenen Laubgehölzen, vor allem auf Weiden und Pappeln. Sie werden bis zu 80 mm lang, sind grün mit weißen Schrägstreifen an den Seiten. Das für Schwärmerraupen charakteristische Horn ist ebenfalls grün gefärbt.

3 Mittlerer Weinschwärmer
Deilephila elpenor

L –32 mm Sp –60 mm Mai–Aug.

K: Vorderflügel und Körper oliv und weinrot gefärbt, Hinterflügel rot, an der Basis schwarz.

V: Paläarktisch verbreitet, häufig.

W: Die Falter fliegen oft schon in der Dämmerung und besuchen mit Vorliebe Geißblattblüten. Die Raupen fressen vor allem an Labkraut, Weidenröschen, Fuchsien und Wein. Sie sind meist braun, manchmal auch grün, und haben an den Seiten der Brust auffällige Augenflecken. Sie verpuppen sich in der Erde, die Puppe überwintert. Manchmal kann man die Puppen beim Umgraben im Garten finden.

4 Taubenschwänzchen
Macroglossum stellatarum

L –24 mm Sp –50 mm Mai–Okt.

K: Vorderflügel braun, Hinterflügel gelblich, charakteristische Hinterleibszeichnung.

V: Paläarktis, oft in Gärten.

W: Ein hervorragender Flieger, der alljährlich aus dem Süden zuwandert. Tagaktiv, saugt gern auch an Balkonblumen wie Verbenen, Geranien usw. „Steht" mit rasend schnellem Flügelschlag vor den Blüten und kann sogar rückwärts fliegen.

5 Wolfsmilchschwärmer
Hyles euphorbiae

L –35 mm Sp –75 mm Mai–Aug.

K: Vorderflügel braungrün mit gelbem Band, Hinterflügel rot mit schwarzen Bändern und einem weißem Basalfleck.

V: Weit verbreitet in Mittel- und Südeuropa, in warmen Sandgebieten.

W: Eine früher häufige Art, deren auffällig schwarz-weiß-rot gefärbte Raupe (**5b**) an verschiedenen Wolfsmilcharten, vor allem aber der Zypressenwolfsmilch, zu finden ist.

1

2

3

4

5a

5b

1 Kommafalter
Hesperia comma

L –16 mm Sp –30 mm Juni–Sept.

K: Flügel braun, auf den Vorderflügeln ein kommaförmiger Fleck. Die Flügelunterseite ist olivgrün mit silbrigen Flecken.

V: Paläarktis und westliches Nordamerika. Eine weitverbreitete Art, besonders häufig auf Kalkböden.

W: Die Raupen leben an den verschiedensten Grasarten. Sie verbergen sich in Röhren aus zusammengesponnenen Grashalmen.

2 Kleiner Heufalter
Coenonympha pamphilus

L –16 mm Sp –34 mm Mai–Okt.

K: Oberseite gelborange, Unterseite der Hinterflügel mit schwarzem Augenfleck mit weißem Zentrum.

V: Paläarktisch verbreitet.

W: Ein kleiner Augenfalter, der ähnliche Lebensräume wie das Ochsenauge bevorzugt und fast immer mit diesem zusammen vorkommt. Da auch die Arten der Gattung *Colias* als Heufalter bezeichnet werden, sollte man für die hier vorgestellte Art vielleicht besser den auch gebräuchlichen Namen Wiesenvögelchen verwenden.

3 Ochsenauge
Maniola jurtina

L –28 mm Sp –55 mm Juni–Sept.

K: Oberseite dunkelbraun, an der Spitze der Vorderflügel ein schwarzer Augenfleck mit hellem Zentrum. Die Weibchen haben auf dem Vorderflügel eine breite, gelblich-braune Binde.

V: Weit verbreitet. Die Falter kommen auf allen Wiesentypen außer auf ständig gemähten Rasenflächen vor.

W: Einer der häufigsten Vertreter der artenreichen Familie der Augenfalter (Satyridae). Die meisten Arten sind bräunlich gefärbt und besitzen einen oder mehrere Augenflecken. Diese Flecken sollen Vögel vom empfindlichen Körper der Schmetterlinge ablenken.

4 Trauermantel
Nymphalis antiopa

L –45 mm Sp –75 mm Juni–Okt.

K: Flügel schwarzbraun mit gelbem Rand, davor eine Reihe schwarz eingefaßter blauer Flecken.

V: Nahezu holarktisch ohne den äußersten Süden, an Waldrändern, Schneisen usw.

W: Der Trauermantel ist einer unserer eindrucksvollsten heimischen Schmetterlinge. Er gehört wie die folgenden Arten zur weltweit verbreiteten Familie der Edelfalter (Nymphalidae), von denen ca. 70 Arten in Europa vorkommen. Trauermäntel findet man eher in höheren Lagen, wo sie vor allem in lichten Wäldern fliegen. Von überreifen Früchten und scharfriechenden Stoffen werden die Falter angelockt. In den letzten Jahrzehnten wurde der Bestand dieser schönen Schmetterlinge bei uns immer kleiner, erst in den letzten Jahren scheint sich eine langsame Bestandserholung anzudeuten.

5 C-Falter
Polygonia c-album

L –25 mm Sp –52 mm Mai–Okt.

K: Oberseite braunorange mit dunkelbraunen Flecken. Auf der Unterseite der Hinterflügel das namengebende weiße, c-förmige Zeichen (**5b**), Flügelränder erscheinen ausgefranst.

V: Paläarktisch verbreitet. Eine Art der Auwälder und Waldränder, wo die Hauptfutterpflanzen der Raupen (**5c**), Brennesseln, Johannisbeeren und Hopfen, häufig sind.

W: Erscheint in den letzten Jahren häufiger auch in Gärten, um z. B. an Sommerflieder und Fetthenne zu saugen. Die Falter überwintern. Mit zusammengelegten Flügeln erinnern sie an ein trockenes Blatt.

1

2

3

5a

4

5b

5c

1 Tagpfauenauge
Inachis io

L –35 mm Sp –65 mm Jan.–Dez.

K: Grundfärbung rötlich braun, alle 4 Flügel mit großen, blau-gelb- roten Augenflecken.

V: Überall in der Paläarktis.

W: Einer der bekanntesten und häufigsten heimischen Tagfalter, der auch in Gärten sehr oft zahlreich anzutreffen ist. Die schwarzen Raupen (**1 b**) leben gesellig auf Brennesseln. Sie zeigen sich frei, denn sie sind durch schwarze Stacheln und die Brennesseln geschützt. Die Stürzpuppen (**1 c**) sind entweder grün oder graubraun gefärbt. Die Falter überwintern oft in Kellern oder auf Dachböden. In beheizten Räumen gehen sie meist zugrunde, da ihr Energievorrat wegen größerer Aktivität schnell aufgebraucht ist.

2 Kleiner Fuchs
Aglais urticae

L –28 mm Sp –55 mm Mai–Okt.

K: Flügel rotbraun mit blauschwarzer Binde, Vorderflügel schwarz-weiß-gelb gefleckt, Hinterflügel mit ausgedehnter Schwarzfärbung an der Basis.

V: Paläarktisch verbreitet, ohne Nordafrika, nahezu überall.

W: Einer der ersten Schmetterlinge, die im Frühling zu sehen sind. Er überwintert wie die Tagpfauenaugen in großer Zahl in Gebäuden und ist auch in Großstädten sehr häufig anzutreffen. Die Raupen leben ebenfalls gesellig auf Brennesseln. Sie unterscheiden sich durch gelbe Längsstreifen von den Raupen der Landkärtchen und Tagpfauenaugen. Nördliche Populationen wandern; man kann an günstigen Tagen beim Urlaub auf einer Nordseeinsel Hunderte von Kleinen Füchsen zusammen mit Distelfaltern und Admirälen niedrig über die Wellen der Nordsee fliegen sehen.

3 Admiral
Vanessa atalanta

L –30 mm Sp –60 mm Mai–Okt.

K: Braunschwarz mit leuchtendrotem Band auf den Vorderflügeln und gleichfarbigem Rand der Hinterflügel, an der Spitze der Vorderflügel weiße Flecken.

V: Westliche Paläarktis, Nord- und Mittelamerika, überall anzutreffen.

W: Ein ausgeprägter Wanderfalter, der alljährlich aus dem Mittelmeerraum bei uns einfliegt. Einige Tiere erreichen sogar den Polarkreis. Die Nachkommen der Einwanderer ziehen im Herbst wieder nach Süden, wo sie auch überwintern. Bei uns gelingt ihnen eine Überwinterung aus klimatischen Gründen nur äußerst selten.

4 Distelfalter
Vanessa cardui

L –31 mm Sp –60 mm Mai–Okt.

K: Oberseite gelbbraun mit weiß gefleckter schwarzer Flügelspitze.

V: Mit Ausnahme von Südamerika weltweit verbreitet.

W: Ein Wanderfalter, der alljährlich nach Mittel- und Nordeuropa einfliegt und dessen Nachkommen im Herbst wieder zurückziehen. Dabei wird auch das offene Meer über Hunderte von Kilometern überflogen, wie Nachweise auf Island zeigen.

5 Landkärtchen
Araschnia levana

L –19 mm Sp –40 mm Apr.–Aug.

K: Frühjahrsgeneration gelbbraun mit schwarzen Flecken (**5 a**), Sommergeneration braunschwarz mit weißgelber und roter Zeichnung (**5 b**).

V: Weite Teile der Paläarktis.

W: Die Art zeigt einen ausgeprägten Saisondimorphismus (unterschiedlich aussehende Frühjahrs- und Sommergeneration). Beide Formen zeigen das typische „Landkärtchen"-Muster auf den Flügelunterseiten.

1a

1b

1c

2

3

4

5a

5b

1 Großer Schillerfalter
Apatura iris

L –41 mm Sp –80 mm Juni–Aug.

K: Braun mit weißen Flecken und Binden. Die Männchen schillern auf der Oberseite bei bestimmtem Lichteinfall blauviolett. Flügelunterseite mit großem Augenfleck (**1 b**).

V: In Laubwäldern der Paläarktis mit Ausnahme des Südens.

W: Einer der größten und schönsten heimischen Tagfalter. Man sieht diese Falter nur sehr selten, da sie meist im Wipfelbereich der Bäume fliegen. Die besten Beobachtungschancen hat man auf feuchten Waldwegen, wo die Falter an nasser Erde, aber auch an Exkrementen und an Aas saugen. Die zunehmende Asphaltierung von Waldwegen kann für diese Art sehr schädlich sein. Die Weibchen saugen Honigtau und austretende Baumsäfte. Die grünen Raupen tragen am Kopf 2 für die Gattung typische Fortsätze, die ihnen ein schneckenartiges Aussehen verleihen. Das Schillern wird durch sogenannte Strukturfarben erzeugt. Je nach Einfallswinkel wird das Licht unterschiedlich gebrochen, so daß unterschiedliche Farben entstehen.

2 Großer Eisvogel
Limenitis populi

L –38 mm Sp –75 mm Juni–Aug.

K: Oberseite braun mit orangeroten, weißen und schwarzen Flecken, beim Weibchen deutlicher als beim Männchen ausgeprägt. Unterseite gelblich, lebhaft gezeichnet (**2 b**).

V: Paläarktis ohne den äußersten Westen und Süden, in Laubwäldern.

W: Bewohnt ähnliche Lebensräume und zeigt ähnliches Verhalten wie der Große Schillerfalter. Hat man das Glück, eine der beiden Arten zu sehen, kann man auch auf die andere hoffen. Nahe verwandt ist der Kleine Eisvogel (*Limenitis camilla*).

3 Kaisermantel
Argynnis paphia

L –39 mm Sp –80 mm Juni–Aug.

K: Männchen rotbraun, Weibchen gelbbraun gefärbt. Zahlreiche dunkle Flecken und Bänder auf den Flügeln.

V: Paläarktisch verbreitet, vor allem in Laubwäldern der Mittelgebirge.

W: Der größte heimische Perlmuttfalter (allerdings ohne die typischen Perlmuttflecken auf den Flügelunterseiten, **3 b**), ist eine Art der Waldwiesen, Waldlichtungen und Waldwege. Die Falter saugen an Disteln, Wasserdost, Zwergholunder und anderen Blütenpflanzen, die Männchen wie die zuvor beschriebenen Arten auch auf nassen Waldwegen und an Tierkot. Die Raupen fressen an verschiedenen Veilchenarten.

4 Gemeiner Scheckenfalter
Mellicta athalia

L –22 mm Sp –38 mm Mai–Aug.

K: Rotbraun mit ausgedehnter, dunkelbrauner Zeichnung.

V: Weite Teile der Paläarktis ohne Nordafrika und einige Mittelmeerinseln, vor allem auf Waldwiesen.

W: Wegen einer der Hauptfutterpflanzen der Raupen auch als Wachtelweizen-Scheckenfalter bezeichnet. Einer der häufigsten heimischen Scheckenfalter, die einander alle recht ähnlich sehen.

5 Brombeerzipfelfalter
Callophrys rubi

L –17 mm Sp –28 mm März–Aug.

K: Durch die leuchtend grüne Unterseite unverwechselbar.

V: Paläarktisch verbreitet, vor allem auf Lichtungen und an Waldrändern.

W: Trotz der scheinbar auffälligen Färbung schwer zu entdecken, wenn die Falter mit zusammengelegten Flügeln im Blattwerk sitzen. Die Raupen fressen an Blaubeeren, Stechginster, Ginster, Geißklee und Kreuzdorn, aber nicht an Brombeeren.

1a
2a
1b
2b
3a
3b
4
5

1 Segelfalter
Iphiclides podalirius

L –45 mm Sp –80 mm Mai–Juli

K: Ein großer Tagfalter, unverkennbar.

V: Vor allem in Südeuropa, wärmeliebende Art, in Mitteleuropa nur an Wärmeinseln, z. B. der Frankenalb.

W: In Mitteleuropa heute selten. Segelfalter bevorzugen sonnige, trokkene Hänge mit Schlehe, Felsenbirne und Obstbäumen. Die Eier werden vor allem auf krüppelige Schlehen und Weichselkirschen abgelegt. Die Raupen verpuppen sich im Herbst und überwintern in einem Gespinst am Zweig. Bei uns nur eine Generation, am Mittelmeer zwei. Die Falter können unter Ausnutzung der Thermik minutenlang ohne Flügelschlag segeln (Name).

2 Schwarzer Apollo
Parnassius mnemosyne

L –32 mm Sp –60 mm Mai–Juli

K: Kleiner als der Apollofalter, ohne die roten Flügelflecken und deshalb eher an einen Weißling erinnernd.

V: Südliches Skandinavien und europäische Gebirge.

W: Die Art steigt im Gebirge nicht so hoch hinauf wie der Apollo und der nahe verwandte Hochalpen-Apollo (*P. phoebus*). Die Raupe frißt an Lerchensporn-Arten (*Corydalis*). Sie sieht der Raupe des Apollofalters sehr ähnlich. Die Puppe ist bemerkenswert, denn der Schwarze Apollo ist der einzige Tagfalter, der sich oberirdisch in einem dichten, festgesponnenen Kokon verpuppt.

3 Schwalbenschwanz
Papilio machaon

L –45 mm Sp –80 mm Apr.–Aug.

K: Bei uns unverwechselbar, Grundfarbe gelb mit schwarzen Binden und Flecken, Hinterflügel laufen in Schwanzfortsätzen aus (Name!), Hinterflügel mit blauem Band und rötlichen Flecken. Ähnliche Arten im Mittelmeerraum.

V: Europa ohne den hohen Norden, in Mitteleuropa heute fast überall selten oder verschwunden.

W: Wie der Segelfalter ein Vertreter der vor allem in den Tropen weit verbreiteten und artenreichen Familie der Ritterfalter (Papilionidae). Viele Arten sind ausgezeichnete, schnelle und ausdauernde Flieger. Schwalbenschwänze legen ihre Eier an Doldenblütlern ab, gelegentlich auch an Möhren in Gemüsegärten. Leider werden die auffälligen Raupen dann immer wieder als „Schädlinge“ getötet, was bei dieser geschützten Art auch einen Gesetzesverstoß darstellt. Da die Eier einzeln abgelegt werden, treten die Raupen nie massenhaft auf. Neben der auffälligen Färbung besitzt die Schwalbenschwanzraupe (**3b**) wie alle Ritterfalter eine Nackengabel, die bei Gefahr ausgestülpt wird und Feinde erschrecken soll.

4 Apollofalter
Parnassius apollo

L –50 mm Sp –90 mm Juni–Sept.

K: Einer der größten heimischen Tagfalter, Vorderflügel mit schwarzen Flecken, Hinterflügel mit auffälligen schwarz-rot-weißen Augenflecken.

V: In den meisten europäischen Gebirgen bis über 3000 m Höhe.

W: Dieser schöne Schmetterling bekam seinen wissenschaftlichen Namen nach dem Parnaß-Gebirge in Griechenland und dem griechischen Gott Apoll. Nur eine Generation; die Raupen fressen überwiegend die Weiße Fetthenne (*Sedum album*). Die Raupe ist schwarz mit orangefarbenen Flecken und besitzt ebenfalls die typische Nackengabel. In weiten Teilen des Verbreitungsgebietes, insbesondere außerhalb der Alpen, ist die Art heute bedroht.

1

2

3a

3b

4

1 Großer Kohlweißling
Pieris brassicae

L –34 mm Sp –70 mm Apr.–Okt.

K: Oberseite weiß mit schwarzen Vorderflügelspitzen, Vorderflügel der Weibchen zusätzlich mit 2 schwarzen Flecken.

V: Überall anzutreffen.

W: Einer der bekanntesten Schmetterlinge. Besonders häufig in Gärten, da die Raupen (**1 b**) an verschiedenen Kreuzblütlern fressen. Dazu gehören auch die kultivierten Kohlsorten, an denen sie bei Massenauftreten große Schäden anrichten können. Die Raupen werden häufig von Schlupfwespen *Apanteles glomeratus* parasitiert. Diese fressen die Raupe von innen her auf und verpuppen sich in gelben Kokons außen an ihrem Körper. Diese Kokons werden oft als „Raupeneier" bezeichnet.

2 Zitronenfalter
Gonepteryx rhamni

L –30 mm Sp –60 mm Jan.–Dez.

K: Männchen unverkennbar zitronengelb, Weibchen gelbgrün gefärbt. Beide Geschlechter mit orangefarbenem Fleck in der Flügelmitte.

V: Weit verbreitet, vor allem an Waldrändern, Feldgehölzen u.ä.

W: Die Falter fliegen sehr früh im Jahr. Sie legen schon im Juli eine Sommerruhepause ein, fliegen dann aber teilweise noch einmal im Herbst, was eine 2. Generation vortäuscht. Sie überwintern frei an Sträuchern und erinnern in Ruhestellung an Blätter. Die Raupe lebt vor allem am Faulbaum (*Rhamnus*), worauf der wissenschaftliche Name hinweist.

3 Aurorafalter
Anthocaris cardamines

L –25 mm Sp –45 mm Apr.–Juni

K: Männchen durch orange und weiße Vorderflügel unverkennbar, Hinterflügel beider Geschlechter unregelmäßig gelbgrün gezeichnet.

V: Weite Teile der Paläarktis. Besonders oft über Wiesen mit reichlich Wiesenschaumkraut fliegend.

W: Der Name leitet sich von der Flügelfärbung der Männchen ab. Aurora war die Göttin der Morgenröte. Die Raupen fressen an verschiedenen Kreuzblütlern.

4 Dukatenfalter
Heodes virgaureae

L –20 mm Sp –42 mm Juni–Aug.

K: Männchen leuchtend rotgold mit schwarzen Flügelrändern, Weibchen orange mit schwarzen Flecken, Hinterflügel weitgehend dunkel.

V: Weite Teile der Paläarktis, vor allem auf trockeneren Wiesen und an Waldrändern.

W: Ein Bläuling aus der Gruppe der Feuerfalter, der vor allem in Mittelgebirgen verbreitet ist und bis in den subalpinen Bereich aufsteigt. Die nachtaktiven Raupen fressen an Sauerampfer und sind unscheinbar grün gefärbt.

5 Gemeiner Bläuling
Polyommatus icarus

L –18 mm Sp –35 mm Mai–Sept.

K: Männchen auf der Oberseite hellblau mit dünnem, schwarzem, von weißen Fransen gesäumtem Rand (**5 a**). Weibchen braun mit orangenen Flecken auf den Hinterflügeln (**5 b**).

V: Paläarktisch verbreitet. Einer der häufigsten Tagfalter, der auf fast allen Wiesentypen vorkommt.

W: Oft wird er auch als Hauhechelbläuling bezeichnet, wobei aber auch viele andere Schmetterlingsblütler wie Klee-, Hornklee-, Schneckenklee- und andere Arten als Raupenfutterpflanzen dienen. Für die Familie typisch ist ein auffallender Geschlechtsdimorphismus, bei dem die Männchen meist sehr bunt, die Weibchen aber unscheinbar gefärbt sind.

1a
1b
2
3
4
5a
5b

1 Köcherfliege
Limnephilus spec.

L –15 mm Sp –40 mm Mai–Nov.
K: Erscheinen nachtfalterähnlich, meist bräunlich oder grau gefärbt, mit langen Fühlern. Körper und Flügel dicht behaart.
V: Weit verbreitet in Europa und Asien, in der Nähe von Gewässern.
W: Die Köcherfliegen sind eine gut abgegrenzte Insektenordnung, von der etwa 300 Arten in Mitteleuropa vorkommen. 30 Arten gehören zur Gattung *Limnephilus*. Äußerlich ähneln sie den Kleinschmetterlingen, einige Arten können mit diesen verwechselt werden. Den Köcherfliegen fehlt jedoch der aufgerollte Saugrüssel. Die Flügel sind nicht beschuppt, sondern behaart. Die Haare lassen sich von den Flügeln nicht so leicht abwischen wie die Schuppen der Schmetterlinge. Die Vorderflügel sind vergleichsweise schmal, die Hinterflügel breiter und weniger behaart. Die Flügel werden in Ruhestellung meist dachartig über dem Körper zusammengelegt. Die Fühler sind oft so lang wie der Körper, manchmal sogar noch länger. Meist halten sie sich in Gewässernähe auf; da sie nacht- oder dämmerungsaktiv sind, bekommt man sie selten zu sehen. Nachts werden viele Arten vom Licht angelockt. Viel bekannter als die ausgewachsenen Tiere sind die Köcherfliegenlarven (**1 b**). Je nach Art bauen sie ihre Köcher aus Sand, kleinen Steinchen, Holzstükken, anderen Pflanzenresten oder Muschel- und Schneckenschalen. Wenn sie wachsen, wird der Köcher entsprechend vergrößert. Er ist an beiden Seiten offen, damit Wasser hindurchfließen kann und so die Sauerstoffversorgung der Larve sichergestellt ist. Der Sauerstoff wird mit Hilfe feiner Tracheenkiemen am Hinterleib aufgenommen. Die Larven verpuppen sich im Köcher, der vorher am Boden oder an Steinen befestigt wird.

2 Köcherfliege
Hydropsyche spec.

L –14 mm Sp –35 mm Mai–Okt.
K: Unscheinbar hellbraun gefärbt, mit langen Fühlern, mehrere schwer unterscheidbare Arten.
V: Weit verbreitet in Europa, in der Nähe von Fließgewässern.
W: Die ausgewachsenen Tiere schwärmen im Gegensatz zu den meisten anderen Köcherfliegen am Tag. Die bis zu 20 mm langen Larven (**2 b**) leben am Grund von schnell fließenden Gewässern. Sie bauen keine Köcher, sondern Gespinste zwischen Steinen. Eine Besonderheit sind die selbstgesponnenen Fangnetze, die zum Nahrungserwerb dienen. Die Larven fressen gelegentlich die im Netz haftenden Nahrungspartikel heraus.

3 Kohlschnake
Tipula oleracea

L –25 mm Sp –50 mm Apr.–Okt.
K: Schlank, sehr lange Beine, Flügel farblos mit brauner Vorderkante.
V: Weit verbreitet in Europa.
W: Eine der häufigsten heimischen Schnakenarten, zu denen die größten bei uns vorkommenden Zweiflügler gehören. Sie nehmen keine Nahrung zu sich, da ihre Mundwerkzeuge zurückgebildet sind. Deshalb können sie auch nicht stechen und Blut saugen, wie ihnen vielfach nachgesagt wird. Da sie vom Licht angelockt werden, verfliegen sie sich oft in Häuser.

4 Gelbe Kammschnake
Ctenophora ornata

L –20 mm Sp –40 mm Mai–Juli
K: Männchen mit auffälligen Fühlern, wespenartig gelb-schwarz.
V: Weit verbreitet in Wäldern Europas.
W: Die Weibchen bohren die Eier mit ihrem kräftigen Legebohrer in zerfallendes Holz, von dem die Larven fressen.

1a
1b
2a
2b
3
4

1 Gemeine Stechmücke
Culex pipiens

L 6–8 mm Apr.–Okt.
K: Sehr langbeinig, Weibchen mit langem Stechrüssel.
V: Weltweit verbreitet.
W: Es gibt weit über 1000 Arten von Stechmücken oder Moskitos. Nur die Weibchen saugen Blut. Vor den Männchen, die man an den gefiederten Fühlern leicht erkennen kann, braucht man sich nicht in acht zu nehmen. Sie können nur Pflanzensäfte und Wasser saugen. Die Weibchen legen floßartige Eipakete in kleinste Gewässer, selbst Eimer und Blechdosen, ab. Die Larven (**1 b**) sind langgestreckt und strudeln mit den Haarbüscheln am Kopf ihre Nahrung heran. Während die bei uns vorkommenden Stechmückenarten zwar lästig, aber doch ungefährlich sind, sind sie in nordischen Ländern eine wahre Plage und in den Tropen eine ernsthafte Bedrohung. Erwähnt werden soll hier die *Anopheles*-Mücke, die in den Tropen die Fieberkrankheit Malaria überträgt. Der Malaria fallen alljährlich mehrere Millionen Menschen zum Opfer. Weitere gefährliche, durch Mücken übertragene Krankheiten sind u. a. Gelbfieber und die Schlafkrankheit.

2 Chamäleonfliege
Stratiomys chamaeleon

L 14–16 mm Mai–Sept.
K: Hinterleib schwarz-gelb gefärbt, mit deutlich geknieten Fühlern.
V: Weite Teile der Paläarktis, auf Wiesen, an Wald- und Wegrändern.
W: Eine an Schwebfliegen erinnernde Art aus der Familie der Waffenfliegen (Stratiomyidae). Wie diese ahmt sie mit ihrer Körperfärbung Wespen nach. Die Weibchen legen die Eier an Wasserpflanzen ab; die spindelförmigen, etwa 4 cm langen, grauen Larven leben räuberisch im Wasser und ernähren sich vor allem von verschiedenen Einzellern.

3 Rinderbremse
Tabanus bovinus

L 19–24 mm Mai–Sept.
K: Kräftig, Hinterleib bräunlich.
V: Eine häufige Art, die weit verbreitet ist, besonders häufig in der Nachbarschaft von Weidevieh.
W: Während die Männchen von Nektar leben, saugen die Weibchen das Blut von Säugetieren, besonders von Kühen und Pferden. Auch Menschen werden regelmäßig angefallen,und jeder hat wohl schon einmal den schmerzhaften Stich verspürt. Die räuberischen Larven leben im Schlamm oder im Vegetationsrand an Gewässerufern und ernähren sich vor allem von Mückenlarven.

4 Goldaugenbremse
Chrysops caecutiens

L 7–11 mm Mai–Sept.
K: Hinterleib schwarz-gelb gefärbt.
V: Paläarktisch verbreitet.
W: Weibchen ernähren sich ebenfalls von Säugerblut.

5 Zuckmücke
Chironomus spec.

L 11–13 mm Apr.–Okt.
K: Typische Mückengestalt, Männchen mit gefiederten Antennen.
V: Kosmopolitisch, meist in Gewässernähe.
W: Die Zuckmücken sind eine sehr artenreiche Familie, von der über 1000 schwer zu unterscheidende Arten in Mitteleuropa vorkommen. Sie können nicht stechen. Bekannter als die ausgewachsenen Tiere sind deren Larven (**5 b**). Fast jeder Aquarianer dürfte die durch einen Blutfarbstoff rot gefärbten Larven einmal als Nahrung für seine Fische gekauft haben. Die Larven leben im Schlamm stehender und fließender Gewässer und sind Indikator für eine Belastung der Gewässer mit organischen Schmutzstoffen.

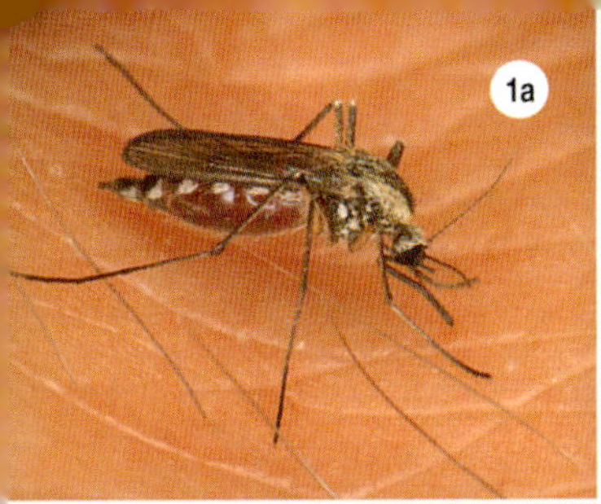
1a

1b

2

3

4

5a

5b

1 Buchengallmücke
Mikiola fagi

L 4–5 mm März–Mai
K: Klein, unscheinbar.
V: Weite Teile Europas im Wuchsgebiet der Rotbuche (*Fagus sylvatica*).
W: Viel bekannter als die ausgewachsenen Tiere sind die kegelförmigen, auffallend rot gefärbten Gallen, die man oft in Gruppen nah beieinander auf der Oberseite von Buchenblättern findet. In den Gallen leben die Larven (**1 b**), Ende März schlüpfen die ausgewachsenen Mücken.

2 Großer Hummelschweber
Bombylius major

L 8–12 mm Apr.–Juli
K: Dicht pelzartig behaart, langer Saugrüssel.
V: Holarktisch verbreitet. Hummelschweber sind sehr wärmeliebende Tiere und kommen deshalb bei uns nur an günstigen Plätzen vor.
W: Die Hummelschweber tragen ihren Namen wegen ihrer dichten, pelzartigen Behaarung sowie ihrer Flugweise. Sie schwirren oft vor Blüten, dabei ist ein hoher Summton zu hören. Mit ihrem langen Rüssel saugen sie Nektar. Der Saugrüssel sieht recht gefährlich aus, doch die Tiere sind völlig harmlos. Die Larven leben parasitisch in den Nestern von solitär lebenden Bienen an deren Larven. Die Weibchen lassen die Eier in der Nähe der Bienennester fallen. Nach dem Ausschlüpfen kriechen die Larven in das Nest, fressen erst den Futterbrei der Bienenlarven und befallen später dann die Larven selbst.

3 Johannisbeer-Schwebfliege
Scaeva pyrastri

L 14–19 mm Apr.–Okt.
K: Auf dem schwarzen Hinterleib 6 halbmondförmige, weiße bis cremefarbene Flecken.
V: Weit verbreitet, oft in Gärten.
W: Die Art ist bei uns vom Flachland bis in das Hochgebirge, vor allem auf Doldenblütlern häufig zu finden. Wie alle Schwebfliegen (Familie Syrphidae) zeigen sie den typischen Schwirrflug. Sie können sogar rückwärts fliegen. Die Larven der Gattung *Scaeva* ernähren sich von Blattläusen. Die Weibchen legen die ca. 1 mm großen Eier in der Nähe von Blattlauskolonien ab. Die Larven schlüpfen nach 2–5 Tagen.

4 Gemeine Winter-Schwebfliege
Episyrphus balteatus

L 11–12 mm März–Nov.
K: Hinterleib auffällig schwarz-gelb gezeichnet.
V: Holarktisch verbreitet, in Mitteleuropa eine der häufigsten Schwebfliegen, die auch in Gärten und selbst an Blumenkästen auf Balkonen regelmäßig anzutreffen ist.
W: Als wenig spezialisierte Art kommt sie in den verschiedensten Lebensräumen auf fast allen Blüten vor, in besonders großer Zahl aber auf Doldenblüten. Wie die meisten Schwebfliegen ahmt sie Wespen oder andere Hautflügler nach (Mimikry), ist aber völlig harmlos.

5 Raubfliege
Machimus atricapillus

L 16–23 mm Juni–Sept.
K: Große, dunkel gefärbte Fliege.
V: Paläarktisch verbreitet, oft an Wald- und Wegrändern.
W: Eine größere Art aus der Familie der Raubfliegen (Asilidae). Diese wirklich räuberischen Tiere sitzen z. B. auf Holzstößen am Rande von Waldlichtungen oder auf exponierter Warte an blütenreichen Wegrändern und lauern dort auf vorbeifliegende Beute. Dazu gehören andere Fliegen, Heuschrecken und selbst kleinere Bienen und Wespen. Die gefangenen Tiere werden mit dem Rüssel angestochen und ausgesaugt.

1a

1b

2

3

4

5

1 Mistbiene
Eristalis tenax

L 15–20 mm März–Nov.

K: Große, bienenähnliche Schwebfliege. Dunkelbraun gefärbt, mit 2 gelben Flecken am Hinterleib.

V: Weltweit verbreitet.

W: Auch diese Art ist weit verbreitet und euryök. d. h. sie stellt keine speziellen Ansprüche an ihren Lebensraum. Sie ist auf fast allen Blüten zu finden. Sie wird oft auch als Schlammfliege bezeichnet. Die Namen zielen auf die Tatsache, daß die Larven (**1 b**) in schlammigen, verschmutzten Gewässern, Jauchegruben und sogar in Misthaufen leben. Sie sind grau gefärbt, von walzenförmiger Gestalt und besitzen am Körperende ein bis zu 3 cm langes Atemrohr, das zum Luftholen bis an die Wasseroberfläche ausgestreckt wird. Sie werden auch als Rattenschwanzlarven bezeichnet.

2 Distel-Bohrfliege
Urophora cardui

L 5–7 mm Mai–Aug.

K: Klein, schwarz gefärbt, mit auffällig lang zugespitztem Hinterleib. Flügel mit dunkler Bänderung.

V: Eine häufige Art, die fast überall im offenen Gelände anzutreffen ist.

W: Mehr als die Fliegen fallen allerdings die harten, eiförmigen, oft rötlich überlaufenen Gallen an den Stengeln von Disteln auf (**2 b**). Wie alle Fliegen und Mücken besitzt diese Art nur ein Flügelpaar. Das hintere Flügelpaar ist zu den sogenannten Schwingkölbchen oder Halteren umgewandelt worden. Diese dienen als Gleichgewichtsorgan.

3 Gemeine Essigfliege
Drosophila melanogaster

L 2–3 mm Mai–Okt.

K: Klein, Hinterleib dunkel gebändert, Augenfarbe rot, Weibchen mit zugespitztem Hinterleib.

V: Kosmopolitisch verbreitet, oft auch in Häusern.

W: Die kleinen Fliegen werden auch Taufliegen und wegen ihrer Vorliebe für überreifes Obst und gärende Fruchtsäfte auch Fruchtfliegen genannt. Die Art hat besondere Berühmtheit als „Haustier" der Genetiker erlangt. Häufig treten Mutationen, z. B. weiße Augen, Stummelflügel, einfarbig schwarzer Körper u. v. a. auf, oft auch in Kombination. Schon zweimal wurden Nobelpreise für an *Drosophila* gewonnene Erkenntnisse vergeben.

4 Mauersegler-Lausfliege
Crataerina pallida

L 8–10 mm Mai–Sept.

K: Braun, Körper abgeflacht.

V: Lebt auf Mauerseglern.

W: Ein Blut saugender Parasit, der ausschließlich auf Mauerseglern lebt. Er hat einen abgeplatteten Körper, der das Laufen zwischen den Federn ermöglicht. Die Weibchen legen keine Eier, sondern voll entwickelte Maden ab, die sich sofort verpuppen.

5 Raupenfliege
Tachina fera

L 11–14 mm Mai–Sept.

K: Borstig behaart, Hinterleibsseiten gelb, Beine und Fühler gelblich.

V: Paläarktisch verbreitet, überall.

W: Eine der häufigsten bei uns vorkommenden Arten der Familie der Raupenfliegen (Tachinidae). Wegen der borstigen Behaarung wird sie manchmal auch als Igelfliege bezeichnet. Wie der Name besagt, leben die Larven als Innenparasiten in Raupen. Die Weibchen suchen geeignete Raupen, an die ein Ei abgelegt wird. Die ausschlüpfenden Larven bohren sich dann in die Raupe und fressen sie von innen auf. Erst zur Verpuppung verlassen sie den Wirt. Es gibt mindestens 500 Arten von Raupenfliegen in Mitteleuropa. Sie werden wegen ihres Verhaltens als Nützlinge angesehen.

1a

2a

1b

2b

3

4

5

1 Graue Fleischfliege
Sarcophaga carnaria

L 13–15 mm
K: Große Fliege mit abwechselnd dunkel- und hellgrau längsgestreifter Brust und quergestreiftem Hinterleib.
V: Europa und Afrika, überall.
W: Lebendgebärend, legt ihre Larven direkt an Aas, aber auch an Frischfleisch ab.

2 Blaue Schmeißfliege
Calliphora vicina

L 8–11 mm
K: Körper stahlblau gefärbt, behaart, Facettenaugen rötlich gefärbt.
V: Nahezu weltweit verbreitet, nahezu überall.
W: Die Fliegen legen ihre hellen, länglichen Eier an Fleisch ab, egal, ob es sich um einen toten Vogel oder ein Schnitzel handelt. Daraus schlüpfen die länglichen, hellen Maden. Sie haben weder einen deutlich abgesetzten Kopf noch Augen oder Beine. Die Nahrung wird mit der Körperoberfläche aufgenommen. Nach wenigen Tagen verpuppen sie sich als Tönnchenpuppe. Nach etwa einer Woche sprengt die fertige Fliege den Deckel des Tönnchens mit Hilfe einer aufpumpbaren Stirnblase ab. Der Name Schmeißfliege ist damit zu erklären, daß die Fliegen ihre Eier (Geschmeiß) regelrecht an die Nahrungsquelle „schmeißen“.

3 Stubenfliege
Musca domestica

L 8–9 mm März–Okt.
K: Körper und Beine dunkelgrau behaart, große, rotbraune Augen.
V: Kosmopolitisch verbreitet, sehr oft in Häusern.
W: Eines der bekanntesten Insekten überhaupt. Die Weibchen legen bis zu 150 Eier auf Aas, Dung oder Kompost ab. Sie leben wie viele andere Fliegen von Nahrungsresten, die mit dem hochkompliziert gebauten, stempelförmigen Saugrüssel aufgenommen werden. Der Rüssel enthält ein Saug- und ein Speichelrohr. Flüssige Nahrung wird direkt aufgenommen, feste Nahrung, z. B. Zucker, wird mit Speichel verflüssigt und dann eingesaugt. Im Herbst geht ein großer Teil der Stubenfliegen durch Pilzbefall zugrunde. Die Pilzfäden des Fliegenschimmels durchziehen den Körper der Fliege und zehren ihn regelrecht aus.

4 Pferdelausfliege
Hippobosca equina

L 7–8 mm
K: Braun gefärbt, Körper stark abgeflacht.
V: Weltweit verbreitet auf verschiedenen Säugetieren.
W: Trotz ihres Namens halten sich Pferdelausfliegen meist auf Rindern auf. Seltener findet man sie auch auf anderen Säugern wie Pferden und Hunden. Die Lausfliegen ernähren sich vom Blut ihrer Wirte. Sie setzen sich an solchen Stellen fest, wo sie das befallene Tier nicht entfernen kann.

5 Schafbremse
Oestrus ovis

L 10–12 mm
K: Braun behaart, Hinterleib schwarzweiß gefleckt.
V: Kosmopolitisch verbreitet.
W: Die schon geschlüpften Larven werden vom Weibchen an die Nüstern von Schafen gelegt. Von dort aus dringen sie zunächst in die Nasen- und später dann in die Stirnhöhle ein. Dadurch werden die Schleimhäute gereizt und zu einer vermehrten Schleimproduktion angeregt. Vom Schleim ernähren sich die Larven. Die Schafe müssen häufig niesen, wirken kränklich und magern oft ab. Wenn die Larven ausgewachsen sind, kriechen sie wieder in die Nasenhöhle und lassen sich regelrecht herausniesen. Dann verpuppen sie sich im Boden.

1

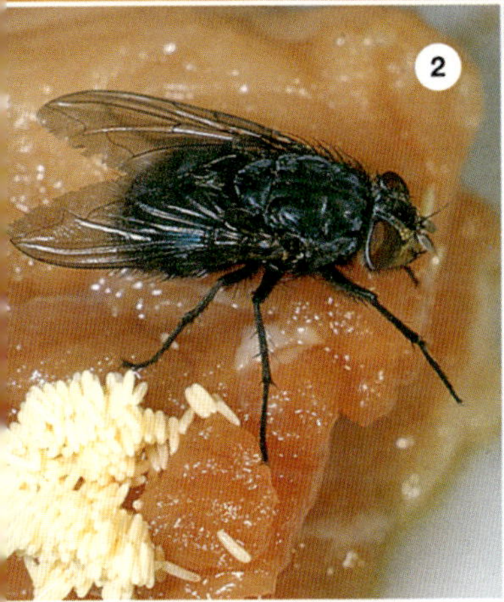
2

3

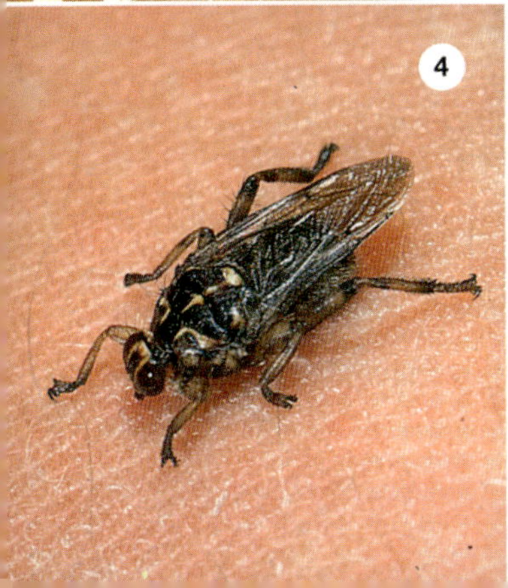
4

5

1 Riesenholzwespe
Urocerus gigas

L 10–40 mm Mai–Okt.

K: Weibchen schwarz mit gelbem Hinterleib und langem Legebohrer, Männchen kleiner, mit rötlichem Hinterleib, ohne Legebohrer.

V: Weite Teile der Paläarktis, vor allem in Nadelwäldern.

W: Die Weibchen gehören zu den größten europäischen Hautflüglern. Trotz ihres sehr bedrohlich wirkenden Legebohrers (bzw. der Legebohrerscheide) sind sie völlig harmlos. Obwohl weit verbreitet, sind sie selten zu sehen, da sie sehr heimlich sind. Die Männchen fliegen meist im Wipfelbereich der Bäume, die Weibchen kann man gelegentlich bei der Eiablage beobachten. Sie legen mit Hilfe ihres langen Legebohrers die Eier etwa 1 cm tief fast immer in Nadelholz ab. Dazu bevorzugen sie Bruchholz oder frisch gefällte Stämme. Die Larven benötigen zu ihrer Entwicklung bis zu 3 Jahre. Das kann dazu führen, daß Riesenholzwespen plötzlich in Neubaugebieten erscheinen, wohin sie mit Bauholz verschleppt wurden. Dort sorgen sie dann für erhebliches Aufsehen. Oft findet man in Begleitung der Riesenholzwespe auch die Riesenschlupfwespe (*Rhyssa persuasoria*; S. 208), deren Larven in den Larven von Holzwespen schmarotzen.

2 Gemeine Holzwespe
Sirex juvencus

L 14–30 mm Mai–Okt.

K: Weibchen glänzend blaugrün mit gelben Beinen und Fühlern, Männchen ähnlich den Männchen der Riesenholzwespe.

V: In Nadelwäldern weit verbreitet.

W: Die Eier werden meist in Kiefern und Fichten abgelegt. Auch diese Art wird immer wieder mit Bauholz in Wohngebiete verschleppt. Legebohrer nicht ganz so lang wie bei anderen Arten der Holzwespen (Siricidae).

3 Keulhorn-Blattwespe
Trichiosoma tibiale

L 22–26 mm Mai–Juni

K: Bienenähnlich, oft sehr hell behaart, Fühler keulenartig verdickt.

V: Weit verbreitet in Europa, vor allem an Waldrändern, Hecken und Gebüschen.

W: Keulhorn-Blattwespen sind durch die an der Spitze keulig verdickten Fühler klar charakterisiert. Die Larven leben auf Weißdorn und erinnern sehr an Schmetterlingsraupen, mit denen sie wie auch die Larven anderer Blattwespen häufig verwechselt werden. Letztere haben aber immer mindestens 6 Bauchfußpaare. Schmetterlingsraupen besitzen höchstens 5 Paare dieser Bauchfüße. Die Larven fertigen einen festen Kokon an unbelaubten Weißdornzweigen, in dem sie sich verpuppen.

4 Feuergoldwespe
Chrysis ignita

L 7–10 mm Apr.–Sept.

K: Kopf und Brust grünlich-blau, oft goldglänzend. Hinterleib kupferrot.

V: Weite Teile der Paläarktis.

W: Eine der häufigsten der etwa 60 mitteleuropäischen Arten der Familie der Goldwespen (Chrysididae), die sich alle durch eine prächtige Färbung auszeichnen. Auch die Goldwespen-Larven leben parasitisch an den verschiedensten Bienenlarven. Deshalb kann man Goldwespen auch am besten in der Nähe von Wildbienennestern entdecken. Die Goldwespen-Weibchen dringen in die Nester ein und legen dort ihre Eier ab. Dabei werden sie häufig angegriffen, sind aber durch ihren besonders harten Panzer gegen Stiche gut geschützt. Zudem können sie sich auch einrollen. Die Goldwespen-Larven fressen dann die Bienenlarven auf. Die ausgewachsenen Goldwespen hingegen ernähren sich von Pollen und sind auf Doldenblüten anzutreffen.

1

2

3

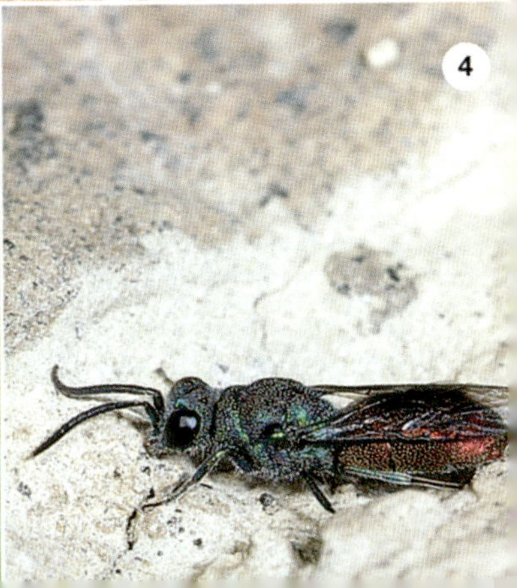
4

1 Eichengallwespe
Cynips quercusfolii

L 2,5–4 mm Dez.–Febr./Mai–Juli

K: Sehr klein, schwarz mit hellen, über das Hinterleibsende hinausragenden Flügeln.

V: Europa, auf Eichen.

W: Eine typische Gallwespe mit einer bemerkenswerten Fortpflanzung: Die Weibchen stechen im Mai oder Juni Eier in Eichenblätter. Aus ihnen schlüpfen Larven (**1 b**), die Wachstumsstoffe absondern, die die Pflanze anregen, eine Galle zu bilden. Diese 2–3 cm durchmessenden grünen, oft rot überlaufenen Galläpfel (**1 c**) sind im Herbst auf den Eichenblättern sehr auffällig. Im Dezember schlüpfen daraus ausschließlich Weibchen, die ihre Eier in Winterknospen der Eichen legen. Ihre Nachkommen entstehen durch Jungfernzeugung (= Parthenogenese). Diese schwarzen Gallen sind recht unscheinbar. Im Mai und Juni schlüpfen Männchen und Weibchen aus den Gallen. Diese paaren sich, und die Weibchen legen die befruchteten Eier ab.

2 Rosengallwespe
Diplolepis rosae

L 3–6 mm Apr.–Juni

K: Schwarz mit rotbraunem Hinterleib und gelbroten Beinen.

V: Weite Teile Europas, auf Rosen.

W: Bei dieser Art kommen Männchen nur sehr selten vor. Nachkommen werden fast nur parthenogenetisch erzeugt. Während die Rosengallwespen sehr unauffällig sind, gehören ihre großen, moosartig wirkenden Gallen zu den auffälligsten Gallen überhaupt. Sie werden auch als Schlafäpfel oder Rosenschwämme bezeichnet. Sie sind innen verholzt und enthalten mehrere Kammern, in denen jeweils eine Larve lebt. Häufig schlüpfen daraus nicht Rosengallwespen, sondern verschiedene parasitische Hautflügler.

3 Riesen-Holzschlupfwespe
Rhyssa persuoria

L 18–35 mm Juni–Sept.

K: Dunkel mit weißen Flecken, Weibchen mit langem Legebohrer.

V: Holarktisch verbreitet. Die Art ist in Nadelwäldern anzutreffen.

W: Mit dem Legebohrer erreichen die Weibchen eine Gesamtlänge von 80 mm und gehören damit zu den längsten bei uns vorkommenden Insekten. Besonders interessant ist es, die Weibchen bei der Eiablage zu beobachten. Sie können tief in das Holz bohren und treffen mit einer faszinierenden Zielgenauigkeit dort lebende Larven von Holzwespen. An diesen entwickeln sich dann die Holzschlupfwespenlarven. Der Bohrvorgang kann über 30 Minuten dauern.

4 Sichelwespe
Ophion luteus

L 15–20 mm Juli–Okt.

K: Mückenartige Gestalt, überwiegend gelblich gefärbt.

V: Paläarktisch verbreitet.

W: Im Gegensatz zu anderen Schlupfwespen können die Weibchen ihren Legebohrer auch als Wehrstachel verwenden und damit auch Menschen sehr schmerzhaft stechen. Die bei uns vorkommenden Arten der Gattung *Ophion* parasitieren Raupen. Im Gegensatz zur Holzschlupfwespe wird je ein Ei in die Raupe abgelegt. Um den Wirt nicht frühzeitig zu töten, werden die lebenswichtigen Organe von der Schlupfwespenlarve zunächst nicht angegriffen. Erst wenn die Schlupfwespenlarven fast ausgewachsen sind, töten sie den Wirt durch Auffressen wichtiger Organe. Sie verpuppen sich in einem kleinen Kokon im Innern oder an der leeren Körperhülle des Wirtes. Da sie die Massenvermehrungen bestimmter Schadinsekten stoppen können, gelten Schlupfwespen als sehr nützlich.

1a
1b
1c
2
3
4

1 Ameisenwespe
Mutilla europaea

L 11–16 mm Juli-Sept.

K: Vorderkörper rotbraun, Hinterleib blauschwarz mit weißen Binden.

V: Weite Teile der Paläarktis.

W: Die größte heimische Art aus der Familie der Spinnenameisen (Mutillidae) ist bei uns nur lokal verbreitet. Besonders auffällig ist hier der Geschlechtsdimorphismus: Die Weibchen (**1 b**) sind bei der Ameisenwespe stets flügellos. Die Ähnlichkeit mit Ameisen ist aber nur oberflächlich, die beiden Gruppen sind nicht sehr nahe verwandt. Ameisenwespen leben parasitisch in Hummelnestern. Die Weibchen ernähren sich vom durch die Hummeln eingetragenen Honig und legen ihre Eier an Hummellarven ab. Diese werden von den Ameisenwespenlarven allmählich aufgefressen. Oft können sich die Hummellarven gerade noch verpuppen. Ihr Kokon umschließt dann den Kokon der Parasiten-Larve.

2 Rote Waldameise
Formica rufa

L 4–11 mm Apr.–Okt.

K: Kopf und Hinterleib schwarz, Rücken rotbraun gefärbt.

V: Weit verbreitet in Europa, im Süden aber selten, in Wäldern.

W: Eine der bekanntesten der weltweit ca. 15000 Ameisenarten, die alle mehr oder weniger große Staaten bilden. In den bis zu 1 m hohen Haufen (**2c**) der Roten Waldameise können mehr als 100000 Individuen leben. Dabei ist der Haufen, der aus Zweigen, Nadeln usw. aufgeschichtet wird, nur ein Teil des Ameisennestes, das auch noch bis zu 2 Meter unter die Erdoberfläche reichen kann. Der Haufen dient als Wetterschutz, speichert Wärme und dient zur Durchlüftung des ganzen Nestes. Die Eier werden von der Königin zunächst im Innern des Nestes unter der Erde abgelegt. Dann setzt die sehr aufwendige Brutpflege ein. Die Eier werden beleckt, um Verpilzung zu verhindern. Die geschlüpften Maden werden aus den Kröpfen der Betreuerinnen gefüttert. Um Unterkühlung und Überhitzung zu vermeiden, werden sie ständig im Ameisenbau hin und her getragen. Zur Verpuppung werden die Larven in Erdkammern getragen. Fälschlicherweise werden sie oft als „Ameiseneier“ bezeichnet. Eine Ameisenkönigin kann bis zu 20 Jahre alt werden. Mit bis zu 6 Jahren erreichen auch die Arbeiterinnen (**2b**) ein für Insekten sehr hohes Alter.

3 Schwarze Wegameise
Lasius niger

L 2–10 mm Apr.–Okt.

K: Einfarbig schwarzbraun.

V: Weite Teile der Paläarktis, überall in der offenen Landschaft, auch in Gärten und selbst unter Platten auf viel begangenen Bürgersteigen.

W: Diese Ameisen leben in unterirdischen Nestern. An schwülwarmen Sommertagen schlüpfen wie auf ein Kommando in einer ganzen Region Hunderttausende von geflügelten Ameisen (**3a**) und vollführen hoch in der Luft ihren Hochzeitsflug. Die Paarung erfolgt normalerweise in der Luft. Danach kehren die Ameisen auf den Erdboden zurück, die Männchen sterben nach kurzer Zeit. Die Weibchen werfen die Flügel ab und suchen einen geeigneten Ort zum Nestbau. Die allermeisten der schwärmenden Ameisen werden von Vögeln gefressen. Eine der Hauptnahrungsquellen der Schwarzen Wegameisen ist der von Blattläusen abgeschiedene Honigtau. Dieses süße Sekret wird durch den After abgegeben und enthält bis zu 25 % Zucker aus den von den Blattläusen aufgenommenen Pflanzensäften. Als Gegenleistung für die gelieferte Nahrung werden die Blattläuse von den Ameisen vor Feinden bewacht.

1a

1b

2a

2b

2c

3a

3b

1 Knotenwespe
Cerceris arenaria

L 8–17 mm Juni–Sept.

K: Schwarz-gelb gefärbt, ähnlich den Faltenwespen.

V: In Sandgebieten Europas.

W: Die Hinterleibssegmente dieser Art sind stark eingeschnürt, besonders das erste, knotig abgesetzte Segment. Hiervon leitet sich der Name ab. Als Larvennahrung werden Rüsselkäfer eingetragen.

2 Bienenwolf
Philanthus triangulum

L 12–18 mm Juni–Sept.

K: Schwarz-gelb gefärbt, kurze, dicke Fühler.

V: Weite Teile der Paläarktis. Wärmeliebende Art.

W: Diese Grabwespe hat sich auf den Fang von Arbeiterinnen der Honigbiene spezialisiert. Diese werden auf Blüten blitzartig überfallen und durch einen Stich gelähmt. Dann werden die Bienen im Flug in die bis zu 1 m langen Brutröhren transportiert und in die bis zu 7 seitlich abzweigenden Bruthöhlen abgelegt. In jeder dieser Höhlen lebt eine Larve, die mit 2–3 Bienen versorgt wird.

3 Sandwespe
Ammophila sabulosa

L 18–28 mm Juni–Okt.

K: Groß und dünn, Hinterleib rötlich mit schwarzbraunem Ende.

V: Weite Teile der Paläarktis, vor allem in Sandgebieten weit verbreitet.

W: Die Weibchen graben bis zu 5 cm lange Gänge in die Erde, an deren Ende eine Brutzelle angelegt wird. Dann fliegt die Sandwespe zur Beutesuche in der Umgebung umher. Hat sie eine größere Schmetterlingsraupe entdeckt, setzt sie sich auf ihr nieder, hebt den Kopf der Raupe an und sticht mit ihrem Giftstachel in das Bewegungszentrum des Bauchmarks der Raupe, die dadurch völlig gelähmt wird. Dann wird die Raupe in manchmal äußerst mühevoller Arbeit zum Nest gezerrt (**3 b**) und in der Nähe des Eingangs abgelegt. Die Sandwespe inspiziert noch einmal die Bruthöhle und trägt dann die Raupe ein . Danach legt sie ein Ei an der Raupe ab, die somit als lebender Nahrungsvorrat für die Larve dient. Die Sandwespe verläßt die Brutröhre und verschließt den Nesteingang mit kleinen Steinchen. Auch die Umgebung wird eingeebnet, so daß der Eingang hervorragend getarnt ist.

4 Gemeine Wegwespe
Psammocharus fuscus

L 10–14 mm Apr.–Aug.

K: Schlank, schwarz gefärbt, Hinterleib mit gelben Ringen.

V: Weite Teile der Paläarktis. Die wärmeliebende Art kommt vor allem in Sandgebieten vor.

W: Sie zeigt ein ähnliches Verhalten wie die Gemeine Sandwespe, trägt aber Spinnen als Larvennahrung ein. Im Gegensatz zu den Raupen sind Spinnen viel wehrhafter, und es kommt manchmal zu Kämpfen, aus denen aber so gut wie immer die Wegwespen als Sieger hervorgehen (**4 b**).

5 Pillenwespe
Eumenes coarctatus

L 11–15 mm Juni–Sept.

K: Schwarz-gelb gefärbt, erstes Hinterleibssegment stielförmig, zweites glockenförmig verbreitert.

V: Weite Teile der Paläarktis, vor allem in Heidegebieten.

W: Eine Vertreterin der Familie der Lehmwespen (Eumenidae), die durch ihre urnenförmigen Brutzellen (**5 b**) auffallen. In diesen leben die Larven, denen kleine, unbehaarte Raupen als Nahrung eingetragen werden. Die Brutzellen werden aus Lehm und Speichel gebaut.

1

2

3a

3b

4a

4b

5a

5b

1 Hornisse
Vespa crabro

L 19–35 mm Apr.–Okt.
K: Kopf und Bruststück rotbraun, Hinterleib überwiegend gelb gefärbt.
V: Holarktisch verbreitet, in Wäldern.
W: Diese größte heimische Wespe hat bei uns seit alters einen sehr schlechten Ruf. 3 Hornissenstiche sollen einen Menschen, 7 Stiche gar ein Pferd töten. Das ist natürlich blanker Unsinn. Zwar sind Hornissenstiche sehr schmerzhaft, die Giftwirkung ist aber nicht höher als bei Wespen einzuschätzen. Im Vergleich zu diesen sind Hornissen sehr friedfertige Tiere, die im Normalfall nur bei äußerster Bedrohung stechen. Die Nester (**1c**) werden meist in Baumhöhlen angelegt, manchmal aber auch in Nistkästen und unter Dachbalken. Sie werden aus morschem Holz hergestellt, das von den Hornissen zu einer papierähnlichen, grauen Masse zerkaut wird. Der Eingang zur Baumhöhle oder zum Nistkasten wird mit dem Holzbrei verengt. Der Nestbau wird im Frühjahr von der Königin allein begonnen, und dann von den zunehmend schlüpfenden Arbeiterinnen fertiggestellt. Im Laufe des Jahres kann ein Hornissenvolk auf über 4000 Individuen anwachsen. Die Tiere leben räuberisch von anderen Insekten und füttern damit auch die Larven. Im Spätherbst stirbt das ganze Volk bis auf die befruchteten Weibchen ab. Die Weibchen überwintern.

2 Gemeine Wespe
Vespula vulgaris

L 10–20 mm Apr.–Okt.
K: Typische schwarz-gelbe Färbung, 1. Hinterleibsring stark eingeschnürt (Wespentaille).
V: Fast überall.
W: Eine Art der schwierig zu bestimmenden Gruppe der Faltenwespen, die ihren Namen wegen der Gewohnheit tragen, die Flügel in Ruhelage längs einzufalten. Die Tiere bauen Erdnester, deren Ursprung in Kleinsäugerbauten liegt. Zunächst werden im Frühjahr einige wenige Zellen gebaut. Die dann schlüpfenden Arbeiterinnen erweitern den vorhandenen Hohlraum später, indem sie kleine Steinchen und Erdklumpen mit ihren Mandibeln aus der Höhle hinaustragen. Sie jagen für ihre Larven Insekten, die mit dem Stachel getötet und dann zerkaut verabreicht werden. Im Gegensatz zu den Bienen besitzen die Wespenstachel keine Widerhaken und können deshalb nach dem Stich leicht zurückgezogen werden. Die ausgewachsenen Tiere ernähren sich von Nektar, süßen Säften und saftigen Früchten.

3 Sächsische Wespe
Dolichovespula saxonica

L 11–17 mm Apr.–Okt.
K: Sehr ähnlich der vorhergehenden Art.
V: Weit verbreitet, Kulturfolger.
W: Diese Art baut die bekannten, kugelförmigen Nester (**3b**), die aus einer papierartigen, grauen Masse bestehen. Oft werden sie auf Dachböden, in Schuppen und Gartenhäusern errichtet. Die Tiere sind nicht angriffslustig, die Nester sollten nicht vernichtet werden.

4 Sandbiene
Andrena fulva

L 10–13 mm März–Mai
K: Weibchen rotbraun, Männchen schwarz gefärbt.
V: Weit verbreitet, vor allem in Sandgebieten.
W: In Europa kommen ca. 150 Arten dieser Gattung vor, eine genaue Artbestimmung ist oft sehr schwierig. Die Nester werden in Sandböden errichtet. Die ausgewachsenen Tiere kann man im Frühjahr an Stachelbeerblüten beobachten.

1a

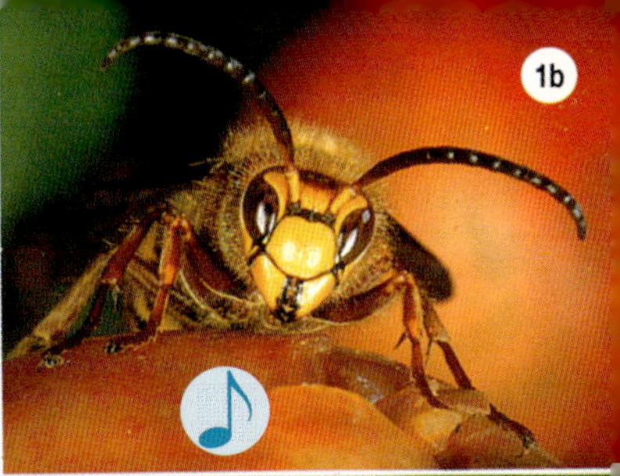
1b

1c

2

3a

3b

4

1 Mörtelbiene
Chalicodoma parietina

L 15–18 mm Apr.–Juni
K: Weibchen schwarz mit bräunlichen Flügeln, Männchen bräunlich.
V: Mittel- und Südeuropa.
W: Mörtelbienen nehmen mit den Mundwerkzeugen feinen Sand und/oder Lehm auf, der mit Speichel versetzt wird. Aus dieser Masse mauern sie 2–3 cm durchmessende Zellen an Steine, auch an Gebäude. Nach dem Erhärten wird das Innere bis zur Hälfte mit Honig und Pollen gefüllt. Darauf wird das Ei abgelegt und ein Deckel aufgesetzt. Dann werden die Zellen so geschickt getarnt, daß sie einem unscheinbaren Dreckklumpen gleichen.

2 Wollbiene
Anthidium manicatum

L 8–9 mm Juni–Juli
K: Schwarzbraun mit gelben Flekken.
V: Weite Teile der Paläarktis.
W: Nistet in Löchern, die Zellen werden mit Pflanzenhaaren ausgekleidet (Name!).

3 Harzbiene
Anthidiellum strigatum

L 5–7 mm Juni–Sept.
K: Wespenartige schwarz-gelbe Zeichnung, Beine gelb gefärbt.
V: Mittel- und Südeuropa, vor allem in Kiefernwäldern auf Sandböden.
W: Diese wärmeliebende Art baut als Zellen für die Brut kleine Töpfchen aus Harz, vor allem Kiefernharz. Die Zellen werden an der der Sonne zugewandten Seite von Steinen meist direkt über dem Erdboden angeklebt.

4 Rote Mauerbiene
Osmia rufa

L 8–12 mm März–Mai
K: Kopf und Brust schwarzblau, Hinterleib bronzefarben.
V: Mittel- und Südeuropa.
W: Die Rote Mauerbiene baut in hohlen Pflanzenstengeln eine Reihe von Brutzellen aneinander, die durch Mörtel voneinander getrennt sind.

5 Blattschneiderbiene
Megachile centuncularis

L 9–12 mm Mai–Aug.
K: Schwarz mit weißer Hinterleibsbinde, Sammelhaare am Bauch rotbraun.
V: Mittel- und Südeuropa.
W: Im Gegensatz zu anderen Bienen sammeln die Blattschneiderbienen Pollen nicht mit den Hinterbeinen, sondern ihrer dichten Bauchbeharung. Die Blattschneiderbienen schneiden aus Blättern Stücke heraus, mit denen sie ihre Brutzellen in hohlen Pflanzenhalmen oder Löchern in Holz herstellen. Runde Blattstückchen bilden den Boden der Brutzelle, ovale Blattstückchen die Seitenwände. Weitere runde Stückchen dienen als Deckel und zugleich als Boden für die nächste Brutzelle. Die Brutzellen werden mit Pollen und Nektar gefüllt und mit je einem Ei belegt.

6 Hosenbiene
Dasypoda hirtipes

L 13–15 mm Juli–Sept.
K: Weibchen mit sehr langen, orangeroten Sammelhaaren an den Hinterbeinen. Hinterleib schwarz mit gelben Binden.
V: Paläarktisch verbreitet, in Sandgebieten.
W: Die auffällig zottelig behaarten Hinterbeine ermöglichen es diesen Bienen, große Mengen von Pollen zu transportieren. Sie haben den ausgeprägtesten Sammelapparat aller beinsammelnden Bienen. Aus dem Pollen und dem Honig formen sie Nahrungskugeln für die Larven, die in den Brutkammern auf kleine Füßchen gestellt werden. So kann die Luft zirkulieren, und der Nahrungsvorrat ist besser gegen Pilzbefall geschützt.

1
2
3
4
5
6

1 Kuckucksbiene
Coelioxys afra

L 10–14 mm Juni–Sept.

K: Überwiegend schwarz, Hinterleib der Weibchen zugespitzt (Kegelbiene).

V: Weite Teile der Paläarktis.

W: Unter dem Begriff Kuckucksbienen werden verschiedene, in den Nestern anderer Hautflügler schmarotzende Arten zusammengefaßt. Man findet sie in verschiedenen Bienenfamilien, wo sich dieses Verhalten unabhängig voneinander entwickelt hat. Die Eier werden in die Waben geschmuggelt, während der Verschlußdeckel hergestellt wird.

2 Holzbiene
Xylocopa violacea

L 21–25 mm Apr.–Okt.

K: Hummelartige Gestalt, Flügel braun mit violettem Schimmer.

V: Weit verbreitet im Mittelmeerraum, bei uns sehr lokal verbreitet.

W: Eine unverkennbare Art, die nördlich der Alpen an wenigen, besonders warmen Orten vorkommt. Die fliegenden Tiere fallen durch ihr lautes Gebrumme auf. Die Nester werden in trockenem Holz errichtet, auch an Gebäuden. An einem waagerechten Gang werden bis zu 15 Kammern aus dem Holz genagt. In jeder dieser Kammern entwickelt sich eine Larve.

3 Honigbiene
Apis mellifera

L 16–20 mm März–Okt.

K: Braun, Hinterleib dunkel geringelt, fast vollständig behaart.

V: Weltweit verbreitet.

W: Die Honigbiene ist das einzige echte Haustier unter den Insekten. Wegen der relativ leichten Haltungsmöglichkeiten und der faszinierenden Lebensweise in einem „Staat" ist das Verhalten der Honigbienen umfassend untersucht worden. Zentrum des Staates ist die Königin (**3a**). Sie ist die größte Biene im Staat und hat die Aufgabe, Eier zu legen. Einzige Aufgabe der männlichen Bienen, der Drohnen, ist es, die Königin auf ihrem Hochzeitsflug zu begatten. Den größten Teil eines Bienenvolkes machen die Arbeiterinnen (**3b**) aus. Sie pflegen und ernähren die übrigen Angehörigen des Staates, insbesondere auch die Brut. Dazu sammeln sie Pollen und Nektar, die von den Imkern als Bienenhonig „geerntet" werden. Bienen können sehr gut sehen, teilweise im ultravioletten Bereich. Viele Blüten tragen Male, die für uns unsichtbar sind, aber die Bienen anlocken.

4 Dunkle Erdhummel
Bombus terrestris

L 18–25 mm Apr.–Okt.

K: Große Hummel, schwarz behaart, je ein orangegelber Ring an Vorderbrust und Hinterleib, Hinterende weiß.

V: Weite Teile der Paläarktis, überall.

W: Erdhummeln legen ihr Nest meist in den Bauen von Kleinsäugern an. Sieht man eine pollentragende Hummel in einem Mauseloch verschwinden, befindet sich hier mit Sicherheit ein Nest unter der Erde. Ein Hummelvolk besteht aus ca. 100–600 Tieren.

5 Steinhummel
Bombus lapidarius

L 12–22 mm Apr.–Okt.

K: Dicht schwarz behaart, Hinterleibsende aber auffällig orangerot.

V: Weite Teile der Paläarktis, nahezu überall, oft auch in Gärten.

W: Weit verbreitet, doch nicht so häufig wie die Dunkle Erdhummel. Neben Kleinsäugerbauten werden auch Vogelnester und -nistkästen, Felsspalten, Schuppen, Dachböden usw. genutzt. Man hat Steinhummeln auf 248 verschiedenen Pflanzenarten festgestellt.

1

2

3a
55

3b

4

5

1 Feld-Sandlaufkäfer
Cicindela campestris

L bis 15 mm Mai–Juli

K: Flügeldecken leuchtend grün mit variablen weißen Flecken.

V: Paläarktisch verbreitet, vor allem in Sandgebieten.

W: Sandlaufkäfer (Familie Cicindelidae) sind bunt gefärbte, räuberisch am Boden lebende Käfer. Sie ernähren sich von auf dem Erdboden laufenden Insekten und deren Larven sowie anderen Wirbellosen. Sie gehören zu den schnellsten Läufern unter den Insekten. Bei Störungen fliegen sie meist nur über kurze Strecken. Englisch heißen sie „Tigerbeetle", Tigerkäfer. Sandlaufkäfer kommen vor allem auf lockeren, meist sandigen Böden vor. Die Larven graben bis zu 50 cm lange Röhren. Darin lauern sie auf Beute. Meist ragen nur die kräftigen Kiefer heraus. Die Beutetiere werden am Grund der Röhre ausgesaugt, die Reste dann hinausgeworfen.

2 Puppenräuber
Calosoma sycophanta

L 18–28 mm Mai–Aug.

K: Flügeldecken goldgrün mit rotem Glanz, selten überwiegend rot.

V: Paläarktis, zur Schädlingsbekämpfung in Nordamerika eingeführt.

W: Seine Hauptnahrung sind Raupen und Puppen von Schmetterlingen. Ein Käfer verzehrt pro Jahr etwa 400 Raupen. Auch die Larven klettern auf Bäumen umher und fressen Larven und Puppen. Deshalb werden Puppenräuber als sehr nützlich eingestuft. Die Käfer können bis zu 4 Jahre alt werden.

3 Goldleiste
Carabus violaceus

L 22–35 mm Juni–Aug.

K: Schwarz, Flügeldecken und Halsschild mit violettglänzendem Rand.

V: Weite Teile der Paläarktis, in Wäldern, auch in Parks und Gärten.

W: Typischer Laufkäfer mit langen Beinen und fadenförmigen Fühlern. In Europa kommen etwa 2500 der über 25 000 bekannten Arten vor. Im Gegensatz zu den Puppenräubern sind Goldleisten nachtaktiv. Sie jagen Schnecken, Insekten und andere Wirbellose. Daneben fressen sie auch Aas und gelegentlich sogar Pilze.

4 Lederlaufkäfer
Carabus coriaceus

L bis 40 mm Juli–Sept.

K: Mattschwarz, Flügeldecken grob gerunzelt.

V: Europa ohne Britische Inseln, vor allem in Laub- und Mischwäldern.

W: Größter Laufkäfer Mitteleuropas, wie die meisten der großen Carabidae flugunfähig. Sie verdauen wie alle Laufkäfer ihre Nahrung außerhalb des Körpers. Dazu wird Verdauungssaft ausgeschieden, der die Beute zersetzt. Der entstehende Nahrungsbrei wird dann aufgesaugt. Auch zur Verteidigung spucken sie übelriechende Magensäfte aus.

5 Bombardierkäfer
Brachinus crepitans

L 7–10 mm Mai–Juli

K: Flügeldecken blaugrün, streifige Struktur, Kopf und Halsschild rot.

V: In steinigem Gelände in Mittel- und Südeuropa.

W: Dieser kleine Laufkäfer hat im Laufe der Evolution eine einzigartige Form der Abwehr von Freßfeinden entwickelt: Mit einem hörbaren Knall verschießt er ein jodartig riechendes Sekret aus seinem Hinterleib. In einer Explosionskammer reagieren Wasserstoffperoxid und Hydrochinone miteinander. Dabei steigt die Temperatur auf 100° C, und die bei der Reaktion entstehenden Chinone werden durch den Gasdruck nach außen geschleudert.

1

2

3

4

5

1 Gelbrandkäfer
Dytiscus marginalis

L bis 35 mm März–Okt.
K: Grundfärbung braunschwarz, Ränder der Deckflügel und des Halsschildes gelb (Name!), Beine gelbbraun.
V: In Europa weit verbreitet und häufig, in fast allen Stillgewässern.
W: Wie alle Schwimmkäfer aus der Familie Dytiscidae zeigen Gelbrandkäfer besondere Anpassungen an das Wasserleben. Der Körper ist stromlinienförmig, die Hinterbeine sind lang behaart und zu Paddeln ausgebildet. Zum Luftholen kommen die Käfer an die Oberfläche; sie speichern dort Luft unter den Deckflügeln. Diese Luft bewirkt einen starken Auftrieb, dem die Käfer nur entgegenwirken können, indem sie sich an Wasserpflanzen festklammern. Deshalb bevorzugen sie stark bewachsene Gewässer. Pflanzen sind auch für die Entwicklung der Eier von Bedeutung. Sie werden vom Weibchen (**1 b**), das sich durch stark gefurchte Deckflügel deutlich vom Männchen unterscheidet, in selbsterstellte Löcher in Wasserpflanzenblättern abgelegt. So sind die Eier gut geschützt. Im Blattgewebe werden sie zudem gut mit Sauerstoff versorgt. Die Gelbrandkäferlarven (**1 c**) werden bis zu 8 cm lang und leben wie die ausgewachsenen Tiere räuberisch. Mit ihren kräftigen Kiefern sind sie in der Lage, selbst Kaulquappen und kleine Fische zu überwältigen. Die ausgewachsenen Käfer können sehr gut fliegen.

2 Furchenschwimmer
Acilius sulcatus

L 15–18 mm Apr.–Juli
K: Körper oval, abgeflacht, Halsschild gelb mit 2 schwarzen Querbändern, Flügeldecken gelb mit dichter schwarzer Sprenkelung.
V: In Stillgewässern in ganz Europa.
W: Furchenschwimmer zeigen sehr deutliche Geschlechtsunterschiede. Die Weibchen haben je 4 Längsfurchen auf den Flügeldecken, die bei den Männchen glatt sind. Die Männchen haben Saugnäpfe an den Vorderbeinen, mit denen sie sich bei der Paarung am Weibchen festhalten können. Furchenschwimmer können sehr gut schwimmen. Sie leben in verschiedensten stehenden Gewässern und besiedeln auch Gartenteiche, die sie dank ihres guten Flugvermögens schnell finden. Die Weibchen legen die Eier über der Wasseroberfläche in morsches Holz. Die Larven jagen im Wasser nach Kleinkrebsen, verpuppen sich aber an Land.

3 Taumelkäfer
Gyrinus sulceatus

L bis 7 mm Apr.–Sept.
K: Glänzend schwarz, Flügeldecken abgestutzt, Beine gelblich.
V: Europa, Westasien und Nordafrika. Vor allem in kleinen Stillgewässern und Gräben.
W: Sie fallen durch ihre markante Schwimmweise auf, die ihnen auch den Namen Kreiselkäfer einbrachte. Besonders bemerkenswert sind die zweigeteilten Augen: An der Wasseroberfläche schwimmend können sie sowohl den Unterwasserbereich wie auch den Luftraum und die Wasseroberfläche gleichzeitig optisch erfassen. Sie jagen vor allem auf die Wasseroberfläche gefallene Insekten.

4 Großer Kolbenwasserkäfer
Hydrous piceus

L 40–50 mm Mai–Sept.
K: Oval, glänzend schwarz, mit braunroten Beinen.
V: Paläarktis ohne den Norden, in pflanzenreichen Stillgewässern.
W: Größter heimischer Wasserkäfer, gehört zur Familie der Hydrophilidae (= Wasserfreunde). Larven bis 7 cm lange Räuber, die Käfer sind Pflanzenfresser. Sehr selten.

1a

1b

2

1c

3

4

1 Goldstreifiger Moderkäfer
Staphylinus caesareus

L 17–22 mm Mai–Sept.

K: Körper schwarz, Flügeldecken rot, Hinterleib mit goldenen Haarflekken (Name!), Beine rot.

V: Verbreitet in Europa, vor allem in Wäldern der Mittelgebirge.

W: Viele Kurzflügler sind braun oder schwarz, der Goldstreifige Moderkäfer gehört zu den bunten Vertretern der Familie. Die verkürzten Deckflügel bedecken nur 2 Hinterleibssegmente. Das 2. häutige Flügelpaar wird zwei- oder dreimal gefaltet. Die Art lebt wie die meisten ihrer Verwandten am Boden. Dort jagen sie wie auch die Larven nach Schnecken und Insektenlarven, die mit den mächtigen Mandibeln (= Kieferzangen) gepackt werden. Der Name leitet sich vom Vorkommen in feuchtem Laub, Moos usw. ab.

2 Schwarzer Raubkäfer
Ocypus olens

L bis 32 mm Mai–Sept.

K: Schwarz, mit großem, fast viereckigem Kopf mit starken Kieferzangen.

V: Europa, vor allem in Laubwäldern.

W: Der größte mitteleuropäische Kurzflügler wird auch Schwarzer Moderkäfer genannt. Die nachtaktiven Tiere verstecken sich tagsüber unter moderndem Holz. Sie jagen Nacktschnecken, Regenwürmer und andere Wirbellose. Mit den kräftigen Kiefern können sie schmerzhaft beißen.

3 Roter Pilzraubkäfer
Oxyporus rufus

L bis 12 mm Mai–Sept.

K: Kopf schwarz, Halsschild rot, Flügeldecken schwarz mit gelbem Fleck.

V: Europa, in Wäldern.

W: Die Käfer nagen Gänge in Hutpilze, in denen sie Insektenlarven jagen. Die Larven fressen Pilzfasern. Viele andere Kurzflügler sind ebenfalls Lebensraumspezialisten. Einige leben in Vogelnestern, andere in Gängen und Nestern grabender Säuger. Auch in den Nestern von Bienen, Wespen und Ameisen kommen sie vor.

4 Schwarzer Totengräber
Necrophorus humator

L bis 28 mm Mai–Okt.

K: Ganz schwarz bis auf die orangeroten 3 letzten Fühlerglieder.

V: Paläarktis ohne den Norden.

W: Totengräber untergraben kleine Tierkadaver, so daß diese im Erdboden versinken. Dadurch spielen sie eine wichtige Rolle als „Gesundheitspolizei" in der Natur. Die von den Käfern zu einer Kugel geformten Kadaver dienen den Larven als Nahrung. Dabei zeigen die Weibchen eine unter Käfern einmalige Brutfürsorge. Sie bereiten mit ihrem Verdauungssaft einen Nahrungsbrei und füttern damit die frisch geschlüpften Larven.

5 Gemeiner Totengräber
Necrophorus vespillo

L 12–22 mm Apr.–Okt.

K: Flügeldecken schwarz mit 2 gelb-roten Querbinden, Fühler schwarz, das 1. Glied ist rot gefärbt.

V: Paläarktis ohne den Norden, vor allem an kleineren Kadavern.

W: Eine von mehreren ähnlichen Arten, die sich in der Zeichnung der Flügeldecken und der Fühlerfärbung unterscheiden. Einige von ihnen fressen neben Aas auch Dung, Pilze oder auch andere aasfressende Insekten.

6 Vierpunkt-Aaskäfer
Xylodrepa quadripunctata

L 12–14 mm Apr.–Juni

K: Unverwechselbar, selten 6 Flekken.

V: Europa ohne den Norden, vor allem in Laubwäldern der Niederungen.

W: Ernährt sich nicht von Aas, sondern von Raupen.

1

2

3

4

5

6

1 Hirschkäfer
Lucanus cervus

L ♂ bis 75 mm, ♀ bis 45 mm Juni–Juli

K: Männchen unverwechselbar, Weibchen (**1 b**) viel kleiner, ohne verlängerte Oberkiefer, glänzend braunschwarz.

V: Europa ohne den Norden, Westasien, in Eichenwäldern.

W: Obwohl heute sehr selten geworden, gehört der Hirschkäfer zu den bekanntesten heimischen Käferarten. Grund dafür sind die geweihartig verlängerten Kiefer, mit denen die Männchen heftige Paarungskämpfe ausführen (**1 a**). Zur Jagd sind sie ungeeignet; beide Geschlechter lecken austretende Baumsäfte auf. Hirschkäfer leben ausschließlich in alten Eichenwäldern. Nur durch deren konsequenten Schutz werden sie bei uns nicht aussterben. Die Larven entwickeln sich in morschen Eichenstubben und werden bis zu 11 cm lang. Die Entwicklung dauert 5 und mehr Jahre.

2 Stierkäfer
Typhoeus typhoeus

L bis 24 mm Mai–Aug.

K: Glänzend schwarz, Flügeldecken mit Längsstreifen, Mistkäfergestalt.

V: Lokal auf sandigen Böden.

W: Auch diese Art zeigt ausgeprägte Geschlechtsunterschiede. Die Männchen sind durch 3 Fortsätze am Brustschild unverwechselbar. Die Tiere kommen ausschließlich auf Sandböden in Heiden und lichten Kiefernwäldern vor. Dort graben sie bis zu 1 m (!) tiefe Gänge, von denen in unterschiedlicher Tiefe Seitengänge abzweigen. Nach Mistkäferart werden Kotpillen, bevorzugt aus Kaninchenkot, eingebracht. Die Weibchen legen die Eier in der Nähe des Kotes ab, die frischgeschlüpften Larven kriechen dorthin und ernähren sich von dem Kot. Die Puppen entwickeln sich frei liegend in der Erde.

3 Mondhornkäfer
Copris lunaris

L bis 24 mm Apr.–Sept.

K: Glänzend schwarz, Männchen mit langem, Weibchen mit kurzem Kopfhorn.

V: Mittel- und Südeuropa, auf Kuhweiden.

W: Die wärmeliebenden Käfer erinnern bei flüchtigem Hinsehen an Nashornkäfer. Bei uns sind sie heute ziemlich selten. Unter Kuhfladen legen sie Kammern an, die mit Kot gefüllt werden. Die Weibchen bewachen zunächst die Eier, später auch die Larven und Puppen und verlassen die Kammer mit der nächsten Generation.

4 Nashornkäfer
Oryctes nasicornis

L 20–40 mm Juni–Aug.

K: Kopfhorn unverwechselbar.

V: Weite Teile Europas und Asiens, Nordafrika.

W: Wie der Hirschkäfer ursprünglich eine Art der alten Eichenwälder, wo sich die bis zu 12 cm lange Larve (**4 b**) in alten Stubben entwickelt. Durch den Mangel an geeigneten Lebensräumen galt die Art als stark gefährdet. Heute muß der Nashornkäfer aber als Kulturfolger (synanthrop) angesehen werden. Nachdem zunächst Gerbereiabfälle und Sägespäne zur Eiablage genutzt wurden, kann man die Käfer heute nicht selten in Rindenmulchhaufen finden.

5 Walker
Polyphylla fullo

L 25–36 mm Juni–Aug.

K: Flügeldecken schwarzbraun mit weißen Flecken, unverkennbar.

V: Mittel- und Südeuropa, Nordafrika. Kommt nur auf Sandböden, vor allem auf mit Kiefern bestandenen Dünen, vor.

W: Die Käfer fressen Kiefernnadeln, die Larven Süßgräser und Seggen.

1a

1b

2

3

4b

4a

5

1 Gemeiner Dungkäfer
Aphodius fimetarius

L 5–8 mm März–Okt.

K: Variable Färbung: Meist ist der Halsschild schwarz mit roten Flecken, die Flügeldecken rotbraun, aber auch mit schwarzer Zeichnung oder ganz dunkel.

V: Weit verbreitet, in Mitteleuropa ca. 70 Arten dieser Gattung.

W: Die Käfer leben an Tierdung aller Art, bevorzugt aber an Pferde- und Rinderdung. An ein noch feuchtes Stück Dung werden im Frühjahr ca. 30 Eier abgelegt. Brutpflege wird nicht betrieben. Die ausgewachsenen Larven verpuppen sich in der Erde.

2 Feld-Maikäfer
Melolontha melolontha

L 3 cm Mai–Juni

K: Schokoladenbraun, Brust und Kopf schwarz, an den Seiten des Hinterleibs charakteristische weiße Zeichnung.

V: Weit verbreitet in Mitteleuropa.

W: Früher als Plage bekämpft ist diese bekannte Käferart heute recht selten geworden. Während sie früher zu Millionen mit Pestiziden vernichtet wurden, sind heute schon Einzelfunde in manchen Regionen Zeitungsmeldungen wert. Die Tiere werden in der Abenddämmerung aktiv, bei Massenauftreten können in einer Nacht ganze Bäume kahlgefressen werden. Eichenlaub wird bevorzugt, aber auch das Laub von Buchen, Ahornen und verschiedenen Obstbäumen wird gern gefressen. Die Entwicklung läuft in der Erde ab. Das Weibchen legt ca. 60–80 Eier in ca. 20 cm Tiefe ab. Nach 4 Wochen schlüpfen aus den Eiern die Maikäferlarven, die Engerlinge (**2b**). Diese ernähren sich von Wurzeln und wachsen in 4 Jahren auf eine Größe von bis zu 6 cm heran. Im August verpuppen sie sich, nach 4–8 Wochen schlüpfen die ausgewachsenen Maikäfer, die den Winter in der unterirdischen „Puppenwiege“ verbringen. Erst im Frühjahr des 5. Jahres schlüpfen die Käfer.

3 Junikäfer
Amphimallon solstitiale

L 10 mm Mai–Juni

K: Ähnlich Maikäfer, kleiner, stärker behaart, brauner Halsschild.

V: Europa, in offener Landschaft.

W: Vielfach als „Kleiner Maikäfer“ bezeichnet. Er fliegt in den Monaten Juni und Juli meist in der Dämmerung an verschiedenen Laubgehölzen. Fortpflanzung ähnlich Maikäfer, Entwicklungsdauer aber nur 2–3 Jahre.

4 Gartenlaubkäfer
Phyllopertha horticola

L 10 mm Mai–Juli

K: Grünmetallische Grundfarbe, braune Flügeldecken.

V: Fast ganz Europa, in der Kulturlandschaft.

W: Die Käfer schwärmen am Tag und ernähren sich von Laub (z. B. von Birken) und Blüten (z. B. von Kirschen, Rosen). Die Art galt früher als schädlich. Die Larven leben im Boden bevorzugt an Graswurzeln. Ihre Entwicklung dauert 2–3 Jahre.

5 Gemeiner Rosenkäfer
Cetonia aurata

L bis 20 mm Mai–Juli

K: Oberseite grün-golden, auf dem letzten Drittel der Flügeldecken weiße Querbinde und Flecken.

V: In ganz Europa an Waldrändern, in gebüschreichen Landschaften.

W: Bevorzugt Blütenstände von Heckenrosen, Weißdorn, Holunder und diversen weißblühenden Doldenblütlern als Nahrung. Gelegentlich nehmen sie auch aus verletzten Baumstämmen Saft auf. Die Larven leben in morschem Holz, vor allem im Mulm von Pappel- und Weidenstümpfen.

1

2a

2b

3

4

5a

5b

1 Pinselkäfer
Trichius fasciatus

L bis 12 mm Juni–Sept.

K: Auffällige gelb-schwarze Färbung und zottige helle Behaarung. Das Zeichnungsmuster auf den Flügeldecken ist sehr variabel, es kommen auch fast schwarze Exemplare mit kleinen gelben Flecken vor.

W: Vor allem auf Blüten auf Waldwiesen und an Waldrändern anzutreffen. Die Käfer ernähren sich von Pollen, die Larven leben im Mulm verschiedener Laubbaumarten. Möglicherweise schützt die gelb-schwarze Färbung (Mimikry) die Käfer vor Feinden.

2 Mistkäfer
Geotrupes stercorarius

L 16–25 mm Apr.–Okt.

K: Glänzend schwarzblau gefärbt.

V: Weit verbreitet auf Tierdung.

W: Mistkäfer betreiben eine ausgeprägte Brutpflege. Unter frischem Tierkot legen sie einen etwa 50 cm langen Gang an, von dem Seitengänge abzweigen. In diese werden Nahrungsballen aus Mist eingetragen und je ein Ei abgelegt.

3 Glänzender Prachtkäfer
Anthaxia nitidula

L 8 mm Apr.–Juli

K: Männchen ganz grün, Kopf und Halsschild der Weibchen purpurn.

V: Weit verbreitet im Berg- und Hügelland, aber meist recht selten.

W: Einer von 25 wirklich prächtigen europäischen Vertretern dieser Gattung, die meist einen auffälligen Geschlechtsdimorphismus zeigen. Die ausgewachsenen Käfer kann man mit etwas Glück auf verschiedenen Blüten entdecken, die Larven mit der typischen löffelartigen Gestalt aller Prachtkäferlarven leben im Holz von Schlehen, Rosen und anderen Gehölzen.

4 Blutroter Schnellkäfer
Ampedus sanguineus

L 13–18 mmm Mai–Aug.

K: Auffällig rote Flügeldecken und schwarzes Halsschild.

V: Weit verbreitet in Europa, vor allem im Hügelland.

W: Die Familie der Schnellkäfer ist nach der Fähigkeit der Tiere benannt, sich mit Hilfe eines besonderen Mechanismus aus der Rückenlage auf den Bauch zu schnellen. Die abgebildete Art ist vor allem auf Blüten in Wäldern anzutreffen. Die Larven leben bevorzugt in verrottendem Nadelholz. Viele andere Schnellkäfer legen ihre Eier in den Erdboden ab. Die langgestreckten Larven leben im Erdreich. Sie ernähren sich dort vor allem von den Wurzeln der verschiedensten Pflanzenarten und können an Kulturpflanzen erheblichen Schaden anrichten. Deshalb sind diese sog. „Drahtwürmer“ bei Gartenbesitzern nicht gern gesehen.

5 Kiefernprachtkäfer
Chalcophora mariana

L 24–30 mm Mai–Okt.

K: Verhältnismäßig große Art, mit buntschillernder Flügelzeichnung.

V: Europa.

W: Diese Art, auch Marienprachtkäfer genannt, lebt vor allem in Kiefernwäldern. Die meisten der etwa 80 in Mitteleuropa lebenden Vertreter der Prachtkäfer sind selten, manche sogar akut bedroht. Eine Hauptursache für ihre Seltenheit liegt in der „modernen“ Forstwirtschaft begründet: Die Larven der Prachtkäfer bohren ihre Fraßgänge in morsche, noch stehende Stämme. Für solche Bäume ist aber im Wirtschaftswald kein Platz. Wie bei manchen Bockkäferarten findet man hier die zunächst scheinbar widersinnige Situation, daß man einige dieser „Urwaldarten“ heute am ehesten in Parks mit sehr altem Baumbestand antreffen kann.

1
2
3
4
5

1 Roter Weichkäfer
Rhagonycha fulva

L 7–10 mm Mai–Aug.

K: Überwiegend rot gefärbt, Spitze der Flügeldecken und Fühler schwarz.

V: Weit verbreitet in Europa. Im Spätsommer kann man sie in großer Anzahl vor allem auf Doldenblüten finden.

W: Eine der häufigsten Weichkäfer-Arten. Die Familie trägt den Namen wegen der im Vergleich zu anderen Käfern weichen Flügeldecken. Die samtig behaarten Larven leben am Boden und fressen bevorzugt Schnecken. Die Larven überwintern.

2 Glühwürmchen
Lampyris noctiluca

L 10 mm Juni– Juli

K: Männchen braun, typische Käfer, Weibchen ungeflügelt, larvenähnlich (**2a**).

V: Weit verbreitet in Europa ohne den Norden, vor allem an Waldrändern, auf Wiesen.

W: Der Name täuscht: Glühwürmchen sind Käfer, wie die Abbildung eines Männchens der Art *Lampyris splendidula* zeigt (**2c**). Der Name leitet sich von der abweichenden Gestalt der Weibchen ab. Leuchtkäfer sind in der Lage, Licht zu erzeugen. Dieser Vorgang wird Biolumineszenz genannt. In speziellen Leuchtzellen, wird die nötige Energie produziert. Eine reflektierende Schicht verhindert die Abstrahlung nach innen. Das Leuchten selbst kommt durch chemische Reaktionen bestimmter Leuchtstoffe zustande. Die Lichtsignale dienen dem Auffinden der Partner. Jede Art hat typische Leuchtsignale. Unsere Glühwürmchen leuchten permanent, viele andere Arten geben Blinksignale in bestimmten Rhythmen ab. Die Larven ernähren sich bevorzugt von Schnecken.

3 Ameisen-Buntkäfer
Thanasimus formicarius

L 7–10 mm Apr.–Okt.

K: Schwarz-rot mit 2 hellen Linien auf den Flügeldecken.

V: Weit verbreitet in Europa, Asien und Nordafrika; in Nadelwäldern.

W: Ameisen-Buntkäfer werden von Forstleuten als ausgesprochen nützlich angesehen. Sie jagen nämlich an Baumstämmen nach Borkenkäfern. Auch die rosafarbenen Larven ernähren sich von den Larven und Puppen der Borkenkäfer.

4 Bienenwolf
Trichodes apiarius

L 9–16 mm Mai– Iuli

K: Kopf und Halsschild metallisch blau, Flügeldecken rot-blauschwarz gebändert.

V: Mittel- und Südeuropa, selten in der Nähe von Bienenstöcken.

W: Der Bienenwolf oder Immenkäfer ist eine unserer schönsten Käferarten. Der Name leitet sich von den Larven ab, die in den Nestern von Hautflüglern, vor allem Bienen, leben, wo sie sowohl Larven und Puppen, aber auch alte Exemplare erbeuten. Die wärmeliebenden Käfer kann man auf Blüten finden, wo sie Pollen und kleine Insekten fressen.

5 Scharlachroter Feuerkäfer
Pyrochroa coccinea

L 14–18 mm Mai–Juli

K: Auffällig rote Flügeldecken, Kopf und Beine tiefschwarz gefärbt.

V: Europa ohne den Norden.

W: Feuerkäfer kommen häufig an Waldrändern und in Laubwäldern vor. Dort kann man sie auf Blüten, Laub und an gefällten Baumstämmen beobachten. Die Käfer jagen andere Insekten, bevorzugt auf Blüten. Die Larven leben 2–3 Jahre unter der Rinde von Bäumen, wo sie rindenbewohnende Insekten jagen.

1
2a
2b
3
2c
4
5

1 Gemeiner Holzwurm
Anobium punctatum

L 3–4 mm Apr.–Aug.

K: Hell- bis dunkelbraun gefärbt, Flügeldecken mit Punktreihen (wissenschaftlicher Name), fein behaart.

V: Eurasien, Nordamerika und Australien.

W: Kulturfolger, der im Freien nur recht selten an trockenem Holz anzutreffen ist. Der Name bezieht sich auf die Larven, die sich vor allem in altem Holz von Möbeln, Fußböden, Bauholz usw. entwickeln (**1 b**). Sie fressen das völlig trockene Holz und können dort nur existieren, weil sie in der Lage sind, Wasser durch Zersetzung ihres Körperfettes zu gewinnen. Die Larvenentwicklung dauert 2–3 Jahre. Beim Schlüpfen schiebt der Käfer Holzmehl aus dem Gang, zurück bleiben die typischen Schlupflöcher, an denen man den Befall erkennt.

2 Totenuhr
Xestobium rufovillosum

L 5–9 mm Apr.–Juni

K: Schwarzbraun, von gedrungener Gestalt. Von oben gesehen ist der Kopf wie beim Holzwurm unter dem Halsschild verborgen.

V: Europa ohne den Norden, Nordafrika.

W: Die Larven entwickeln sich in morschem Holz, vor allem in Eichenholz, in Wäldern des Tieflandes und der Mittelgebirge. Mit Bauholz werden sie auch in Gebäude verschleppt und können dann schädlich werden. Zum Auffinden eines Geschlechtspartners in den stockfinsteren Gangsystemen im Holz haben die Käfer akustische Signale entwickelt. Sie schlagen mit Kopf und Halsschild auf das Holz. Je nach Resonanz sind die Töne deutlich auch für das menschliche Ohr wahrnehmbar. Die Signale ähneln dem Tikken einer Uhr. Daraus leitet sich die abergläubische Vorstellung von einer Totenuhr ab.

3 Speckkäfer
Dermestes lardarius

L 7–9,5 mm Jan.–Dez.

K: Flügeldecken schwarz mit Band aus gelben Haaren auf der vorderen Hälfte, darin je 3 schwarze Punkte.

V: Kulturfolger, der früher in Mulm, Vogelnestern u. ä. vorkam.

W: Die borstig behaarten Larven ernähren sich in Häusern von Textilien, Teppichen, Wolle, aber auch Speck, Wurst und Fleisch. Die ausgewachsenen Käfer findet man auf Blütenpflanzen, deren Pollen sie fressen.

4 Totenkäfer
Blaps mortisaga

L 20–30 mm

K: Glänzend schwarz, gedrungen, erinnert an Laufkäfer.

V: Weit verbreiteter Kulturfolger.

W: Dieser Vertreter der Familie der Schwarzkäfer (Tenebrionidae) ist wie einige sehr ähnliche Arten ein Kulturfolger. Totenkäfer sind nachtaktiv und leben in Schuppen, Ställen, Kellern usw., aber auch unter Holz- und Steinhaufen. Manchmal erscheinen sie auch in Wohnungen – von abergläubischen Menschen wurde ihnen eine Rolle als Bote des Todes angedichtet. Der wissenschaftliche Name bedeutet Todesverkünder. Tatsächlich sind die Tiere völlig harmlos.

5 Mehlkäfer
Tenebrio molitor

L 12–18 mm Jan.–Dez.

K: Glänzend schwarz-braun gefärbt, Flügeldecken mit Punktreihen.

V: Kosmopolit.

W: Ein weiterer Vorratsschädling; die Larven (= Mehlwürmer, **5 b**) leben in Mehl, Kleie, Haferflocken usw. Man kann sie leicht züchten, deshalb sind sie wohl das wichtigste Lebendfutter für Volierenvögel und Terrarientiere. Im Sommer leben Mehlkäfer auch im Freien in Vogelnestern und Mulm.

1a

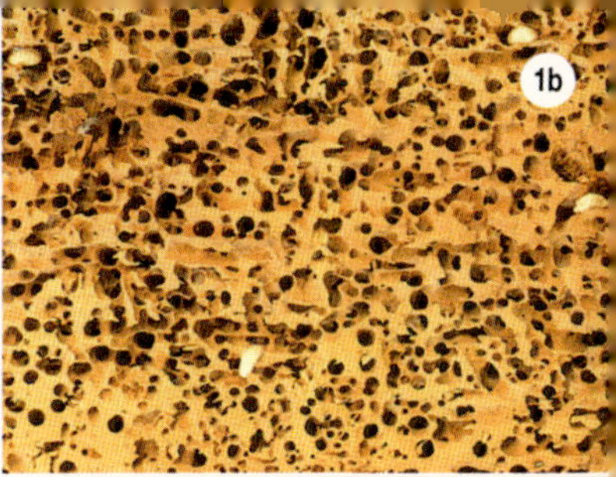
1b

2

3

4

5a

5b

1 Ölkäfer
Meloe proscarabaeus

L 11–35 mm Apr.–Juni
K: Glänzend blau-schwarz, Deckflügel aufklaffend, Größe variabel.
V: Europa ohne den Norden, Wiesen, Feldraine und Trockenrasen.
W: Der Name Ölkäfer leitet sich vom Verhalten der Käfer ab, bei Bedrohung Hämolymphe („Blut") abzusondern. Diese erinnert an Öltröpfchen. Die Hämolymphe enthält Cantharidin, einen Giftstoff, der beim Menschen schon in einer Dosis von 30 Milligramm tödlich wirken kann. Viele Vögel, aber auch andere Tiere, z. B. Igel, sind gegen das Gift immun, so daß die Schutzwirkung eingeschränkt ist. Bemerkenswert ist auch die komplizierte Entwicklung: Aus dem Ei schlüpft ein 1. Larvenstadium, die Triungulinus- (= Dreiklauer-) Larve. Diese klettert auf eine Blüte und klammert sich dort an eine nahrungssuchende Biene. Von dieser läßt sie sich in den Stock tragen. In einer Wabe frißt sie das Bienenei und den Nektar. Es entwickelt sich ein 2. Larvenstadium, das sich nach 3 Häutungen zu einer sog. Scheinpuppe (Pseudonymphe) umwandelt. Aus dieser geht im nächsten Frühjahr ein weiteres Larvenstadium hervor, diese Larve verpuppt sich dann. Schließlich schlüpft der fertige Käfer und verläßt das Bienennest.

2 Zweipunkt-Marienkäfer
Adalia bipunctata

L 4–6 mm Apr.–Okt.
K: Flügeldecken glänzend rot mit je einem schwarzen Punkt oder schwarz mit roten Punkten.
V: Europa, in Nordamerika eingeführt, überall häufig.
W: Eine äußerst variable Art. Es treten 2 Grundtypen auf: Rote Tiere mit je einem schwarzen Fleck auf den Flügeldecken und schwarz-weiß geflecktem Halsschild und schwarze Tiere mit meist 2–3 roten Punkten auf den Flügeldecken, Halsschild schwarz mit hellem Saum (**2b**). Der schwarze Grundtyp ist äußerst variabel und tritt in sehr vielen Formen auf. Sowohl die Käfer wie auch die ebenfalls in der Färbung variierenden Larven sind Blattlausfresser. Die Käfer überwintern häufig in Gebäuden.

3 Siebenpunkt-Marienkäfer
Coccinella 7-punctata

L 5,5–8 mm Apr.–Okt.
K: Flügeldecken rot mit insgesamt 7 schwarzen Flecken. Geringe Farbvariabilität.
V: Paläarktis, Indien, überall, vor allem in der Nähe von Blattlauskolonien.
W: Wie die oben beschriebene Art genießt auch der Siebenpunkt-Marienkäfer ein hohes Ansehen als Glücksbringer. Marienkäfer dürften die bekanntesten Käfer überhaupt sein. Auch im Garten sind sie als Blattlausjäger gern gesehen. Bis zu 400 Blattläuse frißt eine einzige Larve (**3b**) bis zur Verpuppung.

4 Augen-Marienkäfer
Anatis ocellata

L 8–9 mm Juni–Juli
K: Auf den roten Flügeldecken je 10 weißgesäumte Flecken.
V: Eurasien, in Nordamerika eingeführt, häufiger in Nadelwäldern.
W: Größter heimischer Marienkäfer, lebt vor allem von Blattläusen auf Nadelbäumen, vor allem Fichten.

5 22-Punkt-Marienkäfer
Thea 22-punctata

L 3–4,5 mm Apr.–Aug.
K: Zitronengelb mit schwarzen Punkten.
V: Paläarktis, fast überall.
W: Nahrung sind Mehltaupilze.

1

2a

2b

3a

3b

4

5

1 Mulmbock
Ergates faber

L 25–60 mm Juli–Sept.

K: Glänzend dunkelbraun gefärbt, Kopf, Halsschild und Flügeldecken fein granuliert.

V: Mittel- und Osteuropa. Man findet Mulmböcke fast nur noch östlich der Elbe in Kiefernaltholzbeständen.

W: Ein sehr kräftiger, gedrungener Käfer, der heute in Mitteleuropa sehr selten geworden ist. Die Käfer sind dämmerungsaktiv und fliegen an Blütenpflanzen und zur Eiablage an alte, morsche Kiefern. Darin entwickeln sich die großen, 8 cm langen Larven, die sich, wie für Bockkäfer typisch, ausschließlich von Holz ernähren. Die Entwicklung dauert etwa 3–4 Jahre. Die Verpuppung findet im Holz statt (**1 b**). Auffällig sind die großen, ausgefransten Schlupflöcher der Käfer. Diese nehmen keine Nahrung zu sich, sondern zehren von in der Larvenzeit gespeicherten Nährstoffen. Mit einer Länge von 6 cm ist der Mulmbock unser größter heimischer Bockkäfer.

2 Sägebock
Prionus coriarius

L 18–45 mm Juli–Sept.

K: Dunkelbraun bis schwarz gefärbt, Halsschild an den Seiten mit je 3 Dornen.

V: Paläarktis, in Altholzbeständen.

W: Ebenfalls sehr kräftige Käfer, die wie die vorhergehende Art keine Nahrung zu sich nehmen. Durch das flächendeckende Verschwinden von alten Baumbeständen sind auch Sägeböcke heute sehr selten geworden. Der Schutz unserer großen Bockkäferarten ist nur durch eine Sicherung von Altholzbeständen und die Verlängerung der Schlagzeiten bei den meisten Baumarten möglich. Die bis zu 6 cm langen Larven entwickeln sich zunächst unter der Rinde von alten Bäumen. Sie wandern dann in den Wurzelbereich und auch unterirdisch von Wurzel zu Wurzel. Die Verpuppung findet ebenfalls in einer Wurzel oder in der Erde statt.

3 Waldbock
Spondylis buprestoides

L 12–24 mm Juni–Sept.

K: Schwarz, Fühler kurz, Halsschild breiter als lang.

V: Eurasien ohne den Norden, besonders in Kiefernwäldern.

W: Die Larven entwickeln sich in Wurzeln und Stubben von Kiefern, gelegentlich auch in anderen Nadelhölzern. Die Entwicklung dauert 2 Jahre, Käfer nehmen keine Nahrung auf.

4 Großer Eichenbock
Cerambyx cerdo

L 24–53 mm Mai–Aug.

K: Schwarzbraun gefärbt, Fühler und Beine schwarz.

V: Mittel- und Südeuropa, Kleinasien und Nordafrika.

W: Einer der größten heimischen Käfer; die Larven (**4 b**) werden bis zu 10 cm lang und entwickeln sich in alten, bevorzugt alleinstehenden Eichen. Die Käfer fliegen in der Dämmerung und in der Nacht und saugen Baumsäfte. Durch Beseitigung alter Bäume vom Aussterben bedroht.

5 Moschusbock
Aromia moschata

L 13–34 mm Juni–Aug.

K: Schlank, mit goldgrün-metallischem Glanz. Unverwechselbar.

V: Eurasien, oft in der Nähe von Fließgewässern.

W: Die Käfer kann man auf verschiedenen Blüten finden. Auch saugen sie an blutenden Bäumen, bevorzugt an Birken und Ahorn. Mit ihren Hinterbrustdrüsen können sie ein nach Moschus riechendes Sekret absondern. Die Larven entwickeln sich vor allem in alten Weiden, seltener auch in Pappeln und Erlen.

1a
1b
2
3
4a
4b
5

1 Widderbock
Clytus arietis

L bis 14 mm Mai–Juli

K: Typische gelbe Zeichnung auf den schwarzen Flügeldecken, Beine rotbraun.

V: Mittel- und Südeuropa, Vorderasien. In Laubwäldern der Ebene und Mittelgebirge weit verbreitet.

W: Widderböcke werden wegen ihrer schwarz-gelben Zeichnung auch als Wespenböcke bezeichnet. Die Larven entwickeln sich in 2 Jahren im trockenen Holz verschiedener Laubbäume, bevorzugt in Buchen.

2 Hausbock
Hylotrupes bajulus

L ♂ bis 15 mm, ♀ bis 22 mm Mai–Sept.

K: Schwarzbraun mit grauweißen Flügeldecken, Weibchen mit lang vorgestreckter Legeröhre.

V: Kosmopolit, in Dachbalken, heute aber selten geworden.

W: Einer der gefürchtetsten Schädlinge unter den Insekten in Häusern. Die Weibchen legen über 100 Eier in Dachbalken aus Nadelholz. Die Larven fressen breite Gänge ins Holz, lassen die Oberfläche aber intakt. Obwohl die Holzschicht nur millimeterdünn ist, sehen die Balken unversehrt aus. Die Entwicklung dauert unter günstigen Bedingungen 3–4 Jahre, kann aber auch 15 Jahre und länger dauern. Spätestens nach dem Schlupf bemerkt man den Befall an den elliptischen Schlupflöchern.

3 Großer Pappelbock
Saperda carcharias

L bis 30 mm Juni–Sept.

K: Kräftig, gelbbraune Flügeldecken mit schwarzer Körnung.

V: Vor allem in Pappelbeständen.

W: Bei uns nicht selten, aber dämmerungs- und nachtaktiv, deshalb schwer zu beobachten. Die Käfer fressen gezackte Löcher in Pappelblätter. Die Larven entwickeln sich in Pappeln, auch in Weiden.

4 Gefleckter Schmalbock
Strangalia maculata

L bis 20 mm Mai–Sept.

K: Flügeldecken sehr variabel schwarz-gelb gezeichnet, Fühler schwarz-gelb geringelt.

V: Weit verbreitet in Europa.

W: Einer unserer häufigsten Bockkäfer, im Sommer oft in großer Zahl auf Doldenblüten. Die Larven entwickeln sich in morschem Laubholz.

5 Fichtenrüsselkäfer
Hylobius abietis

L bis 13 mm Apr.– Juni (Sept.)

K: Schwarzbraun, Flügeldecken und Halsschild oft gelb gefleckt.

V: Europa, in Nadelwäldern.

W: Groß, oft auch „Großer Brauner Rüsselkäfer“ genannt. Hier sind es einmal nicht die Larven, sondern die ausgewachsenen Käfer, die in jungen Fichten- und Kiefern-Monokulturen erhebliche Fraßschäden verursachen können.

6 Haselnußbohrer
Curculio nucum

L bis 8,5 mm Apr.–Sept.

K: Einfarbig braun, Fühler deutlich gekniet, langer „Rüssel“.

V: Weit verbreitet in Europa, vor allem in Hecken und an Waldrändern.

W: Ein typischer Vertreter der Rüsselkäfer, der mit ca. 1200 Arten in Mitteleuropa artenreichen Käferfamilie. Durch den in einen Rüssel ausgezogenen Kopf sind sie leicht zu erkennen. Der Haselnußbohrer gehört zu den langrüsseligen Arten. Bei uns kommt er häufig vor allem auf Hasel und Eichen vor. Die Larven entwickeln sich in Haselnüssen, die sie von innen ausfressen. Dann bohren sie sich durch die harte Schale und verpuppen sich im Boden.

1

2

3

4

5

6

1 Buchdrucker
Ips typographicus

L 4,2–5,5 mm Apr.–Okt.

K: Flügeldecken rotbraun, Halsschild schwarzbraun, Beine braun, Füße und Fühler gelblich.

V: Mittel- und Nordeuropa, Asien, in Fichtenwäldern.

W: Eine von 6 einander ähnlichen Arten der Gattung *Ips*, die bei uns vorkommen. Sie sind typische Vertreter der in Mitteleuropa mit rund 100 Arten verbreiteten Familie der Borkenkäfer. Einige von diesen gehören zu den gefürchtetsten Forstschädlingen überhaupt. Der Buchdrucker ist fast nur auf Fichten zu finden. Käfer und Larven fressen den Bast (**1b**), in dem die Nährstoffe transportiert werden. Bei sehr starkem Befall stirbt der Baum ab. Besonders bereits z. B. durch den „Sauren Regen" geschwächte Monokulturen sind hier anfällig. Zur Bekämpfung werden heute Borkenkäferfallen (**1c**) mit Lockstoffen (Pheromonen) verwendet. So können die Borkenkäfer selektiv bekämpft werden. Man macht sich hierbei das Verhalten der Tiere zunutze, die, nachdem sie die Geschlechtsreife erlangt haben, ausschwärmen, um einen Partner zu finden. Buchdrucker sind polygam, d. h. ein Männchen lebt mit mehreren Weibchen zusammen.

2 Lilienhähnchen
Lilioceris lilii

L 6–8 mm Apr.–Aug.

K: Flügeldecken und Halsschild rot, Kopf, Fühler, Beine schwarz.

V: Eurasien ohne den Norden.

W: Käfer und Larven fressen an Liliengewächsen, häufig auch in Gärten. Die Käfer tarnen ihre Eier, indem sie sie mit Kot beschmieren. Auch die Larven bedecken sich mit Kot. So sind sie schwer zu entdecken und für Vögel ungenießbar. Lilienhähnchen können zirpende Töne erzeugen. Dazu reiben sie mit einer Leiste an der Spitze der Flügeldecken über ein Stridulationsorgan am Hinterleib.

3 Kartoffelkäfer
Leptinotarsa decemlineata

L bis 10 mm Apr.–Okt.

K: Durch die schwarz-gelb gestreiften Flügeldecken unverwechselbar.

V: Ursprünglich Nordamerika, heute auch in Kartoffelanbaugebieten in ganz Europa.

W: Wohl der bekannteste Blattkäfer. Die Tiere wurden 1877 erstmals nach Europa eingeschleppt. Während die Kartoffelkäfer zunächst lokal noch mit Erfolg bekämpft werden konnten, breiteten sie sich nach dem 1. Weltkrieg ständig weiter aus. Heute kommen sie überall in Europa vor, wo Kartoffeln angebaut werden. Da sie sich sehr schnell vermehren – pro Jahr sind 3 und mehr Generationen möglich –, können sie massenhaft auftreten und erhebliche Schäden verursachen. Sowohl Käfer als auch Larven (**3b**) fressen die Blätter von Kartoffelpflanzen, die bei starkem Befall fast völlig vernichtet werden. Feinde der Larven sind verschiedene Laufkäfer der Gattung *Carabus*. Vögel meiden Käfer und Larven. Die Warntracht, gelb- bzw. rot-schwarz, deutet auf Giftigkeit hin, möglicherweise durch das in Kartoffeln enthaltene Alkaloid Solanin.

4 Erlenblattkäfer
Agelastica alni

L 6–7 mm Apr.–Okt.

K: Glänzend blau-schwarz oder violett gefärbt.

V: Paläarktis, nach Nordamerika eingeschleppt, nur auf Erlen.

W: Typischer Vertreter der sehr artenreichen Blattkäfer-Familie (weltweit ca. 50000 Arten). Die Tiere sind bei uns überall auf Erlen verbreitet und treten oft massenhaft auf. Larven und Käfer fressen an Erlenblättern, die bei starkem Befall (**4b**) oft regelrecht skelettiert werden.

1a
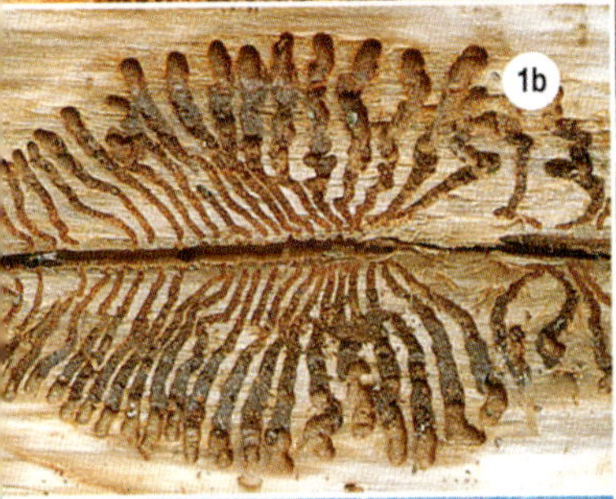
1b

1c

4b

2

3a

3b

4a

1 Schlammröhrenwurm
Tubifex tubifex

L bis 85 mm Jan.–Dez.

K: Typischer Ringelwurm, rot gefärbt.

V: In fast ganz Europa verbreitet. Im Gegensatz zur vorigen Art zeigen Schlammröhrenwürmer stark verschmutztes Wasser an. Sie leben z. B. auf stark verschlammten Gewässerböden und in Abwasserkanälen.

W: Da es im Schmutzwasser praktisch keine Konkurrenten gibt, können sie sich massenhaft vermehren. Man hat bis zu 1 Million Individuen pro Quadratmeter Gewässerboden gezählt. Sie leben in Röhren, aus denen das Hinterende herausragt, um über den Darm Sauerstoff aufzunehmen. Einige Zeit können sie sogar ohne Sauerstoff existieren. Die Rotfärbung wird durch den auch beim Menschen vorkommenden Blutfarbstoff Hämoglobin bewirkt. Aquarianer nutzen *Tubifex* als Fischfutter.

2 Alpenplanarie
Crenobia alpina

L 15 mm Jan.–Dez.

K: Variabel, aber meist grau gefärbt, 2 Augen und 2 Fühler.

V: Nicht nur in den Alpen, sondern auch in den Bächen der Mittelgebirge Europas und Asiens verbreitet.

W: Die Alpenplanarie ist ein typischer Vertreter der bei uns heimischen Strudelwürmer. Ihre Unterseite (oft auch die Oberseite) ist mit Wimpern besetzt. Durch den Wimpernschlag kommt die gleitende Art der Fortbewegung zustande. Mit besonderen Drüsenzellen können sie Schleim produzieren, der von den über 150 heimischen Arten unterschiedlich genutzt wird: Als Schutz vor Austrocknung, zum Beutefang, zum Schutz vor Feinden usw. Alpenplanarien leben nur in kaltem Wasser. Ihr Vorkommen zeigt eine sehr gute Wasserqualität an.

3 Blutegel
Hirudo medicinalis

L bis 15 cm Jan.–Dez.

K: Rücken meist dunkel, Bauch gelblich mit dunklen Flecken.

V: In weiten Teilen Europas, in dicht bewachsenen Stillgewässern.

W: Größter heimischer Egel. Bekannt durch ihre Eigenart, bei Säugetieren Blut zu saugen. Früher wurden sie in der Medizin zum „Aderlaß“ verwendet. Die Egel saugen sich in kurzer Zeit voll, der Blutvorrat kann für ein Jahr ausreichen. Die Wunde blutet wegen eines gerinnungshemmenden Sekretes lange nach.

4 Gemeiner Regenwurm
Lumbricus terrestris

L 8–30 cm Jan.–Dez.

K: Typische Wurmgestalt, rotbraun. „Gürtel“ vom 32.–37. Segment.

V: Weltweit verbreitet.

W: Sicherlich der bekannteste Ringelwurm, wohl auch deshalb, weil er als einzige von fast 40 weiteren heimischen Arten regelmäßig auch tagsüber an der Oberfläche erscheint. Regenwürmer spielen in der Natur eine wesentliche Rolle beim Abbau von abgestorbenem Pflanzenmaterial. So wird beispielsweise Fallaub gefressen; der abgegebene Kot ist im Prinzip nichts anderes als Humus. Diese Fähigkeit haben sich Gartenbesitzer beim Wurmkompost zunutze gemacht, allerdings wird hier der Kompostwurm *Eisenia foetida* eingesetzt.

5 Rote Wegschnecke
Arion rufus

L bis 15 cm März–Okt.

K: Rot, braun oder schwarz (**5b**), großes Atemloch, sehr große Schneckenart, ohne Gehäuse.

V: In Europa weit verbreitet, häufig.

W: Bevorzugt an feuchten Stellen. Frißt Pflanzen und Aas.

1

2

3

4

5b

5a

1 Weinbergschnecke
Helix pomatia

Gehäuse bis 50 mm März–Okt.

K: Sehr großes, kugelförmiges Gehäuse mit meist 5 Umgängen, weißlich bis braun, unscharfe Bänderung.

V: Mittel- und Südosteuropa.

W: Weinbergschnecken sind die größten mitteleuropäischen Gehäuseschnecken. Sie sind wärmeliebend und kalkstet. Durch Verschleppung kann man sie aber auch auf anderen Böden finden. Die Art gilt als Kulturfolger, sehr günstige Lebensräume sind z. B. Weinberge mit Lesesteinmauern. Durch Flurbereinigung und zunehmenden Pestizideinsatz sind Weinbergschnecken heute aber bedroht. Die Tiere können sehr alt werden, in der Natur 5–8, in Gefangenschaft bis zu 30 Jahre. Sie sind Zwitter. Nach der Paarung graben sie eine Erdhöhle, in die ca. 50 Eier abgelegt werden. Schon aus der Römerzeit ist die Haltung von Weinbergschnecken zu Speisezwecken bekannt. Auch heute noch gelten sie als Delikatesse. In Zuchtanstalten wird versucht, Weinbergschnecken aufzuziehen und zu vermehren.

2 Hain-Bänderschnecke
Cepaea nemoralis

Gehäuse bis 18 mm hoch, 23 mm breit März–Okt.

K: Gehäuse gelb mit sehr variabler Streifung, Mündung dunkel (**2b**).

V: West- und Mitteleuropa, oft auch in Gärten anzutreffen.

W: Häufige Art, wichtige Singdrosselnahrung. Äußerst variabel gefärbt. Neben ganz gelben Individuen kommen auch dunkelbraune Tiere mit dünnen, gelben Bändern und alle Zwischenstufen vor. Diese Erscheinung bezeichnet man als Polymorphismus. Ähnlich variabel gezeichnet ist die Garten-Bänderschnecke *Cepaea hortensis*, die Mündung ist bei ihr immer hell (**2a**).

3 Bernsteinschnecke
Succinea putris

Gehäusehöhe bis 3 cm März–Okt.

K: Gehäuse bernsteingelb, durchscheinend, 3–4 Umgänge.

V: In ganz Europa verbreitet. Typische Art feuchter Hochstaudenfluren in der Nähe von Gewässern.

4 Spitzschlammschnecke
Lymnaea stagnalis

Gehäuse bis 6 cm hoch, 3 cm breit März–Nov.

K: Einfarbig braun.

V: In pflanzenreichen Stillgewässern.

W: Größte und häufigste der bei uns vorkommenden Schlammschnecken; gehört zu den Süßwasserlungenschnecken. Die Tiere können mit der Fußsohle nach oben auf einem Schleimband unter der Wasseroberfläche kriechen.

5 Posthornschnecke
Planorbarius corneus

bis 3 cm breit, 1 cm hoch März–Nov.

K: Gehäuse braun.

V: Europa, in Stillgewässern.

W: Bekannteste Art der Tellerschnecken, die als einzige unserer Schnecken durch Hämoglobin rotgefärbtes Blut besitzen.

6 Teichmuschel
Anodonta cygnea

L bis 200 mm Jan.–Dez.

K: Dünnwandige Schale, bräunlich gefärbt, Innenseite mit starkem Perlmuttglanz.

V: Europa, in Stillgewässern.

W: Größte heimische Muschel; Zwitter, die Brutpflege betreiben. Die Larven leben zunächst zwischen den Brutkiemen und werden im folgenden Frühjahr ausgestoßen. Sie heften sich zur Entwicklung an Fische und leben zunächst parasitisch.

1
2a
3
2b
4
5
6

1 Fichte
Picea abies

30–55 m Mai–Juni Baum

K: Spitze, 4kantige Nadeln auf vorspringenden Blattkissen.

V: Ursprünglich nur im Süden, regional nordwärts bis in den Harz und den Thüringer Wald; heute in ganz Mitteleuropa sehr häufig.

W: Anspruchslosigkeit und Holzeigenschaften machten die Fichte zum wichtigsten Forstbaum, der in dichten, altersgleichen Reinbeständen oft großflächig die Landschaft prägt und die bodenständige Pflanzen- und Tierwelt verdrängt. Als Weihnachtsbaum gelangt die Fichte in alle Häuser. In ihren Produkten ist sie als Bauholz und als Papier- und Zellstofflieferant allgegenwärtig. Eigentlich gibt es nur alle 3–4 Jahre eine starke Zapfenernte, neuerdings – wohl infolge der Umweltbelastung durch Immissionen – aber immer häufiger. Ein anderes Schadsymptom ist die oft auf 1–3 Jahre verkürzte Lebensdauer der Nadeln, die an gesunden Bäumen 4–7 Jahre alt werden. Aufgelichtete Kronen und lamettaartig herabhängende Nebenzweige bestimmen das Bild unserer kranken Fichtenwälder. Als Flachwurzler ist die Art besonders stark vom Windwurf bedroht. Im Forst läßt man die Fichte nur 80–120 Jahre alt werden; von Natur aus könnte sie ein Alter von über 500 Jahren erreichen, allerdings kaum noch unter den Bedingungen der gegenwärtigen Umweltbelastung.

2 Blau-Fichte
Picea pungens

25–35 m Mai–Juni Baum

K: Runde, spitz stechende Nadeln, die unterseits blaugrün sind.

V: Aus den Rocky Mountains im US-Staat Colorado stammend („Colorado-Fichte"), wird die Blaufichte heute überall in Mitteleuropa angepflanzt.

W: Der „Weihnachtsbaum für den gehobenen Geschmack" wird oft in einer bläulichen Form angebaut. In den großen Weihnachtsbaumplantagen findet man die Blau-Fichten allerdings in sehr unterschiedlichen Blaugrün-Tönen (**2b**). Um gleichmäßige Astquirle herab bis zum Boden zu gewährleisten, werden konkurrierende Gräser und Kräuter in der Regel chemisch bekämpft. Vor allem der Herbizideinsatz macht Weihnachtsbaumkulturen zum Umweltproblem.

3 Tanne
Abies alba

30–50 m Mai Baum

K: Flache, an der Spitze leicht eingekerbte Nadeln mit unterseits 2 helleren Längsstreifen; auf glatten, nicht vorspringenden Nadelkissen.

V: Nur im Süden ursprünglich heimisch, aber auch hier zurückgehend, weil die Tanne besonders stark unter der Luftverschmutzung leidet und vom Wild verbissen wird.

W: Im Gegensatz zum Fichtenzapfen lösen sich die aufrecht stehenden Tannenzapfen auf, so daß selten ganze Zapfen herabfallen.

4 Douglasie
Pseudotsuga menziesii

50–60 m Mai Baum

K: Flache, weiche Nadeln unterseits mit hellen Längsstreifen; angenehm nach Orange duftend.

V: Stammt aus dem westlichen Nordamerika; in Mitteleuropa Anbau mit zunehmender Tendenz.

W: Die Douglasie soll die Fichte in ihrer Holzproduktionsleistung noch übertreffen. Aus den Beulen der glatten Rinde jüngerer Bäume kann man ein angenehm duftendes, dünnflüssiges Harz drücken (**4b**). Den deutschen Namen hat sie nach dem schottischen Sammler und Botaniker David Douglas (1799–1863) erhalten, der die Art erstmals nach Europa brachte.

1a

1b

2a

3

2b

4a

4b

1 Europäische Lärche
Larix decidua

25–40 m Apr.–Mai Baum

K: Nadelbaum, der sich im Herbst goldgelb verfärbt und seine Nadeln abwirft.

V: Die Art stammt aus den Alpen, wird aber fast überall angebaut.

W: Neben der Europäischen Lärche ist – zunehmend häufiger – die Japanische Lärche anzutreffen. Beide Arten sind u. a. an der Farbe der Langtriebe (Europ. L. gelblich, Japan. L. rötlich) und an den Zapfen zu unterscheiden (Europ. L. mehr eiförmig, Japan. L. mehr rundlich). Die Lärchen sind Lichthölzer und werden schon deshalb gern in Randstreifen angebaut. Das wertvolle Holz ist vielseitig verwendbar.

2 Eibe
Taxus baccata

4–15 m März–Apr. Baum/Strauch

K: Meistens als mehrstämmiger Baum oder Strauch anzutreffen, dessen Nadeln sehr dunkel wirken.

V: Früher weit verbreitet, heute nur noch wenige natürliche Reliktvorkommen.

W: Die außerordentlich langsam wachsende Eibe liefert ein besonders hartes Holz, das bei der Herstellung von Kriegsgeräten im Mittelalter eine wichtige Rolle spielte. Die sogar Buchenschatten ertragende Art hat vor allem unter der starken Auflichtung der Wälder in früheren Jahrhunderten gelitten. Fast alle Teile der Eibe enthalten ein tödliches Gift, nur nicht der rote Samenmantel, der den einzelnen Samen fruchtartig umhüllt.

3 Wacholder
Juniperus communis

2–3(12)m Mai–Juni Baum/Strauch

K: Oft markanter Säulenwuchs, nicht selten aber auch breit strauchartig und vom Boden aufsteigend.

V: Als durch Extensivweide geförderter Strauch ist er vor allem dort erhalten geblieben, wo Magerrasen und Heiden als Reste historischer Kulturlandschaftsformen geschützt werden.

W: Mit spitzen Nadeln wehrt sich der Wacholder gegen Viehverbiß. Im Schutze großer Wacholder-Büsche vermögen gelegentlich auch andere Gehölze heranzuwachsen. Die zum Würzen und zur Schnapsbereitung (Gin, Genever, Steinhäger usw.) genutzten „Beeren" gehen aus 3–5schuppigen Blütenzäpfchen hervor, deren Schuppen verwachsen und später fleischig werden. Die Entwicklung bis zur schwarzbraunen, bläulich bereiften „Beere" dauert 3 Jahre. Wegen ihrer nierenreizenden Wirkung wird empfohlen, die „Beeren" nur sparsam als Gewürz einzusetzen. Wacholder-Zweige werden gern zum Räuchern von Schinken benutzt.

4 Berg-Kiefer
Pinus mugo

5–10(20)m Mai–Juni Baum/Strauch

K: Meistens als Strauch, der schon an niedrigen Zweigen festsitzende Zapfen trägt, die waagerecht oder schräg abstehen.

V: Vor allem im Süden in höheren Mittelgebirgen und im Hochgebirge verbreitet, anderswo vielfach als Ziergehölz angepflanzt.

W: Bei der Berg-Kiefer handelt es sich um eine Sammelart. Von den verschiedenen Unterarten ist die Latsche oder Legföhre als niederliegender und aufsteigender Strauch am bekanntesten. Sie bildet oberhalb der alpinen Baumgrenze den markanten Krummholzgürtel. Besonders bemerkenswert sind ihre flexiblen Zweige, die ihr das Überleben unter erheblichem Schneedruck und sogar in Lawinenbahnen ermöglichen. Das aus ihren Nadeln gewonnene Latschenkiefernöl ist ein beliebter Badezusatz.

1a

1b

2

3a

3b

4a

4b

1 Wald-Kiefer
Pinus silvestris

20–40 m Mai–Juni Baum

K: 4–6 cm lange Nadeln zu zweit in einem Kurztrieb.

V: Von Natur aus auf nährstoffarmen Böden weit verbreitet, nicht jedoch im Nordwesten. Heute ein wichtiger Forstbaum, vor allem für weniger laubholzfreundliche Standorte.

W: Die anspruchslose Wald-Kiefer oder Föhre mit ihrer bis zu 5 m langen Pfahlwurzel war für die Forstwirtschaft in den letzten 250 Jahren eine wertvolle Hilfe bei der Wiederbewaldung der Heiden und Ödlandflächen. Wo Raubbau am Wald, Viehhude und Plaggenstich die Böden zerstört hatten, war ihr Anbau der sicherste Weg, um den oft nackten Sandboden vor Windverwehung und weiterer Aushagerung zu schützen und ihn allmählich wieder „waldfähig" zu machen. Viele altersgleiche Wald-Kiefer-Reinbestände warten allerdings heute noch darauf, allmählich in artenreichere Laubholzbestände umgewandelt zu werden. Die Kiefer liefert ein leichtes, aber sehr wertvolles und dauerhaftes Nutzholz, von dem die skandinavischen Blockhäuser und vor allem die bis zu 800 Jahre alten norwegischen Stabkirchen zeugen. In der ehemaligen DDR wurde noch auf großen Flächen Kiefernharz gewonnen. Mit Kienöl in den Lampen und mit Kienspänen beleuchtete man früher die Stuben. Auch Bernstein als fossiles Harz geht vor allem auf die Wald-Kiefer zurück. Beim „Schwefelregen", der oft kilometerweit von den Wäldern entfernt niedergeht, handelt es sich meistens um den staubfeinen Pollen von Wald-Kiefer und Fichte.

2 Schwarz-Kiefer
Pinus nigra

20–40 m Mai–Juni Baum

K: 10–18 cm lange Nadeln zu zweit im Kurztrieb.

V: Ursprünglich im Mittelmeerraum – nordwärts bis nach Österreich – heimisch; heute in Parks und in der Forstwirtschaft angepflanzt.

W: Hinsichtlich ihrer Trockenheitsresistenz übertrifft die Schwarz-Kiefer noch die anderen Kiefernarten. Deshalb hat man sie vielfach zur Aufforstung von trockenen Hängen auf Kalkgesteinsböden verwandt. Ihren deutschen Namen hat sie wegen ihrer dunkelgrünen Nadeln und des schwarzgrauen Stammes erhalten.

3 Zirbel-Kiefer
Pinus cembra

10–25 m Juni–Juli Baum

K: Jeweils 5 Nadeln im Kurztrieb; eiförmige Zapfen 5–8 cm lang.

V: Nur lokal in Hochlagen der Alpen, oft unmittelbar an der Baumgrenze.

W: Das kurze, oft nur 3 Monate währende sommerliche Wachstum bewirkt einen sehr langsamen Holzzuwachs. Das dekorativ gemaserte Holz ist der Schmuck vieler Tiroler Möbel und begehrtes Schnitzmaterial. Die eßbaren Samen („Zirbelnüsse") werden fast ausschließlich vom Tannenhäher verbreitet.

4 Weymouths-Kiefer
Pinus strobus

30–50 m Mai Baum

K: Jeweils 5 Nadeln im Kurztrieb; die bananenförmig gebogenen Zapfen sind schlank und 10–15 cm lang.

V: In manchen Regionen angebaut. Ursprünglich im Gebiet der Großen Seen (Nordamerika) heimisch.

W: Diese Kiefer ist nach Lord Weymouth benannt, der die Baumart Anfang des 18. Jh. auf seinem englischen Gut in großem Stil anpflanzen ließ. Etliche Vorzüge der fremden Baumart wurden später durch Nachteile kompensiert, u. a. durch ihre Anfälligkeit für den Blasenrost, der Johannisbeerarten als Zwischenwirte nutzt.

1a
2
1b
3a
3b
4b
4a

1 Zitter-Pappel
Populus tremula

8–10 (–30)m Febr.–Apr. Strauch/ Baum

K: Eiförmige bis fast kreisrunde Blätter mit langen, flachen Stielen.

V: An lichten Stellen in Wäldern weit verbreitet, auch auf Brachland.

W: Schon ein leichter Lufthauch bringt die Blätter in zitternde Bewegung (deutscher und wissenschaftlicher Artname!). „Wie Espenlaub zittern" ist eine bekannte Redewendung. Durch die Bewegung wird die Transpiration gefördert. – Die Zitter-Pappel oder Espe wird selten angepflanzt, samt sich aber selbst leicht auf Kahlschlägen und in Kulturen an und ist eine wichtige Winteräsung für das Wild. Als Pionierholz ist sie meistens am Aufbau des Vorwaldes beteiligt

2 Schwarz-Pappel
Populus nigra

20–30 m März–Apr. Baum

K: Rautenförmige bis rundlich-dreieckige Blätter mit seitlich zusammengedrückten Stielen.

V: Als reine Art nur noch vereinzelt in den Flußauen anzutreffen, als Hybridform jedoch überall angepflanzt.

W: Die Aufforstung größerer Flächen mit Hybridpappeln aus Schwarz- und amerikanischen Pappeln hat sich als wenig rentabel erwiesen. Einzelne Pappelreihen an Gräben und Wirtschaftswegen jedoch können ausgeräumte Agrarlandschaften bereichern, zumal die Pappeln sehr schnellwüchsig und schon mit 60–80 Jahren eindrucksvolle Veteranen sind. Forstlich werden sie meistens schon nach 40 Jahren genutzt. Das nur beschränkt verwertbare Holz liefert Kisten und Paletten und eignet sich wegen seiner Ligninarmut gut für die Zellulosefabrikation. – Mit ihren flach ausstreichenden Wurzeln beeinflussen Pappeln benachbarte Kulturen. Mit ihrer enormen Transpirationsleistung vermögen sie feuchte Standorte zu drainieren und andere zu stark auszutrocknen. – Die Pappeln sind zweihäusig. Die starke Samenproduktion („Pappelwolle") wird in Siedlungen als störend empfunden, weshalb meistens vegetativ vermehrte männliche Exemplare angepflanzt werden.

3 Korb-Weide
Salix viminalis

3–4 m März–Apr. Strauch

K: Schmal-lanzettliche, oft bis über 10 cm lange Blätter, die am Rand umgerollt und unterseits silbrigweiß sind.

V: Häufig an Bächen und Flüssen.

W: Die Art wird wegen der Flexibilität der Zweige als Flechtmaterial bevorzugt. Zur Kopfweide geschneitelt, sind viele Korb-Weiden markante Bestandteile unserer Kulturlandschaft. Neue Kopfweiden erhält man relativ leicht dadurch, daß man möglichst gerade, mindestens 3 m lange Triebe 1 m in die Erde senkt und regelmäßig alle paar Jahre den Höhenzuwachs zurückschneidet (schneitelt).

4 Sal-Weide
Salix caprea

2–4(–8)m März Strauch/Baum

K: Große elliptische Blätter, oberseits kahl, unterseits grauweiß-filzig.

V: Auf Waldlichtungen, an Waldrändern, auf Wildland und Trümmerflächen weit verbreitet, meistens als Strauch.

W: Die Art ist wie alle Weiden sehr schnellwüchsig und regenerationsfähig. Steckhölzer und selbst Weidenfaschinen bewurzeln sich sehr schnell. Zur Blütezeit kann man die männlichen Sträucher mit gelben leicht von den weiblichen (**4a**) mit graugrünen Kätzchen unterscheiden. Mit ihrem frühen und reichen Pollen- und Nektarangebot sind die Weiden erste Nahrungsspender für die Bienen. Ihre Zweige dienen am Palmsonntag vielerorts als „Palmstöcke".

1

2

3

4a

4b

1 Gagelstrauch
Myrica gale

0,5–1,2 m Apr. Strauch

K: Kleiner Strauch mit 2–5 cm langen, länglich-eiförmigen und mit gelben Harzdrüsen besetzten Blättern.

V: Nur in Mooren und feuchten Heiden des atlantischen Klimabereichs.

W: Die Blätter enthalten ein stark duftendes ätherisches Öl und wurden vielfach statt Hopfen zum Würzen des Bieres verwandt. Die Art ist weithin infolge der Zerstörung und Eutrophierung ihrer Biotope auf dem Rückzug.

2 Hänge-Birke
Betula pendula

5–25 m Apr.–Mai Baum

K: Zweigspitzen mit warzigen Harzdrüsen grindig-rauh; Blätter beiderseits kahl.

V: Häufig in bodensauren Eichenwäldern, Heiden und Magerrasen, aber auch auf Schutt und Brache.

W: Da der Wind die Samen überallhin trägt, kann man junge Birken sowohl in Kulturen und an allen lichten Stellen im Wald als auch in Asphaltritzen und Dachrinnen finden. Die anspruchslose Art stellt höhere Anforderungen nur an das Licht. Spontan angesamte junge Birken liefern häufig das Schmuckgrün für Maifeste, Prozessionen und Schützenumzüge. Aus ihren Blättern bereitet man einen harntreibenden Tee.

3 Moor-Birke
Betula pubescens

5–25 m Apr.–Mai Baum

K: Zweigspitzen weich, Blätter beiderseits jung flaumig behaart.

V: Zerstreut in Moor- und Bruchwäldern und auf anderen Feuchtstandorten.

W: Die Moor-Birke ist seltener anzutreffen als die Hänge-Birke, dieser jedoch auf nassen und feuchten Standorten deutlich überlegen.

4 Schwarz-Erle
Alnus glutinosa

10–25 m Febr.–März Baum

K: Die eiförmigen bis runden Blätter sind an der Spitze oft eingekerbt.

V: Häufig an Flüssen und Bächen und in Bruchwäldern; angepflanzt auch auf trockeneren Böden.

W: Die besonderen Eigenschaften der Schwarz-Erle sichern ihr eine vielseitige Verwendung: Die Fähigkeit zur Bindung von Luftstickstoff durch Symbiose mit Strahlenpilzen gibt ihr die Eignung zur Rohbodenkultivierung. Wegen ihres dichten, tiefgreifenden Wurzelwerks benutzt man sie gern zur Uferbefestigung und wegen ihres tiefen Schattens zur Unterdrükkung des Krautwuchses in Gräben. (Früchte S. 410)

5 Hainbuche
Carpinus betulus

10–20 m März–Mai Baum/Strauch

K: Blätter wie Buchenblätter, jedoch gesägt. „Wellblechblätter" wegen ihrer gewellten Oberfläche.

V: Von der Ebene bis ins mittlere Bergland in Eichenmischwäldern, Hecken und Gebüschen verbreitet.

W: In Eichenmischwäldern bildet die Hainbuche oft eine zweite, niedrigere Baumschicht. Infolge ihrer Fähigkeit, aus dem Stock wieder auszuschlagen, wurde sie durch Nieder- und Mittelwaldwirtschaft stark gefördert. Ihr hartes Holz ist für Drechslerarbeiten geeignet. (Früchte S. 410)

6 Hasel
Corylus avellana

2–5 m Febr.–März Strauch

K: Drüsig behaarte Zweige; gerundete Blätter mit aufgesetzter Spitze.

V: In Eichenmischwäldern, Hecken und Gebüschen weit verbreitet.

W: Vielfach wegen der Nüsse vom Menschen gefördert und angepflanzt. Die festen Ruten werden zu Körben verarbeitet. (Früchte S. 410)

1

2

3

4

5

6

1 Rotbuche
Fagus silvatica

30–40 m Apr.–Mai Baum

K: Glatte Borke und elliptische, ganzrandige Blätter.

V: In fast ganz Mitteleuropa die von Natur aus vorherrschende Baumart; vom Menschen allerdings stark durch die Fichte ersetzt.

W: Als konkurrenzstarker Schattenbaum setzt sich die Rotbuche auf allen ihr zusagenden Standorten gegenüber anderen Arten durch. Mit dem bekannten Spruch „Die Buche will feuchtes Haupt und trockene Füße" wird auf ihren Verbreitungsschwerpunkt im atlantischen, niederschlagsreichen Klima einerseits und auf gut drainierten Böden andererseits verwiesen. Die Vorherrschaft in der Waldvegetation Mitteleuropas hat die Rotbuche erst in den letzten vorchristlichen Jahrhunderten gewonnen. Da sie nur hier große Ökosysteme bildete und teilweise noch beherrscht, gilt die Ausweisung von Buchenwaldreservaten als wichtigster deutscher Beitrag zum internationalen Naturschutz. Das im frischen Zustand rötliche Holz (Name) spielt in der Bau- und Möbeltischlerei, als Sperrholz, Furnier- und Spanplatte, aber auch in der Zellstoffindustrie eine wichtige Rolle. (Früchte S. 410)

2 Eßkastanie
Castanea sativa

25–35 m Juni Baum

K: Länglich-lanzettliche Blätter mit sägeblattähnlichen Zähnen.

V: Vor allem im Südwesten.

W: Die Heimat der Eßkastanie ist Südeuropa und Westasien. Nördlich der Alpen wurde sie bereits von den Römern eingebürgert. Mit einem Alter von weit über 1000 Jahren und einem Stammdurchmesser von 4–6 m übertreffen einige Eßkastanien alle anderen europäischen Baumarten. (Früchte S. 410)

3 Stiel-Eiche
Quercus robur

20–35 m Apr.–Mai Baum

K: Gelappte Blätter mit kurzem, nur ca. 1/2 cm langen Stiel.

V: Von der Ebene bis ins mittlere Bergland verbreitet; häufig angebaut.

W: Als langsamwüchsige Baumart mit ausgeprägtem Kern kann die Stiel-Eiche 600–800 Jahre alt werden. Viele „1000jährige Eichen" sind in Wirklichkeit nur einige 100 Jahre alt; nur wenige Exemplare erreichen 1000–1200 Jahre. Das Holz ist in der Bau- und Möbelindustrie gefragt; es wird sowohl zu Massivmöbeln als auch zu Furnieren verarbeitet. Wegen seiner Härte eignet es sich vorzüglich für Treppen und für Parkettböden. Viele Wasserburgen und alte Häuser in holländischen Poldern wurden auf Eichen-Fundamenten gegründet. Um die junge Rinde für die Lohgerberei zu gewinnen, wurden spezielle Formen der Niederwaldnutzung wie die Siegerländer Haubergwirtschaft entwickelt. Der den Germanen heilige Baum genoß stets ein besonderes Ansehen: Zur mittelalterlichen Thingstätte gehörten die Eichen ebenso wie zu bestimmten markanten Geländepunkten. Eichenlaub schmückt den Sieger beim Sport ebenso wie Kriegsorden und Münzen, Trachtenkleidung und Pokale. (Früchte S. 412)

4 Trauben-Eiche
Quercus petraea

20–30 m Apr.–Mai Baum

K: Gelappte Blätter mit deutlichem, 1–2 cm langem Stiel.

V: Stärker westlich und montan verbreitet als die Stiel-Eiche.

W: Ansonsten haben die beiden Eichenarten viele Gemeinsamkeiten. Sie bastardieren so häufig miteinander, daß reine, typische Trauben- bzw. Stiel-Eichen eher die Ausnahmen darstellen. (Früchte S. 412)

1a

3a

1b

3b

2

4

1 Berg-Ulme
Ulmus glabra

bis 35 m März–Apr. Baum

K: Blätter an der Basis der Spreite deutlich asymmetrisch, im oberen Drittel am breitesten.

V: Von den 3 Ulmen-Arten am weitesten verbreitet (fehlt im Nordwesten); natürliche Vorkommen vor allem in Schluchtwäldern und an Steilhängen.

W: Die Berg-Ulme blüht vor dem Laubaustrieb. Die Blätter sind zur optimalen Lichtausnutzung an den Zweigen flächig angeordnet. Zur Zeit werden viele Berg-Ulmen Opfer des Ulmensterbens, das von einer eingeschleppten Pilzart (Actinomycet) verursacht wird. (Früchte S. 412)

2 Laubholz-Mistel
Viscum album

bis 1 m März–Mai Strauch

K: Ein kugeliger Strauch, der als Halbschmarotzer auf Bäumen lebt.

V: Unregelmäßige Verbreitung, vor allem in wintermilden Lagen.

W: Die Laubholz-Mistel parasitiert am häufigsten auf Pappeln, Apfelbäumen und Linden. Ihre immergrünen Blätter und gabelig verzweigten Sprosse können im Schatten ihrer sommergrünen Wirtswipfel mit positiver Bilanz Photosynthese betreiben. Aus den Leitungsbahnen der Wirtsbäume beziehen sie Wasser und Mineralien. Als Kult- und Heilpflanze der gallischen Druiden, als Weihnachtssymbol der Engländer und zunehmend auch als Winterschmuckgrün ist sie inzwischen allgemein bekannt geworden. (Früchte S. 412)

3 Gewöhnlicher Schneeball
Viburnum opulus

2–4 m Mai–Juni Strauch

K: Die ahornartigen Blätter tragen kurz unterhalb der Blattspreite 2–4 grüne Nektardrüsen.

V: Vor allem an feuchten Standorten in Hecken und Gebüschen sowie an Waldrändern anzutreffen.

W: Die äußeren Blüten der Doldenrispe (Trugdolde) sind steril und locken wie Attrappen die Insekten an, während die inneren fertilen Blüten Nektar offen anbieten. Dem Menschen haben die großen Randblüten offensichtlich so gut gefallen, daß er vor allem jene Mutante in seine Gärten holte, die ausschließlich Attrappen-Blüten hat und die nur durch kugelige Anordnung ihre großen Blüten unterbringen kann. Erst dieser sterile Garten-Schneeball trägt wegen seiner „Blütenbälle“ den Namen zu Recht. (Früchte S. 424)

4 Schwarzer Holunder
Sambucus nigra

bis 7 m Juni Baum/Strauch

K: Unpaarig gefiederte Blätter, Blüten und Doldenrispen (Trugdolden), weißes Mark.

V: Sehr häufig in Hecken, Gebüschen, an Waldrändern und auf Ödland.

W: Der Schwarze Holunder breitet sich, gefördert durch die Überdüngung der Landschaft durch Landwirtschaft und Müllablagerung, gegenwärtig stark aus und verdrängt vielfach andere Gehölze. Seinen stark duftenden Blütenständen verdanken wir den schweißtreibenden Fliedertee und besondere Köstlichkeiten wie Fliederkrapfen und Bergmannssekt. (Früchte S. 424)

5 Trauben-Holunder
Sambucus racemosa

bis 2 m März–Mai Strauch

K: Schlankere Fiederblätter, Blüten in eiförmigen Rispen, orangefarbenes Mark.

V: Außer im äußersten Nordwesten in lichten Wäldern und auf Kahlschlägen, insgesamt mehr im Bergland.

W: Der deutsche Artname ist im streng botanischen Sinne falsch, weil der Blütenstand eine Rispe und keine Traube ist. (Früchte S. 424)

1
2a
2b
3
4
5

1 Himbeere
Rubus idaeus

bis 2 m Mai–Juni Strauch

K: Die 3–5zähligen Blätter sind unterseits weiß-filzig.

V: Auf Lichtungen, Schlägen und an den Rändern von Wäldern und Hekken weit verbreitet.

W: Im Vergleich zur Brombeere sind die reinweißen Blüten mit ihren schmal keilförmigen und oft zusammenneigenden Kronblättern recht unscheinbar. Nach der Blüte und Fruchtbildung sterben die 2jährigen Triebe ab; die einjährigen Triebe überwintern – im Gegensatz zur Brombeere – unbelaubt. Durch unterirdische Ausläufer kann die Himbeere auf Kahlschlägen in wenigen Jahren große Bestände bilden. (Früchte S. 414)

2 Brombeere
Rubus fruticosus

bis 5 m Mai–Aug. Strauch

K: Blätter ober- und unterseits gleichmäßig grün; die Hauptader auf der Unterseite mit Stacheln.

V: Häufig in Wäldern, Hecken und Gebüschen, auf Schlagflächen und Industriebrache.

W: Fachleute unterscheiden bei der Brombeere an die 200 Unterarten. Bastardierung einerseits und eingeschlechtliche sowie vegetative Vermehrung (Senkerbildung) andererseits haben die Vielgestaltigkeit der Art gefördert und bewahrt. Die Brombeere behält oft über Winter grüne Blätter, die erst im Frühjahr abfallen. Damit ist sie für das Wild eine wichtige Winternahrung. Ihre Stacheln dienen als Verbißschutz sowie als Kletterhilfe. (Früchte S. 414)

3 Kanadische Felsenbirne
Amelanchier lamarckii

6–10 m Mai Strauch

K: Die Blätter sind beim Austrieb rötlich überlaufen, danach oberseits hell und unterseits graugrün.

V: Diese Felsenbirne wird in Parks und an Straßenrändern angepflanzt, in den Niederlanden, aber auch in der freien Landschaft. Im Nordwesten ist sie in Hecken und an Waldrändern im Bereich der Eichen-Birkenwälder bereits fest eingebürgert.

W: Heimat ist Nordamerika. Die dunkelroten, bläulich bereiften Früchte sind eßbar; sie werden durch Vögel verbreitet.

4 Hunds-Rose
Rosa canina

1–3 m Juni Strauch

K: Blätter mit 5–7 Fiederblättern, ebenso wie die Blattstiele unbehaart und drüsenlos.

V: In Hecken, an Wegrändern, auf extensiv genutzten Weiden verbreitet.

W: Im Rosenmonat Juni erfreuen sich vor allem die Kalkgebiete der Zier der wilden Rosen. Daß der Botaniker dem bekannten Sprichwort nicht zustimmen kann (die Rosen haben keine Dornen, sondern Stacheln), ist eine Folge der Definition: Die Bildung der Epidermis, die man leicht ablösen kann, wird als „Stachel" bezeichnet. Die Hunds-Rose wird gern als Unterlage zur Veredlung von Gartenrosen verwendet. (Früchte S. 412)

5 Kartoffel-Rose
Rosa rugosa

1–2 m Juni–Aug. Strauch

K: Blätter derb, netzartig runzelig („rugosus"); Blüten 7–8 cm breit.

V: Häufig an Straßen und auch in Vogelschutzhecken gepflanzt.

W: Die bis zu 2 cm großen scharlachroten Hagebutten sind eßbar; die Kerne werden besonders gern von Grünlingen verspeist, die die Früchte zu diesem Zweck öffnen. Dennoch sollte man bei Neuanpflanzungen besser auf diese aus Nordostasien stammende Art zugunsten heimischer Rosenarten verzichten.

1

2

3

4a

5

4b

1 Eberesche
Sorbus aucuparia

5–18 m Mai–Juni Baum

K: 9–15 Fiederblättchen; die Blüten in Doldenrispen.

V: In Wäldern, Hecken und Gebüschen auf zumeist nährstoffarmen Böden weit verbreitet.

W: Vor allem im Bergland löst die Eberesche die Vorherrschaft der Birken in den Vorwäldern ab. Der Geruch der Blüten, der Fliegen und Käfer anlockt, erinnert unangenehm an Heringslake. Der Name wird unterschiedlich gedeutet: Eber = Aber = Falsche Esche einerseits und mit Hinweis auf die Schweinemast mit den Früchten andererseits. Die Borke wird zum Braun- und Rotfärben von Wolle genutzt. Die Art wird vielfach als Alleebaum und als Zier- und Vogelschutzgehölz gepflanzt. (Früchte S. 414)

2 Eingriffeliger Weißdorn
Crataegus monogyna

3–15 m Mai–Juni Strauch/Baum

K: 3–5lappige, tief eingeschnittene Blätter. Die Blätter des verwandten Zweigriffeligen Weißdorns sind eiförmig, abgerundeter und weniger tief eingeschnitten.

V: Waldlichtungen, Waldränder, Hecken und Gebüsche auf nährstoffreichen Böden, verbreitet.

W: Der Eingriffelige Weißdorn wird häufiger baumförmig. Beide Arten eignen sich für Schnitthecken und liefern ein wertvolles Heilmittel zur Förderung der Durchblutung der Herzkranzgefäße und zur Regulierung des Blutdrucks. (Früchte S. 414)

3 Schlehdorn
Prunus spinosa

2–3 m April Strauch

K: Weiße Blütenpracht überzieht den Strauch vor dem Laubaustrieb. Der kahle Strauch wirkt düster, die Verzweigung auffällig rechtwinklig.

V: Waldränder, Hecken, Gebüsche und extensiv genutztes Weideland auf nährstoffreichen Böden; häufig.

W: Mit seiner Wurzelbrut breitet sich der Schlehdorn in angrenzendes Weideland aus. Das Stadium des Schlehen-Weißdorn-Gebüsches leitet über zum Wald. Es bildet einen idealen Lebensraum für Strauchbrüter; der Neuntöter spießt seine Beute gern auf Schlehendornen. Früher wurden die Triebe häufig mit der Axt zur Hälfte gespaltet, heruntergedrückt (geknickt) und mit Nachbarzweigen zu undurchdringlichen Hecken verflochten. (Früchte S. 414)

4 Vogel-Kirsche
Prunus avium

bis 20 m Apr.–Mai Baum

K: Am Stiel der verkehrt-eiförmigen Blätter 2 rote Nektardrüsen.

V: In artenreichen Laubmischwäldern verbreitet, oft auch als wertvolles Edellaubholz angepflanzt.

W: Die Vogel-Kirsche ist die Stammform unserer Süßkirsche, die bereits durch die Römer nach Mitteleuropa gelangte. Das rotgelbe Holz gilt als recht wertvoll und wird für feinere Tischlerarbeiten verwandt. Die rotbraune, durch Korkporen (Lentizellen) quergestreifte Rinde ist ein gutes Erkennungsmerkmal. (Früchte S. 416)

5 Trauben-Kirsche
Prunus padus

bis 15 m Apr.–Mai Strauch/Baum

K: Hängende duftende Blütentrauben an den Zweigspitzen; Krone tief ansetzend und überhängend.

V: In feuchten Wäldern und Ufergehölzen verbreitet.

W: Die Trauben-Kirsche ist am natürlichen Standort ein zuverlässiger Grundwasserzeiger, wird allerdings als Bienenweide und Vogelfutterpflanze gelegentlich auch auf trockeneren Standorten angepflanzt. (Früchte S. 416)

1

2

3

4a

5

4b

1 Robinie
Robinia pseudoacacia

bis 25 m Mai–Juni Baum

K: Unpaarig gefiederte Blätter mit ovalen, ganzrandigen Fiederblättern; zu 2 Dornen umgewandelte Nebenblätter; weiße Schmetterlingsblüten in hängenden Trauben.

V: In Parks und auf Rohböden an Bahndämmen, auf Halden und Industrieödland angepflanzt.

W: Die Robinie zeichnet sich durch eine besonders grobe, längsrissige Borke aus (**1b**) und ist Ende Mai der letzte Laubbaum, der sich begrünt. Sie wirkt weniger formschön als vielmehr sparrig-bizarr und nur dünn belaubt. Ihren Namen erhielt sie nach dem franz. Hofgärtner Jean Robin (1579–1662), der sie 1601 erstmalig aus Nordamerika nach Paris holte. – Die in allen Teilen giftige Robinie ist ein in vieler Hinsicht bedeutsames Gehölz: Mit Hilfe ihrer Knöllchenbakterien reichert sie im Boden Stickstoff an; sie trägt zur Bodenbefestigung bei; als Bienenweide ist sie den Imkern sehr willkommen; ihr gelbbraunes Holz mit unterschiedlicher Färbung von Splint und Kern ist hart und besonders haltbar. Dennoch spielt die Robinie als Forstbaum höchstens auf dem Balkan eine nennenswerte Rolle.

2 Besenginster
Cytisus scoparius

1–3 m Mai–Juni Strauch

K: Sträucher mit grünen, rutenförmigen Trieben und länglichen, sitzenden bzw. 3zähligen, gestielten Blättern, die bei Trockenheit abfallen, so daß die Belaubung in der Regel stark reduziert ist.

V: In lichten Wäldern, auf Kahlschlägen, Heiden und Wildland, stets auf kalkfreien Böden.

W: Statt der stark reduzierten Blätter übernehmen die grünen Ruten im wesentlichen die Photosynthese. Darin kommt die Angepaßtheit der Art an steinige und sandige Trockenstandorte zum Ausdruck. Manche Mittelgebirgslandschaften – vor allem im Westen – bieten zur Zeit der Ginsterblüte den schönsten Anblick („Eifelgold"). An den typischen Schmetterlingsblüten ist gut zu demonstrieren, wie bei Belastung des Schiffchens durch ein schweres Insekt, beispielsweise eine Hummel, die Staubblätter hervorschnellen und den Besucher von unten einpudern. Luftfeuchtes, wintermildes Klima sagt dem Besenginster am meisten zu. In strengen, schneearmen Wintern erfrieren oft ganze Bestände, die von der Basis her wieder ausschlagen und sich im Laufe von 3–5 Jahren erholen. Der deutsche Name und lat. scoparius weisen auf die Verwendung als Besen hin. In der Pharmazie werden die Inhaltsstoffe bei Kreislaufstörungen und niedrigem Blutdruck empfohlen.

3 Behaarter Ginster
Genista pilosa

10–30 cm Apr.–Juli Halbstrauch

K: Meist niederliegender dornloser Strauch mit jeweils 1–2 Blüten in den Blattachseln.

V: Zerstreut in lichten Nadelwäldern sowie auf Heiden und Magerrasen, immer auf basenarmen Böden.

W: Der deutsche Artname verweist auf die seidig behaarten Hülsen; auch Fahne und Schiffchen sind behaart.

4 Färber-Ginster
Genista tinctoria

30–80 cm Juni–Juli Halbstrauch

K: Kleiner dornloser Strauch mit aufrechten Stengeln und Schmetterlingsblüten in endständigen Trauben.

V: Magerwiesen sowie lichte Wälder auf basenreichen Böden.

W: Der Strauch wurde früher als Färbepflanze (Name) und als harntreibendes Heilmittel genutzt. Wo er sich auf Weiden stärker ausbreitete, galt er als lästiges Unkraut.

1a

1b

2a

2b

3

4

1 Berg-Ahorn
Acer pseudoplatanus

20–30 m Mai–Juni Baum
K: Bis 15 cm breite Blätter mit 5 Lappen, durch spitze Buchten getrennt; grünliche Blüten in hängenden Trauben, die nach den Blättern erscheinen; Knospen mit grünen Schuppen.
V: Ursprünglich in Schlucht- und Berg-Buchenwäldern; forstlich heute weit verbreitet, auch in tieferen Lagen; beliebter Alleebaum.

2 Spitz-Ahorn
Acer platanoides

20–25 m April-Mai Baum
K: Die Lappen der bis 18 cm breiten Blätter laufen in 11–13 spitze Zähne aus; die Buchten sind stumpf. Die aufrechten Sträußchen aus gelben Blüten erscheinen vor den Blättern; Knospen mit rötlichen Schuppen.
V: Von Natur aus nur zerstreut in Laubmischwäldern auf nährstoffreichen Standorten; beliebter Alleebaum, auch forstlich genutzt.

3 Feld-Ahorn
Acer campestre

10–20 m Mai Baum/Strauch
K: Bis 10 cm breite Blätter mit 3–5 Lappen; gelbgrüne Blüten; Knospen mit bräunlichen Schuppen.
V: Verbreitet in Eichen-Hainbuchenwäldern auf nährstoffreichen Böden.
W: Die **Ahorn-Arten** zeichnen sich allesamt durch kreuzgegenständige Blätter und Knospen aus. Ihre Blüten werden von Insekten bestäubt und bieten eine gute Bienenweide. Der wissenschaftliche Gattungsname (lat. acer = spitz, scharf) bezieht sich auf die Blattform. Das Holz ist vielseitig verwendbar, vor allem das des Berg-Ahorns, der 400–500 Jahre alt werden kann (Spitz-Ahorn nur 120–150 Jahre). Der Berg-Ahorn ist gegenwärtig durch starke natürliche Verjüngung in rapider Ausbreitung begriffen. (Früchte S. 418)

4 Stechpalme
Ilex aquifolium

1–6 m Mai–Juni Strauch/Baum
K: Immergrüne, unten am Strauch dornig gezähnte Schatten- und oben glattrandige eiförmige Lichtblätter.
V: Auf wintermilde, feuchte Regionen (atlantisches Klima) im Norden und Westen beschränkt, nur punktuell auch am Alpenrand.
W: In dichten Buchenwäldern nutzt die Stechpalme zur Photosynthese vor allem den starken Lichteinfall im Winterhalbjahr. Die ledrigen Blätter werden 2–4 Jahre alt. In England sind ihre Zweige als Weihnachtsschmuck besonders beliebt. (Früchte S. 416)

5 Pfaffenhütchen
Euonymus europaea

2–5 m Mai–Juni Strauch
K: Die Art ist ganzjährig an ihren glatten grünen Zweigen zu erkennen.
V: An Waldrändern, in Hecken und Gebüschen auf kalk- und nährstoffreichen Standorten verbreitet.
W: Das harte Holz wurde von Drechslern vorzugsweise zu Garnspindeln verarbeitet („Spindelbaum“). (Früchte S. 416)

6 Buchsbaum
Buxus sempervirens

0,2–2(15)m März–Apr. Strauch/Baum
K: Die ovalen, bis 2 cm langen Blätter sind ledrig und immergrün.
V: Mittelmeerraum; in Mitteleuropa seit alters häufig angepflanzt; nur an Mosel und Oberrhein an wenigen Stellen auch wildwachsend.
W: Der Buchsbaum diente schon im Mittelalter zur Beeteinfassung und ist auch heute noch Bestandteil vieler Zier- und Bauerngärten. Auch der Form- und Figurenschnitt des Buchsbaums hat eine alte Tradition, ebenso seine Verwendung zu Sträußen und Gebinden am Palmsonntag.

1

2

3

4

5

6

1 Winter-Linde
Tilia cordata

bis 25 m Juni–Juli Baum

K: Die Winterlinde blüht 14 Tage später als die Sommerlinde (Name), hat kleinere Blätter und in den Winkeln der Blattadern bräunliche Härchen (Sommerlinde: weißliche Härchen).

V: Beide Arten sind von Natur aus in Mittel- und Süddeutschland heimisch, als Stadt-, Park- und Alleebäume aber überall in Mitteleuropa anzutreffen.

W: Die Linden und nicht etwa die Eichen sind die wichtigsten Kultbäume der Germanen, deren Thingstätten (Gerichtsorte) häufig unter Linden waren. Linden sind bis in unsere Zeit die Bäume der deutschen Dörfer geblieben. Allein in den westlichen Bundesländern gibt es 850 Ortsnamen, die etwas mit der Linde zu tun haben. Linden gehören zu unseren stattlichsten und ältesten (bis 1000 Jahre alten) Baumveteranen. Sie spenden intensiven Schatten, den viele Autoliebhaber dennoch meiden, weil sie den „Honigtau" auf dem Lack fürchten. Dabei handelt es sich um harmlose, zuckerhaltige Absonderungen von Blattläusen. Linden haben stark duftende, nektarreiche Blüten. Der schweißtreibende und fiebersenkende Lindenblütentee wird nach wie vor bei Grippe und Erkältungskrankheiten erfolgreich verabreicht. Lindenholz ist leicht, weich und kernlos und wird für Schnitz- und Drechselarbeiten geschätzt. (Früchte S. 420)

2 Faulbaum
Frangula alnus

1–3 m Mai–Juni (Aug.) Baum

K: Ein recht unauffälliger Strauch oder kleiner Baum, der nur Langtriebe bildet und deshalb nur spärlich beblättert erscheint.

V: Häufig in weniger gut mit Nährstoffen versorgten Wäldern oder Weidengebüschen auf feuchterem Grund.

W: Die kleinen, unscheinbaren Blüten des Faulbaums sind den ganzen Sommer über zu finden. Deshalb wissen die Waldimker ihr Nektarangebot besonders zu schätzen. Die Rinde wird auch heute noch gewonnen, getrocknet und Abführmitteln zugefügt. Erkennbar ist die Faulbaumrinde an ihrem „faulen" Geruch (Name) und an den weißlichen Korkwarzen (Lentizellen), die über ihr lockeres Füllgewebe den Gasaustausch zwischen Zweiginnerem und der Umgebung ermöglichen. (Früchte S. 418)

3 Waldrebe
Clematis vitalba

bis 8 m Juni–Juli Strauch

K: Schlingstrauch (Liane) mit unscheinbaren Blüten, die 4–5 Kelch- und keine Kronblätter aufweisen.

V: In Wäldern und Gebüschen, vor allem in Kalkgebieten.

W: Die Waldrebe kann bis in die Wipfel junger Bäume vordringen und sie durch Beschattung und Belastung schädigen. Nach der Blütezeit entwikkeln sich die auch als „Teufelszwirn" bezeichneten Sammelfrüchte (S. 424), die bis in den Winter hinein die Triebe zieren. Das Flugorgan der Einzelfrüchte sind die verlängerten und stark behaarten Griffel. Zum Klettern setzt die Waldrebe auch ihre Blätter ein, deren Stiele und Mittelrippen als Ranken fungieren.

4 Seidelbast
Daphne mezereum

50–120 cm Feb.–Apr. Strauch

K: Kleiner Strauch mit betörend duftenden Blüten.

V: In Eichen- und Buchenwäldern, vor allem auf kalkreichen Böden.

W: Während der Blütezeit ist der Duft 10–20 m weit wahrnehmbar, später fallen die scharlachroten Beeren auf, die wie alle anderen Teile des Strauches giftig sind; bereits 10–15 wirken tödlich. (Früchte S. 418)

1a

1b

2

3

4

1 Esche
Fraxinus excelsior

25–35 m Apr.–Mai Baum

K: Unpaarig gefiederte Blätter mit 9–13 Fiederblättchen. Im Winterhalbjahr fallen die schwarzen, samtigen Knospen auf.

V: In Laubmischwäldern weit verbreitet; häufig angebaut.

W: Die Art wächst von Natur aus sowohl in feuchten Auenwäldern als auch auf trockenen Kalkfelsen. Sie blüht vor dem Laubaustrieb und läßt ihre Pollen durch den Wind transportieren.

2 Liguster
Ligustrum vulgare

1–5 m Juni–Juli Strauch

K: Die länglich-lanzettlichen Blätter stehen kreuzgegenständig.

V: In artenreichen Eichen- und in Kiefernwäldern und Gebüschen; sowohl auf sonnigen Rainen und Kalkmagerwiesen als auch an Ufern; häufig in Gärten und Parks.

W: Der Gewöhnliche Liguster behält seine Blätter meistens bis zum neuen Laubaustrieb; er friert allerdings in strengen Wintern oft zurück. Als Schnitthecke begrenzt er viele Beete und Grundstücke. (Früchte S. 416)

3 Roter Hartriegel
Cornus sanguinea

2–4 m Mai–Juni Strauch

K: Vor allem im Winterhalbjahr sind die sonnenzugewandten Teile der Stengel rötlich (Name).

V: In lichten Laubmischwäldern und in Hecken und Gebüschen auf kalk- und nährstoffreichen Böden.

W: Der Name weist auf das harte, bei Drechslern beliebte Holz hin. Wo er im Schatten nicht zur Blüte gelangt, kann sich der Rote Hartriegel dennoch ausbreiten, weil sich die zu Boden sinkenden, langen Zweige bewurzeln. (Früchte S. 420)

4 Kornelkirsche
Cornus mas

2–8 m Febr.–März Strauch/Baum

K: Ein häufiger Frühblüher, dessen Blütendolden mehrere Wochen vor den Blättern erscheinen.

V: Von Natur aus selten in Eichenwäldern und Gebüschen auf Kalk, vor allem an der Donau.

W: Durch Anpflanzung an Straßen und Autobahnen ist die Art inzwischen überall anzutreffen. (Früchte S. 420)

5 Efeu
Hedera helix

bis 15 m Sept.–Nov. Kletterstrauch

K: Immergrüne ledrige Blätter, die am Boden und im Schatten 3–5lappig, im oberen Teil der mit Haftwurzeln kletternden Sprosse ganzrandig sind.

V: In wintermilden, feuchten Lagen vorzugsweise an Buchen und Eichen sowie an Felsen und Fassaden kletternd.

W: Die stark duftenden Blüten sorgen im Herbst für ein letztes reiches Nektarangebot für Fliegen und Hautflügler sowie für Pollen für die Bienen. Der Efeu ist kein Schmarotzer, konkurriert allerdings mit den Stützbäumen um das Licht. (Früchte S. 420)

6 Sanddorn
Hippophae rhamnoides

1–6 m März–Apr. Strauch

K: Die linealischen Blätter sind oberseits graugrün und kahl, unterseits silbrig-weiß befilzt. Die Zweige laufen in spitze Dornen aus.

V: Von Natur aus nur im Küstengebiet und an Flüssen des Alpenvorlandes; allerdings häufig gepflanzt.

W: Der Sanddorn ist ein lichtbedürftiges Pioniergehölz, das meistens früher oder später überschattet und aus den Anpflanzungen wieder verdrängt wird. Die Art ist zweihäusig, blüht vor dem Laubaustrieb und überläßt die Pollen dem Wind. (Früchte S. 420)

1
2
3
4
5
6

1 Glocken-Heide
Erica tetralix

10–50 cm Juni–Sept. Zwergstrauch
K: Nadelförmige immergrüne Blätter in Quirlen zu viert; Blüten an der Stengelspitze doldig gehäuft.
V: Nur im Norden in feuchten Heiden und Hochmooren, zerstreut.
W: Glocken-Heide und Besenheide kommen oft benachbart vor; dann besiedelt erstere immer die nasseren Standorte. Sie ist heute vielerorts durch Überschattung, durch Entwässerung und Eutrophierung gefährdet.

2 Besenheide
Calluna vulgaris

10–80 cm Juli–Sept. Zwergstrauch
K: Schuppenförmige immergrüne Blätter, die dachziegelartig angeordnet sind; kleine rosarote Blüten in einseitswendigen Trauben.
V: Lichte Wälder auf trockenen, kalk- und nährstoffarmen Böden; in Heidegebieten und auf Magerrasen oft in großen Beständen.
W: Die Besenheide konnte sich infolge der Waldverwüstung und der Schafweide in früheren Jahrhunderten stark ausbreiten. Sie ist lichtliebend, aber sonst sehr anspruchslos. Durch Rohhumusbildung trägt sie selbst zur Bodenverschlechterung bei. Ihre reiche Nektarproduktion wird vor allem von Bienen genutzt („Heidehonig"). Ihre Verwendung zum Besenbinden kommt auch im Namen zum Ausdruck.

3 Rosmarinheide
Andromeda polifolia

10–30 cm Mai–Juli(Okt.) Zwergstrauch
K: Die lanzettlichen Blätter sind 1–3 mm breit, oberseits dunkelgrün, unterseits weißlich; 1–4 glockige Blüten stehen nickend an der Stengelspitze.
V: Nur noch vereinzelt in feuchten Heiden und in Hochmooren im Norden und in den Alpen sowie an Reliktstandorten in den Mittelgebirgen anzutreffen.
W: Die Verbreitung der Art zeigt das typische Arealmuster eines Eiszeitrelikts. Die an den Rändern nach unten eingerollten Blätter haben auf der Unterseite eine Wachsschicht.

4 Rostblättrige Alpenrose
Rhododendron ferrugineum

50–150 cm Juni–Aug. Strauch
K: Bis 6 cm lange immergrüne Blätter, die unterseits rostbraun und nicht bewimpert sind.
V: In den Alpen auf kalkfreien Böden im Bereich der Waldgrenze.
W: Alpenrosen können nur unter Schnee überwintern, sonst erfrieren sie. Sie sind in allen Teilen giftig, auch die Blüten und der Nektar.

5 Preiselbeere
Vaccinium vitis-idaea

10–20 cm Mai–Juni Halbstrauch
K: Lederartige, immergrüne Blätter und nickende, glockige Blüten.
V: In lichten Nadelwäldern, Eichen-Birkenwäldern und Hochmooren.
W: Zwar längst nicht so weit verbreitet wie die Heidelbeere, aber dafür oft große Bestände bildend. (Früchte S. 422)

6 Heidelbeere
Vaccinium myrtillus

10–50 cm Apr.–Juni Halbstrauch
K: Krautige, eiförmig-zugespitzte Blätter und einzelne krugförmig hängende Blüten.
V: In lichten Wäldern auf sauren Böden und in Heiden, mehr im Bergland.
W: Nur im Schneeschutz kann die Heidelbeere in strengen Wintern überdauern. Unterirdische Ausläufer gestatten der Art eine starke Vermehrung und Flächendeckung. Im Winter sind die grünen Triebe eine wichtige Nahrung für das Wild. (Früchte S. 422)

1
2
3
4
5
6

1 Krähenbeere
Empetrum nigrum

30–50 cm Apr.–Mai Zwergstrauch

K: Bildet mit niederliegenden Zweigen teppichartige Polster. Die nadelförmigen, 1/2 cm langen Blätter sind immergrün.

V: Zerstreut in Mooren, Heiden, Dünentälchen und lichten Wäldern, vor allem im Küstengebiet, aber auch auf einigen Reliktstandorten in den Mittelgebirgen und Alpen.

W: Die arktisch-alpin auf von Natur aus waldfreien Standorten verbreitete Art kann in Mitteleuropa nur überleben, wenn ihre Biotope streng geschützt werden. Die erbsengroßen, schwarz glänzenden Steinfrüchte werden vorzugsweise von Krähen verzehrt und verbreitet (Name).

2 Hopfen
Humulus lupulus

bis 6 m Juli–Aug. ♃

K: Kletterpflanze mit weinähnlichen Blättern; Sprosse durch kleine Widerhaken rauh.

V: Vor allem in wintermilden Lagen auf feuchten und nährstoffreichen Böden; dort in Auenwäldern, Hecken und Gebüschen verbreitet.

W: Bei der Art, die man spontan zunächst für einen windenden Strauch hält, handelt es sich in Wirklichkeit um eine Staude. Die langen rechtswindenden Triebe werden alljährlich neu gebildet. In einigen wenigen Regionen (Hallertau, Bodensee) wird der Hopfen noch angebaut. (Früchte S. 426)

3 Sommerflieder
Buddleja davidii

bis 3 m Juli–Aug. Strauch

K: 20–30 cm lange, dichte, blauviolette (teilweise auch weiße und rosafarbene) Blütenrispen.

V: Aus China stammender Zierstrauch, der sich in wintermilden Stadt- und Industriebiotopen (vor allem im Rheinland) als Pioniergehölz massenhaft spontan angesiedelt hat.

W: Der Sommerflieder erfriert in strengen Wintern, schlägt aber oft von der Basis her wieder aus. Er lockt mit seinem Duft langrüsselige Insekten an, vor allem Tagfalter. Der wissenschaftliche Name erinnert gleich an zwei Forscher: an den engl. Geistlichen und Botaniker Adam Buddle (1660–1715) und an den franz. Missionar Armand David (1626–1690).

4 Wald-Geißblatt
Lonicera periclymenum

bis 10 m Juni–Aug. Strauch

K: Der windende Strauch hat verkehrt-eiförmige, gegenständige Blätter und nachts stark duftende Röhrenblüten, die in Köpfchen an den Sproßspitzen stehen.

V: Häufig in Hecken, in Gebüschen und an Waldrändern auf kalk- und nährstoffarmen Böden; fehlt im Südosten.

W: Diese Liane windet im Uhrzeigersinn. Sie kann bis 50 Jahre alt werden und schwächere Bäume erwürgen. Von ihrer engen „Umarmung" zeugen spiralig gedrehte Haselgerten (Spazierstöcke). An den Blüten kann man gelegentlich seltene Nachtschmetterlinge (Schwärmer) beobachten. (Früchte S. 422)

5 Rote Heckenkirsche
Lonicera xylosteum

1–3 m Mai–Juni Strauch

K: In den Achseln der gegenständigen Blätter entspringen die Blütenstiele, die jeweils 2 gelblich-weiße Blüten bzw. rote Beeren tragen.

V: In artenreichen Laubmischwäldern, Hecken und Gebüschen auf kalk- und nährstoffreichen Böden; fehlt im Nordwesten.

W: Diese *Lonicera*-Art windet nicht. Die Blüten werden von Hummeln und Bienen bestäubt. (Früchte S. 424)

1

2

3

4

5

1 Große Sternmiere
Stellaria holostea

10–40 cm Apr.–Juni ♃

K: Die 5 Kronblätter sind bis zur Mitte gespalten und wirken daher leicht wie 10. Der Stengel ist 4kantig.

V: Weit verbreitet in Laubwäldern und Gebüschen auf kalkärmerem Substrat.

W: Wie viele andere Nelkengewächse ist die Art ein gutes Beispiel für die Sonderform der dichasialen Verzweigung: Bis zu dreimal hintereinander sind die Sprosse gegabelt, weil jeweils zwei Seitentriebe das weitere Wachstum übernehmen, während der Haupttrieb mit einer Blüte endet. Oft stützen sich die aufstrebenden Triebe auf ihre gegenständigen Blätter, die starr abstehen.

2 Wald-Sternmiere
Stellaria nemorum

20–50 cm Mai–Juli ♃

K: Mit ähnlichen Blüten wie die Große Sternmiere, aber mit rundem Stengel und viel breiteren herz-eiförmigen Blättern.

V: Stärker im Hügel- und Bergland verbreitet.

W: Die voll geöffneten Blüten der Sternmieren wirken wie weiße Sternchen, denen sie ihren deutschen und den wissenschaftlichen Namen (stella = Stern) verdanken. Diese Art weist durch ihr Vorkommen auf Bodenfeuchte und auf Mullböden hin.

3 Vogel-Sternmiere
Stellaria media

3–40 cm ganzjährig ⊙

K: Die Kronblätter sind ebenso wie der Kelch nur 2 mm lang. Der niederliegende Stengel trägt nur auf einer Seite eine Haarreihe. Die Pflanze wurzelt sehr flach.

V: Überall in Mitteleuropa als Unkraut in Gärten und auf Hackfruchtäckern sowie auf Schutt anzutreffen.

W: Die Art signalisiert dem Gärtner die Fruchtbarkeit, vor allem die gute Stickstoffversorgung des Bodens. In dichten, rasenartigen Beständen hält die auch im Winter grünende und oft auch blühende Art den Boden feucht und geschützt. Vögel schätzen Blättchen und Samen als Nahrung (Name). Ihre Grünmasse ergibt einen besonders wertvollen Kompost.

4 Gemeines Hornkraut
Cerastium fontanum

10–40 cm Apr.–Okt. ♃

K: Nur die aufsteigenden Triebe tragen kleine, unscheinbare Blüten, deren Kronblätter den Kelch nur wenig überragen.

V: Auf Wiesen und Weiden, auf Äckern und an Wegrändern, auch auf nur mäßig gepflegten Rasenflächen allgemein verbreitet.

W: Diese Art ist ein Lehmzeiger, der im Gegensatz zur Vogelmiere tief wurzelt. Als Futterpflanze ist sie fast bedeutungslos. An der trockenen Fruchtkapsel sind die Zähnchen hornartig abgespreizt (Name); auch der wissenschaftliche Gattungsname *Cerastium* hebt auf dieses Merkmal ab (griech. keras = Horn).

5 Acker-Hornkraut
Cerastium arvense

15–30 cm Apr.–Juli ♃

K: Die 5 Kronblätter sind nur zu einem Drittel gespalten und doppelt so lang wie der Kelch. Blätter und Stengel sind kurz behaart.

V: Meistens in lückiger Vegetation auf ärmeren, oft auf sandigen Standorten, auf Steingrus an Böschungen sowie auf Mauern.

W: Die anspruchslose Art ist licht- und wärmeliebender als die Große Sternmiere und nicht selten Pionier an schwierigen Orten. Sie kann sich dort gut behaupten, weil sie sich außer durch Samen auch durch unterirdische Ausläufer ausbreitet.

1

2

3

4

5

1 Acker-Spark
Spergula arvensis

10–50 cm Mai–Sept. ⊙

K: Die Art fällt weniger durch ihre kleinen Blüten als vielmehr durch die zahlreichen pfriemlichen Blätter auf, die in dichten Scheinquirlen stehen.

V: Als Unkraut auf Sandäckern, vor allem unter Hackfrüchten; kalkmeidend.

W: Daß der Acker-Spark auf entsprechenden Böden noch vielerorts vorkommt, verdankt er einer vergleichsweise hohen Herbizid-Resistenz und der Tatsache, daß die Samen viele Jahre im Boden keimfähig bleiben. Die Art wird im übrigen auch als Futterpflanze angebaut.

2 Taubenkropf-Leimkraut
Silene vulgaris

15–50 cm Mai–Sept. ♃

K: Der eiförmige Kelch dieses Nelkengewächses wirkt „kropfartig aufgeblasen“ (Name); die Pflanze ist kahl und meistens bläulich-grün.

V: Vor allem in Magerrasen und auf Steinschutt und flachgründigen Kalkböden.

W: Dieser Rohbodenpionier kann bis über 1 m tief wurzeln und so auch Extremstandorte besiedeln. Er ist als Viehfutter und Bienenweide in ärmlichen Gegenden sehr geschätzt.

3 Weiße Lichtnelke
Silene alba

40–80 cm Juni–Sept. ⊙

K: 2–3 cm große Blüten, deren Kronblätter tief zweigeteilt sind, stehen auf breit verzweigten Stielen.

V: An Wegrändern und an Schuttplätzen.

W: Männliche und weibliche Blüten stehen auf verschiedenen Pflanzen (eine zweihäusige Pflanzenart) und unterscheiden sich auch in der Gesamterscheinung. Die Kelche der männlichen Blüten weisen 10, die der weiblichen 20 bräunliche Streifen („Nerven“) auf. Die Blüten duften vor allem abends und nachts; sie werden von Nachtfaltern besucht. Die kleine Nebenkrone auf der Blüte weist die winzigen Insekten zurück, die ebenfalls vom Nektar profitieren wollen.

4 Weiße Seerose
Nymphaea alba

— Juni–Sept. ♃

K: Mit einem Durchmesser von über 15 cm die größten Blüten der heimischen Flora. Stengelquerschnitt rund, bei der Teichrose abgeflacht.

V: 1/2–3 m tiefe, nährstoffreiche, meistens stehende Gewässer.

W: Als Schwimmblattgewächs ist die Weiße Seerose an die aquatische Lebensweise hervorragend angepaßt. Ihre Blätter tragen die Spaltöffnungen auf der Oberseite, die sich durch eine wasserabstoßende Wachsschicht auszeichnet. Die elastischen und damit dem jeweiligen Wasserstand optimal angepaßten Blattstiele sind bis zu 3 m lang. Als Sproßersatz dient das armdicke Speicherrhizom, das durch die Wurzel im Schlamm verankert ist.

5 Rundblättriger Sonnentau
Drosera rotundifolia

5–20 cm Juli–Aug. ♃

K: Rosette aus langgestielten, runden, rötlichen Blättern; die Blütenstiele sind unbeblättert.

V: In Mooren, auf Torfmoospolstern oder auf Torf, aber auch auf humosem Sand in feuchten Heiden.

W: Mit ihren zu Fangblättern umgewandelten Laubblättern (Blattmetamorphose) gehören die Sonnentau-Arten zu den bekanntesten fleischfressenden Pflanzen. Auf ihnen befinden sich rötliche Drüsenzotten, die wie Tau glitzernde Tropfen eines eiweißspaltenden Enzyms absondern. Mücken und kleine Fliegen kleben daran fest und werden „verdaut“.

1

2

3

4

5

1 Finger-Steinbrech
Saxifraga tridactylites

5–15 cm März–Mai ⊙

K: Besonders zierlicher, klebrig-behaarter Steinbrech, im oberen Teil mit 3lappigen, im unteren Teil mit spatelförmigen Blättern.

V: Verbreitete Art auf Sand- und Grusböden an Wegen und Böschungen.

W: Abweichend von den anderen mitteleuropäischen Steinbrech-Arten ist diese Art einjährig. Sie siedelt auch gern in Sekundärbiotopen: auf Mauern, in Steinbrüchen und im Schotter von Bahndämmen.

2 Sumpf-Herzblatt
Parnassia palustris

15–30 cm Juni–Aug. ♃

K: Neben den herzförmigen, ganzrandigen Grundblättern trägt der Stengel noch ein einziges stengelumfassendes Laubblatt.

V: In Flach- und Quellmooren, aber auch auf Magerrasen, soweit der Boden kalkreich und durch Sickerwasser feucht ist.

W: Die 5 Staubblätter des einen Staubblattkreises reifen nacheinander; die 5 des anderen sind zu Lockorganen für Insekten umgewandelt, die im basalen Teil Nektar, an der Spitze jedoch glitzernde, unerwünschte Fliegen ablenkende Wassertröpfchen absondern. Die Pflanze erinnert mit ihrem wissenschaftlichen Namen an den Sitz der Musen (Parnaß).

3 Knöllchen-Steinbrech
Saxifraga granulata

15–40 cm Apr.–Juni ♃

K: Nur wenige Blüten in einem doldigen Blütenstand; nierenförmige, lappig gekerbte Blätter.

V: Außer auf kalkarmen Magerrasen und in lichten Wäldern auch auf mäßig gedüngten Wiesen.

W: Diese Art bricht nicht aus dem Stein hervor (Name), wie es bei etlichen ihrer Verwandten der Fall zu sein scheint. Sie ist oft von üppiger Vegetation umgeben. Außer durch Samen vermehrt sie sich auch vegetativ; dazu bildet sie nahe der Erdoberfläche in den Achseln abgestorbener Rosettenblätter Brutknöllchen oder Bulbillen (Name).

4 Busch-Windröschen
Anemone nemorosa

5–20 cm März–Apr. ♃

K: Jedes Kind kennt das weiße Blütenmeer dieser Frühlingsboten. Die blühenden Pflanzen haben keine grundständigen Blätter, aber unter der Blüte einen Wirtel mit 3 langgestielten laubblattähnlichen Hochblättern.

V: In sehr unterschiedlichen krautreichen Wäldern und auf Bergwiesen.

W: Der Wind, der im noch kahlen Frühlingswald die weißen Blüten wiegt, stand Pate beim deutschen wie beim wissenschaftlichen Namen dieser Art (griech. anemos = Wind).

5 Wasser-Hahnenfuß
Ranunculus aquatilis

— Apr.–Aug. ♃

K: In der Hauptblütezeit kann die Art kleine Weiher nahezu vollständig mit einem weißen Blütenteppich überziehen. Die Blütenstiele sind deutlich länger als die Stiele der 3–5lappigen Schwimmblätter.

V: Früher massenhaft, heute leider stark rückläufig; in stehenden und langsam fließenden, bis 2 m tiefen Gewässern mit möglichst nährstoffreichem, aber kalkarmem Wasser.

W: Wegen seiner Verschiedenblättrigkeit *(Heterophyllie)* bekannt: Unter Wasser hat die Art fädig zerteilte Blätter, denen die vergrößerte Oberfläche für Gasaustausch und Nährsalzaufnahme zustatten kommt (**b**). Auf der Wasserfläche schwimmende oder gar in die Luft ragende Blätter sind dagegen zwar zum Teil auch geteilt, aber zumeist flächig (**a**).

1

2

3

4

5a

5b

1 Gletscher-Hahnenfuß
Ranunculus glacialis

5–15 cm Juni–Aug. ♃

K: Die Pflanze liegt eng dem Boden an; nur die Stiele, die die außen rotbraun behaarten Blüten tragen, richten sich auf.

V: In Geröll- und Steinschuttfluren dringt die Art als Pionier bis in die hochalpine Stufe vor.

W: Da die Art Kalk streng meidet, ist ihre Verbreitung durch die Art des Gesteins maßgeblich vorausbestimmt. Ihr zweigeteiltes arktisch-alpines Areal wird damit erklärt, daß beim Rückzug der eiszeitlichen Gletscher sich ein Teil der Population aus dem zuvor geschlossenen Verbreitungsgebiet nord- und ein anderer Teil süd- bzw. gipfelwärts absetzte.

2 Christophskraut
Actaea spicata

30–60 cm Mai–Juli ♃

K: Einzelne große Stauden mit traubigem Blütenstand; Blüten 4zählig.

V: Schattige Hänge in Schlucht- und steinigen Berg-Buchenwäldern.

W: Das Christophskraut ist das einzige Hahnenfußgewächs mit Beeren, die zuerst grün und später schwarz sind und mehrere Samen enthalten. Die doppelt gefiederten Blätter haben einen scharfen Geruch. Das Kraut galt als Heilmittel gegen die Pest und als Zaubermittel zum Heben verborgener Schätze.

3 Hirtentäschelkraut
Capsella bursa-pastoris

20–40 cm ganzjährig ⊙

K: Bekannter als die unscheinbaren Kreuzblüten sind die herzförmigen Schötchen, die an Hirtentaschen erinnern (Name).

V: Überall, wo auf Höfen, in Gärten und auf Äckern gewirtschaftet wird, kann man mit der Art rechnen.

W: Das Hirtentäschelkraut ist eine Art, die keine feste Blühperiode aufweist und bei mildem Wetter auch im Winter blühen kann. Ein beliebtes Kinderspiel ist es, mit den etwas herabgezogenen Schötchen zu klimpern (einen „Schellenbaum" zu machen).

4 Acker-Hellerkraut
Thlaspi arvense

10–30 cm Apr.–Sept. ⊙

K: Hier fallen die fast kreisrunden Schötchen auf, die einen Durchmesser von etwa 1 1/2 cm haben.

V: Als Unkraut in Hackfruchtfeldern und Gärten, auch im Getreide und auf Schuttplätzen und Wegrainen.

W: Die pfennigartigen Früchte mit ihrem breiten häutigen Saum waren Anlaß für die Namengebung.

5 Knoblauchsrauke
Alliaria petiolata

30–100 cm Apr.–Juli ⊙-♃

K: Die herzförmigen Blätter riechen zerrieben nach Knoblauch.

V: Nährstoffreiche bis überdüngte Stellen an schattigen Orten, an Wegrändern und in Wäldern.

W: Als Stickstoffzeiger kommt die Art gern in verwildertem Kulturland vor. Früher war sie als Salatpflanze in Bauerngärten vertreten und wurde auch zum Würzen der Speisen benutzt.

6 Meerrettich
Armoracia lapathifolia

40–150 cm Mai–Juni ♃

K: Markant sind die großen, bis 60 cm langen Grundblätter.

V: In Unkrautfluren, auf Schuttplätzen und an Wegrändern.

W: Ob er als „Mehr-Rettich" (Superrettich) oder als „Mähr-Rettich" (Pferderettich = falscher Rettich) seinen Namen erhielt, ist ungewiß. Sicher ist, daß er aus Südosteuropa zu uns kam und aus Gärten verwilderte. Seine würzige Pfahlwurzel wird zur Senfherstellung benutzt.

1

2

3

4

5

6

1 Frühlings-Hungerblümchen
Erophila verna

2–15 cm Febr.–Mai ⊙

K: Schmächtige Pflänzchen mit einer Grundrosette aus lanzettlich-eiförmigen Blättern und mit blattlosem Stengel.

V: In trockenen, lückigen Rasen auf Sand, Felsen, Mauern, Böschungen.

W: Das zierliche, konkurrenzschwache Pflänzchen kann nur überleben, indem es anderen Arten ausweicht. Es tritt meistens nur vorübergehend auf im übrigen nur schwach bewachsenen Böden auf. Es wurzelt sehr flach. Der Name (Hunger) bezieht sich auf den kümmerlichen Wuchs und auf den kargen Standort.

2 Mädesüß
Filipendula ulmaria

60–150 cm Juni–Aug. ♃

K: Gekennzeichnet durch üppige und dichte Blütenstände und durch unpaarig gefiederte Blätter mit Nebenblättern und mit unterschiedlich großen Fiederblättern.

V: Auf nassen Wiesen, in Gräben und an Bachufern.

W: Mit seinem schweren süßlichen Duft übertrifft die Art fast alle anderen Duftpflanzen in Mitteleuropa. Auf ihn verweist auch der Name, wobei nicht klar ist, ob er sich auf den Geruch des Heus (Mahd) oder auf den Geschmack des Mets bezieht. Sicher ist jedenfalls, daß die fleischigen Wurzeln bei der Bierbrauerei genutzt wurden. Für Duftsträuße und Kräuterkissen sowie zum Aromatisieren von Desserts und Getränken wird Mädesüß gerade heute wieder empfohlen.

3 Wald-Geißbart
Aruncus dioicus

80–120 cm Juni/Juli ♃

K: Die großen Blütenrispen mit ihren fingerartig abstehenden Ästen tragen winzige Blüten in riesiger Zahl.

V: An schattigen und luftfeuchten Orten in Schluchtwäldern, an Steilhängen und an Gebirgsbächen.

W: Bei genauer Betrachtung lernt man die männlichen Pflanzen mit rein weißen, etwas ansehnlicheren Blüten von den weiblichen Pflanzen (plumpere, gelblich-weiße Blütenstände) unterscheiden; die Art ist zweihäusig.

4 Wald-Erdbeere
Fragaria vesca

5–15 cm Apr.–Juli ♃

K: 3zählig gefingerte Blätter, die unterseits heller sind als oberseits.

V: Lichte Stellen in Wäldern, auf Kahlschlägen und an Waldwegen.

W: Die oberirdischen Ausläufer können über 2 m lang werden. An ihren Knoten bilden sich Blattrosetten und bei Bodenberührung Würzelchen. Mit einem Zuckergehalt von bis zu 10 % gehört die Art zu den süßesten heimischen Wildobstarten. Die Monatserdbeere ist eine Zuchtform aus einer Unterart der Wald-Erdbeere.

5 Silberwurz
Dryas octopetala

5–15 cm Mai–Aug. Zwergstrauch

K: Der dem Boden eng anliegende Zwergstrauch fällt durch seine meist 8blättrige Blütenkrone und seine markanten, unterseits weißfilzigen wintergrünen Blätter auf, die elliptisch geformt sind und einen stumpf gekerbten Rand haben.

V: Als Pionier auf Kalkschutt und an felsigen Hängen der Alpen.

W: Der Kriechwuchs gestattet der Silberwurz auch auf extrem winterkalten Standorten das Überdauern; bereits durch den ersten Schnee erhält sie einen wirksamen Kälteschutz. In den Tundren des Spätglazials war sie in Teilen Mitteleuropas so weit verbreitet, daß man von der Dryas-Zeit spricht. Sie selbst erhielt ihren Namen nach den Dryaden, den Baumnymphen der griechischen Sagen.

1
2
3
4
5

1 Wiesen-Kerbel
Anthriscus sylvestris

60–150 cm Apr.–Juni ♃

K: Massenblüher der Straßen- und Wegränder, der den Frühsommeraspekt prägt. Ein Doldenblütler, wie die folgenden Arten auf dieser Seite. Wenn überhaupt, dann nur 1 Hüllblatt unter der Dolde.

V: Düngezeiger an Straßen- und Wegrändern sowie auf Fettwiesen.

W: Die Art ist kennzeichnend für die stark eutrophierte, zum Teil überdüngte Agrarlandschaft. Die Samen werden vom Vieh mit dem Futter aufgenommen und mit der Gülle wieder ausgebracht. Um die Mai–Juni-Wende weist die unterschiedliche Blütenfülle des Wiesenkerbels auf stärker und weniger stark stickstoffbelastete Bereiche der Feldmark hin.

2 Wilde Möhre
Daucus carota

30–60 cm Juni–Sept. ⊙

K: Die Hüllblätter unterhalb der Dolde sind fiederteilig; die Dolde selbst ist nach der Blütezeit vogelnestartig geformt.

V: Knapp 2 Monate nach dem Wiesen-Kerbel beherrscht diese Art das Bild der Straßen- und Wegränder.

W: Häufig steht im Zentrum der Dolde eine sterile, meistens etwas größere schwarzrote Blüte, im Volksmund „Mohr" genannt. Daß die Möhre danach ihren Namen bekam, trifft wohl nicht zu. Die Wurzelrübe, die aus der verdickten Hauptwurzel hervorgeht, zeichnet sich besonders bei den Kulturformen durch starkes sekundäres Dickenwachstum aus.

3 Giersch
Aegopodium podagraria

30–80 cm Mai–Aug. ♃

K: 3zählige Laubblätter.

V: An schattigen, stickstoffreichen Orten in Gärten, Wäldern, Hecken und Gebüschen.

W: In Gärten ist der Giersch oft ein Problemunkraut, weil er schwer zu jäten ist: Jedes Teilstückchen seines weit und tief kriechenden Rhizoms kann wieder eine neue Pflanze hervorbringen. Vor der Blütezeit werden die Blätter gern als Wildgemüse genutzt. Auf das früher häufig angewandte Heilkraut weist noch der volkstümliche Name „Zipperleinskraut" hin. Der wissenschaftliche Artname *podagraria* erinnert an die Indikation bei Gicht (Podagra = Zehengicht).

4 Kleine Bibernelle
Pimpinella saxifraga

10–50 cm Juni–Sept. ♃

K: Die unteren Blätter (einfach gefiedert) unterscheiden sich deutlich von den oberen Stengelblättern, die meist 2fach gefiedert sind und linealische Zipfel haben.

V: In sonnigen trockenen Magerrasen, vor allem auf Kalk.

W: Die Pflanze ist ein Magerkeitszeiger, der den Boden bis in 1,30 m Tiefe aufzuschließen vermag. Sie dient wegen ihrer entzündungshemmenden Inhaltsstoffe als Hustenmittel.

5 Hecken-Kälberkropf
Chaerophyllum temulum

30–100 cm Mai–Juli ⊙–♃

K: Kropfartig verdickte Knoten und dunkle Flecken am grünen, teilweise rötlich überlaufenen, steifhaarigen Stengel.

V: Halbschattige, stickstoffreiche Wegränder, Schuttplätze und verwilderte Gärten und Parks sowie Wald- und Heckensäume, dort oft mit der Knoblauchsrauke vergesellschaftet.

W: Wenn sie zerrieben wird, entströmt dieser giftigen Pflanze ein unangenehmer Geruch. Kälber, die von ihr fraßen, sollen Vergiftungserscheinungen – vor allem taumelnde Bewegungen – gezeigt haben (Name: Taumel-Kälberkropf, temulus = betäubend).

1
2
3
4
5

1 Hundspetersilie
Aethusa cynapium

10–80 cm Juni–Okt. ⊙

K: 3 auffallend vergrößerte und einseitig nach unten abstehende Hüllchenblätter; unangenehmer Geruch.

V: Häufig auf Hackfruchtäckern, auf Schuttplätzen und in Gebüschen.

W: Von der Petersilie unterscheidet sich die Art durch ihren Geruch und die glänzenden Blattunterseiten. Verwechslungen sind gefährlich; vereinzelt kam es bereits zu tödlichen Vergiftungen. Der Tiername (Hund bzw. griech. cyn = kynos = Hund) weist die Art als minderwertig im Vergleich zur Petersilie aus.

2 Wiesen-Kümmel
Carum carvi

30–70 cm Mai–Juli ♃

K: Das unterste Paar der Fiederblättchen ist kreuzweise gestellt. Die länglich-elliptische, gerippte Frucht hat einen aromatischen Geruch.

V: Auf Wiesen und Weiden sowie an Wegrändern, vor allem in mittleren und höheren Lagen des Berglandes.

W: Die alte Heil- und Würzpflanze regt die Verdauungsdrüsen an und fördert den Appetit; sie wurde früher vielfach angebaut. Bei blähenden Speisen wie Kohl oder frischem Brot bringen die Kümmelfrüchte Linderung. Der „Kümmel" als würziger Kräuterlikör wird auch gern vorbeugend eingesetzt.

3 Wiesen-Bärenklau
Heracleum sphondylium

50–150 cm Juni–Okt. ♃

K: Mit großen, 2–3fach gefiederten Blättern, deren stark aufgeblasene Blattscheiden anfangs die Knospen schützen. Der Stengel ist gefurcht und steifhaarig.

V: Auf überdüngten Wiesen und an Wegrändern sowie in Hochstaudenfluren oft massenhaft anzutreffen.

W: Die Bestäubung der Blüten erfolgt durch Hunderte kleiner Insekten, die sich auf den Dolden tummeln. Bei empfindlichen Personen bewirken Inhaltsstoffe des Bärenklaus eine Photosensibilisierung, die bei sonnigem Wetter zu erheblichen Rötungen und Schwellungen der Haut führen kann.

4 Herkulesstaude
Heracleum mantegazzianum

200–400 cm Juli–Okt. ⊙–♃

K: Durch ihren riesigen Wuchs und die im Durchmesser bis zu 50 cm großen Dolden ist die Art unübersehbar.

V: Ursprünglich als Zierde großer Parks aus dem Kaukasus nach Mitteleuropa geholt, ist die Herkulesstaude heute vor allem an Bachufern und in Sümpfen auf dem Vormarsch, auf dem sie eine Vielzahl heimischer Pflanzenarten verdrängen kann.

W: Jäger benutzen Abschnitte der kräftigen, hohlen Stengel gern als „Hirschruf". Die Giftwirkung auf der Haut ist noch erheblich größer als beim heimischen Wiesen-Bärenklau.

5 Gefleckter Schierling
Conium maculatum

80–200 cm Juni–Aug. ⊙–♃

K: Der Stengel ist bläulich bereift und trägt längliche, rote Flecken. Die ganze Pflanze stinkt nach Mäuseharn.

V: In Schuttfluren, keineswegs überall, am häufigsten wohl in wärmeren Landstrichen.

W: Das Alkaloid Coniin lähmt das Atemzentrum und kann ebenso wie Nikotin oder Curare zu einem fürchterlichen Tod bei vollem Bewußtsein führen. Wegen der Gefahr der Verwechselung mit anderen als Wildkräuter genutzten Doldengewächsen muß vor dieser Giftpflanze nachdrücklich gewarnt werden. Der Schierlingsbecher, den der griechische Philosoph Sokrates leeren mußte, hebt die Kenntnis dieser Art in den Rang kultureller Allgemeinbildung.

1
2
3
4a
4b
5

1 Großer Wasserfenchel
Oenanthe aquatica

30–120 cm Juni–Sept. ⊙-♃

K: Bemerkenswert ist die Verschiedenblättrigkeit: Im Gegensatz zu den Luftblättern sind die untergetauchten Blätter haarfein.

V: An Ufern von Gräben und Bächen und in Röhrichten bei einer Wassertiefe bis zu 1 m; verbreitet in Verlandungsgesellschaften, vor allem bei stark schwankendem Wasserstand.

W: Früher wurden die Früchte arzneilich genutzt, indem man harntreibende und hustenstillende Mittel daraus herstellte. Der Name „..fenchel" erinnert noch daran.

2 Wilde Engelwurz
Angelica sylvestris

80–250 cm Juli–Sept. ⊙-♃

K: Dolde meistens leicht, manchmal sogar halbkugelig gewölbt. Die 2fach gefiederten Blätter haben eiförmige Fiederblättchen und Stiele mit einer rinnigen Vertiefung auf der Oberseite; ihre Blattscheiden sind bauchig aufgeblasen.

V: Verbreitet an Ufern, in Feuchtwiesen und in Auenwäldern.

W: Als Bestäuber findet man auf den Dolden vor allem Fliegen und Käfer. Die Wurzeln dienten früher zur Herstellung auswurffördernder Mittel (daher auch der Name „Brustwurz"). Die Wilde Engelwurz fand dieselbe Verwendung wie die früher sogar teilweise angebaute Erzengelwurz. Mit beiden verbindet sich die Legende, daß ein Engel oder gar Erzengel ihre Heilkraft entdeckt habe (Name). Zusammen mit den vielen anderen „wurz"-Arten erinnert die Pflanze daran, wie eifrig unsere Vorfahren unterirdische Pflanzenteile („Wurz") gesammelt und als Heil- oder Nahrungsmittel genutzt haben müssen und wie vielfältig deren Kenntnis gewesen sein muß, die uns heute weitgehend verlorengegangen ist.

3 Weiß-Klee
Trifolium repens

5–15 cm Mai–Okt. ♃

K: Die kugeligen Blütenköpfe stehen auf einem langen Stiel; die unteren Blüten werden schon früh braun und nach unten zurückgeschlagen.

V: Von der Ebene bis über die Baumgrenze und an den Rand des ewigen Eises reicht das Verbreitungsgebiet dieser überall häufigen Art. Fettweiden, Rasen in Parks, Wiesen und Wegränder, aber auch Trittrasen haben immer einen mehr oder weniger großen Weiß-Klee-Anteil.

W: Wenn die Mäh-Intervalle größer werden, nimmt der Weiß-Klee zu; allerdings wird er auch durch gelegentliches Mähen oder Kaninchenfutter-Rupfen gefördert, während er in hoher Krautvegetation unterzugehen droht. Mit seinen wintergrünen Blättern ist er eine wertvolle Futterpflanze. Kleeblätter mit 4 statt 3 Fingern (lat. trifolium = Dreiblatt) sind nur selten zu finden und gelten als Glücksbringer.

4 Weißer Steinklee
Melilotus alba

30–120 cm Juni–Sept. ⊙-♃

K: Blüten in gestielten langen und reichblütigen Trauben.

V: Vor allem als Rohbodenpionier häufig auf sonnigen, steinigen Standorten, wie z. B. auf Schuttplätzen, Bahndämmen und in Kiesgruben.

W: Weißer Steinklee wird in der Landwirtschaft zur Gründüngung angebaut. Er besitzt Wurzelknöllchen mit luftstickstoffbindenden Bakterien. Schön zu beobachten ist, wie die Fiederblättchen am Abend zusammenklappen (Nyctinastie). Der Cumarin-Gehalt ist ähnlich dem des gelbblütigen Echten Steinklees; beide Arten wurden früher als Mottenmittel benutzt, heute eher für Duftsträuße und zum Füllen von Duftkissen, die maiglöckchenähnlichen Duft verbreiten.

1

2

3

4a

4b

1 Sauerklee
Oxalis acetosella

5–15 cm Apr.–Mai ♃

K: Kleeähnliche dreifingrige Blätter (Name); dekorative rötliche Adern auf den weißen Blütenblättern.

V: Verbreitet in Wäldern, dort oft herdenweise.

W: Der Frühblüher mit kriechendem Wurzelstock speichert die erforderlichen Reservestoffe zusätzlich im verdickten Blattgrund seiner auch im Winter grünen Blätter. Von allen heimischen Blütenpflanzen kann er den tiefsten Schatten ertragen und wächst auch dort noch, wo er nur 1 % des Sonnenlichtes erhält. Bei stärkerer Belichtung klappt er die Fiederblätter nach unten zusammen (**1 b**); in dieser „Schlafstellung" schützt er sich vor zu starkem Wasserverlust durch Transpiration. Den sauren Geschmack der Blätter (griech. oxys = sauer) sollte man wegen des Kleesalz- und Oxalsäuregehaltes und der Giftwirkung nur mit Vorsicht genießen.

2 Kletten-Labkraut
Galium aparine

30–150 cm Mai–Okt. ⊙

K: Stengel, Blätter und Früchte mit klettenartigen Widerhaken; jeweils 6–9 lanzettliche Blätter in einem Quirl.

V: Wegränder, Äcker, Ufer, Saumgesellschaften und Schutt beheimaten Unmengen dieser Pflanzenart, die oft zusammen mit der Brennessel auftritt und wie diese in der Agrarlandschaft durch intensiven Stickstoffeintrag stark gefördert wird.

W: Die Art klimmt mit Hilfe der Widerhaken und ihrer abgespreizten Zweige in der meist dichten Vegetation. Im übrigen trägt die klettenartige Struktur („Kleb-Kraut") zur Verbreitung der Früchte und ganzer Pflanzenteile durch Tiere bei. Im intensiven Ackerbau ist das Kletten-Labkraut ein „Problemunkraut", da es durch Herbizid-Einsatz nicht zu verdrängen ist.

3 Waldmeister
Galium odoratum

10–30 cm Mai ♃ ✿

K: Unverzweigte Stiele mit mehreren Wirteln aus jeweils 6–8 lanzettlich-eiförmigen Blättern.

V: In manchen Laubwäldern, vor allem in artenreichen Buchenwäldern.

W: Wegen des Cumarin-Gehaltes, den man vor allem bei welkenden Pflanzen registriert, ist die Art als Aromaspender beliebt (Waldmeister-Bowle). Bei höherer Dosis ist die Giftwirkung des Cumarins zu bedenken.

4 Wiesen-Labkraut
Galium mollugo

30–100 cm Mai–Okt. ♃

K: Stengel kahl und glatt (lat. mollugo = weichlich); jeweils 4–8 Blätter in einem Quirl.

V: In Fettwiesen und in Magerrasen, vor allem auch an Weg- und Grabenrändern weit verbreitet.

W: Der deutsche Name, aber auch die wissenschaftliche Bezeichnung (lat. gala = Milch) weisen auf den Gehalt an Labferment hin, das Milch zum Gerinnen bringt. Die Art wurde früher ebenso wie das Echte Labkraut zur Käsebereitung benutzt.

5 Weiße Taubnessel
Lamium album

20–50 cm März–Nov. ♃ ✿

K: Bekannter Lippenblütler mit brennesselähnlichen Blättern.

V: Unkrautfluren an Weg- und Grabenrändern und auf Schutt; starke Stickstoffversorgung anzeigend.

W: In milden Lagen und Jahren sind nicht selten auch im Winter noch Blüten zu finden. Nur Hummeln erreichen den süßen Nektar an der Basis der für die ganze Gattung charakteristischen schlundähnlichen Kronröhre (griech. lamion = Schlund oder Rachen); die Römer benutzten bereits den Pflanzennamen „Lamium".

1a
1b
2
3
4
5

1 Zaunwinde
Calystegia sepium

100–300 cm Juni–Sept. ♃

K: Windende Staude mit großen weißen Trichterblumen, die einen Durchmesser von bis zu 5 cm haben.

V: In Ufergebüschen und feuchteren Hecken, aber auch auf Ruderalflächen.

W: Die Stengelspitze führt kreisende Bewegungen aus, die man mit feststehendem Fotoapparat bereits in 1–2 Stunden gut dokumentieren kann. Sie verlaufen gegen den Uhrzeigersinn (Linkswinder) und bringen den Trieb früher oder später in Kontakt mit einem anderen Stengel, der dem Windengewächs danach als Unterlage für das Höhenwachstum dient. Kinder fasziniert es, daß man aus dem Blütentrichter trinken kann; die Legende kennt die Zaunwinde als Muttergottesgläschen. Der langrüsselige Windenschwärmer ist offensichtlich eng auf diese Art spezialisiert.

2 Purgier-Lein
Linum catharticum

5–25 cm Mai–Sept. ☉

K: Lockerer Blütenstand und auffallend dünne Stiele, die im unteren Teil gegenständige, einnervig-längliche Blätter tragen.

V: In feuchteren Kalkmagerrasen und Quellfluren, nur zerstreut.

W: Das Kraut ist als stark abführendes und harntreibendes Mittel bekannt, worauf sowohl der deutsche (purgierend = reinigend) als auch der wissenschaftliche Name (catharticus = abführend) hinweisen.

3 Siebenstern
Trientalis europaea

5–20 cm Mai–Aug. ♃

K: Die sternförmigen Blüten stehen einzeln auf langen Stielen. Sie weisen zumeist die ungewöhnliche Zahl von 7 Kronblättern auf. Die oberen Laubblätter bilden einen Quirl.

V: Vereinzelt in bodensauren Nadel- und Birkenwäldern der Norddeutschen Tiefebene und der Mittelgebirge.

W: Die Art hat zahlreiche isolierte und weit voneinander entfernte Vorkommen, die als Reliktareale der in kälteren Klimaepochen früher weiter verbreiteten Art betrachtet werden.

4 Hexenkraut
Circaea lutetiana

20–60 cm Juni–Sept. ♃

K: Die Blüten, die nur 2 Kronblätter aufweisen, stehen in langen blattlosen Trauben. Die gegenständigen Blätter wirken matt und sind nur auf den Nerven behaart.

V: Vor allem in feuchten Laubwäldern weiter verbreitet.

W: Das Hexenkraut ist ein Feuchtezeiger, der im Wald oft auf verdichtete Böden hinweist und deshalb auch auf Waldwegen häufig anzutreffen ist. Die Klettfrüchte haften im Haarkleid von Tieren und an Strümpfen und Hosenbeinen und werden so verbreitet.

5 Fieberklee
Menyanthes trifoliata

20–30 cm Apr.–Juni ♃

K: Leicht erkennbar an den 3zähligen Blättern, die an Kleeblätter erinnern (Name), und an den weiß-bärtigen Zipfeln der 5 Kronblätter.

V: Vereinzelt in Flach- und Quellmooren sowie auf nassen Wiesen und auf Torfschlammböden, die zeitweilig überschwemmt werden.

W: Auf den sauerstoffarmen Naßstandorten wird der Gasaustausch der Wurzeln durch hohle Stengel und Blattstiele gewährleistet. Die bartartigen Fransen auf den Kronblättern verstärken die Schauwirkung und halten zugleich kleinere Insekten von den Nektarquellen fern. Der Fieberklee enthält Bitterstoffe, die die Sekretion der Verdauungssäfte anregen, und dient zur Herstellung eines als „Magenbitter“ bekannten Likörs.

1
2
3
4
5a
5b

1 Schwarzer Nachtschatten
Solanum nigrum

10–60 cm Juni–Okt. ⊙

K: Die weißen Blüten mit ihren zurückgeschlagenen Kronblättern und den gelben, gemeinsam als Säule hervorragenden Staubblättern erinnern an kleine Kartoffelblüten.

V: Nicht selten als Stickstoffzeiger in Gärten und auf Schuttplätzen.

W: Die anfangs grünen, später schwarzen Beeren enthalten rund 50 schleimige Samen, die beim Verzehr der Beeren durch Vögel leicht am Schnabel kleben bleiben und auf diese Weise verbreitet werden. Ihr Giftgehalt ist offenbar je nach Reife und auch regional sehr unterschiedlich. Berichten über tödliche Vergiftungen einerseits steht andererseits die Tatsache gegenüber, daß die Pflanze beispielsweise im Mittelmeerraum ihrer Früchte wegen angebaut wurde.

2 Stechapfel
Datura stramonium

30–100 cm Juli–Okt. ⊙

K: Sowohl die großen röhrigen Trichterblumen mit ihren zugespitzten Blütenzipfeln als auch die stattlichen eiförmigen Blätter sind recht auffällig.

V: Vorwiegend in wärmeren Lagen vereinzelt auf Müllhalden und in aufgelassenen Gärten.

W: Der Stechapfel ist ein Neueinwanderer (Neophyt), der erst im 17. Jahrhundert aus Mexiko und Nordamerika nach Europa gelangte. Er enthält stark giftige, lebensgefährliche Alkaloide. Als Rauschmittel war er Bestandteil von Liebestränken. Wegen der krampflösenden, der Tollkirsche vergleichbaren Wirkung, wird er auch heute noch arzneilich verwertet.

3 Froschlöffel
Alisma plantago-aquatica

20–100 cm Juni–Sept. ♃

K: Die Blätter sind entfernt löffelförmig (Name), die armblütigen sparrigen Blütenstände quirlig verzweigt.

V: Häufig an Gräben und Bächen, im Röhricht von Flüssen und Seen.

W: Ein besonderes Schwimmgewebe der Früchte sorgt dafür, daß diese sich über ein Jahr lang schwimmend über Wasser halten können. So ist eine weite Verbreitung der Pflanze gewährleistet.

4 Pfeilkraut
Sagittaria sagittifolia

20–100 cm Juni–Aug. ♃

K: Die großen, tief pfeilförmigen Luftblätter sind unverwechselbar.

V: Verstreut im Flachwasserbereich unterschiedlicher Gewässer; nach Wasserspiegelabsenkung auch auf dem Lande lebensfähig.

W: Neben den pfeilförmigen Luftblättern (deutscher Name und lat. sagitta = Pfeil) gibt es noch 2 weitere Blattformen an derselben Pflanze: kreisförmige Schwimmblätter, die auf der Wasserfläche liegen, und linealisch-bandförmige Wasserblätter, die untergetaucht (submers) leben. Die Samen aller 3 auf dieser Seite genannten Sumpf- und Wasserpflanzen werden auch im Gefieder von Wasservögeln verbreitet.

5 Krebsschere
Stratiotes aloides

20–40 cm Mai–Aug. ♃

K: Den schwertförmigen, stachelig-gesägten Blättern verdankt die Art ihren Namen. Sie wachsen in dichten Rosetten, die im Wasser schwimmen.

V: Flachgewässer bis 2 m Tiefe. Vor allem nährstoffreiche Weiher wie verlandende Altwasser beheimaten die Art vereinzelt noch in großen Beständen; insgesamt aber ist sie stark rückläufig und gefährdet.

W: Zur Blütezeit erscheint die schwimmende Rosette über der Wasserfläche. Im Herbst sinkt sie zum Überwintern auf den Gewässergrund ab.

1
2
3a
3b
4
5

1 Echte Kamille
Matricaria chamomilla

15–40 cm Mai–Juli ⊙

K: Am aromatischen Duft, den hohlen Köpfchen und den meist zurückgeschlagenen Strahlenblüten von ähnlichen Arten zu unterscheiden.

V: Noch immer in vielen Äckern und häufig auf Rainen und Bodenaushub.

W: Seit Beginn des Getreideanbaus ist neben anderen Alteinwanderern (Archäophyten) auch diese Art belegt. Sie wurde früher viel häufiger als heute mit dem Getreidesaatgut verbreitet. Die weißen Strahlen- oder Zungenblüten sind immer weiblich, die gelben Röhrenblüten dagegen zwittrig. Aus getrockneten Kamillenblüten wird der vielleicht bekannteste Heiltee hergestellt, der entzündungshemmend und krampflösend wirkt. Der Name *Matricaria* weist auf die Verwendung in der Frauenheilkunde hin (lat. matrix = Gebärmutter).

2 Geruchlose Kamille
Tripleurospermum inodorum

10–50 cm Apr.–Okt. ⊙

K: Köpfchen kompakt; Strahlenblüten ausgebreitet.

V: Ähnlich wie die Echte Kamille.

W: Auf stillgelegten Ackerflächen kann sich die Art rasch stark ausbreiten, so daß sie neuerdings noch häufiger wird, als sie ohnehin schon ist. Sie ist erst später als die Echte Kamille aus Asien bei uns eingewandert.

3 Schaf-Garbe
Achillea millefolium

20–80 cm Juni–Nov. ♃

K: Kleine, armblütige Körbchen stehen in flachen Doldenrispen. Die Blätter sind 2–3fach gefiedert; die Fiederchen wirken wie viele winzige Blättchen und sind der Anlaß für den Namen *millefolium* (tausendblättrig).

V: Häufig auf trockenen Wiesen, Weiden und Wegrändern.

W: Auf Schafweiden (Name) bietet die Art oft einen eigentümlichen Anblick: Während die Blätter abgefressen werden, bleiben die Blütenstände zurück. Die ersten Blätter im Frühling werden gern als Gemüse oder Salat gesammelt. Die arzneiliche Nutzung entspricht etwa der der Echten Kamille.

4 Gänseblümchen
Bellis perennis

3–15 cm ganzjährig ♃

K: Diese Rosettenpflanze ist allenthalben eine der bekanntesten Wildblumen.

V: Oft in dichten, reinen Beständen, vor allem auf kurzgrasigen Rasen-, Wiesen- und Weideflächen.

W: Die Zungenblüten sind in kühlen Perioden oft rötlich gefärbt. Kinder flechten aus diesem fast allgegenwärtigen Massenblüher gern Kränze.

5 Margerite
Leucanthemum vulgare

20–80 cm Mai–Okt. ♃

K: Körbchen mit 3–6 cm Durchmesser meist einzeln auf langen Stielen.

V: Wiesen, Weiden, Straßenböschungen.

W: Diese beliebte, langlebige Schnittblume für die Vase ist häufig in Böschungseinsaaten (z. B. an Autobahnen) vertreten.

6 Sumpf-Garbe
Achillea ptarmica

20–60 cm Juli–Sept. ♃

K: Blätter linealisch-lanzettlich; Körbchen größer (∅ 15 mm) als bei der Schaf-Garbe.

V: Verbreitet in Feuchtwiesen und an Grabenrändern.

W: Der wissenschaftliche Name *ptarmicus* (zum Niesen anregend) nimmt auf die Tatsache Bezug, daß auch diese Art bei empfindlichen Personen allergische Reaktionen auslösen kann.

1

2

3

4

5

6

1 Maiglöckchen
Convallaria majalis

10–30 cm Mai ♃

K: Aus zwei elliptischen, gegenständigen Blättern wächst der Stiel hervor, der in einseitswendiger Traube die weißen Blütenglöckchen trägt.

V: In trockenen Laubwäldern, vor allem in Eichen-Buchenwäldern mittleren Artenreichtums, kommt die Art vielfach in größeren Beständen vor.

W: Das Blütenöl dient als Zusatz zu Parfüms; die Giftstoffe der Pflanze werden in ähnlicher Weise wie die Inhaltsstoffe des Roten Fingerhuts für Herzmittel verwandt. Die Art ist im Handel auch als Zierpflanze erhältlich.

2 Schattenblume
Maianthemum bifolium

5–20 cm Mai–Juli ♃

K: Die beiden herzförmigen Blätter stehen wechselständig; die traubig angeordneten Blüten des „falschen Maiglöckchens“ duften nicht.

V: Das Vorkommen dieser Waldpflanze deutet auf Bodenversauerung und nährstoffarme Böden hin.

W: Der deutsche Name zielt auf den schattigen Standort, der wissenschaftliche auf die Blütezeit.

3 Bärlauch
Allium ursinum

20–40 cm Apr.–Juni ♃

K: Die 1–2 elliptischen Blätter sind grundständig und gestielt. Der intensive Lauchgeruch ist schon aus einiger Entfernung wahrnehmbar.

V: Hier und dort findet man auf sickerfeuchten nährstoffreichen Böden die Art in größeren Beständen.

W: Der Volksmund spricht – vor allem im Hinblick auf die Zwiebelchen des Bärlauchs – vom „wilden Knoblauch“. Aber auch die kleingeschnittenen Blätter geben Quark, gemischtem Salat und Suppe einen milden Knoblauchgeschmack.

4 Märzenbecher
Leucojum vernum

10–30 cm Febr.–Apr. ♃

K: Die 2–3 cm großen nickenden Blütenglocken stehen einzeln oder zu zweit. Die Spitzen der 6 gleich großen Kronblätter zieren grüne Flecken.

V: In Laubwäldern und Wiesen auf feuchten, kalkreichen Standorten.

W: Trotz der tiefen Lage der Zwiebeln (20 cm) wurden diese früher oft ausgegraben und in Gärten verpflanzt; heute ist die Art streng geschützt. Der Name weist auf die frühe Blütezeit der Art hin, die wegen ihres knotenartig verdickten, unterständigen Fruchtknotens auch „Frühlingsknotenblume“ genannt wird.

5 Vielblütige Weißwurz
Polygonatum multiflorum

30–60 cm Mai–Juni ♃

K: An einem hohen bogigen Stengel stehen wechselständig die elliptischen Blätter. In ihren Achseln befinden sich jeweils 1–5 längliche Blüten.

V: Artenreiche Laubwälder.

W: Das Rhizom ist durch einzelne Knoten verdickt, die den jährlichen Zuwachs markieren. Die Rhizomspitze entwickelt sich zum Blütensproß, der nach dem Welken eine runde Vertiefung und die Spuren der Leitbündel hinterläßt („Salomonssiegel“). (Vgl. S. 426)

6 Weißes Waldvögelein
Cephalanthera damasonium

20–50 cm Mai–Juni ♃

K: 3–8 gelblich-weiße Blüten, die sich nur wenig öffnen.

V: Nur zerstreut in einigen Laub-, vor allem in Kalkbuchenwäldern.

W: Die Art ist auf Pilz-Symbionten angewiesen (Mykorrhiza). Wenn sich die ersten Blätter einer Jungpflanze zeigen, hat diese schon 8 Jahre der Entwicklung des unterirdischen Wurzelstocks hinter sich; noch ein Jahr später kommt sie zur Blüte.

1

2

3

4

5

6

1 Scharfer Hahnenfuß
Ranunculus acris

30–110 cm Apr.–Okt. ♃

K: Tief eingeschnittene Blätter mit schmalen Zipfeln, Blütenstiele nicht gefurcht.

V: Sehr häufig auf nicht zu trockenen Wiesen und Weiden. Nach der Löwenzahnblüte färbt im Mai der Hahnenfuß viele Wiesen gelb, und zwar in zwei unterschiedlichen Höhen (Etagen): höher der Scharfe, bodennäher der Kriechende Hahnenfuß.

2 Kriechender Hahnenfuß
Ranunculus repens

10–40 cm Mai–Sept. ♃

K: Weniger stark eingeschnittene Blätter; Blütenstiele gefurcht; mit Ausläufern kriechend.

V: Außer auf meistens staunassen Wiesen und Weiden auch auf Acker- und Gartenböden, wo die Art häufig auf Bodenverdichtung hindeutet.

3 Wolliger Hahnenfuß
Ranunculus lanuginosus

20–120 cm Mai–Juli ♃

K: Größere, weniger tief eingeschnittener Blätter, mit gelblichen Härchen dicht abstehend behaart.

V: Nur zerstreut in artenreichen Buchenmischwäldern auf kalk- und nährstoffreichen Böden.

W: Vor allem die ersten beiden Arten werden wegen des Fettglanzes ihrer gelben Blüten im Volksmund „Butterblumen" genannt. Die handförmig geteilten, vogelfußähnlichen Blätter standen Pate beim Namen „Hahnenfuß". Auf den feuchten Standort nimmt der Gattungsname *Ranunculus* (lat. rana = Frosch, ranunculus = kleiner Frosch) Bezug. – Alle drei Arten sind giftig. Abgeschnittene Stengel verursachen Hautreizungen. Vieh erleidet durch die beiden Wiesenblüher gelegentlich Vergiftungen; beim Trocknen des Heus schwindet die Giftwirkung offenbar. Von außen nach innen folgen auf die 5 kelchblattähnlichen Perigonblätter 5 kronblattartige Nektarblätter, an deren Grunde der Nektar ausgeschieden wird. Zur Samenreife entwickeln sich in jeder Blüte zahlreiche Nüßchen.

4 Trollblume
Trollius europaeus

20–50 cm Mai–Juli ♃

K: Die großen Blütenblätter sind nach innen vorgewölbt, so daß 4 cm dicke kugelige Blüten mit nur kleiner Öffnung entstehen.

V: Die Art kommt nur noch vereinzelt auf feuchten Bergwiesen und in Flachmooren vor und ist daher streng geschützt.

W: Der Name geht auf das althochdeutsche Wort „Trol" (Kugel) zurück. Kleine Insekten kriechen durch die enge Öffnung in die kugelige Blüte hinein, einige zur Eiablage, andere des Nektars wegen. Größere Insekten müssen sich schon hineinzwängen. In jedem Fall gewährleisten sie die Bestäubung.

5 Sumpf-Dotterblume
Caltha palustris

20–40 cm März–Juni ♃

K: Ungeteilte, runde bis herzförmige Blätter.

V: Noch auf vielen Feuchtwiesen, an Bach- und Grabenrändern und in Bruchwäldern anzutreffen, aber allgemein zurückgehend.

W: Bei Regen schließen sich die Blüten nicht; vielmehr füllen sie sich mit Wasser, in das die Pollen gelangen und so zu den Narben transportiert werden (Regenbestäubung). Mit den dottergelben Blüten (Name) verlieh man früher der Butter eine besonders attraktive Farbe. Gemäß der im 16. und 17. Jahrhundert weithin anerkannten Signaturenlehre benutzte man die gelben Blüten als Mittel gegen die Gelbsucht.

1a
1b
2
3
5
4

1 Brennender Hahnenfuß
Ranunculus flammula

20–50 cm Juni–Okt. ♃
K: Eine unbehaarte Staude mit gestielten, länglich-elliptischen ungeteilten Blättern.
V: An Ufern und in Sümpfen weit verbreitet.
W: Wo der niederliegende Stengel den Boden berührt, können sich an den Knoten Wurzeln bilden.

2 Gift-Hahnenfuß
Ranunculus sceleratus

20–60 cm Mai–Nov. ⊙
K: Die Blätter dieser unbehaarten Pflanze glänzen und sind handförmig gelappt. Auffallend groß ist die zylindrische Blütenachse.
V: Auf Schlammflächen und an den Rändern von Gräben und Teichen noch recht häufig anzutreffen.
W: Diese Art ist die giftigste unter den durchweg an Inhaltsstoffen reichen Hahnenfußgewächsen. Bereits Berührung der Pflanze und Kontakt mit dem Saft genügen, um Hautausschläge auszulösen.

3 Scharbockskraut
Ranunculus ficaria

5–15 cm März–Apr. ♃
K: Die herzförmigen Blätter bilden vom Vorfrühling bis zur frühzeitigen Welke (sie ziehen bereits im Mai/ Juni ein) auf dem Waldboden große grüne Teppiche, die Blüten in vielen Wäldern den ersten Frühlingsaspekt.
V: Weit verbreitet in Wäldern, Gebüschen und verwilderten Gärten.
W: Der besonders zeitig blühende Frühblüher, der nur selten Samen hervorbringt, hat sich stark auf die vegetative Vermehrung eingestellt. Jährlich werden unterirdische, als Stärkespeicher und Vermehrungsorgane dienende Wurzelknollen neu gebildet. Sie sind feigenähnlich (lat. ficarius) geformt und wurden früher als Feigwurzeln gegen Feigwarzen (durch ein Virus hervorgerufene Hautwucherungen an den Geschlechtsteilen) eingesetzt, in Notzeiten aber auch zu Mehl verarbeitet. Oberirdisch vergrößern sich im Mai/Juni in den Winkeln der unteren Laubblätter die schließlich getreidekorngroßen Brutknöllchen oder Bulbillen, die der Volksglaube mit dem „Himmelsbrot“, dem Getreideregen der Legende, in Zusammenhang brachte. Der Name geht auf Skorbutkraut zurück: Der früher im Winter weit verbreiteten Vitamin-C-Mangelkrankheit begegnete man mit den ersten Frühlingssalaten aus den frischen, anfangs noch gut bekömmlichen Blättern dieser Pflanze.

4 Gelbes Windröschen
Anemone ranunculoides

10–25 cm März–Mai ♃
K: 3 kurzgestielte Hochblätter, die den grundständigen Laubblättern ähneln, bilden einen Wirtel; die Blüten stehen darüber einzeln oder zu zweit.
V: Örtlich in Buchen- und in Laubmischwäldern; immer auf Kalk.
W: Diese Pflanze erinnnert an die Hahnenfuß-Arten und trägt den wissenschaftlichen Artnamen *ranunculoides* (hahnenfußähnlich) voll zu Recht.

5 Gelbe Teichrose
Nuphar lutea

— Juni–Sept. ♃
K: Die eiförmigen Schwimmblätter sind bis zu 40 cm lang und die Stengel im Querschnitt abgeflacht. Die kugeligen Blüten sind nur etwa 4 cm groß.
V: In stehenden und langsam fließenden Gewässern.
W: Die Gelbe Teichrose ist oft mit der Weißen Seerose vergesellschaftet. Allerdings dringt sie in bis zu 6 m tiefe Gewässer ein, wohin ihr die Weiße Seerose nicht folgen kann. Die Blüte besteht aus 5 kelchblattartigen Perigon- und aus zahlreichen kronblattartigen Nektarblättern.

1

2

3

4

5

1 Weg-Rauke
Sisymbrium officinale

30–60 cm Mai–Sept. ☉
K: Die ca. 1 cm langen Schoten stehen aufrecht und schmiegen sich dem Stengel an.
V: In Schutt- und Unkrautfluren sowie an Wegrändern recht weit verbreitet.
W: Die Weg-Rauke ist für kurzlebige Ruderalgesellschaften kennzeichnend, deren pflanzensoziologisch definiertem Verband sie den Namen gibt. Der Wind verweht oft ganze abgestorbene Pflanzen und auf diese Art auch die reifen Samen. Vor dem früher gelegentlich empfohlenen Aufguß zur Milderung von Katarrhen wird heute wegen der Nebenwirkungen auf das Herz gewarnt.

2 Wilde Sumpfkresse
Rorippa silvestris

20–40 cm Juni–Sept. ♃
K: Gefiederte Blätter ohne auffallende Endlappen; knapp 2 cm lange Schoten auf ebenso langem Stiel.
V: An Ufern und auf feuchten Ruderalflächen allgemein verbreitet.
W: Die Art weist – vor allem bei zahlreichem Auftreten – auf Bodenverdichtung hin.

3 Echtes Barbarakraut
Barbarea vulgaris

30–80 cm Apr.–Juli ☉-♃
K: Die fiederlappigen Blätter haben einen besonders großen Endlappen. Die gut 2 cm langen Schoten weisen aufwärts vom Stengel weg.
V: An wenig bewachsenen Stellen an Ufern, auf Ödland und auf angeschütteten Böden überall anzutreffen.
W: Junge Blätter – zu Salat verwandt – schmecken wie Kresse, weshalb der Volksmund auch von der „Echten Winterkresse" spricht. Die überwinternden Rosetten können bis zum Barbaratag (4. Dezember, Name) und im zeitigen Frühling gesammelt werden. Im 16. Jahrhundert gab es die Art bereits in den Bauerngärten.

4 Acker-Senf
Sinapis arvensis

30–60 cm Apr.–Okt. ☉
K: Kelchblätter waagerecht abstehend (vgl. Hederich).
V: Auf Äckern weit verbreitet, vor allem auf kalkreichen Böden.
W: Infolge der abgesenkten Kelchblätter wird der Nektar den Insekten frei dargeboten; Käfer und Fliegen gehören hier zu den häufigen Besuchern. Die Samen werden vielfach zur Herstellung eines Hausmacher-Senfs benutzt. Die jungen Pflanzen eignen sich für die Zubereitung als Gemüse. Die Blütenknospen sollen geschmacklich an Broccoli erinnern.

5 Hederich
Raphanus raphanistrum

30–60 cm Apr.–Sept. ☉
K: Die Kelchblätter weisen aufwärts und legen sich den Blütenblättern an. Darauf bezieht sich die von Lehrern früher gern zitierte Eselsbrücke: „Hederich hebt, Senf senkt" (die Kelchblätter).
V: Häufig auf Äckern und Schuttplätzen; auf Kalkböden (im Gegensatz zum Acker-Senf).
W: Da der Hederich in der Küche der Wildpflanzenfreunde fast durchgehend vergleichbare Dienste leistet wie der Acker-Senf, gibt es keine ernsthaften Verwechslungsprobleme bei diesen beiden Arten.

Gemeinsamkeiten: Alle 5 hier genannten Arten sind Kreuzblütler mit 2mal 2 einander über Kreuz gegenüberstehenden Blütenblättern. Die meisten sind schon in frühgeschichtlicher Zeit mit dem Ackerbau nach Mitteleuropa gelangt. Zumindest die Namen „Kresse", „Senf" und „Hederich" tauchen in ähnlicher Form bereits im Althochdeutschen auf.

1
2
3
4
5

1 Gelber Lerchensporn
Corydalis lutea

10–30 cm Mai–Sept. ♃

K: 2–3fach gefiederte Blätter; zitronengelbe Blüten in dichten Trauben.

V: Zerstreut in Mauer- und in Felsspalten, vor allem in milderen Lagen.

W: Die aus dem Mittelmeerraum stammende Art ist aus Gärten und Parks verwildert. Die Samen werden durch Ameisen auf die Mauer- und Felsstandorte transportiert.

2 Schöllkraut
Chelidonium majus

30–60 cm Apr.–Okt. ♃

K: Fiederspaltige, unterseits blaugrüne Blätter; schotenförmige Kapsel; gelb-orangefarbener Milchsaft.

V: Auf Schutt, an Wegrändern und in Heckensäumen ziemlich verbreitet.

W: Das Vorkommen auf ungewöhnlichen Standorten wie Mauerkronen und auf Kopfbäumen geht auf Ameisen zurück. Die schwarz glänzenden Samen besitzen Ameisenanhängsel (Elaiosomen) in Form von Ölkörperchen. Das Schöllkraut enthält verschiedene Alkaloide, ist aber nur schwach giftig. Bekannt ist die Empfehlung, den Milchsaft zum Wegätzen von Warzen zu verwenden. Der wissenschaftliche Name *Chelidonium* geht auf griech. chelidon = Schwalbe zurück, weil alter Überlieferung zur Folge Schwalben Stengelstückchen des Schöllkrauts auf die anfangs geschlossenen Augen ihrer Nestlinge legen, die dadurch sehend werden.

3 Mauerpfeffer
Sedum acre

5–15 cm Mai–Aug. ♃

K: Winzige, eiförmige, verdickte Blätter mit Pfeffergeschmack.

V: Vielerorts als Pionier auf steinigen oder sandigen Böden, auf Mauern und Kiesdächern.

W: Als Flachwurzler auf warmen sonnigen, meist feinerdearmen Standorten besiedelt die Art gern als erste erneut die von der Vegetation gereinigten Bankette am Straßenrand. Die sukkulenten Blätter enthalten Wasserspeichergewebe. Kränzchen und Sträuße aus Mauerpfeffer wachsen ohne Wasser und Bodenkontakt weiter. Stengelteile bewurzeln sich leicht. Die Art ist gut zur Dachbegrünung geeignet.

4 Gelber Wau
Reseda lutea

30–60 cm Mai–Sept. ♃ ✿

K: An doppelt fiederspaltigen Blättern und verzweigtem Wuchs vom Färber-Wau zu unterscheiden, der im lat. Namen die Abschwächungsform von luteus = gelb, nämlich luteolus = gelblich trägt. Er ist doppelt so groß.

V: Der Gelbe Wau ist in lückiger Vegetation auf warm-trockenen Standorten wie z. B. in Schuttfluren, auf Bahndämmen und Straßenbanketten recht häufig anzutreffen.

W: Bei beiden Wau-Arten handelt es sich um typische Rohbodenpioniere. Der Färber-Wau wurde früher als Farbstofflieferant („resedagrün") sogar angebaut und zum Färben von Textilien benutzt.

5 Wechselblättriges Milzkraut
Chrysosplenium alternifolium

5–10 cm März–Juni ♃

K: Mit wechselständigen Blättern und 3kantigem Stengel im Gegensatz zum Gegenblättrigen Milzkraut (*Chrysosplenium oppositifolium*), das gegenständige Blätter und einen 4kantigen Stengel hat.

V: In Quellmulden und an Bächen vereinzelt große Bestände bildend.

W: Nicht die Blütenblätter, sondern goldgelbe Hochblätter sorgen dafür, daß der Blütenbereich aus dem Grün der Laubblätter hervorsticht. Im Spätmittelalter versuchte man, mit den milzförmigen Blättern Milzerkrankungen zu heilen (Signaturenlehre).

1
2
3
4
5

1 Gewöhnlicher Odermennig
Agrimonia eupatoria

30–100 cm Juni–Aug. ♃

K: Rauhhaarige Staude mit dekorativen Blättern aus großen und kleinen Fiedern und mit einer langen, schlanken Blütentraube.

V: Nicht selten, aber nur an trockenen, lichten Standorten, vor allem in Kalk-Magerrasen, aber auch auf vielen Rainen und Böschungen.

W: Die Früchte tragen abstehende, hakige Stacheln, die wie Kletten im Pelz von Tieren und in der Kleidung von Menschen hängenbleiben. Ätherische Öle, Gerb- und Bitterstoffe machen die Art auch für moderne pharmazeutische Präparate interessant.

2 Echte Nelkenwurz
Geum urbanum

30–70 cm Mai–Sept. ♃

K: Unten am Stengel gefiederte, oben 3zählige Blätter, stets mit großen Nebenblättern (im Unterschied zu ähnlichen Hahnenfußgewächsen).

V: An schattigen Stellen recht häufig; in artenreichen Laubwäldern ebenso wie an Wegrändern und in alten Gärten und Parks.

W: Die zahlreichen Nüßchen jeder Blüte werden als Klettfrüchte verbreitet, wobei der eingetrocknete Griffel mit seiner hakigen Spitze zum Anheften dient. Der dicke Wurzelstock wurde in der Volksheilkunde als Mittel bei Durchfall und zum Gurgeln bei Zahnfleischbluten, aber wegen seines Nelkengeruchs auch als Ersatz für Gewürznelken eingesetzt (Name).

3 Gänse-Fingerkraut
Potentilla anserina

5–20 cm Mai–Aug. ♃

K: Die Stengel kriechen und bewurzeln sich an den Knoten. Die unpaarig gefiederten Blätter sind unterseits silbrig behaart.

V: Auf Wegen, auch an Ufern.

W: Die Pflanze kriecht gern auf im übrigen vegetationsarmen Böden, so etwa auf Straßenbanketten, wo ihr ihre Salztoleranz zustatten kommt, und auf Hühnerhöfen und Gänseweiden (Name), wo die Böden besonders nitratreich sind. Die weltweite Verbreitung der Art ist u. a. darauf zurückzuführen, daß die Samen mit dem Boden an Schuhen, Hufen und Sohlen 2- und 4beiniger Passanten haften bleiben. Das Kraut ist Bestandteil verschiedener käuflicher Medikamente.

4 Blutwurz-Fingerkraut
Potentilla erecta

10–30 cm Mai–Aug. ♃

K: Einziges Fingerkraut mit je 4 Kron- und Kelchblättern.

V: Auf kalkarmen Böden häufig anzutreffen, am häufigsten in Borstgraswiesen und Heiden.

W: Der verdickte, nach dem Anschneiden sich rötlich färbende Wurzelstock ist ein früher wie heute gern genutztes Heilmittel, das durch seinen hohen Gerbsäuregehalt (über 15 %) stringierend wirkt und daher für Mundwasser und zum Blutstillen genutzt wird, aber auch als gutes Magenmittel gilt. „Potentilla" weist die Pflanze als lat. potens = kräftig und mächtig aus, allerdings in der Verkleinerungsform: Die kleine Kräftige (Wirksame). Der für die Art gebräuchliche Name „Tormentill" hat ebenfalls lat. Ursprung und heißt soviel wie „kleine Folter", womit offenbar der Leibschmerz gemeint ist.

5 Kriechendes Fingerkraut
Potentilla reptans

5–40 cm Juni–Aug. ♃

K: Kriechend mit bis zu 1 m langen ausläuferartigen Stengeln, an deren Knoten sich Wurzeln bilden. Blüten mit je 5 Kron- und Kelchblättern.

V: An Wegrändern weit verbreitet, auch auf feuchten Äckern und an Ufern.

1
2
3
4
5

1 Gelber Steinklee
Melilotus officinalis

30–60 cm Apr.–Sept. ♃

K: Gelbe Blüten in gestielten langen und reichblütigen Trauben.

V: Schuttfluren, Bahndämme, Abgrabungen und ähnliche Orte, an denen sich Vegetation auf gestörten Böden spontan entwickeln kann.

W: Die Art stimmt mit Ausnahme der Blütenfarbe in den morphologischen Merkmalen und auch in den ökologischen Ansprüchen mit dem Weißen Steinklee überein, mit dem sie auch oft vergesellschaftet wächst. Der angenehm süßliche Duft, der an Nektar erinnert, war maßgebend für die wissenschaftliche Bezeichnung: griech. meli = Honig, lotos = Name einer Kleeart.

2 Wiesen-Platterbse
Lathyrus pratensis

20–60 cm Mai–Aug. ♃

K: Der kantige Stengel der kletternden, nicht selbständig stehenden Pflanze ist bis zu 1 m lang. Markantes Merkmal: nur 1 Fiederblattpaar.

V: Auf Wiesen und an Wegrändern weit verbreitet.

W: Halt verschafft sich diese Kletterstaude mit Hilfe ihrer zu Ranken umgebildeten Endfiedern. Die abgeflachten (platten), schwarzen Hülsen trugen ihr den deutschen wie den wissenschaftlichen Namen ein (griech. lathyros = abgeflacht).

3 Wundklee
Anthyllis vulneraria

30–60 cm Apr.–Sept. ♃

K: Dottergelbe Blüten in Köpfen; Kelch filzig; unpaarig gefiederte Blätter, deren Endblättchen größer als die seitlichen Fiederblättchen sind.

V: An sonnigen Wegrändern und auf Böschungen, zerstreut, am häufigsten auf kalkreichem Untergrund.

W: Der Wundklee besiedelt gern stickstoffarme Standorte. Wo gedüngt wird, zieht er sich meistens bald zurück. Da er häufiger in Gras- und Wiesenkräutermischungen vertreten ist, entdeckt man ihn nicht selten in frischen Bankett- und Böschungseinsaaten. Früher war die Art als Wundmittel geschätzt. Darauf weisen sowohl der deutsche als auch der wissenschaftliche Name hin: lat. vulnerarius = Wunden heilend.

4 Hopfen-Schneckenklee
Medicago lupulina

20–50 cm Mai–Sept. ⊙–♃

K: 10–15 winzige, nur 2 mm lange Blüten in einem rundlichen Köpfchen; die Früchte sind stark gedreht, aber eher als nierenförmig (und nicht als schneckenförmig) zu beschreiben.

V: Auf Wiesen und an Wegrändern, vor allem in Kalk-Magerrasen; auf basenreichen Standorten recht häufig und weit verbreitet.

W: Auf gut nährstoffversorgten Böden bringt dieser extrem kleinblütige Schmetterlingsblütler eine durchaus ansehnliche Grünmasse, weshalb er früher viel häufiger als heute als Futterpflanze angebaut wurde.

5 Gemeiner Hornklee
Lotus corniculatus

10–30 cm Juni–Aug. ♃

K: Zusammen mit den beiden Nebenblättern wirkt das 3zählig gefiederte Blatt 5zählig gefiedert. Die Fahnen der 3–5 kurzgestielten, doldig vereinten Blüten sind oft rotbraun oder rötlich.

V: Wiesen, Trockenrasen und Weiden auf Kalk.

W: Mit dem hornförmig gebogenen Schiffchen werden der deutsche Gattungs- und der Artname (lat. corniculatus = gehörnt) erklärt. Größere Hautflügler, die auf dem Schiffchen landen, drücken dieses herab, worauf zunächst der Pollen und sodann der Griffel frei werden und den Insektenleib bepudern bzw. betupfen.

1a
1b
2
3
4
5

1 Kleinblütiges Springkraut
Impatiens parviflora

20–60 cm Juni–Sept. ⊙

K: Die Blüten sind blasser gelb als bei der nächsten Art und stehen an den Stengelspitzen aufrecht; der Sporn ist kaum gekrümmt.

V: In Wäldern, vor allem an durch Ablagerung von Gartenabfällen gestörten siedlungsnahen Stellen.

W: Diese Art, die ebenfalls Schleuderfrüchte hat, stammt aus Asien und ist erst nach 1837, als sie aus dem Botanischen Garten Berlin verwilderte, hierzulande heimisch geworden. Sie gehört zu den auffallend wenigen Neophyten, die in der Krautschicht der Wälder Fuß fassen konnten.

2 Großes Springkraut
Impatiens noli-tangere

30–80 cm Juni–Sept. ⊙

K: Die großen zitronengelben Blüten hängen in armblütigen Trauben, jeweils von einem Hochblatt regenschirmartig geschützt. Ein vergrößertes, kronblattgleich gefärbtes Kelchblatt bildet den Sporn, dessen nektargefüllte Spitze abwärts gebogen ist.

V: Häufig in feuchten Laubwäldern, auf sickernassen Rändern der Waldwege, auch an schattigen Stellen.

W: Die reifen, bei Berührung sofort reaktionsbereiten Schleuder- oder Explosionsfrüchte haben den Menschen schon immer interessiert. Zumindest dem Namen nach ist das „Kräutchen Rühr-mich-nicht-an" allgemein bekannt. Sinngemäß sagt der wissenschaftliche Name dasselbe: lat. impatiens = unduldsam, ungeduldig; noli-tangere = rühr mich nicht an. Die länglichen Kapseln stehen unter erheblichem Zelldruck. Wenn sie mit anderen Pflanzenteilen – etwa durch Windbewegung – oder mit vorbeistreifenden Tieren in Berührung kommen, reißen sie auf. Während sie sich abschnittsweise blitzschnell aufrollen, schleudern sie den Samen heraus. Diese fliegen nicht selten bis zu 3 m weit. Die zarte Schattenpflanze hat einen durchscheinenden Stengel, in dem man die Leitbündel gut erkennen kann. Er eignet sich hervorragend zur Demonstration des Wasseranstiegs im Stengel; man muß ihn nach dem Abschneiden in rote Tinte stellen.

3 Echtes Johanniskraut
Hypericum perforatum

30–80 cm Juni–Sept. ♃ ✿

K: Am 2kantigen Stengel sitzen gegenständig die eiförmigen Blätter, die reich an Öldrüsen sind und – gegen das Licht gehalten – wie punktiert (perforiert, getüpfelt: Tüpfel-Johanniskraut) erscheinen.

V: Wiesen, Wegränder, Wald- und Heckensäume.

W: Die alte Heilpflanze beginnt um den Johannistag (24. Juni) zu blühen (Name). Einer der verschiedenen Inhaltsstoffe, das rote Hypericin, wirkt entzündungshemmend. Zerdrückte Blütenknospen hinterlassen einen roten Fleck: Der Volksmund spricht vom „Johannisblut" und vom „Christi-Wunden-Kraut".

4 Acker-Stiefmütterchen
Viola arvensis

5–20 cm Apr.–Nov. ⊙

K: Im Gegensatz zu den Veilchen sind bei den Stiefmütterchen nicht 3, sondern nur ein Kronblatt nach unten und 4 schräg nach oben gerichtet. Die Art ist farblich sehr variabel (**4 b**).

V: Häufig in Äckern und Gärten.

W: Auffällige Merkmale wie die Ungleichartigkeit der Blütenblätter werden gern durch phantasievolle Geschichten erklärt. So soll es sich bei dem größten, dem mit Sporn ausgestatteten Blütenblatt um die Stiefmutter und bei den benachbarten um deren hübsch verkleidete Töchter handeln, während die beiden nach oben gerichteten die viel schlichteren Stieftöchter sind.

1

2

3

4a

4b

1 Hohe Schlüsselblume
Primula elatior

10–20 cm März–Mai ♃

K: Nicht duftende, hellgelbe Blüten.

V: Verbreitet in Eichen-Hainbuchen-Wäldern, gern an Grabenböschungen.

W: Der volkstümlich gebräuchliche Name „Primel" für die Schlüsselblumen ist aus dem Lateinischen („primula" = Verkleinerungsform aus „prima", die erste) entlehnt und hebt auf den frühen Blühbeginn ab.

2 Echte Schlüsselblume
Primula veris

10–20 cm Apr.–Mai ♃

K: Duftende dottergelbe Blüten mit 5 orangefarbenen Flecken am Blütengrund; Blüten meist kleiner als die der Hohen Schlüsselblume.

V: Eher auf trockenen Standorten, in Wiesen und lichten Laubwäldern, gern in Kalk-Trockenrasen.

W: Bei beiden Arten unterscheidet man zwei verschiedene Blütenformen. Bei einem Teil der Individuen stehen die Narben auf langen Griffeln am Blüteneingang und die Staubbeutel deutlich tiefer; bei einem anderen Teil sind die Verhältnisse umgekehrt. Nur wenn Falter und Hummeln zwischen der einen oder der anderen Form wechseln, übertragen sie Pollen auf die Narbe. So wird Fremdbestäubung praktisch erzwungen. Die Pflanzen sind selbststeril, allerdings bastardieren die beiden Arten miteinander. Ausgraben oder in größeren Mengen abpflücken darf man die Primeln nicht, da sie bereits durch Sammeln, Entwässerung und Nutzungsintensivierung erheblich gelitten haben.

3 Aurikel
Primula auricula

5–15 cm Apr.–Juni ♃

K: Die Blätter sind etwas fleischig, glatt und kahl; die gelben Blüten haben einen weißlichen Schlund.

V: In den Alpen zerstreut in Mooren und auf Moorwiesen, aber auch in Felsspalten und in steinigen Rasen.

4 Gewöhnlicher Gilbweiderich
Lysimachia vulgaris

50–120 cm Juni–Aug. ♃

K: Die länglich-eiförmigen Blätter stehen auf sehr kurzen Stielen in markanten, 3blättrigen Wirteln, die Blüten in endständigen Trauben oder Rispen.

V: In Staudenfluren an Ufern, Gräben, in Erlenbruchwäldern und Weidengebüschen.

W: Die Art trägt durch Ausläufer und tiefe Wurzeln maßgeblich zur Bodenbefestigung auf wasserbeeinflußten Standorten bei. Auf die Bestäubung der ölhaltigen Blüte soll sich eine einzige Wildbienenart (*Macropis vulvipes*) spezialisiert haben. Wegen einer gewissen Ähnlichkeit ihrer Blätter mit länglichen Weidenblättern werden Pflanzen aus mindestens drei verschiedenen Gattungen als „Weiderich" oder „Weidenröschen" bezeichnet.

5 Pfennigkraut
Lysimachia nummularia

1–3 cm Juni–Aug. ♃

K: Die kriechenden Stengel werden bis zu 50 cm lang und tragen gegenständige, rundliche Blätter (im Gegensatz zum Wald-Gilbweiderich, der ovale Blätter hat).

V: An Ufern und Gräben, aber auch an feuchten Stellen in Wiesen, Weiden und Gärten verbreitet.

W: Die Vermehrung dieser Art erfolgt im wesentlichen durch Ausläufer. Sie ist wie andere Primelgewächse selbststeril. Im Garten, vor allem im Steingarten, wo keine höheren schattenspendenden Stauden wachsen, ist sie ein beliebter Bodendecker. Den deutschen Namen trägt die Art wegen der runden Blätter (auch lat. nummularius = münzenähnlich).

1

2

3

4

5

1 Großblütige Königskerze
Verbascum densiflorum

100–200 cm Juni–Sept. ⊙
K: Stengel in der Regel wenig verzweigt, nur im oberen Teil manchmal ästig; Blüten ährenartig dicht gedrängt; die oberen 3 Staubfäden wollig behaart, die unteren 2 kahl.
V: Wegränder, Schuttplätze, Industriebereiche, ziemlich verbreitet.
W: Die 2jährige Pflanze bildet im ersten Jahr nur eine grundständige Rosette aus, im zweiten Jahr den Blütenstand; nach der Samenreife stirbt sie ab. Sie ist insgesamt von einem Haarfilz überzogen („Wollblume"), der die Bewohnerin trockener Standorte gegen starke Sonneneinstrahlung und Verdunstung schützt. In manchen katholischen Gegenden ist die Pflanze der Mittelpunkt des Kräuterbundes, das am Fest Mariä Himmelfahrt (15. August) in den Kirchen geweiht wird. In Wachs getaucht soll ein behaarter, dichter Blütenstand früher als Fackel gedient haben (Name).

2 Schwarze Königskerze
Verbascum nigrum

50–120 cm Mai–Sept. ⊙
K: Der oberwärts kantige Stengel ist oft rötlich-braun gefärbt; die Staubblätter fallen durch ihre dunkelviolette Behaarung auf, wodurch die Blüten einen dunklen (schwarzen) Mittelpunkt haben (Name).
V: Auf Schuttplätzen, aber auch an Ufern und auf Kahlschlägen.

3 Frauenflachs
Linaria vulgaris

20–40 cm Juni–Okt. ♃
K: Die ungezähnten, linearischen Blätter sind wechselständig angeordnet; die lang gespornten Rachenblüten haben einen orangefarbenen Gaumen, der den Zugang zur Blüte versperrt.
V: Verbreitet an Wegrändern, Bahndämmen und auf Schuttplätzen.
W: Eine Ähnlichkeit zum Lein/Flachs („Gemeines Leinkraut" und *Linaria*) beschränkt sich auf Blätter und Wuchs. Nur größere Hautflügler wie Hummeln drücken durch ihr Gewicht die Unterlippe so weit herab, daß sich das „Löwenmäulchen" öffnet und den Weg zum Nektar im Sporn freigibt.

4 Kleiner Klappertopf
Rhinanthus minor

10–40 cm Mai–Sept. ⊙
K: Die gekerbten, lanzettlichen Blätter sind gegenständig; die Blüten mit gerader Blütenröhre stehen im Spitzenbereich gedrängt.
V: Zerstreut bis verbreitet in Wiesen auf stickstoffarmen Böden.
W: Die Art gilt als Magerkeitsanzeiger. Die vergrößerten (aufgeblasenen) Kelche wirken als Windfang und sorgen dafür, daß die Stengel im Wind heftig hin und her bewegt und dabei die reifen Samen weit ausgestreut werden. Zuvor aber benutzen die Kinder den Klappertopf als Rassel: Die reifen Samen klappern in dem weiten, trockenen Kelch (Name).

5 Wiesen-Wachtelweizen
Melampyrum pratense

10–40 cm Juni–Sept. ⊙
K: Die ganzrandigen, ungestielten Blätter sind gegenständig angeordnet; die Blüten stehen meist zu zweit nach einer Seite gewandt.
V: Verbreitet in bodensauren Eichenwäldern, mageren Rasen und Heiden, jedoch nicht auf Wiesen.
W: Wie bereits die vorhergehende Art ist auch diese Pflanze ein Halbschmarotzer, der mit seinen Saugwarzen die Wurzeln benachbarter Blütenpflanzen „anzapft" und ihnen Wasser und darin gelöste Nährsalze entzieht. Die Samen werden häufig durch Ameisen verbreitet, weshalb man die Pflanze oft in der Nähe von Ameisennestern findet.

1

2a

3

2b

4

5

1 Gewöhnliche Nachtkerze
Oenothera biennis

60–120 cm Juni–Sept. ⊙
K: Auffällig durch große tellerförmige Blüten (5–6 cm) und zurückgeschlagene Kelchblätter.
V: Charakteristisch für Bahngelände, Industriebrache, Halden und Schuttplätze, auch auf sandigen Flächen.
W: Blüten öffnen sich in der Dämmerung zusehends und mit deutlich vernehmbarem Knistern, duften nachts (Nachtfalterblumen), schließen sich bei Tage halb (werden aber auch von Taginsekten besucht) und entfalten sich noch für eine zweite Nacht, bevor sie verwelken. Die Gattung *Oenothera* stammt aus Nordamerika und soll 1619 erstmalig aus dem Botanischen Garten von Padua verwildert sein. Die heutigen europäischen Arten sind erst in den letzten Jahrhunderten durch Neukombination entstanden und seit Hugo de Vries beliebte Objekte der Vererbungsforschung, heute vor allem der Plastidengenetik. Die Wurzel war und ist wieder als Gemüse geschätzt. Aus den Samen wird ein stoffwechselphysiologisch wertvolles Öl hergestellt.

2 Pastinak
Pastinaca sativa

30–100 cm Juni–Sept. ⊙ ✿
K: Ein gelblich blühendes Doldengewächs mit einfach gefiederten Blättern.
V: Auf Wiesen und Schutt, gern auf Straßen- und Bahnbanketten, oft unmittelbar am Fahrbahnrand.
W: Pastinak wurde früher und wird in Jugoslawien heute noch als Wurzelgemüse angebaut und ist überhaupt erst als Kulturflüchter in unsere Vegetation gelangt. Pastinak ist vom lat. Pflanzennamen entlehnt, der auf pastus (= Speise) zurückgehen soll. Die Wurzeln der Kulturformen werden bis zu 1,5 kg schwer.

3 Gelber Enzian
Gentiana lutea

50–100 cm Juni–Aug. ♃
K: Bis 30 cm lange, blaugrüne, gegenständige Blätter.
V: Nur noch selten auf Bergwiesen und in lichten Wäldern der montanen und subalpinen Stufe.
W: In den miteinander verwachsenen Blattscheiden wird das Regenwasser wie in Zisternen gehalten. Aus den fleischig verdickten Speicherwurzeln destilliert man einen appetitanregenden Magenbitter und den bekannten Enzian-Schnaps. Die Art ist streng geschützt, allerdings gab es noch lange altverbürgte Nutzungsrechte.

4 Echtes Labkraut
Galium verum

30–80 cm Juni–Okt. ♃
K: Duftende Blüten in dichten Rispen. 8–12, nur 1 mm breite Blätter in einzelnen Quirlen.
V: Verbreitet auf trockenen Rasen, Heiden und an Wegrändern.
W: Beim Wiesen-Labkraut (S. 296) wurde bereits auf den Gehalt an Lab-Enzymen hingewiesen (hier etwa 1 %), derentwegen das Echte Labkraut sogar zeitweilig angebaut wurde. Wegen des starken waldmeisterartigen Dufts machte die Marienlegende aus ihm „Unser-lieben-Frauen-Bettstroh".

5 Goldnessel
Lamiastrum galeobdolon

20–50 cm Apr.–Juni ♃ ✿
K: Eine gelbblühende Taubnessel, allerdings nicht mit 2-, sondern mit 3lappiger Unterlippe.
V: In krautreichen Buchen-, Laub- und Nadelmischwäldern, verbreitet.
W: Die Goldnessel wurzelt flach im Mullboden der Wälder und kriecht mit langen oberirdischen Ausläufern. Die Blätter überwintern und sind an den weißen Flecken zu erkennen.

1

2

3a

4

3b

5

1 Gemeine Goldrute
Solidago virgaurea

20–80 cm Juli–Okt. ♃

K: Die Pflanze ist gedrungener, weniger verzweigt als die folgende Art, der Blütenstand kompakter.

V: Verbreitet in lichten grasreichen Wäldern und Heiden.

W: Deutscher und wissenschaftlicher Name (virga = Rute, aureus = goldgelb) beschreiben das Kraut, das im Mittelalter ein bekanntes Heilmittel war und als blutstillend galt. Die Blüten und Blätter nutzte man früher auch zum Gelbfärben von Leinen.

2 Kanadische Goldrute
Solidago canadensis

50–200 cm Juli–Sept. ♃ ✿✿✿

K: Auffallend durch stattlichen Wuchs und durch den großen rispenartig verzweigten, meist einseitswendigen Gesamtblütenstand.

V: Bildet auf Schuttflächen und Industrie- und Gartenbrache sowie an Ufern oft Massenreinbestände.

W: Die Art kam ursprünglich als Zierpflanze aus Nordamerika in die europäischen Gärten. Von dort aus verwilderte sie; sie ist also ein typischer Neueinwanderer (Neophyt). Als Bestäuber sind vor allem Fliegen zu beobachten. An der starken Verdichtung der Bestände sind unterirdische Ausläufer maßgeblich beteiligt.

3 Arnika
Arnica montana

20–60 cm Juni–Aug. ♃

K: Außer 1–2 Paar gegenständiger Stengelblätter stehen alle Blätter in einer grundständigen Rosette. Die 1–3 Blütenkörbchen der Arnika haben etwa 5 cm Durchmesser.

V: Sie wächst sehr zerstreut auf nährstoff- und kalkarmen Wiesen und Heiden sowie in lichten Wäldern, vor allem im Bergland.

W: Die Heilwirkung als Wundheilmittel war schon den Germanen bekannt. Aus Blüten und unterirdischen Teilen wird die bekannte Arnika-Tinktur hergestellt. Durch Sammeln, mehr aber noch durch Intensivnutzung des Grünlandes ist die düngerempfindliche Art sehr stark zurückgegangen. Auf das Sammeln muß verzichtet und auf entsprechende Fertigpräparate zurückgegriffen werden, was nicht zuletzt auch deshalb dringend zu empfehlen ist, weil bei herkömmlicher volkstümlicher Anwendung die Gefahr der Überdosierung mit erheblichen Nebenwirkungen nicht zu unterschätzen ist.

4 Dreiteiliger Zweizahn
Bidens tripartitus

20–100 cm Juli–Okt. ⊙

K: 3teilige, gegenständige Blätter; Frucht mit meist 2–3 widerhakigen Borsten, auf die sich der deutsche und der bedeutungsgleiche wissenschaftliche Name beziehen.

V: Ziemlich weit verbreitet auf Schlammböden, in der Unkrautvegetation von Teichufern und an – meist schlammbelasteten – Gräben.

W: Die Art zeigt oft die Verschmutzung von Feuchtbiotopen an. Wenn man durch zweizahnreiche Vegetation gestreift ist, muß man die Kleidung mühsam von den vielen Klettfrüchten reinigen.

5 Färber-Hundskamille
Anthemis tinctoria

20–60 cm Juni–Sept. ♃

K: Graugrüne, wollig behaarte, 2fach gefiederte Blätter, Körbchen 3 cm groß, lang gestielt.

V: Trockenrasen, Felsen, Bahndämme; insgesamt nur zerstreut.

W: Alte Färberpflanze, worauf auch der wissenschaftliche Artname hinweist (tinctoria = zum Färben geeignet). Heute findet man sie oft in Blumenmischungen für bunte Wiesen.

1

2

3

4

5

1 Huflattich
Tussilago farfara

10–30 cm Febr.–April ♃

K: Blätter erst nach der Blüte, rundlich bis herzförmig („hufförmig", Name) und unterseits grau-filzig behaart (lat. farfara = „mehlbestäubt").

V: Häufiger Pionier an Weg- und Straßenrändern.

W: Im Gegensatz zu den anderen Korbblütlern sind die ca. 300 Zungenblüten weiblich und die 30–40 Röhrenblüten männlich. Stärkeres Vorkommen der Art zeigt Lehm und Staunässe an. Die Blätter werden für die Herstellung von Hustentee getrocknet (lat. tussis = Husten).

2 Rainfarn
Tanacetum vulgare

40–120 cm Juli–Okt. ♃

K: Die Blätter sind gefiedert, die Fiederblättchen tief eingeschnitten und gesägt. Die knopfförmigen Körbchen – im Volksmund „Soldatenknöpfe" genannt – bestehen aus ca. 100 zwittrigen Röhrenblüten.

V: Auf Schuttflächen, brachgefallenem Industriegelände und an Wegrändern, aber auch an Flußufern.

W: Die Charakterart des Rainfarn-Beifuß-Gestrüpps hat mit dem Wurmfarn nicht nur die gefiederten Blätter, sondern vor allem auch die Giftwirkung der Inhaltsstoffe auf Tiere, vor allem auf Kleintiere, gemeinsam. Deshalb nutzte man früher die beiden Arten durch Ausstreuen in Hundehütten und Viehboxen als Mittel gegen Würmer und Ungeziefer.

3 Jakobs-Kreuzkraut
Senecio jacobaea

30–100 cm Juni–Sept. ♃

K: Die Blätter sind tief eingeschnitten, fiederteilig, die 13 Zungenblüten flach ausgebreitet.

V: Häufig an Wegen und Rainen sowie auf Weiden, vor allem in tieferen Lagen.

W: Der Bauer betrachtet die Pflanze als Weideunkraut, das vom Vieh gemieden wird und – wie die anderen Kreuzkraut-Arten – für Menschen und Tier giftige Alkaloide enthält. Der Name weist auf die Blütezeit zu Jakobi (25. Juli) hin.

4 Fuchs-Kreuzkraut
Senecio fuchsii

60–150 cm Juli–Sept. ♃

K: Die breit-lanzettlichen Blätter sind gezähnt; die Körbchen umfassen meistens nur 5 Zungenblüten.

V: Typische Kahlschlagpflanze auf sauren Böden des Hügel- und Berglandes.

W: Mit dem Namen wird der Tübinger Arzt und Kräuterbuch-Autor Leonhart Fuchs (1501–66) geehrt.

5 Gemeines Kreuzkraut
Senecio vulgaris

10–30 cm ganzjährig ⊙

K: Blütenkörbchen unscheinbar, weil sie fast immer ausschließlich aus Röhrenblüten bestehen.

V: Sehr häufig in Unkrautfluren; Stickstoffanzeiger.

W: Die Art hat keine Blühperiodizität, ist also ganzjährig in allen Entwicklungsphasen zu finden. Der reife Haarkelch, der zur Windverbreitung dient, wird mit dem Haupthaar eines Greises verglichen (lat. senex = Greis). Der richtige deutsche Gattungsname ist „Greiskraut"; „Kreuzkraut" ist durch Verballhornung entstanden.

6 Klebriges Kreuzkraut
Senecio viscosus

10–50 cm Juni–Okt. ⊙

K: Pflanze drüsig-klebrig; die Zungenblüten sind meistens zurückgerollt.

V: Steinige Schuttflächen, oft auf Brandstellen und Kahlschlägen.

W: Auffällig ist der unangenehme bisamartige Geruch. Auf Schlagflächen wirkt sich die Art für die Wiederaufforstung günstig auf den Boden aus.

1

2

3

4

5

6

1 Gemeines Ferkelkraut
Hypochoeris radicata

20–50 cm Juni–Okt. ♃

K: Der Stengel ist wenig verzweigt, blaugrün und kahl, oben mit kleinen, mehr schuppenartigen Blättern besetzt; die unteren Blätter sind dagegen borstig behaart. Der Blütenboden trägt Spreublätter (im Gegensatz zu den Vertretern der nächsten Gattung). Ausschließlich Zungenblüten; Stengel ohne Milchsaft.

V: Auf mageren Weiden und Rasen, auf Wiesen und an Wegrändern; in tieferen Lagen verbreitet.

W: Die Art hat als Weidepflanze für das Vieh wenig Wert, um so mehr jedoch als Bienenweide.

2 Gemeiner Herbstlöwenzahn
Leontodon autumnalis

20–50 cm Juli–Okt. ♃

K: Gabelig verzweigter Stengel; Blütenboden ohne Spreublätter.

V: Auf fetten Weiden und in Parkrasen sowie an Ufern verbreitet, nicht selten Bestandteil von Trittrasen.

W: Wie beim Echten Löwenzahn (*Taraxacum officinale*, vgl. S. 332) sind auch bei dieser Art die Blätter „löwenzahnartig" eingebuchtet, aber nicht so tief und scharf gesägt. Bei ihr stimmen Wortinhalt im deutschen und wissenschaftlichen Namen überein (griech. leon = Löwe, odous = Zahn, lat. autumnalis = herbstlich).

3 Wiesen-Bocksbart
Tragopogon pratensis

30–80 cm Mai–Aug. ⊙

K: Mit linealischen Blättern und meist 8 langen Hüllblättern, die die Kronblätter deutlich überragen.

V: Auf Fettwiesen und auf nährstoffreichen Wegrändern.

W: Früher galt die Art als vielseitig verwertbare Pflanze, deren Wurzeln wie Schwarzwurzeln, frische Triebe wie Spargel und Blätter wie Spinat zubereitet wurden. Insekten müssen sich bei ihr schon pünktlich einstellen, denn Nektar bietet sie nur morgens knapp 4 Stunden lang an. Besonders effektiv ist die Samenverbreitung mit Hilfe der optimal konstruierten Fallschirmchen (**b**). Die Strahlen des radförmigen Haarkranzes sind durch Fiederhärchen miteinander verbunden und bilden so eine nahezu geschlossene Tragfläche. Es lohnt sich, das dekorative Muster unter der Lupe zu betrachten oder eine Frucht mit Fallschirmchen zwischen zwei Dia-Rähmchen zu projizieren.

4 Acker-Gänsedistel
Sonchus arvensis

50–150 cm Juli–Sept. ♃

K: Die Blütenstiele und -hüllen tragen gelbe, drüsige Borsten, die unterseits bläulich-grünen Blätter am Rande weiche Stachelzähnchen.

V: In Unkrautbeständen – vor allem von Hackfruchtäckern – und an Ufern.

W: Die auffälligen Drüsen sind wahrscheinlich als Schutz gegen aufwärtskriechende Tiere zu erklären. Die Namen Gänsedistel oder „Saudistel" betonen, wofür die ausgestochenen Pflanzen zu verwenden sind.

5 Stachel-Lattich
Lactuca serriola

50–120 cm Juni–Sept. ⊙

K: Blaugrüne Blätter, die unteren fiederlappig, die oberen ungeteilt, mit stacheliger Mittelrippe.

V: Verbreitet in Unkrautfluren und auf Schuttplätzen, oft an Mauern.

W: Durch Senkrecht- oder Schiefstelllung weichen die Blätter gern intensiver Sonneneinstahlung aus. Außerdem weisen die Blattspitzen meistens nach Norden und Süden. Die Art ist eine Steppenpflanze, die in städtischen Sekundärbiotopen offensichtlich günstige Klimabedingungen vorfindet und sich deshalb stärker ausbreitet.

1
2
3a
3b
4
5

1 Mauerlattich
Mycelis muralis

40–80 cm Juni–Sept. ♃

K: Die kahle Staude mit fiederspaltigen und grob gezähnten Blättern führt weißen Milchsaft. Die Körbchen bestehen meistens nur aus 5 blaßgelben Blüten und sind in einer lockeren Rispe angeordnet.

V: Verbreitet in Wäldern, gern auch auf schattigen Mauern und Felsen.

W: Die verschiedenen deutschen Pflanzennamen in der Zusammensetzung mit „Lattich" gehen auf den Milchsaft zurück (lat. lac = Milch, Milchsaft); allerdings gibt es auch „Lattich" genannte Arten, die keinen Milchsaft haben (z. B. Huflattich).

2 Rainkohl
Lapsana communis

30–120 cm Juni–Okt. ⊙

K: Die Belaubung geht von oben nach unten von gezähnten lanzettlichen über elliptische in fiederspaltige Blätter über. Etliche Körbchen bilden gemeinsam eine lockere Rispe.

V: Häufig in schattigen Unkrautfluren, an Wegrändern und in Säumen.

W: Der Name der Art erinnert daran, daß sie früher als Wildgemüse genutzt wurde. Wie bei verwandten Arten sind die Blüten nur morgens für 4–5 Stunden geöffnet; sie werden von Bienen, Schwebfliegen und Faltern besucht.

3 Wiesen-Löwenzahn
Taraxacum officinale

10–50 cm Apr.–Okt. ♃

K: Die buchtig eingeschnittenen, grob gezähnten Blätter (Name) bilden eine grundständige Rosette und weisen eine besondere Formenvielfalt auf, die überwiegend erblich fixiert ist. Die bekannten Blütenkörbchen, die sich im Laufe weniger Tage zu den „Pusteblumen" (**b**) entwickeln, haben einen Durchmesser von bis zu 6 cm und umfassen bis zu 200 Blüten.

V: Auf Grünland aller Art; besonders zahlreich auf nährstoffreichen Kuhweiden (Name „Kuhblume").

W: Der Wiesen-Löwenzahn ist eine wichtige Bienenweide. Dabei spendiert er Pollen und Nektar, ohne eine Gegenleistung in Anspruch zu nehmen. Die Samenbildung erfolgt nämlich eingeschlechtlich, d. h. ohne Befruchtung. Ein Salat aus frischen Blättern ist zwar bitter, aber appetitanregend. Mit den Blüten wurde vielfach die Butter gefärbt (Name „Butterblume" für diese und andere gelbblühenden Arten). Besonders eindrucksvoll ist das Wachstum des Stengels zur Zeit der Samenreife; er verlängert sich um das 3–4fache.

4 Kleines Habichtskraut
Hieracium pilosella

5–30 cm Mai–Okt. ♃

K: Das abstehend weiß behaarte Pflänzchen hat beblätterte Ausläufer und einzelne Blütenkörbchen auf unverzweigten, blattlosen Stengeln.

V: Verbreitet in besonnten, trockenen Rasen auf sauren, nährstoffarmen Böden; gern auch auf Mauern.

W: Die Behaarung ist ein Schutz gegen Austrocknung, der durch das Einrollen der Blätter noch verstärkt werden kann, zumal dabei die helle, das Licht reflektierende Unterseite nach außen gelangt.

5 Wald-Habichtskraut
Hieracium sylvaticum

30–60 cm Juni–Aug. ♃

K: Der Blütenstand ist sparrig verzweigt und umfaßt nur bis zu 10 Körbchen.

V: Verbreitet in Wäldern, gern auf Mauern und Felsen.

W: Die Habichtskräuter sind die artenreichste heimische Pflanzengattung. Die Differenzierung erfolgt durch Bastardierung und durch Bewahrung der so entstandenen neuen Formen durch Apogamie (Jungfernzeugung).

1
2
3a
3b
4
5

1 Moorlilie
Narthecium ossifragum

10–30 cm Juli–Aug. ♃

K: Kleine sternförmige Lilienblüten; grundständige linealische Blätter.

V: Nur noch selten in Heidemooren Nordwestdeutschlands, Hollands und Dänemarks anzutreffen.

W: Die Art ist stark gefährdet durch Eutrophierung und Zerstörung ihrer Lebensräume. Sie ist streng auf den atlantisch geprägten Klimabereich beschränkt. Außer dem Namen „Beinbrech" (gleichbedeutend ist lat. ossifragum) deutet auch lat. narthecium (= Salbenbüchse) auf ihre Bedeutung in der Volksheilkunde hin.

2 Wald-Goldstern
Gagea lutea

10–20 cm März–Apr. ♃

K: Ihre lanzettlichen, 7–8 mm breiten Blätter bilden an der Spitze eine Kapuze und laufen pfriemförmig aus.

V: Zerstreut in krautreichen feuchten Laub-, vor allem Auenwäldern.

W: Außer durch Brutzwiebeln aus den zu Zwiebelschuppen fleischig verdickten Blattscheiden kann sich die Art durch Brutknospen (Bulbillen) vegetativ vermehren.

3 Gelbe Narzisse
Narcissus pseudo-narcissus

10–40 cm März–Mai ♃

K: Gemeint sind hier nicht verwilderte Kultursorten, sondern die kleinere Wildform mit einer Nebenkrone, die etwa so lang ist wie die meist abgespreizten Blütenhüllblätter.

V: Nur noch sehr zerstreut in den Vogesen, im Hunsrück und in der Eifel auf Wiesen und in Gebüschen.

W: Der Name geht auf die bekannte Sagenfigur der griechischen Mythologie zurück. Durch vegetative Vermehrung (Brutzwiebeln) können sich geschützte Bestände auf günstigen Standorten erheblich verdichten.

4 Sumpf-Schwertlilie
Iris pseudacorus

50–100 cm Mai–Juni ♃

K: Die 8–10 cm großen gelben, dunkel geäderten Blüten und die 1–3 cm breiten schwertförmigen Blätter (Name) sorgen für die Auffälligkeit dieser Art.

V: Noch verbreitet an See- und Flußufern, Graben- und Teichrändern, vor allem in der Ebene und im Hügelland.

W: Die Griffeläste sind blumenblattartig gestaltet und bilden zusammen mit den Perigonblättern drei Röhren, aus denen nur langrüsselige Insekten wie Hummeln den Nektar holen können. Dabei berühren sie mit dem Rükken einmal die zuerst reifenden Pollensäcke, ein anderes Mal die empfängnisfähigen Läppchen des Narbenastes. Dadurch ist Fremdbestäubung gewährleistet. Der wissenschaftliche Name erinnert an Iris, die griech. Göttin des Regenbogens und an die Ähnlichkeit mit Kalmusblättern (*pseudacorus* = falscher Kalmus).

5 Frauenschuh
Cypripedium calceolus

20–50 cm Mai–Juni ♃

K: Markant ist die schuhartige, aufgeblasene Lippe (Name) dieser größten heimischen Orchideenblüte.

V: Selten in Wäldern, Gebüschen und Trockenrasen auf Kalk.

W: Erst etwa 16 Jahre nach Keimen des Samens kommt der Frauenschuh erstmalig zur Blüte; jahrelang hängt der Keimling „am Tropf" der Symbiose mit einem Pilz. Grabbienen, die in den „Schuh" fallen, können die glatten Wände der Kesselfalle nur auf einem ganz bestimmten Weg über den Geschlechtsapparat der Pflanze verlassen, wodurch es zur Bestäubung kommt. Der Name setzt sich aus Cypria (= Beiname der Venus), griech. pedilon (= Schuh) und lat. calceolus (= kleiner Schuh) zusammen.

1

2

3

4

5

1 Schlangen-Knöterich
Polygonum bistorta

30–80 cm Mai–Aug. ♃ ✿

K: Die dichten, walzenförmigen Blütenstände sind bis 1 cm dick, die Stengel unverzweigt.

V: Im Berg- und Hügelland noch ziemlich verbreitet auf feuchteren Wiesen und Ufern im Weidengebüsch.

W: Die sowohl als Bienenweide als auch als Viehfutter geschätzte Art geht bei intensiver Grünlandnutzung zurück. Das verdickte, schlangenförmig gekrümmte Rhizom galt früher als Heilmittel und wurde im Sinne der Signaturenlehre bei Schlangenbissen eingesetzt. Auf diesen Zusammenhang verweist auch der Name.

2 Wasser-Knöterich
Polygonum amphibium

5–15 cm Juni–Sept. ♃

K: Stengel entweder im Wasser flutend, langgestreckt und kahl oder auf dem Lande aufsteigend, kurzgestielt und behaart.

V: Zerstreut in Teichrosengesellschaften stehender Gewässer, in Uferröhrichten, aber auch auf Wiesen, Äckern und an Wegrändern.

W: Die Art tritt in extrem unterschiedlichen Biotopen in einer Schwimm- und einer Landform auf. Besonders bemerkenswert ist die Schwimmform, die meistens im Schlamm wurzelt und oft dichte, für Wassersportler nicht ungefährliche Rasen bildet. Wie bei anderen Schwimmblattgewächsen befinden sich die Spaltöffnungen auf der Oberseite der Schwimmblätter.

3 Floh-Knöterich
Polygonum persicaria

10–60 cm Juni–Okt. ☉

K: Der Stengel ist verzweigt und kahl, die lanzettlichen Blätter tragen meistens einen schwarzen Fleck (im Volksmund „Deiwelschitt").

V: Auf Äckern und Schuttplätzen.

W: Bei allen Knöterich-Arten tragen die Stengel deutlich verdickte Knoten (Name). Auf die reiche Samenproduktion verweist der wissenschaftliche Gattungsname: griech. polys = viel, genos = Same.

4 Vogel-Knöterich
Polygonum aviculare

1–30 cm Juni–Nov. ☉

K: Die verzweigten Stengel liegen in Trittrasen oft dicht dem Boden an. Die unscheinbaren Blütchen stehen einzeln oder bis zu 5 in den Blattwinkeln.

V: Auf Wegen und zwischen Platten und Pflaster, aber auch auf Äckern und Gartenbeeten sowie auf Schuttplätzen überall häufig.

W: Die trittfeste Pflanze erträgt noch mehr Belastung als der Wegerich und kommt daher sogar noch in schmalen Fugen befestigter Gehwege vor. Durch die an Schuhen und Tierpfoten klebenden Samen ist die Art so weit verbreitet, daß sie heute mit Fug und Recht als Kosmopolit bezeichnet werden kann. Bei körnerfressenden Vögeln sind die Samen sehr beliebt; das sollen auch der deutsche und der wissenschaftliche Artname zum Ausdruck bringen (lat. avis = Vogel).

5 Wiesen-Sauerampfer
Rumex acetosa

30–100 cm Mai–Juli ♃ ✿

K: Eiförmige Blätter mit spießförmigem Blattgrund, die unteren langgestielt, die oberen stengelumfassend.

V: Auf Grünland aller Art weit verbreitet.

W: Die Pflanze trägt ihren Namen wegen des sauren Geschmacks der Blätter. Die zweihäusige, windblütige Pflanze (**a** männliche, **b** weibliche Pflanze), die im Mai/Juni das Bild der Wiesen beherrschen kann, produziert enorme Mengen Blütenstaub. Die Blätter werden in kleinen Mengen als Gewürz benutzt und – mit anderem Gemüse gemischt – gekocht.

1

2

3

4

5a

5b

1 Kuckuckslichtnelke
Lychnis flos-cuculi

30–60 cm Mai–Aug. ♃

K: Schmal-lanzettliche Laubblätter und bis über die Mitte eingeschnittene, vierspaltige Kronblätter.

V: Verbreitet in feuchten Wiesen.

W: Diese Pflanze zeigt besonders deutlich die für die Nelkengewächse typische dichasiale Verzweigung, indem der Haupttrieb jeweils mit einer Blüte endet und zwei gegenständige Seitentriebe dessen Funktion übernehmen. Die Zerteilung der Blütenblätter soll die Lockwirkung der Blüten auf Insekten erhöhen. Wie beim benachbart wachsenden Wiesen-Schaumkraut (Name) findet man auch hier häufig die Schaumhäufchen, die den Larven der Schaumzikade Schutz bieten und im Volksmund „Kuckucksspeichel“ heißen. „Kuckucksblume“ heißt übersetzt auch der wissenschaftliche Artname (lat. flos = Blume, cuculus = Kuckuck).

2 Rote Lichtnelke
Silene dioica

30–60 cm Apr.–Okt. ♃

K: Neben roten findet man auch rosa und weißliche Blüten; offensichtlich handelt es sich um Bastarde mit der Weißen Lichtnelke (S. 282), mit der im übrigen große Ähnlichkeit besteht.

V: Auf feuchten Wiesen und an Wegrändern sowie in Laubwäldern und Gebüschen verbreitet.

W: Im Gegensatz zur Weißen Lichtnelke, die sich abends öffnet, duftet und Nachtfalter anlockt, ist die Rote Lichtnelke tags geöffnet und duftlos; sie lockt Tagfalter und Hummeln an.

3 Seifenkraut
Saponaria officinalis

30–60 cm Juni–Sept. ♃

K: Die Blütenblätter stehen auf bis zu 2 cm langen Kelchen dicht gedrängt an den Triebspitzen.

V: Ursprünglich an kiesigen Flußufern, heute auch zerstreut auf Wegrändern, Industriebrache und Bahnbanketten.

W: Der blaßroten Nachtfalterblume entströmt abends und nachts ein starker Duft. Die Rhizome enthalten stark schäumende Saponine und wurden deshalb zur Herstellung eines Waschmittels verwandt (Name). Auch der wissenschaftliche Gattungsname weist auf diese Verwendung hin (lat. sapo = Seife). Bedeutung haben Rhizom und Wurzeln für die Gewinnung schleimlösender Medikamente.

4 Heide-Nelke
Dianthus deltoides

10–30 cm Juni–Sept. ♃

K: Die Art bildet mit kurzen kriechenden Stielen lockere Rasen, aus denen sich die einblütigen Stengel erheben.

V: Nur zerstreut in mageren Rasen auf sandigen, kalkarmen Böden.

W: Der deutsche Name „Nelke“ ist aus „Nägelein“ entstanden. „Nagel“ nennt man den stielartigen Fußteil einer Blüte, der bei den Nelken besonders ausgeprägt ist.

5 Kartäuser-Nelke
Dianthus carthusianorum

20–50 cm Mai–Sept. ♃

K: Die Blüten stehen an der Spitze zu 4–6 gebüschelt; besonders auffallend sind die sie umgebenden braunen Tragblätter.

V: Von Natur aus auf trockenen Rasen und in lichten Wäldern auf Kalk, vor allem im Süden.

W: Die angenehm duftende Pflanze verschwindet vielerorts nach Aufgabe der Extensivbeweidung durch Schafe. Sie ist eine der Stammformen unserer schönsten Gartennelken und bereits in mittelalterlichen Klostergärten kultiviert worden; gewiß auch bei den Kartäusermönchen, zu deren Ehre sie ihren Namen erhielt.

1

2

3

4

5

1 Kleiner Wiesenknopf
Sanguisorba minor

20–40 cm Mai–Sept. ♃

K: Blüten in runden Köpfchen (beim Großen Wiesenknopf ovale Köpfchen), ohne Kronblätter.

V: Vielerorts in Trockenrasen und an Böschungen auf Kalk (der Große Wiesenknopf eher auf feuchtem Grund).

W: Die Pflanze ist ein Magerkeitsanzeiger und verschwindet, wenn die Flächen gedüngt werden. Als Windblütler ist sie unter den Rosengewächsen ein Außenseiter. Früher war sie als Gewürz- und Salatpflanze in den Bauerngärten vertreten. Im Sinne der Signaturenlehre versuchte man mit den roten Blütenköpfen Blutungen zu stillen. Entsprechendes bedeutet auch der wissenschaftliche Artname: lat. sanguis = Blut, sorbere = aufsaugen.

2 Klatsch-Mohn
Papaver rhoeas

30–80 cm Mai–Sept. ⊙

K: 6–10 cm große scharlachrote Blüten, die in der Mitte meist einen schwarzen Fleck haben, der dem blasseren Saat-Mohn meistens fehlt. Die Kapsel ist kugelig (beim Saat-Mohn dagegen keulenförmig).

V: Früher häufig in Getreidefeldern, heute eher auf Bodenanschnitten am Straßenrand.

W: Die Art gehört seit der Steinzeit zu den Begleitern des Getreides. Mit der großen Zahl ihrer Staubblätter (es sollen exakt 164 sein) produziert der Klatsch-Mohn so viele Pollenkörner wie kaum eine andere Pflanze. Er hält sie den bestäubenden Insekten jedoch nur am frühen Morgen feil. Indem diese auf dem dicken Fruchtknoten landen, auf dem die 8–14 erhabenen Leisten den Narbenästen entsprechen, sorgen sie für die Bestäubung. Aus den deckelnahen Poren werden die reifen Samen durch den Wind wie aus einem Salzstreuer herausgeschüttelt und bis zu 4 m weit verteilt.

3 Gemeiner Erdrauch
Fumaria officinalis

10–30 cm Apr.–Okt. ⊙

K: Die zarten Pflänzchen wirken wie graugrün bereift. Die zierlichen, weniger als 1 cm langen, 2lippigen Blüten stehen in einer Traube.

V: Auf Äckern und Gartenbeeten.

W: Seit der Antike ist die Art als Heilmittel im Gebrauch, und auch heute noch ist sie Bestandteil mancher Gallen- und Lebertees.

4 Große Fetthenne
Sedum telephium

30–60 cm Juli–Sept. ♃

K: Die bis zu 8 cm langen, sitzenden Blätter sind eiförmig, fleischig und kahl.

V: Auf steinigen Böden, Lesesteinhaufen, Schutt und an Wegrändern mehr oder weniger verbreitet.

W: Als „Donnerkraut" spielte die Große Fetthenne im Volksbrauch eine wichtige Rolle bei Gewittern. Mit den beiden wissenschaftlichen Namen wurden bereits im Altertum zwei sukkulente Pflanzenarten benannt.

5 Sumpf-Blutauge
Potentilla palustris

20–50 cm Mai–Juli ♃

K: In den sternförmigen Blüten sind sowohl die Kron- als auch die Kelchblätter dunkelrot gefärbt, so daß die Blüte insgesamt wie ein Blutfleck wirkt (Name).

V: Nur noch zerstreut in basenarmen Moorgewässern und Sümpfen.

W: Bemerkenswert ist die erdbeerähnliche, aber nicht fleischige Sammelfrucht, der die Art auch ihren alten wissenschaftlichen Artnamen *Comarum* verdankt. Comarum ist der griech. Name des Erdbeerbaums, der ebenfalls erdbeerähnliche trockene Früchte hat. Mit Extrakten aus den Rhizomen hat man früher Wolle rot gefärbt.

1a

1b

2

3

4

5

1 Knollen-Platterbse
Lathyrus tuberosus

40–100 cm Juni–Aug. ♃
K: Die Pflanze klettert im Getreide mit Hilfe der Wickelranken ihrer gefiederten Blätter, die aus einem einzigen Fiederpaar bestehen. Ihre 2–5 hübschen Schmetterlingsblüten duften.
V: Nur zerstreut in Äckern, auf Rainen und in Heckensäumen.
W: Die Art ist ein Kulturrelikt. Sie wurde wegen ihrer Wurzelknollen angebaut, die auch im Artnamen (lat. tuberosus = knollig) angesprochen werden.

2 Esparsette
Onobrychis viciifolia

30–60 cm Mai–Sept. ♃ ✿
K: Fällt durch die langgestielte, reichblütige Traube auf; die Fiederblättchen sind 3–8 mm breit.
V: Seit dem 16. Jh. in Mitteleuropa als Viehfutter angebaut, heute jedoch fast bedeutungslos. Verwildert auf trockenen Rasen und Böschungen.
W: Als Anpassung an das Leben auf extrem trockenen Standorten entwickelt die Esparsette ein bis zu 4 m Tiefe vordringendes Wurzelwerk. Zugleich verfügt sie über stickstoffbindende Knöllchenbakterien als Symbionten. Kein Wunder, daß sie als Bodenbefestiger und -verbesserer geschätzt wird, nicht minder allerdings als Bienenweide. An die frühere Bedeutung als Futterpflanze erinnert der wissenschaftliche Gattungsname mit griech. onos = Esel und brychein = kauen.

3 Bunte Kronwicke
Coronilla varia

30–120 cm Juni–Aug. ♃
K: Jeweils 15–20 Blüten bilden eine kugelige Dolde, die anfangs wie ein Krönchen aussieht (lat. coronilla = kleine Krone). Die Blütenfarben sind recht variabel (lat. varius = mannigfaltig): rosa, lila oder weiß; nur die Spitze des Schiffchens ist immer purpurn.
V: Zerstreut in Säumen von Wäldern und Hecken sowie an Wegrändern auf Kalk, vor allem im Süden.
W: Die Blattfiedern zeigen besonders markant die typische „Schlafhaltung“, d. h. sie werden nachts nach oben geklappt.

4 Rot-Klee
Trifolium pratense

10–40 cm Mai–Okt. ♃ ✿
K: Blütenstand kugelig, Blättchen oft mit hellen Flecken.
V: Wichtigste Leguminose im Feldfutterbau; auch auf fetten Wiesen.
W: Der Rot-Klee ermöglichte die Aufgabe der Allmendeweiden und der Brache-Phase im Rahmen der Dreifelderwirtschaft zu Gunsten intensiverer Ackernutzung. Die Hummeln profitierten am stärksten vom Anbau des Rot-Klees, dessen 1 cm lange Kronröhren nur langrüsseligen Insekten die Ausbeute des Nektars erlauben. Die Verdrängung des Rot-Klees durch den Maisanbau ist die entscheidende Ursache für das alarmierende Schrumpfen der Hummel-Fauna in der Agrarlandschaft. Den Zusammenhang zwischen den Hummeln und der Samenproduktion des Rot-Klees hat bereits Charles Darwin anschaulich beschrieben.

5 Inkarnat-Klee
Trifolium incarnatum

20–50 cm Juni–Aug. ⊙ ✿
K: Die Blütenstände sind länglicheiförmig und bis zu 5 cm lang.
V: In der Vergangenheit häufiger, jetzt noch stellenweise angebaut und hier und dort verwildert.
W: Wie andere Klee-Arten weist auch diese das typische 3zählig gefiederte Blatt auf. Die wissenschaftlichen Namen liefern eine entsprechende Beschreibung: lat. trifolium = Dreiblatt, incarnatum = fleischrosa (bezüglich der Blütenfarbe).

1

2

3

4

5

1 Stinkender Storchschnabel
Geranium robertianum

20–50 cm Apr.–Nov. ⊙

K: Unangenehm riechendes Kraut; Stengel und zum Teil auch Blätter rötlich überlaufen.

V: In Wäldern und an Wegrändern, im Schotter von Bahndämmen, Straßenbanketten, Mauern und Felsen überall häufig.

W: Die Art zeigt eine enorme Anpassungsfähigkeit; so wächst sie z. B. sowohl in greller Sonne als auch im tiefen Schatten. Bei der Reife lösen sich die Fruchtwände von der Mittelsäule und schleudern jeweils einen Samen bis zu 6 m weit fort. Der Fruchtknoten, der mit seinem Griffel zur langgeschnäbelten Frucht heranwächst, ist der Anlaß für den Gattungsnamen: griech. geranos = Kranich, dessen Schnabellänge wirklich noch von der des Reihers (nächste Art) übertroffen wird.

2 Reiherschnabel
Erodium cicutarium

10–50 cm Apr.–Okt. ⊙

K: Blätter gefiedert, Blättchen fiederspaltig; Frucht mit besonders langem Schnabel.

V: Sandige Äcker, Wegränder, Dünen, zerstreut.

W: Das Vorkommen der Art, die eine tiefgreifende Pfahlwurzel hat, weist auf sandige Böden hin. Wenn sich bei der Reife die langschnäbelige Frucht in 5 lang begrannte Teilfrüchte aufteilt, rollen sich diese im unteren Abschnitt korkenzieherartig zusammen. Durch diesen explosiven Vorgang lösen sie sich von der Mittelsäule und werden ein Stück fortgeschleudert. Auch weiterhin führen die Grannen hygroskopische Bewegungen aus, indem sie sich bei Feuchtigkeit strecken und bei Trockenheit zusammenrollen. Dadurch können sie sowohl in den Boden eindringen als auch noch zur weiteren Verbreitung beitragen.

3 Moschus-Malve
Malva moschata

20–60 cm Juni–Sept. ♃

K: Moschusgeruch und tief eingeschnittene Blätter.

V: Wiesen, Wegränder und Gebüsche; ziemlich verbreitet.

W: Die Art ist möglicherweise zum Teil aus Gärten verwildert. Der wissenschaftliche Artname entspricht dem deutschen: lat. moschatus = nach Moschus duftend.

4 Drüsiges Springkraut
Impatiens glandulifera

50–200 cm Juni–Okt. ⊙

K: Die Blätter stehen meist zu dritt in Quirlen; die Blattstiele tragen Drüsen. Der rötliche Stengel wirkt gläsern, durchsichtig.

V: Vor allem an Ufern und in Auengebüschen, örtlich massenhaft.

W: Aus einer Gartenzierpflanze („Bauernorchidee“) ist ein expansiver Neubürger (Neophyt) geworden, der vielerorts das Bild der Ufer beherrscht und die heimische Vegetation verdrängt. Die ursprünglich in Ostindien beheimatete Art hat Früchte mit ähnlichem Schleudermechanismus wie das Große Springkraut.

5 Weg-Malve
Malva neglecta

10–40 cm Juni–Okt. ⊙

K: Die rundlich-nierenförmigen Blätter sind handförmig gelappt.

V: Raine, Schutt; verbreitet.

W: Typisch für die Malvengewächse sind die Columella, die den Griffel umgebende hohle Säule, die durch die Verwachsung der Staubblätter entsteht, und die scheibenförmigen Spaltfrüchte. Bei der Weg-Malve erinnern sie an Käserollen. Sie werden gern roh gegessen und sind als „Käsepappel“ (Käsepapp) bekannt. Die jungen Blätter und Triebe werden zu Salaten und Gemüsen gegeben.

1
2
3b
3a
4
5

1 Wald-Weidenröschen
Epilobium angustifolium

60–150 cm Juni–Aug. ⊙

K: Die weinroten Blüten stehen in einer sehr reichblütigen Traube. Die wechselständigen Blätter erinnern an lanzettliche Weidenblätter (Name).

V: Sehr häufig auf Kahlschlägen, an Waldrändern, aber auch auf städtischen Schutt- und Trümmerflächen; im 2. Weltkrieg vielerorts als „Trümmerblume" bekannt.

W: Die Kron- und Kelchblätter wirken gemeinsam als Schauorgane für Insekten, die auf den langen Staubblättern und Griffeln landen. Der unterständige, schmal-linealische Fruchtknoten wirkt wie ein verlängerter Blütenstiel. Mehrere 100000 winzig kleine Samen können mit ihrem Haarschopf kilometerweit fliegen und sind jahrelang keimfähig. Daher kann diese wertvolle Bienenweidepflanze überall innerhalb kürzester Zeit in Mengen auftreten, es sei denn, daß es viel Rehwild gibt, für das diese Pflanze eine besondere Delikatesse ist. Bei Jägern gilt die Art als Indikatorpflanze, weil man sie bei überhöhtem Wildbesatz nur noch in wildfreien Kulturgattern antrifft.

2 Zottiges Weidenröschen
Epilobium hirsutum

50–120 cm Juni–Sept. ♃

K: Blütenstände armblütiger; Blätter zottig behaart.

V: Verbreitet in Uferstaudenfluren an Gräben, Bächen und Flüssen.

W: Die Art vermehrt sich auch durch ihre dicken, weit kriechenden Wurzelstöcke.

3 Blutweiderich
Lythrum salicaria

50–120 cm Juni–Sept. ♃

K: Der Blütenstand ist eine Ähre mit quirlig angeordneten Blüten; die lanzettlichen Blätter stehen gegenständig oder zu dritt in Quirlen.

V: Verbreitet auf nassen Wiesen, an Ufern und in Röhrichten.

W: Drei verschiedene Blütentypen mit unterschiedlich langen Griffeln und Staubblättern – jeweils auf verschiedenen Pflanzen – garantieren die Fremdbestäubung. Die Samen sind von aufquellendem Schleim umhüllt, durch den sie an Schnäbeln von Wasservögeln haften. Die weidenähnlichen Blätter und die blutroten Blüten spielen eine wichtige Rolle in der Benennung der Art: griech. lythron = Blut, lat. salicarius = weidenähnlich.

4 Gemeine Grasnelke
Armeria maritima

10–30 cm Apr.–Sept. ♃

K: Die Pflanze wächst in lockeren Polstern mit linealischen, bis zu 3 mm breiten Blättern und mit Blüten in rundlichen Köpfen.

V: In Salzwiesen an der Küste und im Brackwasserbereich verbreitet, sonst sehr zerstreut in Binnendünen und auf Schwermetallhalden.

W: Die Art ist in verschiedenen Unterarten über die gesamte Nordhalbkugel verbreitet. Eine großblumige Unterart wird häufig in Steingärten angepflanzt.

5 Acker-Gauchheil
Anagallis arvensis

2–10 cm Mai–Okt. ⊙

K: Die niederliegende Pflanze hat kahle, unterseits dunkel punktierte Blätter; in den Blattachseln stehen auf langen, fadenförmigen Stielen jeweils einzelne Blüten.

V: Verbreitet in Gärten, Weinbergen, auf Äckern und Schuttplätzen.

W: Mit ihren aparten Blüten ist diese Pflanze eines der schönsten Gartenunkräuter. Der Name „Gauchheil" soll sagen, daß das Kraut Geisteskrankheiten heilt, denn mit „Gauch" bezeichnete man nicht nur den Kuckuck, sondern auch den Narren und den Geisteskranken.

1
2
3
4
5

1 Gefleckte Taubnessel
Lamium maculatum

20–60 cm April-Nov. ♃

K: Blüten karminrot, hellere Unterlippe rot gefleckt; Pflanze mit unterirdischen Ausläufern.

V: Häufig in Wäldern, in den Säumen von Hecken und Gebüschen sowie an halbschattigen Wegrändern.

W: Die Art weist die auch für die folgenden Lippenblütler typischen Merkmale auf: einen 4kantigen Stengel, kreuzweise gegenständige Blätter, Blüten mit Ober- und Unterlippe, mit 2 langen und 2 kürzeren Staubblättern und einem 4geteilten Fruchtknoten. Die über 3 cm langen, gestielten Blätter erinnern zwar an Brennesseln (Name), „brennen" aber nicht (taub). Ob sich der Artname auf die weiße Fleckenzeichnung auf den Blättern oder auf die strichförmigen Saftmale auf der Unterlippe bezieht, bleibe dahingestellt. Der wissenschaftliche Gattungsname geht jedenfalls auf griech. lamos = Schlund oder Rachen zurück und bezieht sich auf die Blütenform. Der weitere Name „Bienensaug" besteht auch zu Recht: Die größeren langrüsseligen Insekten finden an deren Grunde reichlich Nektar. Vorher berühren sie mit dem Rücken zunächst die Narbe und dann die Pollensäcke und sorgen so für die Fremdbestäubung.

2 Rote Taubnessel
Lamium purpureum

10–30 cm ganzjährig ⊙

K: Die kurzgestielten, weniger als 3 cm langen Blätter stehen an der Spitze eng gedrängt.

V: Verbreitet auf Äckern und in Gärten sowie auf Schuttplätzen.

W: Die Art blüht nicht selten auch im Winter und hat dann meistens dunkelrot überlaufene Blätter und Triebe. In einem Teil der Blüten findet die Bestäubung statt, ohne daß diese sich öffnen (Kleistogamie).

3 Gemeiner Hohlzahn
Galeopsis tetrahit

20–60 cm Juni–Sept. ⊙

K: Die Stengel der meist starr verzweigten Pflanze sind unter den Knoten verdickt und abstehend borstig behaart. Die Blüten sind meistens rosa, manchmal aber auch gelblich oder weiß.

V: Verbreitet auf Äckern, in Gärten und auf Schuttplätzen, aber auch auf Kahlschlägen im Walde.

W: Der deutsche Name bezieht sich auf die beiden Höcker auf der Unterlippe, die hohl sind und wie Zähnchen aussehen.

4 Wald-Ziest
Stachys sylvatica

30–100 cm Juni–Okt. ♃

K: Die herz-eiförmigen Blätter sind nesselartig und lang gestielt; der rauhhaarigen Pflanze entströmt ein unangenehmer Geruch.

V: In feuchten Laubwäldern und in den Säumen von Hecken und Gebüschen auf nährstoffreichen Böden.

W: Auf die ährenartigen Blütenstände nimmt der wissenschaftliche Gattungsname Bezug: griech. stachys = Ähre.

5 Sumpf-Ziest
Stachys palustris

30–100 cm Juni–Okt. ♃

K: Blätter länglicher und höchstens kurzgestielt, Blüten blasser und Pflanzen nur schwach riechend.

V: Verbreitet an Ufern und Gräben sowie in Feuchtwiesen.

W: Wenn die Art auf Äckern auftritt, weist sie auf Bodenverdichtung hin. Die unterirdischen Ausläufer bilden weißliche glatte Knollen als Speicher für Reservestoffe und als Überwinterungsorgane. Sie sind kohlenhydratreich und sollen schmecken, wenn man sie wie Kartoffeln oder Spargel zubereitet.

1

2

3

4

5

1 Dost
Origanum vulgare

20–60 cm Juli–Okt. ♃ ✿✿✿

K: Weichhaarige Pflanze mit Blüten in Scheinquirlen, die an den Spitzen des gabelig verzweigten Sprosses stehen. Die Hochblätter sind teilweise wie die Blütenblätter rotviolett.

V: Trockene Hänge, Wegböschungen, Säume von Hecken und Gebüschen, auf Kalk verbreitet.

W: Mit seinem aromatischen Duft ist der Dost als Gewürz (z. B. als „Oregano“ in der ital. Pizzabäckerei) und als Badezusatz beliebt, aber auch als Heilpflanze seit alters her gebräuchlich. Die Blüten werden – vor allem in der größten Mittagshitze – von Honigbienen gern besucht. Die Art eignet sich gut zum Trocknen für Dauersträuße und -gestecke.

2 Echtes Tausendgüldenkraut
Centaurium erythraea

10–30 cm Juli–Sept. ⊙

K: Stengel mit einer grundständigen Rosette.

V: Zerstreut auf sonnigen Lichtungen im Walde und auf Trockenrasen.

W: Deutlicher als durch den Namen kann die Wertschätzung des Volkes für die Pflanzenart kaum ausgedrückt werden. Die Bitterstoffe geben Linderung bei Erkrankungen von Magen, Leber und Galle.

3 Acker-Winde
Convolvulus arvensis

20–80 cm Juni–Sept. ♃

K: Diese kriechende oder an Halmen emporwindende Pflanze hat rosa Blüten mit einem Durchmesser von 2–3 cm.

V: Häufig auf Äckern und an Wegen.

W: Die Landwirte betrachten die Art als besonders lästiges Unkraut, weil aus allen beim Pflügen abgetrennten Teilen der unterirdischen Ausläufer neue Pflanzen heranwachsen können. Bei starker Vermehrung kommt es leichter zum Lagern (Umkippen) des Getreides. Die hübschen Blüten öffnen sich jeweils nur für einen Tag.

4 Nessel-Seide
Cuscuta europaea

20–100 cm Juni–Okt. ⊙

K: Der blatt- und wurzellose Vollschmarotzer windet seine rötlichgelben, fadenförmigen Stengel um Gräser und Kräuter und parasitiert auf Brennessel und Hopfen.

V: Ziemlich verbreitet an Wegrändern und auf Schuttplätzen sowie in Brennesselbeständen in Ufernähe.

W: Der Name „Seide“ geht auf die fadenförmigen Triebe zurück (Seidenfaden). Die Art hat eine enorme Samenproduktion, hängt es doch sehr vom Zufall ab, ob der fadenförmige Keimling durch kreisende Bewegung in Kontakt zu einer geeigneten Wirtspflanze gelangt, deren Sieb- und Gefäßteil der Schmarotzer mit seinen Saugfortsätzen anzapfen kann.

5 Roter Fingerhut
Digitalis purpurea

40–120 cm Juni–Aug. ⊙

K: Die großen röhrigen Blüten nikken und stehen in Trauben jeweils dem Licht zugewandt.

V: Auf kalkarmen Böden verbreitet auf Lichtungen, Schlägen und Kulturen in den Wäldern.

W: Die Blütenform erinnert an einen Fingerhut (lat. digitus = Finger). Die Flecken in der Blüte sollen Staubbeutel vortäuschen und die Attraktivität der Blüten für Insekten stark erhöhen. Jedoch nur größere Insekten wie Hummeln überwinden die bärtige Sperre auf dem Blütengrund, die kleinere unzuverlässige Blütengäste zurückhält. Die in allen Teilen durch die bekannten Digitalis-Glykoside stark giftige Pflanze liefert auch für die moderne Medizin weiterhin wichtige Stoffe für Kreislauf-Medikamente.

1
2
3
4
5a
5b

1 Arznei-Baldrian
Valeriana officinalis

40–150 cm Juni–Aug. ♃

K: Die Blüten stehen in rundlichen Büscheln; die Blätter sind gefiedert und umfassen in dieser Artengruppe 11–23 Fiederblättchen.

V: Zerstreut an Ufern und in Gräben, aber auch in Wäldern.

W: Aus den kurzen, dicken Rhizomen wird die Baldriantinktur gewonnen, deren beruhigende, krampflösende Wirkung heute wie einst geschätzt wird. Das deutsche „Baldrian" ist ein Lehnwort aus dem lat. valeriana, das auf valere = gesund sein zurückgeht. Mit dem schweißartigen Geruch getrockneter Rhizome, der dem Lockgeruch läufiger Katzen ähnelt, kann man Kater anlocken und nächtliche „Katzenmusik" auslösen.

2 Wasserdost
Eupatorium cannabinum

60–150 cm Juli–Sept. ♃

K: Blätter 3–5teilig, Stengel rötlich; Blütenstand aus vielen kleinen Körbchen, die nur wenige Röhrenblüten umfassen.

V: Verbreitet an Ufern, in Gräben und an nassen Stellen in Wäldern.

W: Die Blüten werden gern von Tagfaltern besucht. Die Blätter ähneln entfernt Hanfblättern (lat. cannabinus = hanfartig).

3 Sumpf-Kratzdistel
Cirsium palustre

50–120 cm Juni–Sept. ⊙–♃ ✿

K: Stengel bis zur Spitze mit dornigen Blättchen und mit purpurroten Körbchen besetzt.

V: Häufig auf feuchten Weiden, auf Äckern und auf Schuttplätzen.

W: Die reifen Fruchtstände mit ihren Flugfrüchten sind manchem Bauer ein Ärgernis, den körnerfressenden Vögeln jedoch als Nahrung sehr willkommen.

4 Wiesen-Flockenblume
Centaurea jacea

20–70 cm Juni–Sept. ♃ ✿

K: Blütenkörbchen aus Röhrenblüten, von denen die randlichen vergrößert sind.

V: Magere Wiesen, Weiden und Wegränder; bei Düngung meistens sehr bald rückläufig und verdrängt.

W: Die vergrößerten randständigen Röhrenblüten sind oft unfruchtbar, dienen also vorrangig zum Anlocken der Insekten.

5 Nickende Distel
Carduus nutans

30–100 cm Juni–Sept. ⊙–♃

K: Diese weiß wollig behaarte Distel trägt an einem langen Stengel oft nur ein einzelnes nickendes Körbchen mit 3–6 cm Durchmesser.

V: Zerstreut auf Weiden, an Böschungen und Wegrändern auf Kalk.

W: Diese Disteln sind oft die höchsten Pflanzen auf Magerweiden mit überhöhtem Viehbesatz.

6 Rote Pestwurz
Petasites hybridus

20–100 cm März–Mai ♃

K: Die bis zu 60 cm breiten, herzförmigen Blätter erscheinen erst nach den gedrungenen Blütenständen.

V: Ufer und Ufergebüsche; oft in großen Beständen.

W: Beeindruckend sind die riesigen Blätter („Wilder Rhabarber"), die zu den größten Blättern heimischer Wildpflanzen gehören. Spielenden Kindern dienen sie als Hut. Griech. petasos ist ein Regenhut mit breiter Krempe. Das deutsche „Pestwurz" ging wahrscheinlich aus *Petasites* hervor. Die anfangs gedrungenen, nur 30 cm hohen Blütenstände strecken sich nach der Blüte, so daß die Fruchtstände mit 1 m Höhe die Blätter überragen und frei im Wind stehen.

1

2

3

4

5

6a

6b

Orchideen = Knabenkräuter
bilden weltweit die artenreichste Pflanzenfamilie, sind jedoch vorrangig in wärmeren Regionen vertreten. Auch in Mitteleuropa nehmen Häufigkeit und Artenvielfalt der Orchideen von Norden nach Süden zu. Sie sind heute auch dort, wo sie früher häufiger waren, fast ausnahmslos so selten geworden, daß die gesamte Familie als gefährdet gilt und unter strengen Schutz gestellt wurde. Neben dem Abpflücken und Ausgraben von Orchideen in früheren Jahren hat die Intensivierung der Landnutzung diesen Arten geschadet, die zu ihrer Entwicklung vom staubfeinen, reservestoffarmen Samen bis zur neuen blühenden Pflanze meistens über ein Jahrzehnt benötigen und obendrein auf die Gegenwart bestimmter Pilze als Wurzelsymbionten zwingend angewiesen sind. Die früher als Aphrodisiaka und Heilmittel genutzten Wurzelknollen haben – zumindest bei einigen Arten – hodenähnliche Gestalt, die den Pflanzen den wissenschaftlichen Namen (griech. orchis = Hoden) und die deutsche Bezeichnung „Knabenkraut“ eintrugen.

1 Rotes Waldvögelein
Cephalanthera rubra

20–50 cm Juni–Juli ♃
K: Die 3–8 ungespornten Blüten sind im Vergleich zu den Blüten anderer heimischer Orchideen, die erst durch ihre Blütenstände wirken, recht auffällig.
V: Zerstreut vor allem in Kalk-Buchenwäldern, vereinzelt aber auch in anderen Laub- und Mischwäldern.
W: Im Gegensatz zum Weißen Waldvögelein bietet das Rote Waldvögelein seinen Besuchern keinen Nektar. Daß es dennoch besucht wird, beruht wohl darauf, daß es mit anderen Blüten verwechselt wird. Die beiden abstehenden Kronblätter geben der Blüte das Aussehen eines Vögleins mit ausgebreiteten Schwingen (Name).

2 Breitblättriges Knabenkraut
Dactylorhiza majalis

10–50 cm Mai–Juli ♃
K: Die 3–6 Stengelblätter sind wie beim Gefleckten Knabenkraut (5–10 Stengelblätter) in der Regel recht auffällig durch dunkelbraune Flecken.
V: Auf feuchten Wiesen und kalkarmem Untergrund noch ziemlich verbreitet.
W: Düngung des Grünlandes mag die Art in gewissen Grenzen noch ertragen, Drainung in aller Regel nicht. Der Sporn enthält zwar keinen Nektar, aber dafür ein freßbares, zuckerreiches Gewebe. Der Pollen wird nicht ausgepudert, sondern zu zwei Pollinien verklebt, die beispielsweise Bienen am Kopf haften bleiben.

3 Breitblättrige Stendelwurz
Epipactis helleborine

30–80 cm Juli–Sept. ♃
K: Die sporn- und duftlosen Blüten sind purpurrot, vielfach aber auch blaß oder grün und stehen in einseitswendigen Trauben.
V: Noch ziemlich verbreitet in krautund nährstoffreichen Wäldern.
W: Die Pflanze gehört zu den wenigen Orchideenarten, die sich in der modernen Kulturlandschaft behaupten und – beispielsweise durch den beim Waldwegebau eingebrachten Schotter – auf den Banketten sogar begünstigt werden.

4 Helm-Knabenkraut
Orchis militaris

20–40 cm Mai–Juni ♃
K: Blüte im Umriß wie eine Männchen-Attrappe (**4 b**); die äußeren blaßrosafarbenen Kronblätter sind wie ein Helm geformt (Name).
V: Kalk-Magerrasen und lichte Gebüsche und Böschungen auf Kalk.
W: Die Knollen wurden früher als Salep-Droge wegen ihrer reizmildernden Schleimstoffe gesammelt.

1

2

3a

3b

4a

4b

1 Herbstzeitlose
Colchicum autumnale

10–20 cm (Aug.) Sept.–Okt. ♃

K: Im Herbst krokusähnliche, blaßviolette Blüten; im Frühjahr große, breit-lanzettliche Blätter.

V: Weit verbreitet in nicht zu intensiv bewirtschafteten wechselfeuchten Wiesen, auch in Auenwäldern (nicht im Nordwesten und Norden).

W: Die Herbstzeitlose zeichnet sich durch einen ungewöhnlichen Jahresgang aus: Sie blüht nach dem zweiten Grasschnitt im Herbst, bildet aber Blätter und Samen erst im nächsten Jahr aus. In den großen Laubblättern wird der Traubenzucker gebildet, der als Stärke in die Knolle eingelagert wird, um als Energiereserve zur späteren Blüten- und nächstjährigen Blatt- und Samenbildung zur Verfügung zu stehen. Nach der Bestäubung im Herbst wandert der Pollenschlauch durch den über 30 cm langen Griffel zur Samenanlage, die sich an der in frostfreier Tiefe liegenden Knolle befindet. Hier erfolgt im Winter die Befruchtung. Erst im folgenden Frühjahr schiebt der dann stark wachsende Stiel die Samenkapsel aus der Erde. Blätter und Samenkapseln werden von den Rindern gemieden, 1–5 Samen sind für den Menschen bereits tödlich. Die Herbstzeitlose enthält das pharmazeutisch genutzte und als Mutationsauslöser bekannte Alkaloid Colchicin, das als Zellgift wirkt und durch Störung der Mitose polyploide Zellen entstehen läßt.

2 Türkenbund-Lilie
Lilium martagon

30–100 cm Juni–Aug. ♃

K: Hübsche Lilienart mit fleischroten, nickenden Blüten, deren Hüllblätter zurückgerollt sind.

V: Hier und dort in artenreichen, wärmeliebenden Laubwäldern und in alpinen Hochstaudenfluren (jedoch nicht im Westen und Nordwesten).

W: Der deutsche Artname zielt auf die turbanähnliche Blüte, die mit ihrem Duft vor allem Nachtfalter anlockt. Auf den ölig-glatten Perigonblättern können sich die meisten Insekten nicht halten; kolibriartig vor den Blüten schwirrende Nachtschmetterlinge (Schwärmer, Eulen) sind die bevorzugten Bestäuber. Vereinzelt kommt die Türkenbund-Lilie in größeren Beständen vor; insgesamt ist sie jedoch stark bedroht und im höchsten Grade schutzbedürftig.

3 Weinbergs-Lauch
Allium vineale

30–70 cm Juni–Aug. ♃

K: Stielrunde Lauchblätter, rote, an der Spitze doldig vereinte Blüten und meist zahlreiche Brutzwiebeln erinnern entfernt an bekannte Nutzpflanzen.

V: Recht weit verbreitet an warmen Hängen und Wegrändern, aber auch in Hackfruchtfeldern.

W: Der Name erinnert daran, daß die Art eine typische Weinbaubegleiterin ist. Außer durch Samen und unterirdische Zwiebeln vermehrt sie sich durch Brutzwiebeln, die sich im Blütenbereich durch Umwandlung von Blütenanlagen bilden.

4 Schwanenblume
Butomus umbellatus

60–150 cm Juni–Aug. ♃

K: Eine der schönsten und auffälligsten Pflanzen des Röhrichts mit rötlichen Blüten, die zu mehreren an der Spitze des Blütenstiels stehen.

V: Im Norddeutschen Flachland und in Flußtälern Süddeutschlands im Röhricht von Flüssen und Teichen.

W: Die Schwanenblume leidet unter der Wasserverschmutzung und der Zerstörung der Röhrichte durch Wasserbaumaßnahmen und Erholungssuchende (Wassersportler, Angler). Viele Vorkommen sind schon erloschen.

1

2

3

4

1 Gewöhnliche Akelei
Aquilegia vulgaris

30–70 cm Mai–Juli ♃

K: Große nickende Blüten mit 5 Honigblättern, die einen langen, hakig gebogenen Sporn bilden.

V: Zerstreut in warmen Lagen in Laubwäldern und Gebüschen auf Kalk.

W: Aus dieser heute geschützten Pflanze, die sowohl wegen ihrer Schönheit als auch wegen ihrer Heilwirkung bei Hautausschlägen bereits in den mittelalterlichen Burg- und Klostergärten stand, wurden etliche Ziersorten gezogen. Die wie ein Füllhorn geformten Nektarien bieten Nektar nur den langrüsseligen Hummeln feil; Bienen können sich bestenfalls als Einbrecher betätigen und Sporne von außen anbeißen.

2 Acker-Rittersporn
Consolida regalis

20–40 cm Juni–Sept. ☉

K: Sparrig-ästiger Wuchs, fein zerteilte Blätter und ein 3–7 blütiger, traubiger Blütenstand. Die Blüten tragen einen gebogenen Sporn.

V: Zerstreut in Äckern und auf Feldrainen in Kalkgebieten.

W: Auch hier handelt es sich um eine typische Hummelblume. Die getrockneten Blüten wurden früher als Wurmmittel verwandt, heute noch manchmal zur farblichen Verschönerung von Tees.

3 Leberblümchen
Hepatica nobilis

10–20 cm März–April ♃

K: Die wintergrünen ganzrandigen Blätter, die in einer grundständigen Rosette angeordnet sind, haben eine leberähnliche Form (Name).

V: In Laubwäldern auf Kalk ist die Art noch mancherorts anzutreffen.

W: Die Pflanze bietet Bienen und Käfern, ihren wichtigsten Besuchern, keinen Nektar, aber dafür reichlich Pollen an. Die Blüten schließen sich abends und gehen in eine nickende Schlafstellung. Früher war man von der Heilkraft der Pflanze überzeugt; heute spricht man ihr keine Heilwirkung mehr zu. Als Hinweis auf markant geformte Blätter aber haben die Namen ihre Bedeutung behalten (griech. hepar, hepatos = Leber).

4 Blauer Eisenhut
Aconitum napellus

50–150 cm Juni–Sept. ♃

K: Die handförmigen Blätter sind 5–7teilig.

V: Zerstreut in feuchten Wäldern und in Hochstaudenfluren an Bächen der montanen und subalpinen Stufe.

W: Der blaue Eisenhut gehört mit dem Alkaloid Aconitin zu den giftigsten heimischen Pflanzenarten. Die Art fand schon früh den Weg in die Arznei- und Ziergärten. Besonders bemerkenswert sind die beiden zu Nektarien umgewandelten Kronblätter, die an der Spitze wie Pferdeköpfe verdickt sind. Sie ziehen nach alter Überlieferung den „Venuswagen“, den man sieht, sobald man das helmartige Kelchblatt ausgezupft hat. Die übrigen Kelchblätter bilden den Kastenwagen, in dem die kurzen Staubblätter die Reisenden darstellen.

5 Frühlings-Platterbse
Lathyrus vernus

10–30 cm März–Juni ♃

K: Die Pflanze hat nur 2–4 Fiederpaare. Blau sind nur die ältesten, d. h. die unteren Blüten der 4–6-, selten bis 10blütigen, meist rotvioletten Traube.

V: Auf Kalk in krautreichen Laubwäldern ziemlich verbreitet.

W: Die Pflanze gehört zu den Arten, deren Blüten sich mit zunehmendem Alter von Rot und Rotviolett zu Blau verfärben und damit den sie besuchenden Insekten, die natürlich frische, nektarreiche Blüten bevorzugen, eine Orientierungshilfe bieten.

1

2

3

4

5

1 Wald-Veilchen
Viola sylvestris

5–20 cm Apr.–Juni ♃

K: Sporn und übrige Kronblätter farbgleich violett, Sporn abwärts gebogen und über 4 mm lang.

V: In Laubwäldern und Gebüschen.

W: Veilchen und Stiefmütterchen gehören zur selben Gattung. Bei den Veilchen sind 2 Kronblätter nach oben und 3 nach unten gerichtet, bei den Stiefmütterchen 4 nach oben und nur ein Kronblatt nach unten.

2 Natternkopf
Echium vulgare

30–80 cm Juni–Sept. ⊙

K: Eine steifborstige Pflanze mit anfangs eingerollten Blütenständen (Wickel), deren Einzelblüten erst rötlich und später blau sind.

V: Eine typische Besiedlerin von Sekundärbiotopen, vor allem von steinigen Straßen- und Bahnbanketten, Industriebrache und Steinbrüchen.

W: Die Blüte erinnert an einen Schlangenkopf (griech. echion = Otter, Natter). Früher glaubte man an die Heilwirkung bei Schlangenbissen. Der Natternkopf ist durch seine bis zu 2 m tief greifenden Wurzeln und seine borstige Behaarung an das Leben auf Trockenstandorten angepaßt.

3 Immergrün
Vinca minor

10–20 cm März–Mai ♃

K: Immergrüne Pflanze mit auffälligen Einzelblüten. Der schattenverträgliche Bodendecker ist strenggenommen ein Halbstrauch.

V: Die Art bildet in artenreichen Laubwäldern und Gebüschen gelegentlich größere Bestände.

W: Das Immergrün ist bereits aus mittelalterlichen Gärten verwildert und deshalb häufig in der Umgebung alter Burgen und Klöster anzutreffen (Stinzenpflanze).

4 Sumpf-Vergißmeinnicht
Myosotis palustris

20–50 cm Mai–Okt. ♃

K: Der kantige Stengel ist abstehend, der Kelch anliegend behaart.

V: Verbreitet in nassen Wiesen, an Gräben und Ufern, auch an Feuchtstellen in Wäldern.

W: Der ebenfalls verbreitete Name „Mäuseohr" entspricht dem wissenschaftlichen Gattungsnamen (griech. mys = Maus, otis = Ohr). Der Blüteneingang ist durch Schlundschuppen so verengt, daß unzuverlässige kleine Insekten ferngehalten werden und nur Bienen, Falter und einige Fliegen ihre langen Rüssel einführen können.

5 Stranddistel
Eryngium maritimum

20–50 cm Juni–Sept. ♃

K: Die Pflanze wirkt weißlich- bis seegrün und hat starre distelartige Blätter, dazu Blüten in kugeligen Köpfchen.

V: In weißen Dünen an der Küste.

W: Die Stranddistel ist früher oft zu Trockensträußen und für Urlaubssouvenirs gepflückt worden, so daß sie heute sehr selten geworden ist und streng geschützt werden muß.

6 Alpenglöckchen
Soldanella alpina

5–15 cm Apr.–Juli ♃

K: An den Stielchen meistens 2–3 glockenförmige Blüten mit tief fransig eingeschnittenen Blütenblättern.

V: In den Alpen auf Almen, in Quellmulden und Schneetälchen, nur auf Kalk (Gegensatz zu *S. pulsatilla*).

W: „Troddelblume" ist einer der vielen volkstümlichen Namen. Auf die rundlichen bis nierenförmigen, dikken, bis 3 cm breiten Blättchen ist der wissenschaftliche Name gemünzt, der auf ital. soldo und auf dessen Verkleinerungsform für ein früher gebräuchliches Geldstück zurückgeht.

1

2

3

4

5

6

Enziane
sind in der Vorstellung vieler Menschen untrennbar verbunden mit dem Hochgebirge, vor allem mit den Alpen. Dort kommen in der Tat auch die meisten der insgesamt 22 in Mitteleuropa heimischen Arten vor und manche sogar in großer Individuenzahl. Doch auch in den Mittelgebirgen und vereinzelt sogar in der Norddeutschen Tiefebene sind Enziane anzutreffen, allerdings insgesamt gesehen von Süden nach Norden in abnehmender Arten- und Individuenzahl. Als Pflanzen sonniger, waldfreier Standorte werden sie durch die Ausweitung der Land- und Forstwirtschaft besonders stark be- und verdrängt. Düngung, Drainung und Kultivierung machen die ohnehin nur zerstreut vorkommenden Arten zu seltenen Kostbarkeiten, die heute alle unter Naturschutz stehen und unangetastet bleiben müssen.
Die Enziane haben größtenteils glokkige Hummel- und Falterblüten. Die Farben Blau und Blauviolett herrschen vor; im Gegensatz zu den Glockenblumen und anderen blaublütigen Arten bleiben sie weitgehend unverändert, wenn die Blüten gepreßt oder getrocknet werden. Ein Faktum, das Enziane trotz aller Schutzbemühungen immer noch zu Opfern von Andenkenjägern macht.
Die Enzianblüten, die sich bei Regen schließen, werden von Insekten gern als Unterschlupf benutzt.
Der Name „Enzian" ist ein Lehnwort aus lat. gentiana, das nach Plinius auf Gentios, den 100 v. Chr. lebenden König von Illyrien, zurückgehen soll. Er soll den Enzian – wahrscheinlich den Gelben – als Mittel gegen die Pest empfohlen haben.

1 Lungen-Enzian
Gentiana pneumonanthe

20–50 cm Juli–Okt. ♃
K: 3–5 cm lange, glockige Blüten mit meistens 5 Kronzipfeln und innen 5 grünen Streifen.
V: Selten in Mooren und Heiden auf kalkarmen Böden, sowohl in der Norddeutschen Tiefebene als auch in Süddeutschland.

2 Kreuz-Enzian
Gentiana cruciata

10–50 cm Juli–Okt. ♃
K: Blüten mit 4 Kronzipfeln; Blätter streng kreuzweise gegenständig.
V: Trockenrasen und lichte Gebüsche auf Kalk, selten, nordwärts bis zum Nordrand der Mittelgebirge.

3 Stengelloser Enzian
Gentiana kochiana und *G.clusii*

5–10 cm Mai–Aug. ♃
Hinter diesem volkstümlichen Namen verbergen sich 2 verschiedene Arten, die aber auch in der wissenschaftlichen Literatur noch häufig zusammengefaßt werden.
K: Grundständige Rosette mit einer sehr kurzgestielten, großen Blüte, die bei *G. kochiana* innen Tüpfelsaftmale aufweist.
V: Die beiden populären Arten sind weitgehend auf die Alpen beschränkt; *G.kochiana* ist kalkmeidend, *G.clusii* dagegen kalkliebend.

4 Frühlings-Enzian
Gentiana verna

5–15 cm Mai–Aug. ♃
K: Einzelne, ca. 2 cm lange Blüten mit 5 Zipfeln; an deren Grund 2zipfelige Anhängsel.
V: Alpenmatten, Steinschutt und Bergwiesen, nur südlich des Mains.

5 Fransen-Enzian
Gentianella ciliata

5–20 cm Aug.–Okt. ♃
K: Blüte mit 4 Kronzipfeln, die an den Rändern bewimpert („gefranst") sind.
V: Vor allem in Kalk-Magerrasen, nordwärts noch bis über die Mittelgebirge hinaus.

1

2

3

4

5

1 Kriechender Günsel
Ajuga reptans

10–30 cm Apr.–Juli ♃

K: Die Pflanze kriecht mit Ausläufern, die Wurzeln bilden und an deren Ende eine Rosette mit dem blühenden Trieb entsteht. Mit ihrer 3lappigen Unter-, aber nur sehr unscheinbaren Oberlippe weicht die Blüte stark vom üblichen Lippenblütler-Bild ab.

V: Verbreitet in Wäldern, Gebüschen, aber auch auf Wiesen.

W: Mit ihren bis zu 20 cm langen, kriechenden Ausläufern kann der Günsel ganze Bestände bilden. Wegen dieser Fähigkeit werden einige Zuchtformen – darunter solche mit rötlichen Blättern – in Gärten gern als Bodendecker verwandt.

2 Sumpf-Helmkraut
Scutellaria galericulata

10–50 cm Juni–Sept. ♃

K: Die Blüten stehen meist zu zweit in den Blattwinkeln und sind nach einer Seite gewandt.

V: Ziemlich verbreitet in Sümpfen, Gräben und an Ufern.

W: Auf dem Kelch entdeckt man einen kleinen Höcker oder ein Schildchen, die als „Helm" bezeichnet werden (Name). Darauf nimmt auch der wissenschaftliche Name Bezug: lat. scutellum = Tellerchen, Schildchen; lat. galericulatus = mit kleinem Helm ausgestattet.

3 Wiesen-Salbei
Salvia pratensis

30–60 cm Apr.–Aug. ♃

K: Grob gekerbte, runzelige Blätter bilden eine grundständige Rosette. Die Blüten stehen in 6–10 blattlosen Quirlen übereinander.

V: Auf trocken warmen Wiesen und Magerrasen, vor allem auf Kalk.

W: Die hübsche Wiesenblume wird von den Bienen stark besucht, vom Vieh jedoch verschmäht. Die runzeligen, vor starker Transpiration geschützten Blätter und die bis zu 1 m lange Pfahlwurzel gestatten der Art die Besiedlung trockener Standorte. Bekannt ist das kleine Experiment, mit einem spitzen Bleistift in der Blüte den Hebelmechanismus auszulösen, durch den sich die Staubblätter senken, so daß die Pollensäcke auf den behaarten Rücken der blütenbesuchenden Hummel tupfen. Der wissenschaftliche Gattungsname ist aus lat. salvare = heilen abgeleitet, der deutsche ein Lehnwort aus dem Lateinischen.

4 Gamander-Ehrenpreis
Veronica chamaedrys

10–30 cm Apr.–Juli ♃

K: Am Stengel laufen 2 Haarreihen herab. Die Blüten weisen nur 4 Kronblätter und 2 Staubblätter auf.

V: Häufig auf Wiesen, an Wegrändern sowie in Wald- und Heckensäumen.

W: Dunkelblaue Striche weisen Fliegen und kleinen Schmetterlingen den Eingang zur Kronröhre. Carl von Linné hat die Gattung nach der frühchristlichen heiligen Veronica benannt. Daß sie im Volksmund auch „Männertreu" genannt wird, ist wohl spöttisch gemeint: Die Blüten fallen sehr bald ab.

5 Bachbungen-Ehrenpreis
Veronica beccabunga

20–60 cm Mai–Sept. ♃

K: Der Stengel ist bei dieser Art kahl und etwas fleischig.

V: Ziemlich verbreitet an Ufern, in Röhrichten, Gräben und an Quellen.

W: Beim wissenschaftlichen Artnamen haben wir den vergleichsweise seltenen Fall, daß er aus dem althochdeutschen „Bachbunge" latinisiert wurde; die Eindeutschung lateinischer Pflanzennamen kommt viel häufiger vor. Die Art wurde früher als Salat- und Arzneipflanze benutzt und sogar in die Gärten geholt.

1

2

3

4

5

1 Wiesen-Glockenblume
Campanula patula

20–50 cm Mai–Juli ⊙

K: Die lila-violetten Blüten sind trichterförmig, die Blätter länglich-lanzettlich.

V: Auf kurzgrasigen Wiesen und an Wegrändern sowie in Säumen von Wäldern und Hecken; im Süden häufig, im Nordwesten selten.

W: Abends und bei Regen senken sich die Blüten und „nicken", so daß Regen- und Tautropfen nicht eindringen können. Die Fruchtkapseln, an denen Reste der vertrockneten Kronblätter haften bleiben, öffnen sich mit 3 Poren; der feine Samen wird bei Erschütterung der Stengel ausgestreut. Der wissenschaftliche Name beschreibt die Blüte: lat. campanula = Glöckchen.

2 Nesselblättrige Glockenblume
Campanula trachelium

40–80 cm Juli–Sept. ♃

K: Die Blüte ist blau-violett. Die Blätter erinnern an etwas schmalere Brennesselblätter (Name!). Der Stengel ist mit steifen Haaren besetzt.

V: In Laubwäldern und Hecken auf nährstoffreichen Böden, verbreitet.

W: In der glockigen Blüte suchen Insekten gern Schutz vor Nässe. Bienen klettern am Griffel empor, um zum Nektar zu gelangen.

3 Rundblättrige Glockenblume
Campanula rotundifolia

10–30 cm Juni–Okt. ♃

K: Während die Knospen noch aufrecht stehen, senken sich die geöffneten blauen Blüten abwärts. Deutscher und wissenschaftlicher Artname verweisen auf die Form der grundständigen Blätter, die jedoch oft unauffindbar sind, weil sie früh einziehen. Die Stengelblätter sind schmal-linealisch.

V: Verbreitet in Magerrasen, an Böschungen und in Hecken- und Waldsäumen, gern in Mauerlücken.

W: Die Art zeigt magere Standorte an. Sie hat eiförmige nickende Kapseln, die interessanterweise die Öffnungen (3 Löcher) an der Kapselbasis und damit dann doch wieder oben haben. Zusätzlich kann sich die Pflanze auch durch dünne unterirdische Ausläufer ausbreiten.

4 Schwarze Teufelskralle
Phyteuma nigrum

20–50 cm Mai–Juli ♃

K: Die gekerbten Blätter dieser Art sind doppelt so lang wie breit. Die dunkelblauen Blüten sind krallenförmig zur Mitte des eiförmig-kugeligen Köpfchens gebogen (Name!).

V: Zerstreut auf kalkarmen Böden in Wäldern und auf Wiesen.

W: Erst bei sehr genauer Betrachtung entdeckt man Gemeinsamkeiten mit den anderen Glockenblumengewächsen, z. B. die miteinander verwachsenen Staubbeutel, die sich nach innen öffnen und den Pollen auf „Fegehaare" des Griffels bringen. Der dunkelrote Pollen ist recht auffällig.

5 Teufelsabbiß
Succisa pratensis

20–40 cm Juli–Okt. ♃

K: Blüten in 2–3 cm breiten Köpfchen; die Stengel mit 1–2 Paaren lanzettlicher Blätter, in denen die Stengel der Blütenstände entspringen.

V: Böschungen, Magerrasen, Heiden und Moore, verbreitet.

W: Der Blütenstand ist als eine parallele Bildung zu dem der Korbblütler zu betrachten; er umfaßt 50–80 Einzelblüten. Die im unteren Teil stumpfe, wie abgebissen (Name!) erscheinende Wurzel war so auffallend, daß man sich über die Ursache Gedanken machte und sie als Teufelswerk erklärte. Das lat. succisa (= unten abgeschnitten) zielt ebenfalls auf die Wurzel. Die Art war früher als Heilpflanze geschätzt.

1

2a

3

2b

4

5

1 Kornblume
Centaurea cyanus

30–60 cm Juni–Okt. ⊙

K: Die Pflanze mit den „kornblumenblauen“ Blütenkörbchen ist auch heute noch allgemein bekannt.

V: Früher häufig, heute nur noch vereinzelt in Wintergetreidefeldern, neuerdings durch Ansaat in Wildblumenbeeten wieder zunehmend.

W: Die auffälligen Randblüten dieses Korbblütlers sind sterile Attrappen und dienen nur zum Anlocken der Insekten, die die Blüten im Innern des Körbchens bestäuben. Durch verbesserte Saatgutreinigung wurde die Pflanze zum Teil schon vor Beginn des Herbizideinsatzes stark zurückgedrängt. Tiefer im Ackerboden lagern noch vielfach Samen, die durch das Pflügen an die Oberfläche gelangen und keimen können, so daß noch immer wieder vereinzelt mit Kornblumen gerechnet werden kann. Die hübsche und früher viel gepflückte Blume verdankt ihren wissenschaftlichen Namen dem Kentaur Chiron, dem Pferdemenschen der griech. Mythologie, der mit einer Pflanze der Gattung *Centaurea* seine Wunden heilte.

2 Berg-Flockenblume
Centaurea montana

30–70 cm Mai–Aug. ♃

K: Wie eine große Kornblume, allerdings mit Randblüten, die besonders lange und schmale Kronzipfel aufweisen, und mit ungeteilten, eiförmig-lanzettlichen Blättern.

V: Zerstreut auf Bergwiesen und in Bergwäldern der mittleren und höheren Lagen.

W: Die stattliche Staude ist auch als Zierpflanze beliebt und in Staudengärtnereien erhältlich.

3 Wegwarte
Cichorium intybus

50–120 cm Juni–Sept. ♃

K: Das helle Blau der endständigen Blütenkörbchen, die einen Durchmesser von 3–4 cm haben, sticht stark hervor. Der Stengel wirkt steif verzweigt und relativ blattarm; die sitzenden Blätter sind klein und lanzettlich.

V: An Wegrändern und auf Weiden, an Schuttstellen und in Steinbrüchen, im Süden häufiger als im Norden.

W: Die licht- und wärmeliebende Art, die im Grünland oft Überbesatz mit Weidevieh anzeigt, ist eine alte Heil- und Nutzpflanze. Aus ihr ging sowohl die Kaffee-Zichorie hervor, die noch im 2. Weltkrieg angebaut wurde, um aus der Wurzel Kaffee-Ersatz zu produzieren, als auch die Salat-Zichorie, die unter dem Namen Chicorée bekannt ist und deren Wurzeln im Dunklen angetrieben werden, damit sie bleiche, zarte Salatblätter hervorbringt. Die Wurzeln werden Diabetikern als Gemüse empfohlen; sie enthalten 20 % Inulin. Die Körbchen bestehen ausschließlich aus Zungenblüten, die sich meistens schon vor Mittag wieder schließen. Eine alte Sage beschreibt sie als die blauen Augen eines verwandelten Burgfräuleins, das am Wege vergeblich auf die Rückkehr ihres Gebliebten vom Kreuzzug in das Heilige Land wartet.

4 Wiesen-Storchschnabel
Geranium pratense

30–60 cm Mai–Sept. ♃

K: Die Blätter sind fast bis zum Grunde geteilt. Die blauvioletten Blüten haben einen Durchmesser von 2–3 cm.

V: Auf Fettwiesen, vor allem in der Ebene und in tieferen Lagen des Berglandes; im Norden weithin fehlend.

W: Die Spaltfrüchte zerfallen in 5 Fruchtfächer mit durch den Griffel schnabelartig verlängerten Fortsätzen (Name). Wenn sich diese von der Mittelsäule trennen, werden die lose auf dem Fächer liegenden Samen bis zu 2 m weit herausgeschleudert.

1

2

3

4

1 Gewöhnliche Küchenschelle
Pulsatilla vulgaris

10–40 cm März–Mai ♃

K: Die glockigen Blüten sind meistens aufwärts gerichtet, die behaarten Blätter 2–4fach sehr fein gefiedert.

V: Im Süden zerstreut in Kalk-Magerrasen und Kalk-Kiefernwäldern.

W: Der Fruchtstand mit seinem auffälligen Schopf federartiger Flugorgane wird im Volksmund „Teufelsbart" genannt. Der deutsche Name der streng geschützten Art ist wohl aus „Kühchenschelle" hervorgegangen.

2 Hohler Lerchensporn
Corydalis cava

20–30 cm März–Mai ♃

K: Etwa 10–20 2lippige, gespornte Blüten, dicht gedrängt; die Tragblätter der Blüten ganzrandig.

V: Örtlich in krautreichen Laubwäldern, Hecken und Obstweiden.

W: Pflanzen mit rotvioletten und solche mit weißlichen Blüten wachsen oft im selben Bestand. Die meistens überraschend tief im Boden liegenden Sproßknollen dieser Art sind hohl, die des nahe verwandten Festen Lerchensporns dagegen kompakt.

3 Wiesen-Schaumkraut
Cardamine pratensis

20–40 cm Apr.–Juni ♃

K: Die 4 Kronblätter dieses Kreuzblütlers sind meistens lila und ca. 1 1/2 cm lang; die gefiederten Grundblätter bilden eine Rosette.

V: Häufig in feuchten Rasen, Wiesen und Weiden, aber auch in feuchten Wäldern und an Ufern.

W: Die Schaumflocken, in denen die Larven der Schaumzikade heranwachsen und die man an den Stengeln der Pflanze besonders häufig findet, haben der Art den Namen eingetragen. An den Fiedern der Grundblätter entstehen oft vegetativ neue Brutpflänzchen.

4 Wildes Silberblatt
Lunaria rediviva

40–120 cm Mai–Juli ♃

K: Schötchen länglich-elliptisch, beiderseits spitz zulaufend, im Gegensatz zum Einjährigen Silberblatt unserer Gärten, dessen Schötchen stärker gerundet sind.

V: Ziemlich selten in schattigen Berg- und Schluchtwäldern.

W: Die falsche Scheidewand, die beim Öffnen der Schötchen oft stehenbleibt, glänzt wie der „Silbermond", besonders bei der Art mit den rundlicheren Früchten. Das ist wohl auch Anlaß für den wissenschaftlichen Namen: lat. luna = der Mond.

5 Zaunwicke
Vicia sepium

20–60 cm Mai–Sept. ♃

K: Die schmutzig blau-violetten Blüten stehen zu 2–4 in sehr kurz gestielten Trauben in den Achseln der oberen Stengelblätter.

V: Häufig an Wegrändern, auf Wiesen, in krautreichen Wäldern und in den Säumen von Gehölzen.

W: Die Pflanze klettert oft mit Hilfe ihrer Wickelranken. Auf der Unterseite der Nebenblätter befinden sich schwärzliche Nektarien, die gern von Ameisen besucht werden.

6 Luzerne
Medicago sativa

30–80 cm Juni–Okt. ♃

K: Blüten in kopfigen Trauben; die Früchte 2–3mal gewunden.

V: Auf Äckern angebaut, häufig verwildert in Magerrasen, an Wegrändern und auf Böschungen.

W: Die wertvolle Futterpflanze, die mit Hilfe ihrer Knöllchenbakterien den Boden mit Stickstoff anreichert, stammt aus Asien (aus Medien, daher der lat. Name medicus) und ist seit der frühen Antike eine wichtige Kulturpflanze.

1

2

3

4

5

6

1 Duftendes Veilchen
Viola odorata

5–10 cm März–Mai/Aug.–Sept. ♃

K: Die großen, fast 2 cm langen dunkelvioletten Blüten duften stark.

V: An Waldrändern, in Hecken und Gebüschen in Dorfnähe.

W: Die Art stammt wohl aus den Mittelmeerländern und ist über die Ziergärten in die freie Landschaft gelangt. Früher bereitete man aus dem Wurzelstock ein schleimlösendes Mittel. Der Duft (lat. odoratus = wohlduftend, odor = Geruch) lockt Insekten an, die im Sporn Nektar finden. Doch Samen bildet die Art erst nach der Selbstbestäubung, die in den unscheinbareren, sich gar nicht erst öffnenden Sommerblüten erfolgt.

2 Mehl-Primel
Primula farinosa

10–20 cm Mai–Juli ♃

K: Die Stengel und die Unterseiten der spatelförmigen Blätter sind wie mit Mehl bestäubt. Der Schlund der lilavioletten Blüte ist gelb.

V: In Mooren und auf feuchten Wiesen sowie in Steinrasen; auf Alpen und Alpenvorland beschränkt.

W: Die Pflanze gehört zu den streng geschützten Arten. Ihr wissenschaftlicher Artname entspricht dem deutschen: lat. farinosus = mehlig.

3 Strandflieder
Limonium vulgare

20–40 cm Juli–Sept. ♃

K: Die von der Mitte an sparrig verzweigten, blattarmen Stengel tragen an den Spitzen kleine Blüten in einseitswendigen Ähren.

V: Auf Salzwiesen an der Nord- und vereinzelt auch an der Ostseeküste.

W: Obwohl die Art an einigen Stellen in großen Beständen wächst, ist sie durch Eindeichung und andere Formen der Biotopveränderung so stark bedroht, daß sie streng geschützt werden muß. Für Trockensträuße sollten nur eigens dazu angebaute Pflanzen Verwendung finden. Die ökologisch sehr speziellen Standortbedingungen angepaßte Art ist eine typische Salzpflanze; an den grundständigen Blättern sind ausgeschiedene Salzkristalle zu finden. Die fliederfarbenen Blüten bestimmten den deutschen, das Vorkommen auf Salzwiesen (griech. leimon = Wiese) den wissenschaftlichen Namen.

4 Deutscher Enzian
Gentianella germanica

10–40 cm Juni–Okt. ☉

K: Von den meisten Enzian-Arten durch rötlich-violette, ca. 3 cm lange Blüten unterschieden.

V: Zerstreut in Kalk-Magerrasen; auf das Bergland beschränkt.

W: Die lange Kronröhre gestattet nur langrüsseligen Insekten die Ausbeutung des Nektars. Kleinen Insekten wird der Zugang zusätzlich durch ein Gitter aus Haaren versperrt.

5 Beinwell
Symphytum officinale

30–100 cm Mai–Juli ♃

K: Stengel und Blätter rauhhaarig; Blüten entweder in verschiedenen blau- und rotvioletten Farbtönen oder gelblich-weiß.

V: Feuchte Stellen an Wegrändern und auf Schuttplätzen, Naßwiesen, an Ufern und Gräben; verbreitet.

W: Von dieser alten Arzneipflanze wird bis auf den heutigen Tag vor allem der rübenförmige Wurzelstock genutzt. Beinwell ist Bestandteil gleich mehrerer pharmazeutischer Fertigpräparate. Früher stellte man Mittel zur Wundbehandlung und zur Heilung von Knochenbrüchen daraus selbst her. Daran erinnert der deutsche Name, der das Verb „wallen“, „überwallen“, „zusammenheilen“ enthalten soll, während der wissenschaftliche Name auf griech. symphein (= zusammenwachsen) zurückgeht.

1

2

3

4

5

1 Lungenkraut
Pulmonaria officinalis

10–30 cm März–Mai ♃

K: Die Blüten verfärben sich von Rot zu Blauviolett. Neben Pflanzen mit gefleckten Blättern gibt es andere mit ungefleckten (*P. obscura*).

V: Verbreitet in krautreichen Wäldern und Gebüschen.

W: Der Farbwechsel der Blüten ist auf Veränderung der Basensättigung im Alterungsprozeß der Blüten zurückzuführen. „Brüderchen und Schwesterchen" nennt der Volksmund die Pflanze mit den rötlichen und bläulichen Blüten. Auch wird auf den Farbwechsel zwischen kohlendioxidreichem und oxidiertem Blut in der Lunge verwiesen. Doch der Name „Lungenkraut" ist gewiß älter als die Kenntnis des Lungenkreislaufs. So bleiben die Blattform und die Linderung, die ein Aufguß bei Husten und Bronchitis verschafft, wohl die entscheidenden Gründe für die Namen. *Pulmonaria* geht auf lat. pulmo (= Lunge) zurück.

2 Eisenkraut
Verbena officinalis

30–80 cm Juli–Okt. ⊙

K: Kleine, ungestielte Blüten in blattlosen dünnen Ähren.

V: An Wegrändern und auf Schuttplätzen ziemlich verbreitet.

W: Im Aberglauben der Völker spielt die Art eine besondere Rolle. So soll sie gegen das Eisen der Waffen schützen und die damit geschlagenen Wunden heilen (Name).

3 Kleine Braunelle
Prunella vulgaris

5–20 cm Juni–Okt. ♃

K: Die 1 cm langen Lippenblüten stehen sehr dicht in einem eiförmigen Blütenstand an der Stengelspitze.

V: Allgemein verbreitet auf Rasen, Wiesen, Weiden und an Wegrändern.

W: Da die Staude dicht am Boden kriecht und sich auch vegetativ vermehrt, kann sie sich auch in häufiger geschnittenen Parkrasen ausbreiten.

4 Gundermann
Glechoma hederacea

10–30 cm März–Juni ♃

K: In den Achseln der rundlich-nierenförmigen, gekerbten Blätter befinden sich jeweils mehrere Blüten.

V: Häufig in Säumen und Gebüschen, in Wäldern und auf Wiesen.

W: Die vegetative Vermehrung durch oberirdische Ausläufer, die bis über 1 m lang werden können und an den Knoten Wurzeln bilden, spielt bei dieser Art eine große Rolle.

5 Wasser-Minze
Mentha aquatica

20–80 cm Juli–Okt. ♃

K: Dichte rundliche Blütenstände an den Triebspitzen; angenehmer aromatischer Duft durch Menthol.

V: Verbreitet in Gräben, an Ufern und in nassen Wiesen.

W: Als Bastard aus dieser Art und der Grünen Minze (*M. spicata*) trat 1696 in einem Arzneigarten in England erstmalig die Pfefferminze auf, die steril und somit nur vegetativ vermehrbar ist. Die Wasser-Minze ist wie die Pfefferminze eine der beliebtesten Heilpflanzen bei Beschwerden im Magen-Darm-Bereich.

6 Feld-Thymian
Thymus pulegioides

5–30 cm Mai–Okt. Halbstrauch

K: Kriechende Pflanze mit verholzten, scharf 4kantigen Stengeln; rundliche Blätter mit aromatischem Duft.

V: Trockene Magerrasen, Böschungen, Abgrabungen, verbreitet.

W: Mit immergrünen Lederblättern bildet die Art markante, flache Rasen und überzieht gern die kleinen Erdhügel der Wiesen-Ameisen.

1

2

3

4

5

6

1 Bittersüßer Nachtschatten
Solanum dulcamara

bis 2 m Juni–Aug. Halbstrauch

K: Bis zu 2 m hoch im Gesträuch windend; mit blauvioletten Blüten.

V: An feuchten Waldrändern und in Hecken weit verbreitet.

W: Die Blüten verraten die Verwandtschaft zur Kartoffel: Zwischen den fünf zurückgeschlagenen Blütenblättern ragen die gelben, kegelig verwachsenen Staubblätter hervor. Nur der untere Teil des Stengels verholzt und überwintert auch in winterkalten Gebieten. (Früchte S. 422)

2 Zymbelkraut
Cymbalaria muralis

3–5 cm Juni–Aug. ♃

K: Siedler in Mauerritzen; mit hellvioletten Rachenblüten, deren Gaumen weiß sind und zwei gelbliche Flecken tragen.

V: Aus Südeuropa in die Gärten nördlich der Alpen geholt und seit dem 17. Jahrhundert über die Gartenmauern auch zu Standorten gelangt, auf denen die Art der Hege des Gärtners nicht mehr bedarf.

W: Bei der Fruchtreife krümmen sich die Blütenstiele vom Licht weg und drücken dabei die kugeligen Samenkapseln in Mauerritzen und Felsfugen, wo die Samen keimen können. Die niedrigen Kriechstauden mit ihren 30–60 cm langen Trieben bleiben auch im Winter grün.

3 Wilde Karde
Dipsacus fullonum

80–150 cm Juli–Aug. ⊙–♃

K: Hohe Wildstaude, die auch im Trockenzustand ansehnlich bleibt.

V: An Wegrändern und auf Schuttplätzen, an voll besonnten Orten.

W: „Karde" ist ein Lehnwort aus dem Lateinischen (carduus = Distel). Mit den Disteln der Gattung *Carduus* hat die Karde allerdings verwandtschaftlich nichts zu tun. Doch stachelig ist sie: am Stengel, an den Blütenstielen, an den Blatträndern und auf der Blattmittelrippe. Obendrein haben die 5–8 cm langen Blütenstände stechende, alles überragende Spreublätter. Die am Grunde paarweise miteinander verwachsenen Stengelblätter bilden Regenwasser-Zisternen.

4 Wiesen-Witwenblume
Knautia arvensis

30–70 cm Juli–Aug. ♃

K: Von der nachfolgenden Art unterscheidet sie sich durch vierzipfelige Blütenkronen (Tauben-Skabiose: fünfzipfelig) und abstehende Behaarung des Stengels unter den Blütenköpfchen (Tauben-Skabiose: anliegende Behaarung).

V: Vor allem an Straßen- und Wegrändern noch weit verbreitet.

W: Die Art ist auch unter dem Namen „Knautie" bekannt, der auf Ch. Knaut (1654–1716) zurückgeht, der herzoglicher Leibarzt und Botaniker in Halle war. Die 3–4 cm breiten Blütenstände sind zwar keine Körbchen, täuschen aber mit ihren deutlich vergrößerten Randblüten solche vor, zumal in den Köpfchen ca. 50 Einzelblüten zusammengefaßt sind.

5 Tauben-Skabiose
Scabiosa columbaria

30–60 cm Juni–Okt. ♃

K: Stärkere Verzweigung und geringere Größe der Blütenköpfchen (1,5–3,5 cm) als bei der ähnlichen Wiesen-Witwenblume (s. o.).

V: Auf Rainen und Extensivweiden früher weit verbreitet. Mineraldünger fördert ihre Konkurrenten und drängt sie selbst zurück.

W: Den Bedingungen von Trockenstandorten ist sie gut angepaßt; ihre Wurzeln können den Boden bis 1,50 m Tiefe erschließen. Der Name erinnert an die frühere Verwendung gegen Krätze (scabies = Grind).

1
2
3
4
5

1 Acker-Kratzdistel
Cirsium arvense

60–120 cm Juni–Sept. ♃

K: Der verzweigte Stengel trägt dornige Blätter, aber nur selten kleine, am Stengel herablaufende Blättchen (wie die Sumpf-Kratzdistel sie hat).

V: Auf Äckern und Schuttplätzen weit verbreitet.

W: Die Pflanze wird durch Düngung gefördert; sie ist ein Stickstoffzeiger. Auf Äckern und Weiden kann man sie nur schwer entfernen, weil sie bis zu $2^1/_2$ m tief wurzelt und sich unterirdisch weit ausbreitet. Aus Wurzelstükken können neue Pflanzen entstehen. Mit bis zu 6000 Früchten je Pflanze kommt eine reiche geschlechtliche Vermehrung hinzu. Der weißliche Haarkranz trägt die Früchte (Schirmchenflieger) bei geeignetem Wind kilometerweit. Die duftenden Blüten werden von vielen Insekten, vor allem von Faltern und Hummeln, besucht.

2 Gemeine Kratzdistel
Cirsium vulgare

60–150 cm Juni–Sept. ☉–♃

K: 3–4 cm breite Blütenstände mit stark vergrößerten, eiförmigen Hüllkelchen, deren Hüllblätter in dunkle Dorne mit hellen Spitzen auslaufen.

V: Verbreitet auf Schuttplätzen und an Wegrändern.

W: Die frischen Sprosse, die Blütenkopfstiele und die Wurzeln werden als Gemüse empfohlen.

3 Strand-Aster
Aster tripolium

20–60 cm Juni–Okt. ☉

K: Die ästig verzweigte Pflanze ist fleischig und kahl.

V: Häufig in Salzwiesen und Röhrichten im Küsten- sowie im Brackwasserbereich der Flüsse; an Salzquellen im Binnenland.

W: Die Art ist zwingend auf Salzböden angewiesen (obligater Halophyt) und schon deshalb trotz ihrer Schönheit für Gärten ungeeignet. Neuerdings findet man sie auch an durch Sümpfungswasser versalzten Standorten im Rheinisch-Westfälischen Steinkohlerevier. Der wissenschaftliche Gattungsname geht auf griech. aster (= Stern) zurück.

4 Kleine Klette
Arctium minus

50–100 cm Juli–Sept. ☉–♃

K: Die bis zu 30 cm langen Blätter sind elliptisch, die Blattstiele hohl. Die 2–3 cm breiten rundlichen Blütenstände haben Hüllblätter mit rötlichen Spitzen.

V: Ziemlich verbreitet an Wegrändern und auf Schuttplätzen.

W: Die Hüllblätter mit ihren hakigen Spitzen machen die Kletten zu den effektivsten und namengebenden Vertretern eines Verbreitungstyps (Klettfrüchte, Klettverbreitung). Oft bleibt der ganze Fruchtstand im Fell oder an der Kleidung „kleben" (auf diesen Wortstamm geht auch der Name „Klette" zurück). Das hat die Kletten zu sprichwörtlich bekannten und bei Kindern für Spiele und Streiche nutzbaren Objekten gemacht. Das Mark von Stengel und Wurzel wird als Gemüse genutzt, die Klette aus diesem Grunde sogar andernorts gelegentlich angebaut.

5 Alpen-Milchlattich
Cicerbita alpina

60–120 cm Juli–Sept. ♃

K: Stengel braunrot drüsig; die fiederspaltigen gelappten Blätter stengelumfassend.

V: Subalpine Hochstaudenfluren und Bergmischwälder.

W: Das punktuelle Vorkommen der Pflanze in den höchsten Lagen der Mittelgebirge (z. B. im Hochsauerland und Harz) weist auf eine weitere Verbreitung in und nach der Eiszeit hin und kennzeichnet die heutigen Standorte als Rückzugsgebiete.

1

2

3

4

5

1 Stumpfblättriger Ampfer
Rumex obtusifolius

50–120 cm Juni–Sept. ♃
K: Gehört mit dem Krausen Ampfer zu jenen Ampfer-Arten, deren Blattgrund nicht pfeilförmig ist. Länglich-eiförmige Blätter bis über 25 cm lang und vorn vergleichsweise stumpf.
V: Verbreitet an Weg- und Grabenrändern, auf Schutt und Wiesen.
W: Das Wort „Ampfer“ geht auf ein althochdeutsches Wort zurück, dem das lat. amarus (= bitter) entspricht.

2 Krauser Ampfer
Rumex crispus

50–100 cm Juni–Sept. ♃
K: Blätter am Rande auffällig gewellt („kraus“ = lat. crispus).
V: An Weg- und Grabenrändern und auf Schuttflächen.
W: Die Art zeigt Bodenbelastungen an, und zwar sowohl Bodenverdichtung als auch Stickstoffüberdüngung. Sie wurzelt bis zu 3 m tief und ist daher nur schwer von einmal besiedelten Standorten zu beseitigen.

3 Weißer Gänsefuß
Chenopodium album

20–100 cm Juni–Okt. ⊙
K: In Höhe und Blattform sehr variabel, wie mit Mehl bestäubt (deshalb „weiß“); zwittrige Blüten.
V: Häufig in Unkrautgesellschaften.
W: Der mehlige Belag kommt durch leicht abbrechende Härchen zustande. Blätter und Sproßspitzen sind für Wildgemüse und Salate geeignet; die Samen wurden früher zu Mehl vermahlen.

4 Ausgebreitete Melde
Atriplex patula

20–90 cm Juli–Okt. ⊙
K: Auffallend sind die gespreizt abstehenden Seitenäste (Name), die zumindest im jungen Zustand mehlig bestäubt sind. Die Blüten sind eingeschlechtlich, die weiblichen Blüten von je 2 dreieckigen Vorblättern umstanden.
V: Häufig auf Hackfruchtäckern und Schuttplätzen.
W: Die Vorblätter wachsen nach der Blüte weiter, wirken wie eine Fruchthülle und dienen als Flugorgane für die Nüßchen. Die Bestäubung erfolgt durch pollenfressende Insekten und durch den Wind. Der deutsche Name geht auf das mittelhochdeutsche molte (= Staub, Mehl) und damit wohl auf die weißliche Färbung zurück.

5 Europäischer Queller
Salicornia europaea

5–30 cm Aug.–Sept. ⊙
K: Eine fleischige Pflanze mit schuppenförmigen Blättern.
V: Am Rande des Watts an der Nordsee verbreitet, an der Ostsee zerstreut; eine typische Salzpflanze.
W: Der Name dieser Sammelart beschreibt die saftreichen Sprosse, deren Plasma durch den hohen Kochsalzgehalt (75 % in der Asche) aufgequollen ist. Der wissenschaftliche Name enthält lat. sal (= Salz) und cornu (= Horn).

6 Große Brennessel
Urtica dioica

30–150 cm Juni–Okt. ♃
K: Die mit Brennhaaren besetzten länglich-eiförmigen Blätter sind allgemein bekannt.
V: Sehr häufig an Weg- und Grabenrändern, auf Wildlandflächen, an Ufern und in Auenwäldern.
W: Die Brennhaare sind ein Schutz gegen Tierfraß; sie rufen beim Menschen Jucken, Hautrötung und Blasenbildung hervor. Bis ins 18. Jh. verarbeitete man die Bastfasern, deren 5–7 cm lange Zellen die längsten Zellen bei heimischen Blütenpflanzen sind, zu Nesselgarn und Nesseltuch. Frische Brennesseln werden als spinatähnliches Gemüse geschätzt.

1
2
3
4
5
6

1 Stinkende Nieswurz
Helleborus foetidus

30–60 cm Jan.–Apr. ♃

K: Wintergrüne Pflanze mit beblätterten Stengeln, Blätter mit 3–9 lanzettlichen Abschnitten.

V: Nur im Südwesten zerstreut in Laubwäldern auf Kalk.

W: Die Art ist ein bekanntes Lehrbuchbeispiel für fließende Übergänge in der Gestalt von Laub- über Hoch- zu Kronblättern (Perigon). Der Pollen in den glockenartig hängenden Blüten ist klebrig, so daß er an den Bestäubern hängenbleibt und nicht einfach abfallen kann. Aus der Wurzel wurde früher Niespulver hergestellt (Name).

2 Gewöhnlicher Frauenmantel
Alchemilla vulgaris

10–40 cm Mai–Sept. ♃

K: Blätter in 7–13 Lappen geteilt; 3–5 Blüten in lockeren Knäueln.

V: Auf Wiesen, an Wegrändern und in Wald- und Heckensäumen, vor allem im Bergland, verbreitet.

W: Morgens halten sich in den Winkeln der Blattzähne glitzernde Guttationstropfen, die die Blätter zu beliebten Fotomotiven machen. Diese Tropfen galten bei den Alchimisten als besonders wertvoll (wissenschaftlicher Name), weshalb man sie sammelte und sich ihrer vermeintlichen übernatürlichen Kraft bediente. In der Blattform erkannte man den ausgebreiteten Mantel Mariens (Name).

3 Wald-Bingelkraut
Mercurialis perennis

10–40 cm März–Mai ♃

K: Gegenständige Blätter; die Blütenstände auf langen Stielen, die männlichen zahlreich in Scheinähren, die weiblichen zu wenigen, kronblattlos und unscheinbar.

V: Verbreitet in krautreichen Laub- und Mischwäldern.

W: Da sich die zweihäusige Pflanze durch Ausläufer im Mullboden des Waldes vegetativ stark vermehrt, trifft man oft auf rein männliche und rein weibliche Pflanzengruppen.

4 Sonnen-Wolfsmilch
Euphorbia helioscopia

5–30 cm Apr.–Nov. ⊙

K: Aus dem Kranz eiförmiger Hüllblätter entspringt ein in der Regel 5strahliger Blütenstand.

V: Weit verbreitet auf Äckern und in Gärten und Weinbergen.

W: Der Milchsaft der Wolfsmilch-Arten dient den Pflanzen zum Wundverschluß und als Fraßschutz; er ist giftig und der Grund dafür, daß die Pflanzen vom Vieh gemieden werden. Die Blütenstände dieser Art sind oft der Sonne zugewandt (Name).

5 Zypressen-Wolfsmilch
Euphorbia cyparissias

10–30 cm Apr.–Juli ♃

K: Die schmal linealischen Blätter sind hellgrün und nur 1–3 mm breit.

V: Verbreitet in trockenen Rasen an Wegrändern und auf Böschungen.

W: Der Name *Euphorbia* wird vielfach auf Euphobus, den Leibarzt des um Christi Geburt lebenden Königs Juba II von Mauretanien zurückgeführt.

6 Moschuskraut
Adoxa moschatellina

5–20 cm März–Mai ♃

K: Mehrere – in der Regel 5 – gelbgrüne Blüten bilden einen kleinen, würfelförmigen Blütenstand.

V: Zerstreut in feuchten Laubwäldern, vor allem in Auenwäldern.

W: Der deutsche Name bezieht sich auf den schwachen Duft, den die welken Blätter verbreiten. Der wissenschaftliche Gattungsname geht auf griech. adoxos (= unscheinbar, unberühmt) zurück und bezieht sich auf die Blüten.

1

2

3

4

5

6

1 Rotfrüchtige Zaunrübe
Bryonia dioica

200–400 cm Mai–Aug. ♃

K: Ein kletterndes Kürbisgewächs mit unverzweigten Wickelranken, die jeweils den 5lappigen Blättern gegenüberstehen. Die Früchte der zweihäusigen Kletterstaude sind rote Beeren.

V: Verbreitet in Hecken- und Gebüschsäumen, im Norden seltener.

W: Benannt ist die Art nach ihren rübenförmigen, bis 20 cm dicken Wurzeln, die früher ein stark wirkendes Abführmittel lieferten und als Ersatz für die Alraunwurzel galten. Ihre Giftwirkung wird noch von den Beeren übertroffen; bereits der Genuß eines Dutzends von ihnen soll tödlich sein.

2 Knotige Braunwurz
Scrophularia nodosa

50–100 cm Juni–Sept. ♃

K: Unscheinbare 2lippige Blüten mit schmutzig-brauner und am Grunde grünlicher Krone; 4kantiger, aber nicht geflügelter Stengel.

V: Verbreitet in krautreichen Wäldern und Gebüschsäumen, aber auch auf Schuttplätzen.

W: An der Übertragung des Pollens sind vor allem Wespen beteiligt, die Blüten dieses Farbtyps bevorzugen. Die Art, die heute als giftig gilt, wurde früher wegen der Ähnlichkeit ihrer knotigen Wurzeln mit Geschwülsten bei Skrofulose, einer Haut- und Lymphdrüsenerkrankung, verwendet. Darauf weist auch der Name hin: lat. scrophula = Halsgeschwulst.

3 Gewöhnlicher Wassernabel
Hydrocotyle vulgaris

5–15 cm Juni–Aug. ♃

K: Die kriechende Pflanze hat runde Blätter und meist übersehene winzige Blüten in kopfförmigen Dolden.

V: Vor allem im Norden in Sümpfen und Moorwiesen anzutreffen.

W: Die ungewöhnliche Form der Blätter, die schildförmig auf den Stielen angeordnet sind, macht die Art unverwechselbar. Sie läßt leicht die Assoziation zum Nabel herstellen, der im deutschen wie im wissenschaftlichen Gattungsnamen erscheint.

4 Breit-Wegerich
Plantago major

10–40 cm Juni–Okt. ♃

K: Breit-elliptische Blätter und winzige Blüten in schlanken Ähren.

V: Häufig in Trittgesellschaften auf Wegen und auf Weiden.

W: Als Windblütler produziert die Pflanze große Mengen Pollen, zum Leidwesen vieler Allergiker. Die Außenschicht der Samen wird bei Feuchtigkeit zu einer klebrigen Masse, die die Verbreitung durch tierische und menschliche Passanten sichert. Überall auf der Erde begleitet die Art heute die Wege der Menschen. Die Indianer nannten sie bereits „Fußtritt des weißen Mannes". Auch das lat. planta = Fußsohle meint diesen Zusammenhang.

5 Spitz-Wegerich
Plantago lanceolata

5–50 cm Mai–Sept. ♃

K: Kürzere Blätter und länglich-ovale Ähren.

V: Verbreitet in Wiesen, auf Weiden und an Wegrändern.

W: Als Hustenmittel geschätzt.

6 Gewöhnlicher Beifuß
Artemisia vulgaris

50–150 cm Juli–Sept. ♃

K: Blätter oberseits dunkelgrün und kahl, unterseits weißfilzig, Blüten in kleinen eiförmigen Körbchen.

V: Häufig an Wegrändern, auf Schutt und Industriebrache.

W: Die bekannte Gewürzpflanze hebt den Geschmack und fördert die Bekömmlichkeit von Fleischspeisen.

1
2
3
4
5
6

1 Aronstab
Arum maculatum

20–40 cm Apr.–Mai ♃

K: Ein braun-violetter Kolben ragt aus dem Kessel hervor, der von einem tütenförmigen hellgrünen Hochblatt gebildet wird und in dem der Blütenstand aus stark reduzierten männlichen und weiblichen Blüten verborgen ist.

V: In krautreichen Laubwäldern und Gebüschen ziemlich verbreitet.

W: Als Kessel-Gleitfallenblume gehört der Aronstab zu den interessantesten Arten der heimischen Flora. Insekten – vor allem Schmetterlingsmücken – werden abends durch aasähnlichen Geruch angelockt, lassen sich auf dem aufgerichteten Hochblatt nieder und gleiten auf dessen glitschiger Innenwand in den Kessel hinab. Die durch Atmung des stärkereichen Kolbens deutlich erhöhte Kesseltemperatur hält die Insekten auch in kühlen Mainächten munter. Sie bestäuben in dem vorweiblichen (protogynen) Blütenstand zunächst die Narben, bevor sie sich beim Umherkrabbeln neu mit dem für sie eßbaren Pollen bepudern. Erst nach Stunden erschlaffen das Hochblatt und die Reusenhaare am Kesseleingang, worauf die Insekten leichter ins Freie gelangen und möglicherweise den nächsten Aronstab aufsuchen. Der deutsche Name beruht auf einer Fehldeutung des griech. aron, eines alten Pflanzennamens, der angesichts des merkwürdigen Kolbens später mit dem ergrünenden Stab des biblischen Hohepriesters Aaron in Verbindung gebracht wurde.

2 Kalmus
Acorus calamus

60–140 cm Juni–Juli ♃

K: Linealische, an Iris erinnernde Blätter mit Querfältelung.

V: Zerstreut in Röhrichten an Seen und Teichen sowie an Gräben.

W: Die im 16. Jh. aus Indien eingeführte Art bringt in Europa keine Früchte, vermehrt sich also rein vegetativ durch Teilung des knolligen Rhizoms. Der Stengel ist am Grunde rötlich und riecht angenehm aromatisch. Ein Extrakt aus dem Rhizom wird wegen seiner Bitterstoffe vor allem zur Linderung von Magenbeschwerden und Verdauungsstörungen benutzt, unter anderem auch durch Zusatz zu Magenbittern und Kräuterlikören.

3 Einbeere
Paris quadrifolia

20–40 cm Mai–Juni ♃

K: 4 elliptische Blätter (daher „quadrifolia“) – selten mehr oder weniger – stehen in einem Quirl unterhalb der Stengelspitze, an der sich die einzige Blüte und später eine blauschwarze Beere (daher „Einbeere“) entwickelt.

V: In krautreichen Laub- und Mischwäldern ziemlich weit verbreitet.

W: Mit ihren netzadrigen (und nicht parallelnervigen) Blättern und den meist auf der Zahl 4 (und nicht der Zahl 3) aufgebauten Blüten ist die Einbeere eine Außenseiterin unter den Liliengewächsen. Die Insekten werden vor allem von dem dicken, blauschwarzen Fruchtknoten angelockt. Vögel verbreiten die fast kirschgroßen, für den Menschen giftigen Beeren.

4 Zweiblattorchidee
Listera ovata

20–40 cm Mai–Juli ♃

K: Die einzigen Laubblätter sind breit-eiförmig und nahezu gegenständig, die Blüten grünlich gelb in einer langen Traube.

V: Die weithin häufigste heimische Orchideenart ist in krautreichen Laubwäldern ziemlich verbreitet.

W: Die spornlosen Blüten sondern ihren Nektar auf der Unterlippe ab. Der wissenschaftliche Gattungsname erinnert an den engl. Arzt und Biologen Martin Lister (1638–1712).

1

2

3

4

1 Aufrechter Igelkolben
Sparganium erectum

30–60 cm Juni–Sept. ♃

K: Der Stengel ist im Spitzenbereich verzweigt und trägt dort sitzende kugelige Köpfchen mit kleinen grünlichen Blüten.

V: Verbreitet im Röhricht stehender, aber auch fließender Gewässer.

W: Die Pflanze kann stärkere Wasserverschmutzung ertragen und breitet sich wohl deshalb weiter aus.

2 Breitblättriger Rohrkolben
Typha latifolia

100–200 cm Juni–Aug. ♃

K: Die linealischen Blätter sind 1–2 cm breit und blaugrün. Der Blütenstand besteht aus dem braunschwarzen Kolben mit weiblichen Blüten (**a**, "Schilfzigarre") und dem gleichlangen männlichen Teil (**b**), der unmittelbar angrenzt, aber nach der Blüte rasch vergeht.

V: In Röhrichten an Flüssen, Seen, Weihern und Teichen weit verbreitet.

W: Die weltweit verbreitete Art ist als Torfbildner maßgeblich an der Verlandung stehender Gewässer beteiligt. Die Rohrkolben in Wintersträußen zu verarbeiten ist nicht unproblematisch, da sie sich in der trockenen Zimmerluft meistens auflösen und die Flugfrüchte entlassen. Die stärkereichen Wurzelstöcke dienten in Notzeiten bereits Menschen und Tieren als mehlige Nahrung. Die jungen Sprosse werden als Gemüse genossen.

3 Kleine Wasserlinse
Lemna minor

— Apr.–Juni ♃

K: Auf der Wasserfläche frei schwimmende, 2–3 mm große, linsenförmige Gebilde (Name), die im Volksmund auch als „Entenflott“ oder „Entengrütze“ bekannt sind.

V: Verbreitet auf stehenden und langsam fließenden Gewässern.

W: Die Pflanzen sind nicht in Sproß und Blatt gegliedert; sie vermehren sich fast nur vegetativ und bilden dabei lange Ketten grüner Glieder. Jedes Glied trägt eine Wurzel, die wie ein Bootskiel stabilisierend wirkt. Die Kleine Wasserlinse dient Enten und vielen Fischen als Nahrung und wird auch durch Wasservögel verbreitet.

4 Schwimmendes Laichkraut
Potamogeton natans

— Mai–Sept. ♃

K: Die ledrigen elliptischen Schwimmblätter sind bis zu 12 cm lang und noch länger gestielt; die untergetauchten Blätter sterben früh ab.

V: In Seen, Weihern und Teichen allgemein verbreitet.

W: Wie bei vielen anderen Schwimmblättern sind auch bei dieser Art die Spaltöffnungen auf der durch Öltröpfchen wasserabstoßenden Blattoberseite.

5 Krauses Laichkraut
Potamogeton crispus

— Mai–Sept. ♃

K: Alle Blätter sind untergetauchte Wasserblätter mit auffällig wellig-krausen Blatträndern (Name).

V: Die Art kommt in stehenden und langsam fließenden nährstoffreichen Gewässern recht häufig vor, und zwar bei Wassertiefen zwischen 30 und 300 cm.

W: Als Laichplatz für Fische haben Laichkraut-Bestände besondere ökologische Bedeutung; darauf geht wohl auch ihr Name zurück. Nur die Blütenähren ragen aus dem Wasser; die Bestäubung wird durch Transport der Pollen mit dem Wasser und durch Wasserläufer und Wasserschnecken gewährleistet. Die Früchte schwimmen, werden aber auch durch Wasservögel verbreitet, die sie im Darm oder im Gefieder weitertragen.

1
2a
2b
3
4
5

1 Ausdauerndes Weidelgras
Lolium perenne

20–50 cm Mai–Okt. ♃

K: Dichtrasiges Gras mit bis zu 20 cm langen Ähren aus 10–20 Ährchen, die mit der Schmalseite zur Spindel weisen.

V: In Wiesen, Weiden, Rasen und auf nicht befestigten Wegen ein sehr häufiges Gras.

W: Das bekannte Futter- und Weidegras ist Bestandteil vieler Grasmischungen. Dem Kriechpionier kommen Schnitt und Tritt zustatten, weil sie Konkurrenten zurückdrängen. Die 300jährige Anbautradition in England ist der Grund, die auch unter dem Namen Lolch (*Lolium*) bekannte Art „Englisches Raygras" zu nennen.

2 Einjähriges Rispengras
Poa annua

3–20 cm ganzjährig ⊙

K: Niedrige Grasbüschel mit Halmen, die oft erst an den Knoten aufsteigen. Die lockere Blütenrispe umfaßt Ährchen aus wenigen Blüten.

V: Typische Trittrasenpflanze, die häufig auch als Unkraut in Gärten und auf Äckern vorkommt.

W: Nur in lückiger Vegetation ist die sich rasch ansamende Art, die gleich mehrere Generationen im Jahr hervorbringt, der Konkurrenz gewachsen. So besiedelt sie auch Pflasterritzen und verwundete Böden auf überbesetzten Weiden.

3 Wiesen-Rispengras
Poa pratensis

10–60 cm Mai–Juni ♃

K: Ein rasenbildendes Gras mit langen unterirdischen Ausläufern; als Blütenstand eine lockere aufrechte Rispe (Name).

V: Auf Wiesen und Weiden und an Wegrändern verbreitet.

W: Das wahrscheinlich wichtigste Weidegras, das bis über 60 cm tief wurzelt, ist wegen seiner langsamen Entwicklung vor allem für langjährige Wechselweiden geeignet.

4 Wiesen-Knäuelgras
Dactylis glomerata

30–100 cm Mai–Juni ♃

K: Das horstbildende Gras hat bis 1 cm breite Blättchen und rauhe Halme. Die Ährchen sind an den Astenden kopfig gehäuft („geknäuelt" = lat. glomeratus).

V: Häufige Art auf Wiesen, auf Weiden und an Wegrändern.

W: Das wertvolle Futtergras wird auch angebaut. Durch Düngung gefördert, verdrängt es im Grünland andere Arten, vor allem die Kräuter.

5 Wiesen-Kammgras
Cynosurus cristatus

30–60 cm Juni–Juli ♃

K: Der dünn ährenartig wirkende Blütenstand mit zweireihig angeordneten Ährchen wird mit einem Kamm und einem Hundeschwanz (lat. cynosurus) verglichen.

V: Verbreitet auf Wiesen und Weiden, vor allem auf extensiv bewirtschafteten Bergweiden.

W: Das Vieh frißt die Blätter, meidet aber die zähen Halme.

6 Acker-Windhalm
Apera spica-venti

30–100 cm Juni–Juli ⊙

K: Bis zu 30 cm lange, lockere Blütenrispe mit rauhen, bis zu 10 cm langen Seitenästen; 5–7 mm lange, auffällige Grannen.

V: In Getreidefeldern, vor allem auf Sand, recht verbreitet.

W: Das lästige, sich durch seine flugfähigen Samen weit ausbreitende Ackerunkraut ist ein Säurezeiger, der durch Kalkung zurückgedrängt werden kann. „Spica-venti" (= Windähre) wird die Art wegen ihres luftig-leichten Blütenstandes genannt.

1

2

3

4

5

6

1 Zittergras
Briza media

20–50 cm Mai–Juli ♃

K: Wegen seiner ei- bis herzförmigen, an dünnen Stielen hängenden und beim leichtesten Lufthauch zitternden Ährchen (Name) ist das Gras ein beliebter Bestandteil von Wildpflanzensträußen.

V: Auf mageren Wiesen und Weiden vor allem im Süden weit verbreitet.

W: Die Art gilt als Magerkeitszeiger. Durch Düngung wurde sie vielerorts vollständig verdrängt.

2 Einblütiges Perlgras
Melica uniflora

30–50 cm Mai–Juni ♃

K: Rispe mit nur wenigen entfernt stehenden Blütenährchen, die aus einer einzigen fertilen Blüte bestehen.

V: Verbreitet in nährstoffreichen Buchen- und Laubmischwäldern.

W: In Perlgras-Buchenwäldern kann die Art großflächige Bestände bilden.

3 Taube Trespe
Bromus sterilis

30–50 cm Mai–Juni ⊙

K: Die Äste der großen Rispen sind nach allen Seiten ausgebreitet. Die flachen Ährchen an ihren Spitzen zählen bis zu 6 Blüten.

V: Auf trockenen Wegrändern und Schuttplätzen verbreitet.

W: Die Eigenschaften dieser Art werden wohl am zutreffendsten durch Vergleiche mit dem Hafer gedeutet (griech. bromos = Hafer), gegenüber dem die Ährchen flach, taub oder steril wirken (was sie in Wirklichkeit natürlich nicht sind).

4 Fiederzwenke
Brachypodium pinnatum

40–80 cm Juni–Aug. ♃

K: Von der Spindel weisen die 2–4 cm langen, schlanken Ährchen schräg aufwärts. Die unteren sind kurz gestielt (griech. brachys = kurz, podion = Füßchen). Da sie 2zeilig angeordnet sind, erscheint der Blütenstand wie gefiedert (lat. pinnatus).

V: In Kalk-Magerrasen und Extensivweiden sowie in Wald- und Heckensäumen, im Norden selten oder fehlend, im Süden oft in großen Beständen.

W: Die Fiederzwenke ist ein Basenzeiger. Sie ist „feuerfester“ als andere Arten und wird durch das Abflämmen von Magerrasen begünstigt.

5 Gewöhnliche Quecke
Agropyron repens

30–120 cm Juni–Juli ♃

K: Die Ähre besteht aus Ährchen, die 2zeilig angeordnet und mit der Breitseite der Spindel zugewandt sind.

V: Sehr verbreitet in Unkrautgesellschaften an Wegen, auf Schuttplätzen, Äckern und an Ufern.

W: Wegen der zuckerreichen Ausläufer und Wurzelstöcke, die bis zu 80 cm Tiefe vordringen, gehört die Quecke zu den schwierigsten Wurzelunkräutern.

6 Borstgras
Nardus stricta

10–30 cm Mai–Juni ♃

K: Die graugrünen Blätter ragen steif (borstenartig, Name, lat. strictus = steif) aus einem dichten Büschel von Blattscheiden und vorjährigen Blättern hervor.

V: In Magerrasen und Extensivweiden auf sauren Böden verbreitet.

W: Extensive Beweidung, Vertritt und lange Schneebedeckung fördern das Borstgras, während Düngung und Kalkung andere Arten begünstigen, die das Borstgras verdrängen. Die zähen Blätter schmecken dem Vieh nicht; es reißt sie zwar oft büschelweise aus, läßt sie aber danach oft liegen.

1
2
3
4
5
6

1 Flug-Hafer
Avena fatua

60–120 cm Juni–Aug. ⊙

K: Rispe mit zahlreichen, später hängenden Ästen; die Grannen der 3blütigen Ährchen bis 4 cm lang.

V: Mancherorts – vor allem im Süden – auf basenreichen Tonböden im Sommergetreide verbreitet.

W: Durch Saatgutreinigung und häufigeren Fruchtwechsel wurde die früher gefürchtete Art stark zurückgedrängt. Sie soll die Stammform des Saat-Hafers sein, mit dem sie zum Leidwesen der Züchter bastardiert. Der wissenschaftliche Name weist die Art als einen Hafer (lat. avena) aus, der jedoch fad (lat. fatuus) schmeckt und unbekömmlich ist.

2 Mäuse-Gerste
Hordeum murinum

20–50 cm Juni–Sept. ⊙

K: Die dichte, 6–10 cm lange und 1 cm dicke Ähre steht aufrecht. Die Grannen sind mehrfach länger als die Deckspelzen.

V: Auf Schuttplätzen, an Wegrändern und auf Mauern in der Ebene und im unteren Bergland.

W: Als Einwanderer aus dem Mittelmeerraum besiedelt die Art trockenwarme Standorte, die sie in den Städten oft leichter findet als im Umland. Hier bevorzugt sie die durch Hundekot stickstoffreichen Baumscheiben der Innenstädte. Die Ähren zerbrechen in Teilfrüchte; die mit Widerhaken ausgestatteten Grannen sorgen für die Verbreitung der Samen.

3 Wiesen-Goldhafer
Trisetum flavescens

30–80 cm Mai–Sept. ♃

K: Die locker ausgebreiteten Rispen sind bis zu 20 cm lang und sehr ährenreich, die eiförmigen Ährchen blaß- bis goldgelb.

V: Auf Wiesen, vor allem im Bergland, verbreitet und bestandsbildend.

W: Das wertvolle, durch Düngung geförderte Futtergras wird in verschiedenen Sorten angebaut. Es wächst am besten auf nährstoffreichen, gut basengesättigten Böden, daher vor allem in Kalkgebieten.

4 Rasen-Schmiele
Deschampsia cespitosa

40–120 cm Juni–Aug. ♃

K: Die gerieften Blätter fühlen sich beim Abwärtsstreichen rauh an. Die reich verzweigten Rispen werden bis zu 30 cm lang; die rauhen, weit abstehenden Äste sind quirlig angeordnet.

V: Verbreitet in nassen Wiesen und Wäldern, wo sie oft bultartige Horste bildet.

W: Die Blätter dieses Quell- und Grundwasseranzeigers haben so scharfe Ränder, daß das Vieh sie schon deshalb – wenn eben möglich – meidet. Das Gras ist dem französischen Arzt und Naturforscher Louis-Auguste Deschamps (1765–1842) gewidmet (lat. cespitosus = rasenartig).

5 Draht-Schmiele
Avenella flexuosa

30–50 cm Juni–Aug. ♃

K: Die fadenförmigen, oft schlaff herabhängenden Blätter wirken wie dünne Drähte (Name). Die Rispenäste sind meistens leicht geschlängelt (lat. flexuosus = hin- und hergebogen):

V: Auf sauren, nährstoffarmen Böden in Laub- und Nadelwäldern, auf Magerrasen und Heiden verbreitet.

W: Der Säure- und Magerkeitsanzeiger ist im Volksmund auch als „Hungergras“ bekannt. Die nicht entrollbaren Blätter tragen den Namen „Schmiele“ (= schmal) sehr zu Recht. Ihr Auftreten – oft mit Heidelbeere vergesellschaftet – weist auf Böden mit Rohhumusauflage hin. Im Schatten dichter Fichtenbestände bildet die Art oft ganze Rasen, gelangt aber nicht zur Blüte.

1

2

3

4

5

1 Gewöhnliches Ruchgras
Anthoxanthum odoratum

20–50 cm Apr.–Juni ♃

K: Eines der am frühesten blühenden Gräser mit einer eiförmigen „Ähre“, die sich bei genauer Betrachtung als Rispe erweist.

V: Auf mageren Wiesen und Weiden sowie in lichten Laubwäldern; immer auf sauren Böden.

W: Zur Zeit der Heuernte ist die Art bereits verblüht; die Halme sind dann trocken und ziemlich wertlos. Die Rispe wirkt gelblich, worauf der wissenschaftliche Gattungsname Bezug nimmt (griech. anthos = Blüte, xanthos = gelb). Dem Cumaringehalt verdankt die Art beim Eintrocknen ihren waldmeisterartigen Duft und den deutschen Namen (auch lat. odoratum = duftend).

2 Rotes Straußgras
Agrostis tenuis

20–40 cm Juni–Aug. ♃

K: Zierliches Gras mit rotvioletten Ährchen; Rispen vor und nach der Blüte mit abstehenden Ästen.

V: In mageren Wiesen und Weiden, lichten Wäldern und *Calluna*-Heiden; immer auf kalkarmen Böden.

W: Die Art ist ein wichtiger Pionier auf Rohböden. Sie wird in höheren Lagen noch als Futtergras geschätzt.

3 Wiesen-Lieschgras
Phleum pratense

30–100 cm Juni–Sept. ♃

K: Wie die nächste Art mit walzenförmigen Scheinähren; die Ährchen fast waagerecht abstehend mit nur winzigen Grannen.

V: Auf gedüngten Wiesen, Weiden, Rasen und Wegrändern, verbreitet.

W: Dieses wertvolle Futtergras, das auch für den Feldfutterbau geeignet ist, kam erst im 18. Jh. über England aus Amerika zu uns, ist aber inzwischen überall fest eingebürgert.

4 Wiesen-Fuchsschwanz
Alopecurus pratensis

30–100 cm Mai–Juli ♃

K: Im Gegensatz zur vorigen Art weisen hier die Ährchen nach oben und sind weich begrannt.

V: Auf Wiesen und an Ufern häufig als willkommenes Obergras.

W: Diese Art ist für einen frühen Grasschnitt besonders gut geeignet und hat auch eine deutlich frühere Hauptblütezeit als das Wiesen-Lieschgras. Auf die Form des Blütenstandes verweisen die Namen: griech. alopex = Fuchs, oura = Schwanz.

5 Wald-Flattergras
Milium effusum

50–120 cm Mai–Juli ♃

K: Große lockere Rispen mit Ährchen an sehr dünnen, bogig überhängenden Ästen.

V: Verbreitet in krautreichen Laub- und Mischwäldern.

W: Die Färbung der Pflanze ist ein guter Indikator für den Bodenzustand. Im Frühsommer gelbgrüne Blätter weisen oft auf Stickstoffmangel durch gehemmten Humusumsatz hin.

6 Pfeifengras
Molinia caerulea

50–150 cm Juli–Sept. ♃

K: Der Halm ist nur scheinbar knotenlos; die Knoten sind am Grunde des Halms konzentriert.

V: Verbreitet auf nährstoffarmen Feuchtstandorten, vor allem in Moorwiesen, aber auch in feuchten Heiden und lichten Wäldern.

W: Als Futter ist das Pfeifengras ungeeignet, um so wichtiger war es in den Alpenländern als Streu. Sein Massenvorkommen weist auf wechselfeuchte Standorte hin. Der lange knotenlose Halmabschnitt eignet sich offenbar so vorzüglich zum Reinigen langer Pfeifen, daß man die Art danach benannte.

1

2

3

4

5

6

1 Wasser-Schwaden
Glyceria maxima

80–250 cm Juli–Aug. ♃

K: Aufrechte, rohrartige Stengel mit ährchenreichen, bis 50 cm langen Rispen und 5–8 Blüten je Ährchen; Blatthäutchen bis 3 mm groß.

V: Häufig bestandsbildend in Röhrichten an stehenden und langsam fließenden eutrophen Gewässern, vor allem in tieferen Lagen.

W: Die Art zeigt neben schwankendem Wasserstand oft auch Überdüngung und Wasserverschmutzung an.

2 Rohr-Glanzgras
Phalaris arundinacea

50–200 cm Juni–Aug. ♃

K: Blütenrispe aus knäuelig-zusammengezogenen, einblütigen Ährchen; Blätter schilfartig, aber nur bis 15 mm breit, mit 5 mm langem Blatthäutchen.

V: Häufig bestandsbildend im Röhricht sowohl schnell fließender Flüsse als auch Seen und Weiher; auch in Uferwäldern und kühlen Quellmulden des Berglandes.

W: Beim Decken von Dächern und zur Uferbefestigung ist die Art ähnlich wie Schilf zu verwenden.

3 Schilfrohr
Phragmites australis

100–400 cm Juli–Sept. ♃

K: Bis 2 cm dicke Halme und über 15 mm breite Blätter mit Haarkranz statt Blatthäutchen; bis 50 cm hohe Rispen und 3–7 Blüten je Ährchen, die durch weiße Haare wollig erscheinen.

V: An langsam fließenden und stehenden eutrophen Gewässern oft reine Bestände bildend.

W: Das Schilfrohr ist mit seinen bis zu 10 m langen Ausläufern ein wertvoller Uferbefestiger und bei der Verlandung von Gewässern ein wichtiger Torfbildner. Außer als Streu und zur Dachbedeckung findet es für Rohrmatten, in der Wand- und Deckengipserei sowie zunehmend zur Zellulosegewinnung Verwendung.

4 Flatter-Binse
Juncus effusus

30–80 cm Juni–Aug. ♃

K: Halme und Blätter sind röhrig und kahl. Die lockeren Blütenstände entspringen scheinbar an der Seite des Halms (in Wirklichkeit zwischen Halm und halmähnlichem Hochblatt).

V: Häufig auf feuchtem Grünland, aber auch auf Kahlschlägen.

W: Die immergrünen Horste deuten auf Vernässung, oft durch Bodenverdichtung, hin. Binsen dienten früher als Flechtmaterial. Das schaumgummiartige Mark kann man leicht aus dem Stengel drücken. Man nutzte es als Lampendocht.

5 Feld-Hainsimse
Luzula campestris

5–15 cm März–Apr. ♃

K: Die behaarten, grasartigen Blätter sind flach; die köpfchenähnlichen Ährchen haben auffallend ungleichlange Stiele.

V: Verbreitet auf mageren, meist saueren Rasen, Wiesen und Weiden.

W: Vor allem die Ährchen werden wegen ihres süßlichen Geschmacks auch Hasenbrot genannt.

6 Weiße Hainsimse
Luzula luzuloides

30–60 cm Juni–Juli ♃

K: Die Blütenstände sind locker ausgebreitet, die Blütenhüllen gelblich-weiß (Name). Die Hochblätter überragen die Blütenstände.

V: In artenarmen Buchenwäldern und in Eichen-Buchenwäldern auf nährstoffarmen, kalkfreien Böden.

W: Nach dieser Art sind die artenarmen Hainsimsen-Buchenwälder benannt. Sie hält das Welklaub fest und leitet die Streuzersetzung im Wald ein.

1

2

3

4

5

6

1 Teichsimse
Schoenoplectus lacustris

100–250 cm Juni–Juli ♃

K: Die runden Blütenstengel sind blattlos und binsenähnlich und tragen 2–5 cm lange Rispenäste mit fast 1 cm langen ovalen Ährchen.

V: Im Röhricht stehender oder langsam fließender nährstoffreicher Gewässer oft bestandsbildend.

W: Die Art wächst vor allem im äußeren Vegetationsgürtel bei einer Wassertiefe von bis zu 4 m. Sie spielt eine wichtige Rolle bei der Uferbefestigung und der Neulandgewinnung und dient obendrein als Flechtmaterial und neuerdings auch zur Zellulosegewinnung. Sowohl in der Natur als auch in Pflanzenkläranlagen schätzt man ihren Beitrag zur Abwasserreinigung.

2 Schmalblättriges Wollgras
Eriophorum angustifolium

20–60 cm April-Mai ♃

K: Die 3–6 köpfchenförmigen Blütenähren sind verschieden lang gestielt und hängen zuletzt über. Im Juni reifen die „Wollgrasflöckchen" aus weißen Haaren, die aus die Blüten umgebenden Borsten hervorgehen und als Flugorgane der Samen dienen.

V: In Flach- und Zwischenmooren, aber auch an Ufern und Gräben auf nährstoffarmen Standorten.

W: Aus den Scheiden der linealischen Blätter entsteht „Fasertorf", der bei der Papier- und Gespinstherstellung Verwendung findet. Der wissenschaftliche Gattungsname heißt übersetzt „Wollträger", von griech. erion = Wolle und phorein = tragen.

3 Gewöhnliche Sumpfbinse
Eleocharis palustris

10–50 cm Mai–Aug. ♃

K: Die länglich-spitzen Endähren, die jeweils 20–30 Blüten vereinigen, stehen auf steifen Halmen und sind knapp 1–2 cm lang.

V: Vielerorts in Feuchtwiesen und an Ufern stehender und langsam fließender Gewässer, gern auf dem Schlamm der Teichböden.

W: Wo immer sie auftritt, zeigt die Art Nässe an. Verschiedene Unterarten sind unterschiedlich spezialisiert, so daß man diese Art sogar auf salzhaltigen Böden antreffen kann.

4 Sand-Segge
Carex arenaria

10–40 cm Mai–Juni ♃

K: Die Art macht durch die geradlinige Ausbreitung ihrer unterirdischen Ausläufer auf sich aufmerksam (**4b**). Der scharf 3kantige Halm weist sie als Segge, d. h. als eine der 120 mitteleuropäischen Arten dieser Gattung aus.

V: In Dünen, Sandfluren und Kiefernheiden auf rohen, nährstoffarmen Böden, vor allem im Norden.

W: Ihre Toleranz gegenüber Trokkenheit und Nährstoffmangel einerseits und Salz und Sandüberwehung andererseits machen die Art zu einem vielseitig einsetzbaren Helfer bei der Dünen- und Deichbefestigung.

5 Winkel-Segge
Carex remota

20–50 cm Mai–Juli ♃

K: Der 3kantige Halm wirkt schlaff umgebogen; die unteren Ährchen sind bis zu 5 cm voneinander entfernt (lat. remotus = entfernt stehend), während sich die obersten fast berühren.

V: In feuchten Laubwäldern, an Waldbächen und -gräben und auf Waldwegen weit verbreitet.

W: Auf die in den Blattwinkeln stehenden unteren Ährchen nimmt der deutsche Artname Bezug. Der indogermanische Wortstamm seq (= schneiden) stand beim Namen Segge Pate, deren schneidend scharfe Halme und Blätter vor Tierfraß schützen. Die meisten Seggen-Arten leben an Ufern, in Sümpfen und Mooren.

1

2

3

4a

5

4b

Die Farnpflanzen
umfassen neben den eigentlichen Farnen, die jedermann sogleich richtig anspricht, auch die bekannten Schachtelhalme und die manchmal mit Moosen verwechselten Bärlapp-Arten. Es sind die wenigen kleinen Nachfahren eines ehemals bedeutsamen Pflanzengeschlechts, das im Karbon mit Siegel- und Schuppenbäumen, Calamiten und Baumfarnen jene Wälder aufbaute, denen wir heute unsere Steinkohlenlager verdanken. Wie Flechten, Pilze und Moose sind auch die Farngewächse Sporenpflanzen (Kryptogamen), die sich allerdings mit dem Bau von Sproß und Wurzel dem Bauplan der Blütenpflanzen annähern und als echte Gefäßpflanzen (Kormophyten) ausweisen. Diese Zwischenstellung kommt am besten in der Bezeichnung „Gefäßkryptogamen" zum Ausdruck. Die Farngewächse bevorzugen feuchte Standorte und besiedeln nur ausnahmsweise (z. B. der Acker-Schachtelhalm) Kulturbiotope.

1 Adlerfarn
Pteridium aquilinum

Als einer der größten heimischen Farne kann der Adlerfarn 2 m hoch werden und manchmal sogar noch höher, wenn sich die Wedel an andere Zweige anlehnen. Jeder Wedel entspricht einem einzigen Blatt, das mit einem langen Stiel am unterirdischen Wurzelstock entspringt.

2 Wurmfarn
Dryopteris filix-mas

Die über 1 m langen Blätter stehen rosettenartig angeordnet und tragen braune Sporangien auf den Unterseiten ihrer Wedel. Während der Entfaltung der Wedel im Frühjahr nehmen sie zeitweilig die Form eines Bischofsstabes ein. Extrakte aus dem Rhizom wurden als Mittel zum Abtreiben von Bandwürmern benutzt (Name).

3 Rippenfarn
Blechnum spicant

Die etwa 30–40 cm langen Wedel zeigen zweierlei Gestalt: Außen stehen Wedel mit breiteren Fiedern, die dunkelgrün sind und Photosynthese treiben, innen steifer aufrechte Wedel mit bräunlichen, rippenartigen Fiedern, an denen sich die Sporangien entwickeln. Damit hat der Rippenfarn für die Funktionen Ernährung und Vermehrung jeweils besonders spezialisierte Blätter.

4 Keulen-Bärlapp
Lycopodium clavatum

Alle Bärlapp-Arten zeichnen sich durch eine sehr langwierige Entwicklung aus. Die Vorkeime, die in der Erde liegen, werden erst nach 12–15 Jahren geschlechtsreif. Kein Wunder, daß es solche Organismen auf außer durch Konkurrenten auch noch vom Menschen beeinflußten Standorten schwer haben, sich zu behaupten! Alle Arten bedürfen daher eines strengen Schutzes. Der Keulen-Bärlapp ist daran leicht zu erkennen, daß er 2–3 Sporenähren auf langen, schuppig beblätterten Stielen trägt.

5 Acker-Schachtelhalm
Equisetum arvense

Als eine der wenigen Arten unter den Farngewächsen, die Äcker, Wiesen, Industriebrachen und Bahndämme besiedeln, ist der Acker-Schachtelhalm allgemein bekannt. Im Frühjahr erscheinen zuerst die hellbraunen, chlorophyllfreien und unverzweigten Sprosse mit jeweils einer Sporenähre an der Spitze (**5a**), erst später die grünen Sprosse mit ihren quirlständigen Ästchen (**5b**). Beide Formen haben den geschachtelten Sproß (Name) gemeinsam. Zinnkraut wird der Schachtelhalm genannt, weil man das kieselsäurereiche Kraut zum Reinigen des Zinngeschirrs benutzte.

1
2
3
4
5a
5b

Die Moose
nehmen eine Übergangsstellung zwischen den höheren Pflanzen, den Sproß- oder Gefäßpflanzen (Kormophyten) und den Lagerpflanzen (Thallophyten) ein. Sie haben zwar Stämmchen und Blätter, aber die Zellfäden, mit denen sie im Boden befestigt sind, weisen noch nicht den Bau echter Wurzeln auf. Einige Moose – sie gehören zu den Lebermoosen – haben statt regulärer, mit einer Mittelrippe versehener Blätter algenähnliche Lappen und erinnern so an Lagerpflanzen.
Bis auf wenige sekundäre Wasserbewohner sind die Moose zwar Landpflanzen, sie benötigen allerdings größtenteils feuchte Standorte, weil ihre Blättchen noch keine wirksame Schutzschicht (Cuticula) gegen Wasserverluste entwickelt haben. Obendrein können die männlichen Geschlechtszellen nur auf dem Wasserweg, d. h. über Tau- und Regentropfen, zu den Eizellen gelangen.
Moose brauchen jedoch nicht nur ein feuchtes Milieu, sie schaffen es auch zum Teil selbst, indem sie Wasser speichern und so den Wasserhaushalt der Landschaft maßgeblich mit beeinflussen. Da sie noch im tiefsten Schatten erfolgreich Photosynthese betreiben können, begrünen sie auch noch solche Waldböden, auf denen sonst keine grünen Pflanzen wüchsen. Zusammen mit ihrer Fähigkeit Säure zu ertragen haben sie damit gleich mehrere Eigenschaften, die ihnen einen eigenen konkurrenzarmen Lebensraum sichern.

1 Brunnen-Lebermoos
Marchantia polymorpha

Diese Art gehört zu den Lebermoosen mit thallusähnlichen Blättern, die allerdings mit 10 cm Länge und 2 cm Breite ungewöhnlich groß werden können. Die schirmförmigen männlichen und die sternförmigen weiblichen Ständer sind Auswüchse aus dem Blattrand und immer getrennt auf verschiedenen Individuen anzutreffen. Das Brunnen-Lebermoos bildet oft einen grünen Überzug über schwach bewachsene, nährstoffreiche feuchte Böden, z. B. an Bachrändern oder auf Gartenwegen.

2 Staubfrücht. Sternlebermoos
Riccia sorocarpa

Die Thalli dieser Art zeichnen sich durch 1–2fach gegabelte Lappen aus. Man findet sie auf Viehweiden und Äckern vom Tiefland bis zur Waldgrenze, vorzugsweise im Herbst auf feuchten lehmigen Ackerschollen.

3 Zypressenförm. Schlafmoos
Hypnum cupressiforme

Zu den Moosen, die auch im Winterhalbjahr oft massenhaft Sporenkapseln bilden, gehört diese Art. Sie entwickelt auf Felsen, Mauern und Dächern oft dichte Rasen.

4 Wald-Frauenhaar
Polytrichum formosum

Diese kleinere Verwandte des Goldenen Frauenhaars (bis 40 cm) wächst fast unverzweigt bis zu 15 cm hoch und bildet oft großflächige dunkelgrüne Polster. Sie ist weiter verbreitet als die andere Art, weil sie auch in mäßig trockenen Wäldern vorkommt, und gehört zu den bekanntesten heimischen Moosarten.

5 Torfmoose
Sphagnum spec.

Sie sind lebende Wasserspeicher, die in ihren Blättchen neben schmalen lebenden Zellen große tote Zellen aufweisen. Diese sind besonders versteift und durchlöchert, so daß das Wasser in sie eindringen kann. An der Spitze weiter wachsend und im basalen Teil absterbend sind sie maßgeblich an der Verlandung von Moortümpeln, am Hochmoorwachstum und an der Torfbildung beteiligt.

1
2
3a
3b
4
5

Pilze
haben keine Plastiden und sind daher niemals grün gefärbt. Damit entbehren sie auch die Fähigkeit anderer Pflanzen, mit Hilfe von Sonnenlicht aus Kohlendioxid und Wasser organische Stoffe zu synthetisieren. Sie sind darauf angewiesen, sich als Parasiten von lebenden oder als Fäulnisbewohner (Saprophyten) von toten Organismen zu ernähren oder aber – wie in Form der Flechten – sich auf eine Symbiose mit grünen Pflanzen (z. B. Algen) einzulassen.
Wenn Wanderer und Naturfreunde von Pilzen sprechen, denken sie in der Regel nicht an die große Mehrzahl der winzigen, nur mikroskopisch bestimmbaren Formen, sondern an „zentralgestielte Fruchtkörper mit Hut". Solche findet man nur unter den Basidiomyceten, zu denen insgesamt nur 30 % der weltweit rund 120000 Arten Höherer Pilze (Fungi) gehören. Das Mycel, d. h. das Geflecht der als „Hyphen" bezeichneten Pilzfäden, befindet sich in dem Substrat (Boden, Welklaub, Holz, Dung), aus dem es sich mit Nährstoffen versorgt. Die bekannten Fruchtkörper sind nur die zu bestimmten Zeiten entstehenden Sonderorgane für die Bildung und Verbreitung der Sporen.

Von den hier beispielhaft abgebildeten Arten gehören Fliegenpilz und Hallimasch zur großen, in Europa mit ca. 2.500 Arten vertretenen Ordnung der Blätterpilze, der Steinpilz zur Ordnung der Röhrenpilze, der Zunder-Porling zu den Porlingen und der Kartoffel-Bovist zu den Bauchpilzen.

1 **Fliegenpilz** *Amanita muscaria*

Dieser Pilz der Märchen und der Gartenzwerge ist uns als Glücksbringer seit der Kindheit vertraut. Die weißen Lamellen auf der Hutunterseite weisen ihn als Blätterpilz aus. Er gilt als ungenießbar, in größeren Mengen gar als giftig. Seinen Namen soll er bekommen haben, weil man früher mit Zukker überstreute Hutstücke auslegte, um Fliegen zu betäuben und zu töten.

2 **Hallimasch** *Armillariella mellea*

Daß ein Pilz bei Massenbefall von der saprophytischen zur parasitischen Lebensweise übergehen kann, ist beim Hallimasch zu beobachten, einem der häufigsten, alljährlich erscheinenden Waldpilze. Zunächst in Mengen Baumstümpfe besiedelnd, kann er sich so vermehren, daß er auch bereits vorgeschwächte junge Nadelbäume zum Absterben bringt.

3 **Steinpilz** *Boletus edulis*

Hinsichtlich seines Geschmacks und seiner Verwertbarkeit gilt er als unübertroffen. Der kräftige Stiel ist besonders markant. Die anfangs weiße Röhrenschicht (Röhrenpilz) wird später gelb und schwammartig.

4 **Zunder-Porling** *Fomes fomentarius*

Dieser Konsolenpilz gehört zu den größten Porlingen unserer Wälder und befällt vor allem ältere, bereits geschwächte Rotbuchen, aber auch liegende Stämme. Aus dem unter der Kruste gelegenen Flechtgewebe der mehrjährigen Fruchtkörper wurde früher durch Kochen und Tränken mit Salpeter Zunder hergestellt.

5 **Kartoffel-Bovist** *Scleroderma* spec.

Der knollige, oft kugelige Fruchtkörper, der an eine Kartoffel erinnert, ist ein großer Sporenbehälter. Wenn der Inhalt reif, d. h. schwarz und pudrig fein geworden ist, genügt ein kleines Loch in der Schale, um den Inhalt durch Druck wie aus einer Puderquaste zu verstäuben.

1

2

3

4a

5

4b

Flechten sind Doppelwesen, die aus einer engen Symbiose eines Pilzes (in der Regel eines Schlauch-, seltener eines Ständer- oder Algenpilzes) und einer Alge (Grün- oder Blaualge) hervorgehen. Die beteiligten Pilze sind in der Natur offenbar nur zusammen mit Algen lebensfähig; sie bilden Sexualorgane und Flechtenthallus. Die Algen sind auch ohne Pilze in der Natur nachweisbar und nur zum geringeren Teil am Aufbau der Flechten beteiligt; sie vermehren sich nur vegetativ. Damit sind die Pilze die dominierenden Partner des Doppelwesens Flechte, doch ohne die Photosynthese der Algen allein nicht lebensfähig. Sie umschließen die Algen und schützen sie vor Hitze und Austrocknung und sind letztlich der Garant dafür, daß beide Partner zusammen Lebensräume besiedeln können, die ihnen sonst nicht zugänglich wären.

Flechten sind Spezialisten für die Eroberung von Extrembiotopen. Ausgetrocknet können Flechten die größte Kälte überstehen und sich anschließend wieder mit Wasser vollsaugen. Sogar bei Temperaturen unter dem Gefrierpunkt sind etliche Arten zur Photosynthese fähig. Kühle Standorte mit hoher Luftfeuchtigkeit beheimaten die arten- und individuenreichste Flechtenflora. Die 6 nachfolgend genannten Arten repräsentieren unterschiedliche Wuchsformen.

1 Bartflechte
Usnea spec.

Eine Anzahl sehr ähnlicher Arten hängt bartartig von Zweigen und Felsen herab. Sie sind meistens grünlich gelb und haben verzweigte Äste. Wenn man einen Ast vorsichtig abknickt, bleibt der weiße Zentralstrang erhalten. Die eindrucksvollen Bartflechten sind in den letzten Jahrzehnten in weiten Teilen ihres Verbreitungsgebietes selten geworden.

2 Schüsselflechte
Parmelia (Hypogymnia) physodes

Hier handelt es sich um eine der häufigsten Arten, die großflächig die Rinde von Waldbäumen, aber auch andere Substrate überziehen kann. Sie ist sehr rußresistent und eine der letzten Arten, die durch Immissionen verdrängt und so als Bioindiktatoren benutzt werden.

3 Isländisches Moos
Cetraria islandica

Diese Strauchflechte lebt auf dem Boden in Heiden, Kiefern- und Birkenwäldern. In Notzeiten wurde sie bereits gemahlen dem Mehl zugesetzt; wegen der Schleim- und Bitterstoffe wurde sie pharmazeutisch genutzt.

4 Rentierflechte
Cladonia (Cladina) spec.

Als strauchartig verzweigte Erdflechten heben sie mehrere Zentimeter vom Boden ab. Zusammen mit der Moosflechte stellt die Rentierflechte den größten Anteil der Rentiernahrung. Im Norden und im Gebirge bildet sie oft große Teppiche.

5 Wandflechte
Xanthoria parietina

An Mauern und Felsen, aber auch an Holz ist diese Blattflechte eine der häufigsten und mit ihrem orange- bis goldgelben Thallus eine der auffälligsten Flechtenarten. Sie wird durch Nitrat- und Phosphatniederschlag offenbar eher gefördert als belastet.

6 Becherflechte
Cladonia spec.

Aus dem blaugrünen Thallus richten sich bei vielen Arten becherförmige Gebilde auf. Auf morschem Holz und an der Stammbasis von Bäumen sind ziemlich regelmäßig verschiedene *Cladonia*-Arten anzutreffen.

1
3
4
2
5
6

1 Schwarz-Erle

2–4 mm (Okt.) Jan.–März

K: Flache, rotbraune Nüßchen, die rund bis 5eckig und mit einem sehr schmalen Flugsaum umgeben sind.

W: Bekannter als die Früchte sind die Fruchtstände in Form dunkelbrauner, gestielter Zäpfchen. Obwohl die Nüßchen bereits im Oktober reif sind, bleiben sie bis zum Spätwinter in den Zäpfchen, die aus den verholzenden Deck- und Vorblättern der weiblichen Kätzchen hervorgehen. Wenn sie auf Schnee fallen, trägt sie das Schmelzwasser davon. Viele Vögel – allen voran die Erlenzeisige – leben alljährlich wochenlang von Erlensamen. (Vgl. S. 258)

2 Hainbuche

5–8 mm (Okt.) Dez.–Febr.

K: Eine flache, gerippte Nuß, die auf einem 3lappigen Deckblatt sitzt.

W: Die aus jeweils 3 Vorblättern hervorgegangenen Deckblätter „trieseln" mitsamt den Samen zu Boden, können aber im Sturm kilometerweit fortgetragen werden. Obendrein sammeln, speichern und verbreiten kleine Nager die Nüßchen. (Vgl. S. 258)

3 Hasel

2–3 cm Aug.–Okt.

K: Die braunen, hartschaligen Nüsse haben einen großen „Nabel" und sind von einem grünen Fruchtbecher (Cupula) umgeben.

W: Die Nüsse lösen sich erst spät aus ihrer krautig-fleischigen Hülle, die aus 3 Vorblättern der weiblichen Blüte hervorgeht. In jeder Hülle, deren Blätter am Rande aufgeschlitzt sind, befindet sich eine Nuß; doch können bis zu 5 Hüllen mit Nüssen beisammenstehen. Die Früchte werden von Eichelhähern, Eichhörnchen und Haselmäusen (Name) als Nahrungsreserve für den Winter versteckt und teilweise nicht wiedergefunden. Der von den Keimblättern gebildete Nußkern enthält zu 60 % Öl und ergibt ein wertvolles Speiseöl. Haselnüsse werden gern roh verzehrt oder in Süß- und Backwaren verarbeitet. (Vgl. S. 258)

4 Rotbuche

1,5–2 cm Okt.

K: 1–3 (meist 2) 3kantige Nüsse mit glänzend rotbrauner, ledriger Schale in einem weichstacheligen, holzigen Fruchtbecher, der bei der Reife mit 4 Klappen aufspringt (**4 b**).

W: Die als „Bucheckern" bekannten Nüsse werden durch Wintervorräte sammelnde Eichhörnchen und Eichelhäher verbreitet. Sie lieferten in Notzeiten ein wertvolles Speiseöl. Alle 5–12 Jahre ist mit einer Vollmast, d. h. mit starkem Fruchtansatz in ganzen Beständen zu rechnen. Nur dunkel liegende, d. h. in der Regel mit Welklaub bedeckte Bucheckern können keimen; offen liegende werden oft von riesigen Schwärmen der Berg- und Buchfinken sowie der Ringeltauben abgesammelt. (Vgl. S. 260)

5 Eßkastanie

2–3 cm Okt.

K: Die braunen, ledrig glänzenden Nußfrüchte erinnern an Roßkastanien, sind jedoch stärker zugespitzt. Sie werden zu zweit oder dritt von einem dornigen Fruchtbecher umgeben, der sich 4klappig öffnet.

W: Die als Maronen bekannten Nüsse enthalten 50 % Stärke und sind auf dem Balkan vielfach Grundnahrungsmittel. Geröstet werden sie auch hierzulande zunehmend beliebter. Ihretwegen haben schon die Römer den hier ursprünglich nicht beheimateten Baum nach Mitteleuropa gebracht. (Vgl. S. 260)

1

2

3

4a

5

4b

1, 2 **Stiel-Eiche** und **Trauben-Eiche**

3–4 cm Okt.

K: Bei der Stiel-Eiche stehen 1–3 Eicheln mit ihren schuppigen, napfförmigen Bechern auf einem 3–8 cm langen Stiel, bei der Trauben-Eiche 3, manchmal bis zu 7 Eicheln dicht in einer kurzgestielten Traube beisammen. Die walzenförmigen Eicheln sind zuerst grün, später hellbraun. Am Fehlen von Längsstreifen und an der gedrungenen Form sind Eicheln der Trauben-Eiche von jenen der Stiel-Eiche zu unterscheiden.

W: Reife Eicheln fallen senkrecht zu Boden und gelangen vor allem durch Tiere zu neuen Standorten. Zum Glück sind Eichelhäher und Eichhörnchen im Herbst unermüdliche Eichelsammler und -verstecker. Ein Eichelhäher kann in einem Monat rund 5000 Eicheln transportieren und eingraben. Dadurch wird er zum Begründer ganzer Eichenwälder und zu einem besonders wichtigen Glied der Eichenwald-Ökosysteme. Im übrigen werden die stärkereichen Eicheln von allen Schalenwildarten, aber auch vom Vieh gern gefressen. „Viel Eicheln – viel Speck" hieß es in früheren Jahrhunderten, als man in guten Samenjahren noch die Schweine zur Mast in den Wald trieb. Eine Vollmast erwartet man bei der Eiche alle 3–7 Jahre. Als Kaffee-Ersatz galt geröstetes Eichelmehl als durchaus schmackhaft. (Vgl. S. 260)

3 **Berg-Ulme**

2–2,5 cm Apr.–Mai

K: Die länglich-ovalen Nüßchen werden von einem breiten, hellbraunen und ebenfalls ovalen Flügel umgeben. Der Flügeleinschnitt reicht nicht bis an das Nüßchen heran.

W: Nur starker Wind kann die Flügelnüßchen weiter verbreiten. Die Flügel reichen zwar zu einer gewissen Verringerung der Sinkgeschwindigkeit aus, aber kaum dazu, nennenswerte Segelflüge zu ermöglichen. (Vgl. S. 262)

4 **Mistel**

ca. 1 cm Dez.–März

K: Die erbsengroßen, 2samigen Beeren sind weißlich und gläsern, ihr Fruchtfleisch ist schleimig-klebrig.

W: Die Mistelbeeren sind vorzüglich dazu eingerichtet, dem Halbschmarotzer Gelegenheit zu geben, auf die Zweige weiterer Wirtsbäume zu gelangen. Die Drosseln, vor allem die Misteldrosseln (Name), die die Beeren fressen, scheiden die Samen entweder mit dem Kot aus, der häufig auf Zweigen landet, oder aber sie versuchen, die Samen erst gar nicht mit zu verschlucken. Infolge des klebrigen Fruchtfleisches haften die Samen am Vogelschnabel bzw. nach dem Schnabelwetzen an den Zweigen. Früher machte man aus den Mistelbeeren Leim (lat. viscum) für den Vogelfang, dem oft dieselben Arten (Krammetsvögel) zum Opfer fielen, die die Mistelbeeren verbreiteten. (Vgl. S. 262)

5 **Hunds-Rose**

ca. 1,5 cm Sept.–Okt.

K: Die eiförmige „Hagebutte" hat eine glatte Oberfläche.

W: Die fleischige Sammelnußfrucht geht aus dem krugförmigen Blütenboden hervor; die zahlreichen Nüßchen („Kerne") in ihrem Innern entwikkeln sich aus den Fruchtknoten. Ihr Gehalt an Vitaminen, vor allem an Vitamin C, macht sie zu einem beliebten Heilmittel bei Erkältungskrankheiten, wobei man sie als Tee, Gelee, aber auch als Wein genießt. Wichtig ist stets, daß die Nüßchen und die sie umgebenden Härchen entfernt werden, die den Hagebutten-Inhalt in der Hand von Schülern rasch zum Juckpulver werden lassen. (Vgl. S. 264)

1

2

3

4

5a

5b

1 Himbeere

1,5–2 cm Juni–Aug.

K: Die bekannte rote Sammelsteinfrucht umwächst den zapfenförmigen Blütenboden.

W: Jede Blüte birgt sowohl zahlreiche Staubblätter als auch Fruchtknoten (mit je einem Griffel). Die Fruchtknoten entwickeln sich zu Steinfrüchtchen, die alle gemeinsam die Sammelsteinfrucht bilden. Sie ist saftig und süß und wird gern zur Bereitung von Himbeersaft und -gelee gesammelt. (Vgl. S. 264)

2 Brombeere

1,5–2,5 cm Aug.–Okt.

K: Im Gegensatz zur Himbeere fällt die blauschwarze bis schwarze Brombeere bei der Reife nicht vom zapfenförmigen Blütenboden.

W: Traubenzucker und Fruchtsäure bewirken gemeinsam einen süßsäuerlichen Geschmack. Allein in Mitteleuropa ist die Brombeeere in mehreren Dutzend verschiedener Arten und Unterarten vertreten, die sich im Aussehen und Geschmack der Früchte teilweise erheblich unterscheiden. So wie andere Wildfrüchte haben auch die Brombeeren zunehmend mehr Liebhaber, die sie zu Saft und Gelee, Wein und Schnaps verarbeiten. (Vgl. S. 264)

3 Eberesche

8–10 mm Aug.–Sept.

K: Die kleinen, roten, meistens 3samigen Apfelfrüchte, an denen noch Kelchreste erhalten bleiben, stehen in dichten Büscheln (Doldenrispen).

W: Die Früchte sind bei Vögeln sehr beliebt: „Vogelbeere". Drosseln kommen gleich scharenweise, um sie zu plündern. Nur wo es sehr viele Ebereschen gibt, verbleibt ein Fruchtvorrat bis zum Winter. Die Samen werden mit dem Kot verbreitet. Eichhörnchen und Kleinnager sammeln und verstecken die Früchte, die – nur unreif – für den Menschen schwach giftig sind. Man kann daraus eine vitaminreiche Marmelade bereiten. (Vgl. S. 266)

4 Eingriffeliger Weißdorn

10–12 mm Sept.–Okt.

K: Die roten Apfelfrüchte sind ei- bis kugelförmig und tragen in der Vertiefung zurückgebogene Kelchblätter. Der Eingriffelige Weißdorn birgt einen, der Zweigriffelige 2, selten 3 Steine.

W: Der Steinkern geht aus dem inneren Teil der Fruchtknotenwand, das mehlige Fruchtfleisch aus dem becherförmigen Blütenboden hervor. Im Volksmund sind die Früchte auch als „Mehlfäßchen" und „Mehlbeeren" bekannt. In Notzeiten wurden sie getrocknet dem Mehl zugesetzt. Auch heute noch werden sie als Mischfrucht für Marmeladen und Gelees genutzt. Tieren bieten sie bis tief in den Winter hinein Nahrung. (Vgl. S. 266)

5 Schlehdorn

12–15 mm Okt.–Nov.

K: Die fast kirschengroßen, kugeligen und blau bereiften Steinfrüchte stehen aufrecht.

W: Auch im reifen Zustand sind die Früchte anfangs ausgesprochen herb. Erst nach Frostbeginn verlieren sie den bitteren Geschmack. Dann ist auch der Zeitpunkt gekommen, um sie zur Bereitung von Marmelade und Kompott und – neuerdings wieder sehr beliebt – zum Ansetzen von Beerenschnaps zu sammeln. Schlehdorn-Extrakte sollen gegen Rheuma, zur Blutreinigung und allgemein zur Erhöhung der Abwehrkräfte des Körpers gegen Infektionen wirken und werden auch als Mundwasser zum Gurgeln verwendet. (Vgl. S. 266)

1
2
3
4
5

1 Vogel-Kirsche

ca. 1,5 cm Juli

K: Die langgestielten Steinfrüchte sind erst rot, reif jedoch zumeist nahezu schwarz und haben einen glatten, runden „Kirschkern".

W: Der Steinkern ist nur dünn von süßem und angenehm schmeckendem Fruchtfleisch umkleidet. Erst die kultivierten Süß-Kirschen, die alle auf die Vogel-Kirsche zurückgehen, sind dick und knackig. Dennoch werden die Vogel-Kirschen wegen ihres aromatischen Geschmacks hin und wieder gesammelt und zu Saft und Marmelade verarbeitet. Vögel, vor allem Stare, verzehren die Früchte oder öffnen – wie die Kernbeißer – die Kirschkerne, um an deren Inhalt zu gelangen. Dabei werden die Kirschen häufig von Vögeln und die Kerne von Nagern fortgetragen und verbreitet. (Vgl. S. 266)

2 Trauben-Kirsche

5–8 mm Juli–Aug.

K: Zahlreiche schwarze Steinfrüchte bilden hängende Trauben; sie enthalten zugespitzte Steinkerne mit deutlichen Leisten.

W: Das Fruchtfleisch ist im Gegensatz zur übrigen Pflanze kaum giftig. Nur das Fruchtfleisch, nicht der Kern (!), ist frei von Blausäureglykosid. Dennoch wird man wegen der Gerbstoffe und des bitteren Geschmacks wenig Gefallen an ihm finden. (Vgl. S. 266)

3 Stechpalme

ca. 1 cm Nov.–Dez.

K: Die roten, gut erbsengroßen Steinfrüchte enthalten meistens 4 Samen.

W: Die Früchte verbleiben den Winter über an den Sträuchern („Wintersteher") und machen die immergrünen Zweige zu einer besonderen Zier des Winterwaldes. Deshalb sind beerentragende Stechpalmenzweige als Winterschmuck sehr begehrt. Aus Gründen des Naturschutzes wird jedoch empfohlen, aus Baumschulen bezogene Jungpflanzen in die Gärten zu setzen und später zur Gewinnung von Schmuckreisig zu nutzen. Die Früchte sind für Menschen ungenießbar, vielleicht sogar giftig. Im Laufe des Winters werden sie nach und nach von Vögeln verzehrt. (Vgl. S. 270)

4 Pfaffenhütchen

1–1,5 cm Sept.–Okt.

K: Wenn sich die rosa- bis scharlachroten Kapseln öffnen, werden die 2–4 an Fäden hängenden Samen sichtbar. Sie sind von orangefarbenen Samenmänteln umgeben.

W: Der Samenmantel entwickelt sich als Wucherung der Achse; er wird als Arillus bezeichnet und ist von der Bildung her etwas grundlegend anderes als die sich aus dem Fruchtknoten entwickelnde Frucht. Die Vögel – allen voran die Rotkehlchen – lösen den Samenmantel ab oder speien die Samen aus. Für den Menschen sind die Samen giftig. (Vgl. S. 270)

5 Liguster

8–10 mm Aug.–Okt.

K: Die anfangs grünen, später glänzend scharzen, 2samigen Beeren stehen in dichten Rispen.

W: Die Liguster-Beeren gehören zu den Winterstehern und wirken dadurch sehr dekorativ. Sie zeichnen sich durch eine offenbar individuell sehr unterschiedliche Wirkung aus, indem sie einmal nur leichte Symptome, ein anderes Mal jedoch im Extrem lebensgefährliche Vergiftungen hervorrufen. Dessenungeachtet hat man früher vielfach die auch innen rotvioletten Beeren zum Färben von Wein benutzt. (Vgl. S. 274)

1
2a
3
2b
4
5

Ahorn-Arten

Die 2samigen Spaltfrüchte zerfallen zur Reifezeit in zwei einsamige geflügelte Teilfrüchte (je Nuß mit 2 großen zungenförmigen Flügeln). Durch propellerartige Drehungen halten sich die Teilfrüchte etwas länger in der Luft, so daß sie durch heftigen Wind seitlich fortgetragen werden können, vor allem wenn sie bis zum Winter am Zweig bleiben und der Wind ungehindert durch kahles Geäst fegt. (Vgl. S. 270)

1 Berg-Ahorn

3–4 cm (Teilfrucht) Sept.–Okt.

K: Die Rückenlinie der beiden Flügel bildet einen rechten oder gar einen spitzen Winkel. Die Nüsse sind deutlich kugelig gewölbt, die kahlen Flügel braun, oft grünlich schimmernd.

W: Samenproduktion und Keimfähigkeit sind zur Zeit außerordentlich hoch, so daß sich Berg-Ahorn und Spitz-Ahorn seit einigen Jahren stark vermehren und auf natürliche Weise ausbreiten, und zwar auch auf Standorten außerhalb der natürlichen Verbreitung. Man spricht deshalb bereits von einer „Verahornung" der Landschaft.

2 Feld-Ahorn

2,5–3 cm (Teilfrucht) Sept.–Okt.

K: Die Rückenlinie der beiden Flügel bildet eine Gerade und ist manchmal sogar etwas nach oben gewölbt. Die Nüsse sind flach und graufilzig, die Flügel kahl und oft etwas rötlich angelaufen.

3 Spitz-Ahorn

3,5–5 cm (Teilfrucht) Sept.–Okt.

K: Die Rückenlinie der beiden Flügel bildet einen stumpfen Winkel. Die Nüsse sind flach zusammengedrückt.

4 Faulbaum

8–10 mm Juli–Okt.

K: Die knapp erbsengroßen 3samigen Steinfrüchte sind erst grün, dann rötlich und erst zur Reifezeit schwarz.

W: Die lange Blütezeit des Faulbaums führt dazu, daß man über einen längeren Zeitraum Früchte unterschiedlichen Reifegrades nebeneinander vorfindet. Sie werden durch Vögel verbreitet. Die Samen widerstehen offensichtlich den Verdauungsfermenten im Magen-Darm-Trakt. Beim Menschen lösen im frischen Zustand die Frucht ebenso wie die Rinde Erbrechen aus; die getrocknete Rinde jedoch wird als mildes Abführmittel verabreicht. (Vgl. S. 272)

5 Seidelbast

10–12 mm Juni–Juli

K: Die erbsengroßen, roten Früchte ähneln einsamigen Steinfrüchten, sind aber – streng genommen – als „Scheinfrüchte" zu bezeichnen, da an ihrer Bildung außer den Fruchtblättern auch die Blütenachse beteiligt ist. Sie stehen – ein für die heimische Flora ungewöhnliches Phänomen – unmittelbar am Stengel.

W: Die sehr fettreichen Samen werden durch Vögel verbreitet, die die Frucht erst gar nicht verschlucken, sondern nur das Fruchtfleisch vom „Kern" abfressen, wozu sie die Früchte häufig an andere Orte tragen. Vielleicht entgehen sie so der tödlichen Gefahr, die in den Giftstoffen von Rinde und Samen lauert. Bereits der Genuß von 10–12 Früchten soll beim Menschen tödlich sein; 10 Früchte töten ein Pferd. Der scharf brennende, überaus unangenehme Geschmack wird auch Leichtsinnige in der Regel schon nach der ersten Frucht vor dem Genuß einer tödlichen Dosis bewahren. (Vgl. S. 272)

1

2

3

4

5

1 Kornelkirsche

ca. 1,5 cm Aug.–Sept.

K: Ovale, hängende, kirschrote Steinfrüchte mit 2 großen Steinen.

W: Im vollreifen Zustand sind die Früchte gut eßbar; sie schmecken süßsauer und werden zur Bereitung von Marmelade genutzt. (Vgl. S. 274)

2 Roter Hartriegel

ca. 8 mm Aug.–Okt.

K: In Trugdolden beisammenstehende blauschwarze, knapp erbsengroße Steinfrüchte, die aufrecht auf rötlichen Stielen stehen und vertrocknete Kelchreste aufweisen.

W: Die Früchte werden von Vögeln verzehrt; die Samen werden mit dem Kot ausgeschieden und so verbreitet. Außerdem sorgen Nager, die wie das Eichhörnchen Hartriegelfrüchte speichern, dafür, daß Früchte an andere Orte gelangen. Wegen ihrer Bitterstoffe sind die Früchte, die 30–50 % Öl enthalten, für den menschlichen Verzehr nicht, wohl aber für technische Zwecke und die Seifenherstellung nutzbar. (Vgl. S. 274)

3 Efeu

ca. 8 mm März–Apr.

K: Die erbsengroßen, schwarzblauen Beeren enthalten meistens 5 einsamige Kerne; sie stehen in halbkugeligen Dolden.

W: Nach der Blüte im Herbst reifen die Beeren erst im Frühjahr des nächsten Jahres. Sie stehen ausschließlich an den Lichttrieben und werden größtenteils von Vögeln gefressen und verbreitet. Dem Menschen schmekken die Beeren wegen der Bitterstoffe nicht; außerdem haben sie deutliche Giftwirkung mit Symptomen im Magen-Darm-Bereich. (Vgl. S. 274)

4 Sanddorn

5–8 mm Sept.–Okt.

K: Blaßgelbe bis orangerote Steinfrüchte, die meistens in großen Mengen die Zweige umhüllen, allerdings nur bei einem Teil aller Pflanzen. Der Sanddorn ist nämlich zweihäusig; es gibt rein männliche und rein weibliche Sträucher.

W: Die den ganzen Winter über verfügbaren Früchte werden von Vögeln, vor allem von Fasanen („Fasanenbeere") gern verzehrt. Auch der Mensch schätzt die Wildfrucht, vor allem wegen ihres mit 0,2–1,2 % extrem hohen Gehaltes an Vitamin C. Außer für Marmelade und Saft wird sie zu Extrakten verarbeitet, die bei Erschöpfungszuständen und Appetitlosigkeit und zur Erhöhung der Widerstandsfähigkeit gegen Erkältungskrankheiten hilfreich sind. (Vgl. S. 274)

5 Winter-/Sommer-Linde

4–6 (5–8) mm Aug.–Sept.

K: Bei der Winter-Linde Nüsse mit dünnen Schalen, die man leicht zwischen den Fingern zerdrücken kann und die keine deutlichen Leisten tragen. Bei der Sommer-Linde dickschaligere, nicht zerdrückbare Nüsse, bei der Reife mit 5 deutlich vorspringenden Leisten.

W: Bei den Linden bilden meistens mehrere Nüsse einen rispig verzweigten Fruchtstand, dessen Stiel etwa zur Hälfte mit dem schmalen zungenförmigen Vorblatt verwachsen ist. Fruchtstand und Vorblatt lösen sich zur Reifezeit gemeinsam vom Zweig und fallen in drehender Bewegung zu Boden. Starker Wind kann sie ein Stück aus dem Wipfelbereich des Mutterbaumes fortbewegen. Beide Lindenarten bastardieren miteinander und mit anderen Lindenarten, so daß heute reine Arten vergleichsweise selten anzutreffen sind. (Vgl. S. 272)

1
2
3
4
5

1 Preiselbeere

ca. 1 cm Juli–Okt.

K: Die dunkelroten, vielsamigen Beeren tragen den Rest des Kelches.

W: Die Beeren werden gekocht genossen. Sie ergeben eine beliebte Marmelade und sind vorzüglich für Konfitüren geeignet. Ihr Geschmack ist süßlich-herb. (Vgl. S. 276)

2 Heidelbeere

ca. 1 cm Juli–Aug.

K: Die erbsengroßen, blau bereiften Beeren sind vom Kelchring gekrönt.

W: Die Früchte sind bei vielen Tierarten sehr beliebt, vor allem auch bei solchen, die an Zweigen hängende Früchte schwer ernten können, wie z. B. Rebhühner, Ringeltauben und Füchse. Die Menschen schätzen die Heidelbeere als eine der roh wie verarbeitet schmackhaftesten Wildfrüchte. Ihr kommt der hohe Gehalt an Gelierstoffen, Zucker, Fruchtsäure und Vitaminen zustatten. Der Gerbstoffgehalt getrockneter Heidelbeeren sorgt für eine sanft stopfende Wirkung, die arzneilich vor allem für Kleinkinder genutzt wird. Heidelbeerwein – mit Rotwein angesetzt – wird u. a. auch wegen seiner antibakteriellen Wirkung genossen. Durch Abkochen der Früchte erhält man ein zum Gurgeln geeignetes Mundwasser. Der Saft der Beeren wird zum Rotfärben verwandt. Die Bedeutung der Heidelbeere für den Menschen kommt in den vielen verschiedenen – zum Teil regionalen – Namen zum Ausdruck, unter denen neben Heidelbeere Waldbeere, Blaubeere und Bickbeere die am weitesten verbreiteten sind. (Vgl. S. 276)

3 Moosbeere
Oxycoccus palustris

ca. 1 cm Juli–Okt.

K: Die kugeligen Beeren liegen meistens unmittelbar auf Torfmoospolstern. Die kleinen rosa Blüten haben 4 zurückgeschlagene Kronblattzipfel; die Blätter sind immergrün.

W: Die Beeren bleiben oft bis zum nächsten Frühjahr liegen. Sie ergeben zwar eine schmackhafte Marmelade, sollten aber auch dort nicht gesammelt werden, wo die Art noch häufiger vorkommt. Da die Samen durch Vögel weit verbreitet werden, kann es an geeigneten Standorten, an denen die Art nicht mehr vorkommt, bei ausreichendem Fruchtangebot in der Nachbarschaft zur Neuansiedlung oder Wiederansiedlung kommen.

4 Bittersüßer Nachtschatten

ca. 1,2 cm Aug.–Okt.

K: Die längliche, anfangs grünlich, reif jedoch rot gefärbte Beere enthält ca. 30 Samen.

W: Die zuckerreiche Beere schmeckt anfangs bitter, später süß (*dulcamara* von lat. dulcis = süß und amarus = bitter). Da die Früchte in einigen Gegenden ohne negative Folgen genossen werden, andernorts jedoch von Vergiftungen berichtet wird, muß man wohl von regional unterschiedlichen Alkaloidgehalten ausgehen. Daher wird dringend empfohlen, die Früchte nicht zu verzehren. (Vgl. S. 376)

5 Wald-Geißblatt

ca. 1 cm Aug.–Sept.

K: Die dunkelroten Beeren, die in Köpfchen so dicht beisammenstehen, daß sie sich berühren, befinden sich unmittelbar über dem obersten verwachsenen Blattpaar.

W: Die Beeren enthalten nur wenige Samen, die von Vögeln während der Verdauung des Fruchtfleisches verbreitet werden. Sie sind für den Menschen nicht genießbar. (Vgl. S. 278)

1

2

3

4

5

1 Schwarzer Holunder

6–8 mm Aug.–Sept.

K: Hängende Trugdolden mit schwarzen Steinfrüchten an dunkelroten Stielen.

W: Jede Frucht enthält 3 kleine Kerne und schwarzrotes saftiges Fruchtfleisch, das reich an Vitamin C und Zucker sowie an Anthocyan und Gerbstoff ist. Die „Beeren", die roh giftig sind, gehören zu den am häufigsten zu Saft, Gelee und Marmelade verarbeiteten Wildfrüchten. Sie verlieren ihre Giftwirkung beim Kochen und zusätzlich dadurch, daß die Kerne entfernt und nicht zuvor zerquetscht werden. Als Husten- und Abwehrmittel gegen Erkältungskrankheiten stehen die Früchte den Blüten in nichts nach. Auch bei Vögeln sind sie beliebt und meist schon nach kurzer Zeit restlos geplündert. Rotkehlchen haben im September oft einen mit Holundersaft besudelten Brustlatz. Viele junge Holunderpflanzen in holunderfreien Feldgehölzen oder gar in Fichtenreinbeständen verraten, daß dort Scharen von Staren und Drosseln genächtigt und intensiv verdaut haben. (Vgl. S. 262)

2 Trauben-Holunder

ca. 5 mm Juni–Juli

K: Abstehende eiförmige Rispen mit roten Steinfrüchten.

W: Auch beim Trauben-Holunder ist das Fruchtfleisch vitaminreich, u. a. auch an Provitamin A. Sein Genuß kann jedoch nicht uneingeschränkt empfohlen werden. Roh und unreif genossen verursachen die Früchte wohl generell Brechdurchfall. Aber auch vorschriftsmäßig zubereitete Säfte und Marmeladen werden nicht von jedermann gleich gut vertragen. Wenn es gut erhitzt wird, soll ein aus den ölreichen Steinkernen gewonnenes Speiseöl schmackhaft und bekömmlich sein. (Vgl. S. 262)

3 Rote Heckenkirsche

ca. 8 mm Juli–Aug.

K: Zwei kaum erbsengroße, hellrote und glasartig glänzende Beeren stehen jeweils zusammen auf einem Stiel, und zwar so dicht beisammen, daß sie oft etwas miteinander verwachsen und eine Doppelbeere bilden.

W: Die Stiele der Doppelfrucht, die je Beere 4 Samen enthält, entspringen in den Blattachseln. Über die Gefährlichkeit der bitteren und in jedem Fall ungenießbaren Früchte gehen die Meinungen auseinander. (Vgl. S. 278)

4 Gewöhnlicher Schneeball

ca. 8 mm Aug.–Okt.

K: Glänzend rote, erbsengroße Steinfrüchte in später hängenden, schweren Trugdolden.

W: Die Früchte werden lange Zeit auch von den sonst heißhungrigsten Fruchtfressern, den Drosseln und Staren, gemieden. Für gefiederte Wintergäste, vor allem für die nordischen Seidenschwänze, aber stellen sie offensichtlich mehr als nur eine Notnahrung dar. Die Früchte gelten als für den Menschen ungenießbar und giftig. (Vgl. S. 262)

5 Waldrebe

2–3 mm Sept.–Okt.

K: Jede der zahlreichen in einer Trugdolde beisammenstehenden Blüten entwickelt sich zu einer Sammelfrucht in Form eines weißgrauen Köpfchens mit etlichen Nüßchen. Sie tragen als 2–3 cm lange Schwänze die nach der Blüte stark verlängerten und lang abstehend behaarten Griffel.

W: Die langschwänzigen Flugfrüchte sind oft den ganzen Winter hindurch noch eine besondere Zier der Lianen. Erst stärkere Stürme tragen sie davon. (Vgl. S. 272)

1
2
3
4
5

1 Tollkirsche
Atropa belladonna

1–2 cm Juli–Sept.
K: Kirschgroße, schwarze Beeren an bis zu 1,50 m hohen Stauden, die im Sommer grünlich-bräunliche, glokkenförmige Blüten tragen.
W: Die in allen Teilen giftige Tollkirsche gehört deshalb zu den gefährlichsten Giftpflanzen Europas, weil die verlockend wirkenden Früchte zwar fade, aber nicht abweisend schmekken. Wo die Art vorkommt, müssen die Kinder sie unbedingt als Giftpflanze kennen. Wenn dennoch Beeren verzehrt wurden, ist unverzüglich ärztliche Hilfe gefragt. Nach anfangs rauschartigen Zuständen kommt es meistens zum Erbrechen und zum Kreislaufkollaps. Im Mittelalter galt die Wirkung einer geringen Dosis – glänzende Augen und geweitete Pupille – als Schönheitsmittel (lat. bella donna = schöne Frau). Eine höhere Dosis ruft Rausch- und Wahnzustände (Name) hervor und wurde zur Bestätigung des Hexenverdachts verabreicht.

2 Aronstab

ca. 1 cm Juli–Aug.
K: Hellrote Beeren, die an einem Stiel in Bodennähe dicht beisammenstehen.
W: Seine Spitze ist jener Teil des Kolbens, der sich mit den weiblichen Blüten am Grunde des Kessels befand. Nach Verzehr von Beeren wurden bereits Vergiftungssymptome beobachtet. (Vgl. S. 386)

3 Wald-Erdbeere

ca. 1 cm Juni–Aug.
K: Die bekannte rote Sammelfrucht entwickelt sich, indem die Blütenachse zur Reifezeit stark wuchert und die zahlreichen Nüßchen auf ihr dadurch auseinanderrücken.
W: Die Erdbeere gehört zu den beliebtesten, aber wegen ihrer geringen Größe nur mühsam zu sammelnden Wildfrüchten. Deshalb hat man schon früh (im Mittelalter) damit begonnen, sie zu züchten, um zu ertragreicheren Formen zu gelangen. Doch der Vorteil der wilden Erdbeere ist die größere Geschmacksintensität, die sie beispielsweise für die Bowle unübertrefflich macht. (Vgl. S. 288)

4 Hopfen

ca. 3 mm Sept.–Okt.
K: Grünlich- bis hellbraune Fruchtzapfen aus nach der Blüte sich vergrößernden Hochblättern, die die Nüsse tragen und als Flugorgane zur Samenbereitung dienen.
W: Die Fruchtzapfen bergen am Grund der schuppenartigen Hochblätter in gelben Drüsen die als Bierwürze genutzten Bitterstoffe, die zugleich konservierend wirken. Geerntet werden allerdings nur eigens dazu angebaute Kultursorten. (Vgl. S. 278)

5 Einbeere

8–10 mm Juli–Aug.
K: Eine einzelne dunkelblaue Beere an der Stengelspitze.
W: Die Beere, die mehrere Samen enthält, ist wie die gesamte Pflanze für den Menschen giftig, zumindest wenn mehrere Beeren verzehrt werden. Ursache dürfte der Gehalt an Saponinen sein. (Vgl. S. 386)

6 Vielblütige Weißwurz

5–6 mm Aug.–Sept.
K: Die grünlich bis bläulich bereiften Beeren sind dem Blütenstand entsprechend zu mehreren vereint.
W: In der gesamten Pflanze und so auch in den Beeren sind verschiedene Giftstoffe nachgewiesen worden. (Vgl. S. 304)

1
2
3
4
5
6

Tiere und Pflanzen der Urlaubsgebiete Europas

Hinweise zur Benutzung auf S. 520

1 Wachsrose
Anemonia viridis

D bis 12 cm Jan.–Dez.
K: Graugrün, oft mit violetten Tentakelspitzen, die bis zu 200 Tentakeln sind verglichen mit denen der Pferdeaktinie lang und dünn.
V: Auf Steinen und Felsen sowie in Gezeitentümpeln in Nordsee, Atlantik und Mittelmeer.
W: Die grüne Farbe ist auf Grünalgen zurückzuführen, die als Symbionten im Unterhautgewebe der Wachsrosen leben. Im tieferen Wasser, wo es dunkler ist, sind die Tiere weiß.

2 Pferdeaktinie
Actinia equina

L bis 7 cm Jan.–Dez.
K: Rot, an dunklen Standorten auch braun oder grün, mit bis zu 192 Tentakeln in 6 Kreisen.
V: An Felsen, aber auch Buhnen, Hafenmauern usw. in Nordsee, Atlantik und Mittelmeer.
W: Die Art gehört wie die Wachsrose zu den Blumentieren (*Anthozoa*), die wiederum mit den Quallen zum Stamm der Nesseltiere gestellt werden. Bei Niedrigwasser ziehen sich die Tiere zusammen und überdauern so die Trockenperiode.

3 Ohrenqualle
Aurelia aurita

D 10–40 cm Jan.–Dez.
K: Charakteristisch sind die vier halbkreisförmigen Geschlechtsorgane („Ohren") der Tiere, die um das Zentrum des Schirmes angeordnet sind.
V: In Nord- und westlicher Ostsee, auch im Mittelmeer.
W: Quallen lassen sich oft in großen Schwärmen im Meer treiben. Sie können aber auch aktiv schwimmen. Dazu ziehen sie den Körper ruckartig zusammen und dehnen ihn genauso wieder aus.

4 Kompaßqualle
Chrysaora hysoscella

D 15–30 cm Jan.–Dez.
K: Charakteristisch sind 16 braune Winkel auf dem Schirm.
V: In Nordsee, Atlantik und Mittelmeer.
W: Quallen bestehen zu etwa 98% aus Wasser. Sie sind die geschlechtliche Generation von Nesseltieren. Zunächst schlüpfen aus den Eiern Planula-Larven, die sich auf einer Unterlage anheften. Aus ihnen wachsen Polypen mit Fangarmen als ungeschlechtliche Generation heran. Durch Querteilung entstehen aus diesen mehrere, zunächst winzige Quallen.

5 Feuerqualle
Cyanea capillata

D 20–50 (100) cm Jan.–Dez. ☠
K: Schirm meist rötlich bis braun oder orange, über 1000 Tentakeln.
V: In Nordsee und Atlantik.
W: Als Feuerquallen werden mehrere stark nesselnde Quallenarten bezeichnet, die Menschen bei Berührung oft lang anhaltende, brennende Schmerzen zufügen können. Auch bei am Strand angetriebenen Tieren sind die Nesselzellen noch nach Stunden gefährlich. Normalerweise dienen die an den Fangarmen sitzenden Nesselzellen zum Betäuben der Beute.

6 Meerstachelbeere
Pleurobrachia pileus

D bis 3cm Jan.–Dez.
K: Weintraubengroß, durchscheinend, mit 8 Längsstreifen, 2 lange Fangfäden mit Klebezellen.
V: In Nord- und Ostsee.
W: Dieser häufigste bei uns zu beobachtende Vertreter der Rippenquallen (*Ctenophora*) ernährt sich von Plankton, das an den Fangfäden kleben bleibt. Die Längsstreifen werden durch wimpernbesetzte Plättchen gebildet, die der Fortbewegung dienen.

1

3a

2

3b

4
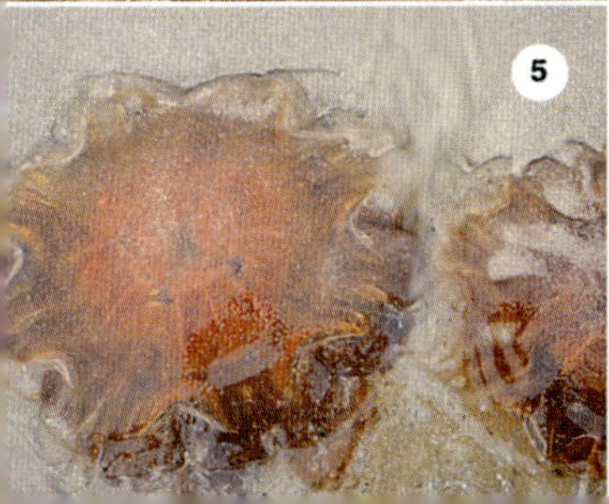
5

6

1 Einsiedlerkrebs
Pagurus bernhardus

L bis 10 cm Jan.–Dez.

K: Spiralig gekrümmter, weicher Hinterleib, deshalb nur in leeren Schneckenhäusern zu finden.

V: An europäischen Küsten von der Ostsee bis zum Mittelmeer.

W: Einsiedlerkrebse kriechen in leere Schneckenhäuser, um ihren ungepanzerten Hinterleib zu schützen. Nur der Vorderkörper mit den Beinen schaut heraus. Bei Gefahr ziehen sie sich ganz in das Haus zurück und verschließen den Eingang mit den verhältnismäßig großen Scheren. Jungtiere beziehen nur wenige Millimeter große Gehäuse. Wird der Krebs für sein Schneckenhaus zu groß, muß er sich ein neues, passendes Haus suchen. Dabei kann er ungeschützt leicht Feinden zum Opfer fallen.

2 Taschenkrebs
Cancer pagurus

L bis 12 cm B bis 30 cm Jan.–Dez.

K: Panzer queroval, Oberseite braun bis rötlich, Unterseite gelblich.

V: Nordsee, Atlantik und Mittelmeer, vor allem an Felsküsten, aber auch auf Sand- und Schlickböden.

W: Der Taschenkrebs lebt räuberisch und erbeutet neben Mollusken auch Krebse. Er wird zu Nahrungszwecken in Reusen gefangen, das Muskelfleisch aus den Scheren ist als Delikatesse begehrt.

3 Strandkrabbe
Carcinus maenas

L bis 6 cm B bis 8 cm Jan.–Dez.

K: Oberseite braun, gelb oder grünlich, Panzer vorn deutlich breiter als hinten.

V: An allen europäischen Küsten, sehr häufige Art.

W: Die Strandkrabbe ist ebenfalls eine räuberische Art, die sich vor allem von Schnecken und Muscheln, aber auch von Aas ernährt. Mit ihren kräftigen Scheren, die sie auch zur Verteidigung einsetzt, kann sie Molluskenschalen leicht knacken. Strandkrabben können recht schnell laufen und bewegen sich dabei oft seitlich fort. So ist der an der Nordsee gebräuchliche Name „Dwarslöper“ (= Querläufer) zu erklären.

4 Schwimmkrabbe
Liocarcinus holsatus

L bis 4 cm Jan.–Dez.

K: Färbung variabel, Panzer ähnlich dem der Strandkrabbe, aber leicht an den blattartig verbreiterten Endgliedern des letzten Beinpaares zu erkennen.

V: Von der Nordsee bis ins Mittelmeer verbreitet, häufig angespült am Strand zu finden.

W: Mit Hilfe ihrer Ruderbeine können die Tiere schwimmen. Am Strand findet man meist tote Exemplare. Im Kutterbeifang kommen Schwimmkrabben oft in größerer Zahl vor. Sie leben bis in Tiefen von ca. 300 m.

5 Hummer
Homarus gammarus

L bis 50 cm Jan.–Dez.

K: Größter heimischer Krebs mit ungleich großen, gewaltigen Scheren.

V: An Felsküsten von Nordsee, Atlantik und Mittelmeer, in Deutschland nur bei Helgoland.

W: Wie alle Zehnfußkrebse besitzen Hummer zwei Antennenpaare, mit denen sie die Umgebung ertasten. Mit der großen Knackschere zerbrechen sie die Schalen erbeuteter Muscheln, mit der kleinen Schere werden Fleischstücke abgerissen und in die Mundöffnung gesteckt. Auch Krebse, Ringelwürmer und Aas gehören zum Nahrungsspektrum. Hummer werden in großer Zahl in sog. Hummerkörben gefangen. Die Tiere sind schwarzblau gefärbt, die rote Färbung entsteht erst beim Kochen.

1
3
2
4
5

1 Gemeine Seepocke
Semibalanus balanoides

D bis 1,5 cm Jan.–Dez.
K: Körper von sechs weißen Kalkplatten sowie zwei Paaren Verschlußplatten in der Mitte umgeben.
V: Atlantik, Nordsee, westliche Ostsee und Mittelmeer auf festem Untergrund wie Felsen, Steinen, Holzpfählen, Muschelschalen usw.
W: Bei diesen festsitzenden Krebsen sind Kopf und Beine z. T. zurückgebildet. Die Rumpfbeine sind zu fächerartigen Organen umgewandelt, die die Nahrung aus dem Wasser filtern. Die Gemeine Seepocke lebt an der oberen Gezeitenzone. Bei Ebbe speichert sie durch Verschluß der Kalkplatten etwas Wasser und trocknet deshalb nicht aus.

2 Entenmuschel
Lepas anatifera

L bis 15 cm (Stiel 10 cm) Jan.–Dez.
K: Meist weiße, muschelartige Schale aus fünf Kalkplatten auf einem meist bräunlichen Stiel.
V: Auf Treibgut, Bojen, Tang u. ä. Es lohnt sich, Strandgut auf diese Art hin zu untersuchen.
W: Entenmuscheln gehören wie die Seepocken zu den Rankenfüßern. Sie sitzen nicht direkt auf dem Untergrund, sondern auf einem ca. 10 cm langen Stiel. Mit Hilfe ihrer Rankenfüße strudeln sie Wasser herbei und nehmen darin enthaltene Nahrungspartikel auf.

3 Schlickkrebs
Corophium volutator

L 8–10 mm Jan.–Dez.
K: Kleiner, langgestreckter Krebs mit kräftigem 2. Antennenpaar.
V: Sehr häufig im Wattenmeer, seltener an anderen Küsten Europas.
W: Die Tiere leben in 3–4 cm langen, U-förmigen Röhren im Wattboden. Mit den Antennen kratzen sie Algen von der Oberfläche, wodurch charakteristische Spuren entstehen (**3a**). Im Winter graben sie sich tiefer ein, um dem Frost zu entgehen. Da die Tiere ihren Lebensraum in ungeheurer Zahl besiedeln, stellen sie eine wichtige Nahrungsgrundlage für verschiedene Watvögel (s. S. 112) dar. Die Weibchen tragen wie bei den verwandten Flohkrebsen und Asseln (s. S. 138) die Eier in einer Brutkammer am Bauch.

4 Strandfloh
Talitrus saltator

L bis 16 mm Jan.–Dez.
K: Ein langes und ein kurzes Antennenpaar, das zweite Brustbeinpaar mit klauenartigem Endglied.
V: Meist im Spülsaum zu finden.
W: Der Strandfloh ist trotz seines Namens ein Krebstier, das mit den Flohkrebsen (s. S. 138) verwandt ist. Wie echte Flöhe können Strandflöhe weite Sprünge (> 20 cm) vollführen und so ihren Feinden entkommen.

5 Nordsee-Garnele
Crangon crangon

L ♂ bis 4,5 cm, ♀ bis 8,5 cm
Jan.–Dez.
K: Langgestreckt mit langem, dünnem 2. Antennenpaar, Schwanzfächer am Hinterende, Färbung variabel.
V: Häufig im Wattenmeer, aber auch an anderen Flachwasserküsten, tagsüber im Sand eingegraben.
W: Im Sommer kann man an der Nordseeküste überall Krabben kaufen. Streng genommen handelt es sich jedoch nicht um Krabben, sondern um Garnelen. In Deutschland werden alljährlich etwa 20.000 Tonnen Nordsee-Garnelen mit speziellen Schleppnetzen, sog. Baumkurren, die an beiden Seiten der Kutter herunter gelassen werden, gefangen. Die Garnelen ernähren sich von Algen und verschiedenen Kleintieren wie Würmern, Schnecken und Flohkrebsen.

1a
3a
1b
3b
4
2
5

1 Sepia
Sepia officinalis

L bis 30 cm Jan.–Dez.
K: Zehnarmiger Tintenfisch mit 2 langen und 8 kurzen Armen, große Augen, auffälliger Flossensaum, der beim Schwimmen wellenförmig geschlagen wird, Färbung variabel.
V: Atlantik, Nordsee und Mittelmeer.
W: Eine lebende Sepia wird man normalerweise nur im Aquarium sehen. Ihren Schulp, die unter dem Rücken liegende Kalkschale, findet man dagegen häufig am Strand. Gelegentlich trifft man am Strand auch auf die schwarzen Eikapseln, die die Weibchen an Tangen oder Seegras befestigen und aus denen vollständig entwickelte Junge schlüpfen.

2 Wattschnecke
Hydrobia ulvae

H 6–8 mm Jan.–Dez.
K: Braun mit spitzem, glattem Gehäuse, bis zu 7 Umgänge.
V: Im Flachwasser von Nord- und Ostsee und Atlantik.
W: Wattschnecken kommen im Wattenmeer in ungeheurer Anzahl vor. Oft leben einige Tausend, manchmal sogar zehntausende von Tieren auf nur einem Quadratmeter Boden. Bei Ebbe graben sie sich etwa 1 cm tief ein. Bei der nächsten Flut kommen sie wieder hervor und weiden vor allem Kieselalgen, daneben auch andere Algen und Bakterien ab.

3 Gemeine Strandschnecke
Littorina littorea

H bis 2,5 (–4) cm Jan.–Dez.
K: Dickschaliges Gehäuse mit großem letzten Umgang, kein Nabel, graubraun, Mündung innen braun.
V: Auf Felsen, Buhnen, Steinen, Muschelschalen und Seegras in Nord- und westlicher Ostsee sowie in Atlantik und westlichem Mittelmeer.
W: Die Strandschnecke ist eine gesellige Art der Gezeitenzone. Mit einem Deckel können die Tiere ihr Gehäuse fest verschließen und so mehrere Tage auf dem Trockenen überleben.

4 Glänzende Nabelschnecke
Lunatia alderi

L bis 2 cm Jan.–Dez.
K: Gehäuse kugelig mit engem Nabel, meist gelblich gefärbt.
V: Von der Nordsee bis in das Mittelmeer verbreitet.
W: Meist findet man nicht die Nabelschnecken (**4a**), sondern von ihr angebohrte Schalen (**4b**) anderer Schnecken und Muscheln. Dieses Loch bohren sie mit der Radula in die Schale ihrer Beutetiere. Dann stülpen sie ihren rüsselartigen Mundbereich hindurch und fressen ihr Opfer aus.

5 Pantoffelschnecke
Crepidula fornicata

L bis 5 cm Jan.–Dez.
K: Ovale, mützenförmige Schale mit einer dünnen Scheidewand auf der Innenseite, die das pantoffelähnliche Aussehen der Schalen bewirkt.
V: Nordeuropäische Atlantikküste und Nordsee, auf Hartböden, Pfählen, Muschelschalen usw. Ursprünglich in Nordamerika heimisch.
W: Als Nahrung filtrieren die festsitzenden Tiere Planktonorganismen aus dem Wasser. In Austernkulturen sind sie Nahrungskonkurrenten und gelten als schädlich.

6 Käferschnecke
Lepidochiton cinereus

L bis 2 cm Jan.–Dez.
K: Rückenplatten olivgrau bis dunkelrot, Gürtel rotbraun bis grün.
V: Nordsee, westliche Ostsee und Atlantik.
W: Die querliegenden Rückenplatten bestehen aus Kalk. Die Kiemen sitzen in einer Rinne im Mantel.

1
2
3
4a
4b
5
6

1 Gemeine Turmschnecke
Turritella communis

H bis 5 cm Jan.–Dez.
K: Sehr schlankes, spitzes Gehäuse mit bis zu 19 Umgängen, braun, gelblich oder rötlich; bei uns unverwechselbar.
V: Nordsee, Atlantik und Mittelmeer, in Tiefen von 30–200 m.
W: Turmschnecken verbringen die meiste Zeit ihres Lebens eingegraben an einer Stelle. Da sie ihre Nahrung einstrudeln, ist ihre Radula im Vergleich zu anderen Arten nur sehr klein ausgebildet.

2 Gemeine Wendeltreppe
Epitonium clathrus

H bis 4 cm Jan.–Dez.
K: Turmförmig mit sehr markanten Rippen, normalerweise rötlich gefärbt, am Strand allerdings durch Farbverlust weiß.
V: Nordsee, Atlantik und Mittelmeer.
W: Diese räuberische Art durchwühlt bei der Nahrungssuche auch den Bodengrund. Bei Strandwanderern sind die schönen Gehäuse ein beliebtes Sammelobjekt.

3 Pelikanfuß
Aporrhais pespelicani

H bis 5 cm Jan.–Dez.
K: Turmartiges, sehr dickschaliges Gehäuse, bei ausgewachsenen Tieren Mündung mit sehr auffälligen, spitzen Fortsätzen.
V: Nord- und westliche Ostsee, Atlantik, häufig im Mittelmeer.
W: Die Fortsätze am Schalenrand der Pelikanfüße variieren sehr stark in Größe und Form. Bei Schalen, die lange am Strand liegen, sind sie oft völlig oder zumindest teilweise abgeschliffen, was die Artbestimmung manchmal erschwert. Der Pelikanfuß durchwühlt schlammige Böden nach Nahrung, er nimmt v. a. kleine Detrituspartikel auf.

4 Wellhornschnecke
Buccinum undatum

H bis 11 cm Jan.–Dez.
K: Sehr groß, Gehäuse meist bräunlich mit zahlreichen welligen Längs- und spiraligen Querrippen, kein Nabel, das Gehäuse kann mit einem Deckel verschlossen werden. Am Strand findet man häufig die charakteristischen Laichballen (**4b**).
V: Nord- und westliche Ostsee, Nordatlantik und Mittelmeer, vom Flachwasser bis in Tiefen von über 1000 m.
W: Wellhornschnecken spielen als Aasfresser eine wichtige Rolle, ernähren sich aber auch von Muscheln. Die Nahrung wird mit Hilfe des gut entwickelten Geruchssinns aufgespürt. Haben sie eine Muschel entdeckt, warten sie, bis diese die Schale öffnet. Dann stoßen sie ihren scharfen Mündungsrand in den Spalt und durchtrennen dabei häufig den Schließmuskel der Muschel. Die leeren Gehäuse der Wellhornschnecke dienen größeren Einsiedlerkrebsen häufig als Unterkunft.

5 Netzreusenschnecke
Nassarius reticulatus

H bis 3,5 cm Jan.–Dez.
K: Turmförmiges, vergleichsweise dickschaliges, meist bräunliches Gehäuse mit dunkleren Binden, Oberfläche mit netzartiger Struktur.
V: An allen europäischen Küsten.
W: Auch der wissenschaftliche Name (lat. *reticulum* = Netz) weist auf die interessant strukturierte Oberfläche hin. Die Tiere sind überwiegend Aasfresser und können mit ihrem chemischen Sinn Nahrung aus einer Entfernung von bis zu 30 m wahrnehmen. Manchmal fressen sie auch lebende Beute. Sie selbst haben Seesterne als Feinde. Bei der Flucht vor diesen überschlägt sich die Netzreusenschnecke durch Strecken des Fußes regelrecht.

1
4a
4b
2
5
3

1 Auster
Ostrea edulis

L bis 15 cm Jan.–Dez.

K: Schalen ausgewachsen sehr groß, dickwandig und mit blättriger Struktur, am Strand oft auch glattgeschliffen. Meist braun, oft mit grünen, roten, rosa oder violetten Flecken, Innenseite glänzend.

V: An allen europäischen Küsten außer im Norden und in der Ostsee, wo der Salzgehalt zu gering ist.

W: Austern sind und waren eine begehrte Delikatesse. Viele natürliche Austernbänke sind längst ausgebeutet, deshalb werden sie schon seit langer Zeit gezüchtet, vor allem in Frankreich. Dazu bietet man den Larven künstliche Gestelle zum Anheften an. Nach einiger Zeit werden die Jungtiere abgenommen und an günstigen Stellen zur weiteren Entwicklung ausgelegt. Austern können bis zu 30 Jahre alt werden, meist erntet man sie jedoch schon im Alter von drei oder vier Jahren.

2 Miesmuschel
Mytilus edulis

L bis 8 (–11) cm Jan.–Dez.

K: Schale ungleichseitig dreieckig, schwarzbraun bis blauoliv, Innenseite silberweiß mit dunkelblauem Rand.

V: Weit verbreitet im Nordatlantik und Nordpazifik, von der Gezeitenzone bis in Tiefen von etwa 50 m.

W: Auch diese bekannte Muschel wird häufig als Nahrungsmittel genutzt. Im Wattenmeer werden in jedem Jahr mehrere 10 000 Tonnen gefischt. Die Tiere leben auf festem Untergrund wie Felsen, Steinen, Holzpfählen und Muschelschalen. Sie heften sich hier mit dem Byssus, einem von einer Drüse erzeugten Eiweißstoff, an. An günstigen Stellen können sich Tausende von Tieren auf einem Quadratmeter ansiedeln. Da sie an der Oberfläche leben, besitzen sie keinen ausgezogenen Sipho.

3 Amer. Schwertmuschel
Ensis directus

L bis 17 cm Jan.–Dez.

K: Langes und schmales Gehäuse, leicht gebogen, Ränder verlaufen nahezu parallel.

V: Ursprünglich vor der Ostküste Nordamerikas, seit 1979 auch in der Nordsee.

W: Vermutlich wurden 1978 Larven im Ballastwasser von Schiffen aus nordamerikanischen Küstengewässern in die Nordsee eingeschleppt. Dort vermehrten sie sich unter offensichtlich optimalen Lebensbedingungen geradezu explosionsartig.

4 Eßbare Herzmuschel
Cerastoderma edule

L bis 5 cm Jan.–Dez.

K: Schale weiß bis bräunlich mit bis zu 28 Rippen.

V: Eine der häufigsten Arten an den Stränden der europäischen Küsten.

W: Die Herzmuschel ist eine der dominierenden Arten im Wattenmeer. Oft wird ein Quadratmeter von Hunderten von Tieren besiedelt. Herzmuscheln bilden eine wichtige Nahrungsgrundlage für viele Tiere im Wattenmeer.

5 Rauhe Bohrmuschel
Zirfaea crispata

L bis 9 cm Jan.–Dez.

K: Gehäuse weiß, vorn spitz, hinten abgerundet, der stark strukturierte vordere Bereich dient beim Einbohren als Raspel.

V: Nordatlantik, Nord- und Ostsee.

W: Die Art bohrt bis zu 15 cm lange Gänge in Holz, Torf und weiches Gestein. Dazu drehen sich die Muscheln um ihre Längsachse, das Gehäuse wirkt dabei wie ein Bohrer. Eine ähnliche Lebensweise zeigt auch die in der Nordsee ebenfalls häufige Amerikanische Bohrmuschel (*Petricola pholadiformis*) mit weißer, langgestreckter und dünnwandiger Schale.

1
3
2a
4a
4b
2b
5

1 Rote Bohne
Macoma baltica

L bis 3 cm Jan.–Dez.

K: Innenseite glänzend rot, Außenseite rötlich mit weißen Bändern, oft auch weiß oder gelblich.

V: Weit verbreitet in Atlantik, Nord- und Ostsee.

W: Eine für Muschelsammler sehr attraktive Art. Der wissenschaftliche Name und der ebenfalls gebräuchliche Name „Baltische Tellmuschel" weisen auf das Vorkommen der Art in der Ostsee hin. Sie lebt in großer Zahl in meist weniger als 10 cm Tiefe im Boden und saugt mit ihrem langen Sipho Nahrungspartikel auf. Dabei entstehen wie bei der Pfeffermuschel sternförmige Fraßspuren.

2 Bunte Trogmuschel
Mactra corallina

L bis 6 cm Jan.–Dez.

K: Bräunlich oder grünlich mit hellen, strahlenförmig vom Wirbel aus verlaufenden Streifen.

V: In Sand- und Schlickböden von Nordsee, Atlantik und Mittelmeer.

W: Die Art hat nur ein kurzes Atemrohr (Sipho) und lebt deshalb nahe der Bodenoberfläche. Die Befruchtung erfolgt außerhalb des Körpers. Aus den Eiern schlüpfen wie bei allen Muscheln sogenannte Veliger-Larven, die völlig anders aussehen und zunächst frei im Meer schwimmen. An einem günstigen Ort setzen sie sich fest und entwickeln sich zu Jungmuscheln.

3 Sägezähnchen
Donax vittatus

L bis 4 cm Jan.–Dez.

K: Schale braun, gelblich oder grünlich, Innenseite oft violett, Unterrand der Schale auf der Innenseite fein gezähnt (Name!).

V: In Sand- und Schlickböden von Nordsee, Atlantik und Mittelmeer.

W: Wegen der charakteristischen Schalenform wird die Art auch „Dreiecksmuschel" genannt. Da die Tiere nahe der Oberfläche leben, werden sie oft von der Strömung freigelegt. Mit ihrem großen Fuß können sie sich innerhalb weniger Sekunden wieder vollständig eingraben.

4 Pfeffermuschel
Scrobicularia plana

L bis 6 cm Jan.–Dez.

K: Schale dünnwandig, grau, am Strand meist weiß, Wirbel fast in der Mitte der Schale.

V: Auf schlammigen Böden in Nord- und Ostsee, Atlantik und Mittelmeer.

W: Der Name dieser Muschel, die früher häufig gegessen wurde, weist auf einen scharfen Beigeschmack hin. Pfeffermuscheln leben in bis zu 15 cm Tiefe im Boden eingegraben in kleinen, wassergefüllten Höhlen. Sie besitzen zwei Siphonen zum Ein- bzw. Ausströmen von Wasser mit Nahrungs- bzw. Abfallpartikeln. Der Einströmsipho wird über 30 cm lang und zur Nahrungsaufnahme mehrere Zentimeter weit auf den Boden ausgefahren. Dadurch entstehen typische sternförmige Muster. Der Ausströmsipho mündet normalerweise ein Stück vom Einströmsipho entfernt. So wird die Aufnahme von gerade abgegebenen Abfallstoffen verhindert.

5 Sandklaffmuschel
Mya arenaria

L bis 10 (–15) cm Jan.–Dez.

K: Größte Muschelart im Wattenmeer, Schalen weiß, elliptisch mit konzentrischen Streifen.

V: Weit verbreitet in sandigen und schlammigen Meeresböden.

W: Die Tiere stecken bis zu 40 cm tief im Boden und besitzen einen entsprechend langen Sipho (**5b**). Bei ausgewachsenen Tieren paßt er nicht mehr in die Schalen, weshalb diese auseinanderklaffen.

1
2
3
4
5a
5b

1 Gemeiner Seestern
Asterias rubens

D bis 30 (–50) cm Jan.–Dez.
K: Fünf kräftige Arme, meist rötlichbraun gefärbt.
V: In Nord- und Ostsee und im Atlantik, auf Hartböden, direkt an der Küste nur auf Buhnen, Steinschüttungen usw.
W: Die Art ist regelmäßig am Spülsaum zu finden, meist allerdings nur in kleinen Exemplaren. Hauptnahrung sind Schnecken und Muscheln, deren Schalen die Seesterne mit ihren muskulösen, mit zahlreichen Saugfüßchen besetzten Armen auseinanderziehen können. In den entstehenden Spalt stülpen sie ihren Magen und verdauen dann ihre Beute.

2 Zerbrechl. Schlangenstern
Ophiothrix fragilis

D bis 18 cm Jan.–Dez.
K: Meist fünfeckige, bunt gemusterte Körperscheibe mit 5 dünnen, bis zu 8 cm langen, hell-dunkel geringelten Armen.
V: Nordsee, Atlantik und Mittelmeer.
W: Namensgebend sind die vergleichsweise dünnen Arme der Tiere. Zur Nahrungssuche weiden sie die Bodenoberfläche ab und fressen u. a. Kieselalgen und kleine Mollusken.

3 Strandseeigel
Psammechinus miliaris

D bis 4,5 cm Jan.–Dez.
K: Schale bräunlich oder grünlich, Stachelspitzen violett.
V: Nordsee und westliche Ostsee.
W: Meist findet man die leeren Schalen (**3a**) am Strand, die manchmal noch einige Stacheln tragen. Lebend sieht man sie nur selten (**3b**). Die Tiere ernähren sich vor allem von Algen, die auf Tang und Seegras wachsen. Sie können aber auch Muscheln fressen, indem sie die Schalenbänder durchnagen.

4 Zwergseeigel
Echinocyamus pusillus

D bis 1 cm Jan.–Dez.
K: Schale weiß, mit fünfstrahligem Sternenmuster auf der Oberseite.
V: Nordsee, westliche Ostsee, Atlantik und Mittelmeer.
W: Der Zwergseeigel lebt im Sand dicht unter der Oberfläche und ernährt sich von kleinen Sandlückenbewohnern und Kieselalgen.

5 Herzseeigel
Echinocardium cordatum

D bis 5 cm Jan.–Dez.
K: Schale weiß oder gelblich, Stacheln bräunlichgelb.
V: Nordsee, westliche Ostsee, Atlantik und Mittelmeer.
W: Der Herzseeigel gehört zu den sogenannten irregulären Seeigeln, die nicht die für Stachelhäuter typische fünfstrahlige Symmetrie zeigen. Vielmehr sind sie zweiseitig symmetrisch mit erkennbarem Vorder- und Hinterende. Die kurzen Stacheln sind weich und fühlen sich pelzig an. Die dünnen Schalen sind sehr zerbrechlich, deshalb findet man sie nur selten unbeschädigt. Die Tiere leben im Boden eingegraben.

6 Königs-Seegurke
Stichopis regalis

L bis 30 cm Jan.–Dez.
K: Rücken rotbraun mit hellen Punkten, Unterseite hell, Körper im Vergleich zu anderen Seegurken abgeflacht.
V: Nordsee, Atlantik und Mittelmeer.
W: Größte heimische Art der Seegurken, die sich durch ihre Körperform (Name!) von den übrigen Stachelhäutern unterscheiden. Mit den Tentakeln an der Mundöffnung wird Boden regelrecht eingeschaufelt. Als Nahrung dienen darin enthaltene organische Reste, Sand und Schlick werden wieder ausgeschieden.

1
2
3a
3b
4
5
6

1

3

5

Säugetiere

1 Elch *Alces alces*
KR bis 290 cm S 5 cm G ♀ bis 350, ♂ bis 600 kg
Skandinavien, Finnland, Baltikum, Rußland und Sibirien.
In großen Waldgebieten mit Vorliebe in Sümpfen und Mooren sowie an Flußufern; im Sommer auch in der Bergtundra.

2 Rentier *Rangifer tarandus*
KR bis 200 cm S 15 cm G 75–150 kg
Wilde Rentiere in Südnorwegen, von Mittelfinnland bis Sibirien; domestizierte Rentiere in ganz Skandinavien, auf Island und in Schottland.
In der offenen und der Waldtundra, in lichten Bereichen der Taiga, aber auch in der offenen Landschaft nordischer Gebirge.

3 Braunbär *Ursus arctos*
KR bis 250 cm S bis 14 cm G bis 250 kg
In Skandinavien und Rußland gesicherte Bestände, Restbestände auf der Balkanhalbinsel, in den Pyrenäen, Trentiner Alpen und Abbruzzen.
In großen Waldgebieten von der Ebene bis ins Gebirge, vor allem in Mischwäldern, aber vereinzelt auch in der Tundra.

4 Wolf *Canis lupus*
KR bis 150 cm S 40 cm G 30–50 kg
Größere Bestände noch in Nordost- und Osteuropa sowie auf dem Balkan; isolierte Restbestände auf der Iberischen Halbinsel und in den Abbruzzen.
Sowohl in offenen als auch in Waldlandschaften, sowohl im Flachland als auch im Gebirge.

5 Eisfuchs *Alopex lagopus*
KR 50–70 cm S 30–40 cm G bis 8 kg
Island, arktische Inselwelt, Arktis, in norwegischen Gebirgen auch südlicher.
Im Sommer in der Tundra, im Herbst und Winter auch in lichten Wäldern und an den Küsten, oft auf Treibeis.

6 Berg-Lemming *Lemmus lemmus*
KR bis 15 cm S 2 cm G bis 130 g
In Tundren und im Bergland Nordeuropas von Norwegen bis zur Halbinsel Kola.
In offenen Gebirgslandschaften mit niedriger, kriechender Vegetation; bei den Wanderungen nach Massenvermehrung auch in Kulturland, in Wäldern, an Küsten und Ufern.

1

2

4

6a

Vögel

1 Krähenscharbe *Phalacrocorax aristotelis*
L 76 cm ~ Gans Jan.–Dez.
Norwegen, England, Irland, Island.
Nur an felsigen, steil abfallenden Küsten des Atlantiks, aber vereinzelt auch am Mittelmeer; Koloniebrüter.

2 Sterntaucher *Gavia stellata*
L 54–60 cm > Ente Jan.–Dez.
Island, Schottland, Norwegen bis Rußland.
Auf kleinen Gewässern brütend, sonst sowohl in Küstennähe als auch im Binnenland anzutreffen.

3 Ohrentaucher *Podiceps auritus*
L 33 cm << Bläßhuhn Jan.–Dez.
Island, Schottland, Skandinavien, Rußland bis Sibirien; in Mitteleuropa nur als Durchzügler und Wintergast.
Auf krautreichen Süßwasserseen in der nordischen Nadelwaldzone brütend, selten auch an langsam fließenden Gewässern.

4 Tordalk *Alca torda*
L 41 cm < Krähe Jan.–Dez.
Von Island/Irland bis zur Eismeerküste und zur östlichen Ostsee; in Deutschland einige Brutpaare auf Helgoland.
An steilen Felswänden, nur am und auf dem Meer; oft gemeinsam mit Trottellummen. In den großen Kolonien an den Felsküsten der nordischen Meere leben oft mehrere tausend Brutpaare auf dichtem Raum beisammen.

5 Gryllteiste *Cepphus grylle*
L 33 cm ~ Taube Jan.–Dez.
Island, Irland, Schottland, skandinavische und finnische Nord- und Ostsee.
Immer in Küstennähe; mehr vereinzelt.

6 Baßtölpel *Sula bassana*
L 91 cm ~ Graureiher März–Okt.
Punktuelle Brutkolonien auf Island und Atlantik-Inseln; neuerdings auch vereinzelt auf Helgoland; die meisten Baßtölpel bevölkern schottische Inseln, von denen einige wegen ihrer Vogelkolonien weltbekannt sind (Bassrock).
An felsigen, steilen Meeresküsten.
Die Flugmanöver des Baßtölpels sind sehr eindrucksvoll. Fische werden durch senkrechtes Stoßtauchen aus oft über 30 m Höhe erbeutet.

1

3

5

Vögel

1 Eissturmvogel *Fulmarus glacialis*
L 47 cm ~ Krähe Jan.–Dez.
Island, Großbritannien, Inseln im Atlantik; in Deutschland nur auf Helgoland.
An Felsküsten von Inseln und auf dem Festland, brütet in Kolonien auf Felsvorsprüngen; reiner Meeresbewohner, der oft längere Zeit den Schiffen folgt.

2 Falkenraubmöwe
Stercorarius longicaudus
L 53 cm ~ Ente Apr.–Sept.
Norwegen, Nordschweden, Nordfinnland.
Brütet in weit verstreuten Kolonien in der Tundra, in Ebenen und auf Fjells. Flug greifvogelartig; jagt anderen Vögeln die Beute ab.

3 Gerfalke *Falco rusticolus*
L 53 cm ~ Bussard Jan.–Dez.
Island und Nordskandinavien.
In Tundren, auf Fjells und an steinigen Felswänden; vereinzelt auch in Waldrandbereichen; gern in der Nähe von Seevogel-Brutkolonien. Hauptbeute sind Schneehühner, Enten und Lemminge.

4 Rauhfußbussard *Buteo lagopus*
L 56 cm > Bussard Apr.–Sept.
Nordskandinavien, -finnland, -sibirien.
In Tundren und auf Fjells oberhalb der Baumgrenze; im Winter auch in Mitteleuropa, vor allem in waldarmen Landstrichen.

5 Schnee-Eule *Nyctea scandiaca*
L 58 cm ~ Silbermöwe Jan.–Dez.
Island und Norwegen.
In Tundren und auf Fjells; jagt hauptsächlich am Tage Beute bis Hasengröße. Hauptbeutetiere sind Lemminge; wenn deren Bestand zusammengebrochen ist, kommt es nur zu wenigen Bruten.

6 Bartkauz *Strix nebulosa*
L 70 cm >> Silbermöwe Jan.–Dez.
Nordnorwegen bis zur Halbinsel Kola.
In dichten Kiefern- und Fichtenwäldern, aber auch in Mooren; in Invasionsjahren bis ins Ostseeküstengebiet vordringend.
Die Art jagt auch am Tage; Ansitzjagd von Baumstämmen in wenigen Metern Höhe auf Wühlmäuse und andere Kleinnager.

1

2

4

6

7

Vögel

1 Odinshühnchen *Phalaropus lobatus*
L 18 cm < Star Mai–Sept.
Von Island bis Nordskandinavien/Finnland.
In Mooren und Sümpfen.

2 Mornellregenpfeifer
Eudromias morinellus
L 22 cm ~ Star Mai–Sept.
Schottland, Norwegen, Nordschweden und -finnland.
In steinigen Biotopen; im Norden in der Tundra, weiter südlich in Fjells.

3 Goldregenpfeifer
Pluvialis apricaria altifrons
L 28 cm > Amsel Apr.–Sept.
Die farblich von der südlichen Rasse deutlich unterschiedene Nordrasse lebt vor allem in Tundren, auf heidekrautbewachsenen Bergrücken und in Hochmooren.

4 Unglückshäher *Perisoreus infaustus*
L 31 cm < Taube Jan.–Dez.
Von Norwegen bis Westsibirien.
In Nadel-, vor allem Kiefernwäldern.

5 Dreizehenspecht *Picoides tridactylus*
L 22 cm ~ Star Jan.–Dez.
Von Norwegen bis Sibirien, aber auch in den Alpen und Karpaten.
In geschlossenen Nadelwäldern, im Norden auch in Birkengebüschen und lichten Mischwäldern.

6 Birkenzeisig *Carduelis flammea*
L 13 cm < Sperling Apr.–Sept.
Nordwest- und Nordeuropa, Alpen, sich auch in Mitteleuropa ausbreitend.
Im Norden in Mischwäldern, im Süden in Kulturlandschaften mit Gärten und Parks.

7 Schneeammer *Plectrophenax nivalis*
L 16 cm > Sperling Apr.–Okt.
Island und Norwegen.
In felsigen Landschaften und Gebirgen; im Winter gern in Küstennähe.

8 Spornammer *Calcarius lapponicus*
L 15 cm ~ Sperling Apr.–Sept.
Norwegen und Eismeerküste.
In Tundren mit Birken- und Weidengebüsch, in nordischen Gebirgen vor allem oberhalb der Baumgrenze.

1

2

4

6

7

Meerestiere

1 Seenelke *Metridium senile*
L bis 10 cm Jan.–Dez.
Atlantik, Nordsee und Ärmelkanal.
Auf Steinen, Felsen, Hafenmolen und festen Unterlagen von ca. 0,5 m Tiefe.

2 Nordische Seespinne *Hyas araneus*
L bis 11 cm Jan.–Dez.
Atlantik nördlich des Ärmelkanals, Nord- und Ostsee.
Im Flachwasser, zwischen Felsblöcken und auf Weichböden, manchmal mit Algen maskiert.

3 Wollhandkrabbe *Eriocheir sinensis*
L bis 7 cm Jan.–Dez.
Atlantik nördlich des Ärmelkanals, Nord- und Ostsee, auch im Binnenland; ursprünglich aus Ostasien.
Im Süßwasser und Brackwasser von Flußmündungen, wandert auch über Land.

4 Meer-Flohkrebs *Gammarus locusta*
L ♀ bis 14, ♂ bis 20 mm Jan.–Dez.
Atlantik, Nord- und Ostsee.
Oft massenhaft unter Steinen, Treibholz und Muscheln von der Gezeitenzone abwärts.

5 Klippenassel *Ligia oceanica*
L bis 2,5 cm Jan.–Dez.
Atlantik, Nord- und Ostsee.
An Felsen knapp oberhalb der Gezeitenzone; überwiegend nachtaktiv.

6 Nordische Purpurschnecke
Nucella lapillus
H bis 3 cm Jan.–Dez.
Atlantik und Nordsee.
An Felsküsten, oft zwischen Seepocken, die auch als Nahrung dienen.

7 Islandmuschel *Arctica islandica*
L bis 12,5 cm Jan.–Dez.
Atlantik, Nord- und westliche Ostsee.
Eingegraben in Schlamm und Sand vom Flachwasser abwärts.

8 Stachelsonnenstern
Crossaster papposus
D bis 25 cm Jan.–Dez.
Atlantikküste von Nordfrankreich bis Grönland, auch Nord- und westliche Ostsee.
Auf Steinen, Sand und Muschelbänken, wo ihre Beutetiere – Stachelhäuter – häufig sind.

1

2

4

5

7

1 Hochmoor-Mosaikjungfer
Aeshna subarctica
L bis 8 cm Sp bis 10,5 cm Juli–Sept.
Nördliches Skandinavien, Baltikum, Rußland und Polen; lokal weiter westlich.
In Hochmooren.

2 Torf-Mosaikjungfer *Aeshna juncea*
L bis 8 cm Sp bis 10,5 cm Juni–Okt.
Ganz Nordeuropa und nördliches Mitteleuropa von Irland bis Rußland, weiter südlich in Hochgebirgen (Alpen, Pyrenäen).
An Moorgewässern, selten an anderen Stillgewässern.

3 Arktische Smaragdlibelle
Somatochlora arctica
L bis 5 cm Sp bis 7 cm Mai–Sept.
Skandinavien, Rußland, Alpen und Mittelgebirge in Mitteleuropa.
In Hochmooren.

4 Nordische Moosjungfer
Leucorrhinia rubicunda
L bis 4,5 cm Sp bis 6,5 cm Apr.–Juni
Skandinavien, Baltikum, Rußland, Polen und norddeutsche Tiefebene; selten südlicher.
In Hochmooren und deren Randbereichen.

5 Grüne Stinkwanze *Palomena prasina*
L bis 1,4 cm Apr.–Nov.
Nord- und Mitteleuropa.
In Wäldern, Gärten, an Wiesen- und Wegrändern.

6 Kohlwanze *Eurydema oleraceum*
L bis 8 mm Apr.–Okt.
Europa und Sibirien.
In Gärten, Kulturland, auch in Städten; besonders auf Kreuzblütlern.

7 Heidelbeerwanze *Elasmucha ferrugata*
L bis 9 mm
Europa und Nordasien.
In Laub- und Nadelwäldern, meist in höheren Lagen; an Heidelbeeren.

8 Rotkleebläuling *Cyaniris semiargus*
L bis 12 mm Sp bis 30 mm Mai–Sept.
Europa außer Großbritannien, Marokko, Mittlerer Osten und Mittelasien.
Auf Waldlichtungen und Feuchtwiesen; die grüne Raupe lebt an rotblühenden Kleearten.

1

3

5

1 Violetter Silberfleckbläuling
Vacciniina optilete
L bis 1 cm Sp bis 3,2 cm Juni–Aug.
Mittel- und Nordeuropa bis zum Nordkap, auch Nordasien bis Japan.
Vor allem in Hochmooren, deshalb auch „Hochmoorbläuling" genannt; die Raupe lebt an Heidelbeeren und verwandten Arten.

2 Großer Heufalter *Coenonympha tullia*
L bis 1,9 cm Sp bis 4,2 cm Mai–Aug.
In vielen Unterarten von Nordwesteuropa bis nach Asien, auch in Nordamerika.
In Mooren und auf nassen Wiesen von der Ebene bis ins Mittelgebirge, im Süden nur im Hochgebirge anzutreffen.

3 Postillion *Colias crocea*
L bis 2,8 cm Sp bis 5,8 cm Apr.–Okt.
In weiten Teilen Europas und von Westasien bis nach Afghanistan.
Überall in offenem Gelände anzutreffen, ausgesprochener Wanderfalter; die Raupe lebt an Schmetterlingsblütlern.

4 Zitronengelber Heufalter *Colias palaeno*
L bis 2,9 cm Sp bis 6 cm Juni–Juli
Von Skandinavien bis Sibirien, sehr lokal in Mitteleuropa.
Vor allem in Hochmooren, deshalb auch „Hochmoorgelbling" genannt; die Raupe ist grün mit gelbem Seitenstreifen, man findet sie ausschließlich auf Rauschbeeren.

5 Waldbrettspiel *Pararge aegeria*
L bis 2,5 cm Sp bis 4,8 cm März–Okt.
Weite Teile Europas, Nordafrikas sowie Vorder- und Mittelasiens.
In lichten Laubwäldern mit Gräsern, an denen die grünlich-braunen Raupen leben; in der Krautschicht.

6 Baumweißling *Aporia crategi*
L bis 3,5 cm Sp bis 6,8 cm Mai–Juli
Weite Teile Europas, auch von Asien bis nach Japan verbreitet.
An Waldrändern, in Hecken, Gebüschen und Kulturland; die behaarten Raupen sind grau mit schwarzen und orangefarbenen Streifen und leben vor allem auf Obstbäumen und Weißdorn.

1

2

4a

4b

6

Insekten

1 Malachiteule *Calotaenia celsia*
L bis 2 cm Sp bis 4,2 cm Aug.–Okt.
Nordeuropa und Asien, sehr lokal auch in Mitteleuropa.
In lichten Kiefernwäldern, an Waldrändern und in Heiden, vor allem auf sandigen Böden; die Raupe lebt an den Wurzeln verschiedener Gräser.

2 Roseneule *Thyatira batis*
L bis 1,6 cm Sp bis 3,6 cm Mai–Sept.
Nord- und Mitteleuropa.
An Waldrändern, auf Lichtungen, in Hecken, Parks und Gärten; die Raupe lebt an Brombeeren und Himbeeren.

3 Wegerichbär *Parasemia plantagines*
L bis 1,7 cm Sp bis 4 cm Juni–Aug.
Weite Teile Europas, in den Alpen bis 3000 m Höhe, im Norden auch in niedrigeren Lagen.
Auf Wiesen, Waldlichtungen, in Heiden und Mooren; die Falter fliegen häufig auch am Tag.

4a Jakobskrautbär *Thyria jacobaeae*
L bis 2,1 cm Sp bis 4,4 cm Mai–Sept.
Nord- und Mitteleuropa.
An Waldrändern, Ufern, auf sandigen Böden, im Norden vor allem an der Küste verbreitet.

4b Jakobskrautbär (Raupe)
L bis 3,2 cm Juli–Sept.
Auf Jakobskreuzkraut, in den Alpen auch auf Huflattich und Pestwurz.

5 Große Birkenblattwespe
Cimbex femoratus
L bis 2,5 cm Mai–Aug.
Nord- und Mitteleuropa.
In Wäldern, Larven an Birken.

6 Brauner Sandlaufkäfer *Cicindela hybrida*
L bis 1,8 cm Apr.–Sept.
Europa, fehlt aber im hohen Norden.
In Heiden, Dünen und an anderen trockenen Orten, auch auf sandigen Wegen.

7 Zweifleckiger Warzenkäfer
Malachius bipustulatus
L bis 9 mm Mai–Aug.
Weit verbreitet in Europa.
An Waldrändern, in Hecken, Gebüschen, an Wegrainen; häufig auf Doldenblüten.

1

2

4

5

7

8

Bäume und Sträucher

1 Arktische Brombeere *Rubus arcticus*
10–30 cm Juni–Juli Zwergstrauch
Nur in Nordeuropa. Vor allem in Mooren.

2 Kratzbeere *Rubus caesius*
30–60 cm Mai–Juli Strauch
In Nord-, Nordwest-, aber auch in Mitteleuropa verbreitet. In Wäldern und Gebüschen.

3 Schwedische Mehlbeere
Sorbus intermedia
bis 15 cm Mai–Juni Baum/Strauch
In Südskandinavien, im Baltikum und in Nordostdeutschland wild wachsender Waldbaum; sonst als Zierbaum angepflanzt.

4 Kraut-Weide *Salix herbacea*
3–10 cm Juni–Juli Zwergstrauch
In Nord- und Nordwesteuropa; auch in den Alpen. In Tundren und auf Fjells, gern in Schneetälchen auf kalkarmem Untergrund.

5 Netz-Weide *Salix reticulata*
bis 40 cm Juli–Aug. Zwergstrauch
Arktisch-zirkumpolar verbreitet, aber auch in den Alpen.
Oberhalb der Waldgrenze, vor allem auf Felshängen mit kalkreichem Geröll.

6 Kriech-Weide *Salix repens*
bis 1,5 m Apr.–Mai Strauch
Vor allem in Nord- und Nordwesteuropa, aber auch in Mitteleuropa.
In Mooren, auf sumpfigen Wiesen und sandigen Böden, z. B. in Dünen.

7 Zwerg-Birke *Betula nana*
bis 1 m Apr.–Juni Strauch
In Nord- und Nordwesteuropa, vor allem in den Polargebieten; in Mitteleuropa nur vereinzelt als Eiszeitrelikt.
In Tundren, Bergheiden und Mooren.

8 Porst *Ledum palustre*
bis 1,5 m Mai–Juli Strauch
In Nordeuropa, sonst am häufigsten im nordöstlichen Mitteleuropa.
In Hochmooren und kalkarmen Bruchwäldern.

9 Alpenheide *Loiseleuria procumbens*
bis 20 cm Mai–Juli Spalierstrauch
Arktisch-alpin verbreitet: im Norden in Tundren und Felsvegetation, im Süden im alpinen Krummholzgebüsch; kalkmeidend.

1

2

4

6

7

Krautige Blütenpflanzen

1 Stern-Steinbrech *Saxifraga stellaris*
8–10 cm Mai–Aug. ♃
In Nord-, Nordwest- und Mitteleuropa arktisch-alpin verbreitet.
Vor allem auf nassen Felsen und an Bachufern.

2 Steinbeere *Rubus saxatilis*
10–20 cm Mai–Aug. ♃
In weiten Teilen Europas verbreitet, vor allem aber im Norden.
In Wäldern und Gebüschen, vorzugsweise auf Kalk.

3 Moltebeere *Rubus chamaemorus*
10–20 cm Mai–Aug. ♃
In Nord- und Nordwesteuropa; nur wenige Reliktvorkommen in Mitteleuropa.
In Mooren, an feuchten Stellen in der Tundra und in Waldsümpfen.

4 Schwedischer Hartriegel *Cornus suecica*
5–20 cm Mai–Aug. ♃
Nord- und Nordwesteuropa; nur sehr vereinzelt auch in Norddeutschland.
Auf basenarmen Böden in niedriger Gehölzvegetation, in Mooren und Sümpfen.

5 Zweiblütiges Veilchen *Viola biflora*
10–15 cm Mai–Aug. ♃
Nordeuropa; als Eiszeitrelikt auch in Mitteleuropa.
Auf Fjells und in Bergwäldern; in Mitteleuropa in besonders schattigen, kühlen Gebirgstälern.

6 Winterlieb *Chimaphila umbellata*
10–15 cm Juni–Aug. ♃
Vor allem in Nordeuropa, in Mitteleuropa nur im Nordwesten und in den Alpen.
Meistens in Kiefernwäldern und auf Felsen.

7 Rundblättriges Wintergrün
Pyrola rotundifolia
15–30 cm Juni–Okt. ♃
Vor allem in Nordeuropa, aber auch in anderen Teilen Europas beheimatet.
In schattigen Wäldern und Gebüschen.

8 Immergrüne Bärentraube
Arctostaphylos uva-ursi
5–15 cm Mai–Juli ♃
In Nord- und Nordwesteuropa und in den Alpen, sonst nur wenige Reliktvorkommen.
In der arktischen Tundra, in Fels- und Strauchvegetation.

1

3

4

6

7

Krautige Blütenpflanzen

1 Blauheide *Phyllodoce caerulea*
10–30 cm Juni–Juli Halbstrauch
Nur in Nord- und Nordwesteuropa beheimatet. Vor allem in Mooren anzutreffen.

2 Moosbeere *Vaccinium oxycoccus*
2–3 cm Juni–Aug. Halbstrauch
Vor allem in Nord- und Nordwesteuropa; in Mitteleuropa durch Biotopzerstörung bedroht.
In Hochmooren, bis zu 50 cm weit auf den Moosen kriechend.

3 Stengelloses Leimkraut *Silene acaulis*
1–4 cm Juli–Aug. ♃
In Nord- und Nordwesteuropa, aber auch in mitteleuropäischen Hochgebirgen.
In Nordeuropa von den Tieflagen bis in die Gebirge, vor allem auf Steinrasen.

4 Alpen-Pechnelke *Viscaria alpina*
5–15 cm Juni–Juli ♃
Nur in Nord- und Nordwesteuropa.
Vor allem in arktischen Gebirgen.

5 Buntes Läusekraut *Pedicularis oederi*
5–20 cm Juni–Aug. ♃
Arktisch-alpine Art, die in Nordeuropa weit verbreitet und häufig ist, in Mitteleuropa aber nur im Allgäu vorkommt.
Auf Geröllfluren und Almen, meistens auf kalkreichem Untergrund.

6 Moosglöckchen *Linnaea borealis*
15–20 cm Juni–Aug. Halbstrauch
In Nord- und Nordwesteuropa verbreitet, seltener im nördlichen Mitteleuropa.
Vorzugsweise in Nadelwäldern mit moosbedeckten Böden.

7 Gemeines Fettkraut *Pinguicula vulgaris*
5–15 cm Mai–Juni ♃
In Nord- und Nordwesteuropa weit verbreitet, in Mitteleuropa seltener, am ehesten noch in Gebirgslagen.
In Mooren und an anderen feuchten Standorten.

8 Gemeines Katzenpfötchen
Antennaria dioica
5–20 cm Mai–Juli ♃
In Nord- und Nordwesteuropa, aber auch in Mitteleuropa.
Auf Trockenrasen, in Mooren und Heiden.

1

2

4

5

6

Säugetiere

1 Berberaffe *Macaca sylvanus*
KR 60–75 cm G 5–10 kg
Auf Felsen von Gibraltar, punktuell in Marokko und Algerien.
An Felsen mit Schluchten, eingestreutem Gebüsch und mit Wasserstellen.

2 Ziesel *Citellus citellus*
KR 17–23 cm S 4–7 cm G bis 350 g
Inselartige Vorkommen von Tschechien bis zum Schwarzen Meer und in Nordgriechenland.
In trockenem Gras- und Wildland.

3 Luchs *Felis lynx*
KR bis 130 cm S 15–25 cm G bis 30 kg
Isolierte Restvorkommen, zum Teil deutlich unterscheidbaren Unterarten zugeordnet; sowohl im Süden (Iberische und Balkanhalbinsel, Karpaten) als auch im Norden (Skandinavien, Sibirien); neuerdings auch Wiedereinbürgerungen.
In Waldgebieten, vor allem im Gebirge.

4 Wildkatze *Felis silvestris*
KR bis 80 cm S 25–40 cm G bis 12 kg
Iberische Halbinsel, Schottland, Frankreich, Westdeutschland, vor allem Südosteuropa und gesamter Mittelmeerraum.
In gebüsch- und felsenreichen Waldungen.

5 Ginsterkatze *Genetta genetta*
KR 40–55 cm S 40–50 cm G bis 2,25 kg
Von Südfrankreich über die Iberische Halbinsel, Mallorca und Ibiza bis Nordwestafrika.
Vom Waldland über Gebüsch bis zur Halbwüste.

6 Manguste *Herpestes ichneumon*
KR 50–55 cm S 40–50 cm G 2–4 kg
Südwesten der Iberischen Halbinsel, auch in Afrika und im Nahen Osten.
In Macchien und felsigem Gelände.

7 Goldschakal *Canis aureus*
KR bis 100 cm S 20–25 cm G 7–14 kg
Auf der Balkanhalbinsel, vereinzelt in Ungarn, auch in der Türkei und in Kleinasien.
In Wäldern, Sümpfen und Talauen, aber auch in Siedlungsnähe.

8 Iberischer Steinbock *Capra pyrenaica*
KR bis 140 cm S 15 cm G bis 80 kg
Mehrere isolierte Vorkommen in Spanien.
Hochgebirge oberhalb der Baumgrenze.

1

3

4

6

1 Rosapelikan *Pelecanus onocrotalus*
L 160 cm ~ Höckerschwan Apr.–Okt.
Rumänien, Nordwestgriechenland, Ägypten; umherstreichend in Kleinasien.
An Seen, Flußmündungsdeltas, Sümpfen und Lagunen.

2 Flamingo *Phoenicopterus ruber*
L 128 cm << Höckerschwan Jan.–Dez.
Südfrankreich, Südspanien, Griechenland, Türkei, Kleinasien, Ägypten, Marokko bis Tunesien.
An seichten Küstengewässern, Seen und Sümpfen in Küstennähe; wichtigster Brutplatz in der Camargue.

3 Zwergohreule *Otus scops*
L 19 cm < Star Jan.–Dez.
Im gesamten europäischen Mittelmeerraum, von Marokko bis Tunesien, in der Türkei und in Kleinasien.
In Gärten und Plantagen in Siedlungsnähe; oft in und an alten Gebäuden.

4 Eleonorenfalke *Falco eleonorae*
L 38 cm > Turmfalke Apr.–Okt.
Mittelmeerraum von den Balearen bis Zypern.
In Kolonien an steilen Felsküsten. Erbeutet erschöpfte Zugvögel; überwintert selbst vor allem auf Madagaskar.

5 Rötelfalke *Falco naumanni*
L 30 cm < Turmfalke Mai–Aug.
Gesamter Mittelmeerraum.
In offenen Landschaften mit Gebäuden, Ruinen oder Steinbrüchen; Koloniebrüter.

6 Gänsegeier *Gyps fulvus*
L 100 cm > Graureiher Jan.–Dez.
Spanien, Sardinien, Balkanhalbinsel, Türkei bis Ägypten, Marokko bis Tunesien.
Vor allem im Hochgebirge, aber auch gelegentlich in der Ebene; immer im offenen Gelände dort, wo gelegentlich Aas anfällt.

7 Schmutzgeier *Neophron percnopterus*
L 62 cm > Silbermöwe März–Sept.
Fast im gesamten Mittelmeerraum; weiter verbreitet als der Gänsegeier.
Aus dem Hochgebirge bis in die Ebenen und an den Rand der Siedlungsgebiete vordringend; nicht selten auf Mülldeponien. Allesfresser, der Aas, Abfälle, aber auch Jungvögel und Vogeleier frißt.

1

2

4

5

7

8

Vögel

1 Rothuhn *Alectoris rufa*
L 34 cm > Taube Jan.–Dez.
Spanien, Frankreich, Südengland.
Auf Feldern und Wildland.

2 Zwergtrappe *Tetrax tetrax*
L 43 cm < Krähe Jan.–Dez.
Spanien, Frankreich, Balkan, Nordostafrika.
In Steppen und ausgeräumten, offenen Kulturlandschaften mit extensiver Nutzung.

3 Felsentaube *Columba livia*
L 33 cm ~ Taube Jan.–Dez.
Im gesamten Mittelmeerraum.
In felsenreichen Landschaften.

4 Stelzenläufer *Himantopus himantopus*
L 38 cm ~ Lachmöwe Jan.–Dez.
Brütet in Spanien und in der Türkei, punktuell in anderen Teilen des Mittelmeerraumes.
Kolonien in Sümpfen und Flachgewässern.

5 Triel *Burhinus oedicnemus*
L 40 cm > Lachmöwe Jan.–Dez.
Weit verbreitet; außer im gesamten Mittelmeerraum auch in Osteuropa.
In Wildland, heide- und steppenartigen Landschaften.

6 Brauner Sichler *Plegadis falcinellus*
L 56 cm >> Krähe Apr.–Sept.
Balkanhalbinsel, Bulgarien, Rumänien, Türkei; am Nil überwinternd.
In flachen Gewässern in Kolonien brütend.

7 Blutspecht *Dendrocopos syriacus*
L 23 cm > Star Jan.–Dez.
Balkanhalbinsel, Türkei, Kleinasien.
In Parks, Obstgärten, kleinen Baumgruppen und gehölzdurchsetzten Siedlungen.

8 Blauracke *Coracias garrulus*
L 30 cm < Taube Mai–Aug.
Osteuropa, europäischer Mittelmeerraum, Türkei, Marokko bis Tunesien.
In Offenlandschaften mit Baumgruppen, gern an Flußufern.

9 Häherkuckuck *Clamator glandarius*
L 40 cm > Lachmöwe Apr.–Sept.
Iberische Halbinsel, Türkei, Marokko bis Tunesien.
In lichten Wäldern, an Waldrändern und in Olivenhainen.

1

2

4

5

7

Vögel

1 Rotkopfwürger *Lanius senator*
L 19 cm < Star Apr.–Sept.
Im gesamten Mittelmeerraum, zum Teil auch im südlichen West- und Mitteleuropa.
In Olivenhainen, Obstplantagen und Offenlandschaften mit einzelnen Baumgruppen.

2 Blaßspötter *Hippolais pallida*
L 13 cm < Sperling Apr.–Aug.
Spanien, Balkanhalbinsel, Zypern, Türkei, Kleinasien und Nordafrika.
In Kulturland mit Parks, Gärten und Obstplantagen.

3 Rötelschwalbe *Hirundo daurica*
L 18 cm < Rauchschwalbe März–Okt.
Iberische Halbinsel, Balkanhalbinsel, Türkei, Kleinasien, Marokko.
In Felslandschaften mit Steilwänden, gern in Küstennähe, auch an Brücken und Gebäuden.

4 Kalanderlerche *Melanocorypha calandra*
L 20 cm < Star Jan.–Dez.
Im gesamten Mittelmeergebiet.
In steinigem Wildland, steppenartigen Landschaften und auf Feldern.

5 Samtkopfgrasmücke
Sylvia melanocephala
L 13 cm < Sperling Jan.–Dez.
Im gesamten Mittelmeergebiet.
Vor allem in der Macchie, aber auch in lichten Wäldern und Offenlandschaften.

6 Mittelmeer-Steinschmätzer
Oenanthe hispanica
L 15 cm ~ Sperling Apr.–Sept.
Im gesamten Mittelmeergebiet als Brutvogel, der in Westafrika überwintert.
In steinigen, vegetationsarmen Landschaften.

7 Steinrötel *Monticola saxatilis*
L 19 cm < Star Apr.–Sept.
Im europäischen Mittelmeerraum, in der Türkei, Kleinasien und Nordwestafrika.
An felsigen Steilhängen mit einzelnen Gebüschen und Baumgruppen.

8 Blaumerle *Monticola solitarius*
L 20 cm < Star Jan.–Dez.
Im europäischen Mittelmeerraum, in der Türkei, von Marokko bis Tunesien.
An vegetationsarmen Steilhängen, auch in Steinbrüchen, gelegentlich in Siedlungen.

1

3

5

1 Bartmeise *Panurus biarmicus*
L 17 cm > Sperling Jan.–Dez.
Zahlreiche getrennte Brutvorkommen im europäischen Mittelmeerraum, zunehmend aber auch im Ost- und Nordseeküstengebiet.
In größeren Röhrichten im Süß- und im Brackwasserbereich.

2 Beutelmeise *Remiz pendulinus*
L 11 cm << Sperling Jan.–Dez.
Im europäischen Mittelmeerraum bis zur Türkei, vor allem aber in Osteuropa; mit Ausbreitungstendenz nach Westen.
In Sumpfgebieten, aber auch in Gehölzen an Fließgewässern.
Baut ein vergleichsweise großes, beutelförmiges Nest, das an einem Zweig hängt.

3 Weidensperling *Passer hispaniolensis*
L 15 cm ~ Sperling Jan.–Dez.
Rund um das Mittelmeer verbreitet, möglicherweise nur eine Unterart des Haussperlings.
Kolonieweise brütend im offenen, hecken- oder gebüschdurchsetzten Gelände; nicht in Ortschaften.

4 Kappenammer *Emberiza melanocephala*
L 17 cm > Sperling Mai–Aug.
Von Italien an ostwärts im östlichen Mittelmeergebiet, in der Türkei und in Kleinasien.
In offenem Gelände mit Gebüschen, Olivenhainen und Gärten von der Ebene bis ins Hügelland.

5 Zaunammer *Emberiza cirlus*
L 17 cm > Sperling Jan.–Dez.
In Südwesteuropa und im gesamten europäischen Mittelmeerraum bis zur Türkei sowie von Marokko bis Tunesien.
In der Kulturlandschaft in Hecken, Feldgehölzen und Straßenbegleitgrün, darüber hinaus in Wildland mit einzelnen Baumgruppen und Gebüschen.

6 Zippammer *Emberiza cia*
L 16 cm ~ Sperling Jan.–Dez.
Im gesamten europäischen Mittelmeerraum bis zur Türkei und nach Kleinasien sowie von Marokko bis Tunesien.
An felsigen Hängen mit Gebüschen oder Bäumen, auch in Flußtälern, nicht selten in Weinbergen.

1

2

4

5

7

8

Reptilien

1 Europäische Sumpfschildkröte
Emys orbicularis
L bis 30 cm (Panzer) März–Nov.
Süd- und östliches Mitteleuropa, Vorderasien.
An vielen Gewässertypen, bevorzugt an Stillgewässern.

2 Kaspische Wasserschildkröte
Mauremys caspica
L bis 35 cm (Panzer) Febr.–Nov.
Balkanhalbinsel, Klein- und Vorderasien.
In Stillgewässern, aber auch in Bächen.

3 Griechische Landschildkröte
Testudo hermanni
L bis 30 cm (Panzer) Febr.–Nov.
Weite Teile Südeuropas.
In trockenen Landschaften bis 1500 m Höhe.

4 Unechte Karettschildkröte
Caretta caretta
L bis 110 cm (Panzer) Jan.–Dez.
Mittelmeer und Atlantik.
Eiablage sehr lokal an Sandstränden; sonst nur im offenen Meer.

5 Mauergecko *Tarentola mauritanica*
L bis 15 cm Febr.–Nov.
Fast alle Küstenbereiche des Mittelmeers, in Spanien und Italien auch im Binnenland.
An Felswänden und Mauern aller Art.

6 Chamäleon *Chamaeleo chamaeleon*
L bis 30 cm März–Nov.
Nordafrika, Kanaren, Südspanien, Sizilien, Zypern sowie südliche Mittelmeerinseln.
In Gebüschen aller Art.

7 Perleidechse *Lacerta lepida*
L bis 80 cm März–Okt.
Iberische Halbinsel und Südfrankreich.
In felsigem Gelände, auch in trockenem Kulturland.

8 Hardun *Stellio stellio*
L bis 40 cm Febr.–Dez.
Lokal in Griechenland, Zypern, Türkei bis Ägypten.
In steinigen Habitaten, auch an Mauern.

9 Johannisechse *Ablepharus kitaibeli*
L bis 12 cm März–Nov.
Ungarn, Balkan, Türkei bis Sinai.
In lichten Wäldern und auf Trockenrasen

1

2

4

6

7

Reptilien und Amphibien

1 Sandotter *Vipera ammodytes*
L bis 95 cm März–Okt. ☠
Südöstliches Österreich, Nordostitalien, Balkanhalbinsel, lokal in Kleinasien.
In trockenen Gebieten und lichter Macchie.

2 Gelbgrüne Zornnatter *Coluber viridiflavus*
L bis 180 cm März–Okt.
Nordspanien, Südfrankreich, Südschweiz, Italien, Slowenien, viele westliche Inseln.
In der Macchie, an Trockenhängen, in Gärten.

3 Leopardnatter *Elaphe situla*
L bis 100 cm Apr.–Sept.
Süditalien, südliche Balkanhalbinsel, lokal in Kleinasien, Krim, einige Inseln (u. a. Sizilien).
An warmen, steinigen Hängen bis 500 m Höhe.

4 Marmormolch *Triturus marmoratus*
L bis 16 cm März–Okt.
Iberische Halbinsel und Südwestfrankreich ohne die Pyrenäen.
In oft auch kleineren Stillgewässern, im Süden auch in Brunnen und Zisternen.

5 Syrische Schaufelkröte
Pelobates syriacus
L bis 7 cm März–Okt.
Große Teile der östlichen Balkanhalbinsel und Vorderasien.
Auf lockeren, grabfähigen Böden in der Nähe von meist größeren Stillgewässern.

6 Westlicher Schlammtaucher
Pelodytes punctatus
L bis 5 cm März–Okt.
Iberische Halbinsel, weite Teile Frankreichs und äußerster Nordwesten Italiens.
In feuchten Wäldern und auf Wiesen in Gewässernähe.

7 Kleinasiatischer Laubfrosch
Hyla savignyi
L bis 5 cm Jan.–Dez.
Südtürkei, Zypern, Vorderasien, Ägypten.
In feuchten Wäldern und auf Wiesen in Gewässernähe.

8 Mittelmeer-Laubfrosch *Hyla meridionalis*
L bis 5 cm Jan.–Dez.
Nordwestitalien, Südfrankreich, südliche Iberische Halbinsel, Balearen, Kanaren.
In vegetationsreichen Gebieten in Gewässernähe.

1

3

4

6

7

Krebstiere, Stachelhäuter

1 Großer Bärenkrebs *Scyllarides latus*
L bis 40 cm Jan.–Dez.
Mittelmeer und portugiesische Atlantikküste.
Vor allem auf und zwischen Felsen und Steinen bis ca. 10 m Tiefe.

2 Rote Garnele *Lysmata seticaudata*
L bis 3,5 cm Jan.–Dez.
Im Mittelmeer.
Meist zwischen algenbewachsenen Steinen an der Felsküste, auch in Höhlen.

3 Blaue Schwimmkrabbe
Callinectes sapidus
L bis 9 cm Jan.–Dez.
Um ca. 1935 aus den USA eingeschleppt, heute v. a. in der Türkei, in Ägypten, Israel, Griechenland und Italien.
Häufig in der Nähe von Flußmündungen und brackigen Lagunen; wird zu Speisezwecken gefangen.

4 Sternseepocke *Chthalamus stellatus*
D bis 12 mm Jan.–Dez.
Im Mittelmeer und Atlantik.
Auf Felsen bis hinauf in die Spritzwasserzone, oft sehr häufig.

5 Italienischer Taschenkrebs
Eriphia spinifrons
L bis 10 cm Jan.–Dez.
Mittelmeer, häufiger im westlichen Teil.
Auf Felsen bis in ca. 10 m Tiefe, auch in Gezeitentümpeln.

6 Braune Seegurke *Holuthuria forskali*
L bis 40 cm Jan.–Dez.
Im Mittelmeer und Atlantik.
Auf sandigem und schlammigem Untergrund bis in 100 m Tiefe, oft zwischen Seegras.

7 Violetter Seeigel
Sphaerechinus granularis
D bis 13 cm, Schale bis 6 cm Jan.–Dez.
Im Mittelmeer.
Meist einzeln auf Felsen und Hartböden ab 2 m Tiefe, häufiger in Seegraswiesen in größerer Tiefe.

8 Schwarzer Seeigel *Arbacia ligula*
D bis 8 cm, Schale bis 4 cm Jan.–Dez.
Mittelmeer, Atlantik nördlich bis Portugal.
Oft massenhaft auf Felsen bis in 50 m Tiefe.

1

2

4

5

7

8

Weichtiere

1 Brandhorn *Murex brandaris*
L bis 8 cm Jan.–Dez.
Im Mittelmeer.
Meist auf Weichböden bis in 40 m Tiefe, auch an verschmutzten Stellen; beliebtes Sammlerobjekt.

2 Gemeine Buckelschnecke *Gibbula divaricata*
L bis 23 mm Jan.–Dez.
Im Mittelmeer.
Häufig an der Felsküste in geringer Tiefe unter Steinen, an Hafenmauern usw.

3 Meerohr *Haliotis lamellosa*
L bis 8 cm Jan.–Dez.
Mittelmeer, Atlantik bis Frankreich, Kanaren.
An schattigen Felsen in der Brandungszone; innen mit starkem Perlmuttglanz.

4 Stachelauster *Spondylus gaederopus*
L bis 10 cm Jan.–Dez.
Im Mittelmeer.
Auf Felsen und Hartböden; Stacheln bei Strandfunden oft abgerieben.

5 Rauhe Venusmuschel *Venus verrucosa*
L bis 4 cm Jan.–Dez.
Mittelmeer, Atlantik von Irland bis Südafrika.
Im Mittelmeer vom Flachwasser bis in ca. 100 m Tiefe eine der häufigsten Muschelarten.

6 Meermandel *Glycymeris glycymeris*
L bis 8 cm Jan.–Dez.
Mittelmeer und Atlantik.
Meist im Sand eingegraben bis in 80 m Tiefe.

7 Edle Steckmuschel *Pinna nobilis*
L bis 60 cm Jan.–Dez.
Im Mittelmeer.
Stecken bis in ca. 50 m Tiefe aufrecht im Sandboden.

8 Kleine Pilgermuschel *Aequipecten opercularis*
L bis 6 cm Jan.–Dez.
Mittelmeer, Atlantik, Kanaren.
Häufig auf Sedimentböden.

9 Bunte Kammuschel *Chlamys varia*
L bis 5 cm Jan.–Dez.
Mittelmeer und Atlantik.
Sehr häufig auf allen Sedimentböden; Färbung variabel.

1

2

4

6

7

Spinnentiere, Insekten

1 Skolopender *Scolopendra cingulata*
L bis 12 cm Jan.–Dez. ☠
Im ganzen Mittelmeerraum, lokal weiter nördlich.
Tagsüber unter Steinen in Macchie und Garigue.

2 Gelber Skorpion *Buthus occitanus*
L bis 8 cm Jan.–Dez. ☠
Westlicher Mittelmeerraum bis Frankreich.
Tagsüber in Erdbauten, unter Steinen in Macchie und Garigue.

3 Schwarze Witwe
Latrodectus tridecimguttatus
L ♂ 4, ♀ 11 mm Juni–Nov. ☠
Im gesamten Mittelmeerraum.
In Macchie und Kulturland, oft in Bodennähe; nachtaktiv.

4 Rotviolette Segellibelle
Thrithemis annulata
L bis 3,7 cm Sp bis 6,8 cm Juni–Nov.
Südlicher Mittelmeerraum und Afrika.
An stehenden Gewässern aller Art, seltener auch an langsam fließenden Gewässern.

5 Feuerlibelle *Crocothemis erythrea*
L bis 4 cm Sp bis 7 cm Mai–Nov.
Im gesamten Mittelmeerraum, lokal bis ins südliche Mitteleuropa.
An Stillgewässern, auch auf Reisfeldern.

6 Gottesanbeterin *Empusa fasciata*
L ♂ bis 6, ♀ bis 6,8 cm Jan.–Dez.
Südöstlicher Mittelmeerraum.
Vor allem in Altgrasbeständen und Hochstaudenfluren.

7 Ägyptische Heuschrecke
Anacridium aegypticum
L bis 6 cm Jan.–Dez.
Im gesamten Mittelmeerraum.
In trockener, steiniger Macchie und lichten Wäldern.

8 Nasenschrecke *Acrida ungarica*
L bis 7 cm Apr.–Okt.
Mittelmeerraum, lokal bis ins südliche Mitteleuropa.
Vor allem auf Wiesen; kommt in einer grünen und einer braunen Variante vor.

1

2

4

5

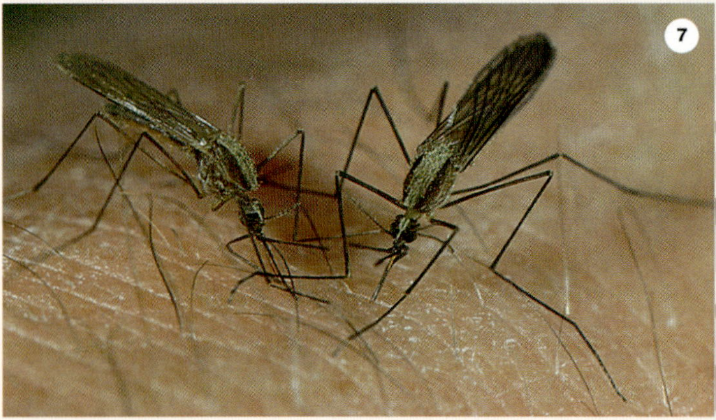
7

3

6

8

Insekten

1 Gefleckte Streifenwanze
Graphosoma semipunctatum
L bis 1,2 cm Apr.–Aug.
Mittelmeergebiet und Kanaren.
Weit verbreitet in Macchie, Garigue und Kulturland, meist auf Doldenblüten.

2 Eschenzikade *Tettigia orni*
L bis 2,9 cm Sp bis 7,6 cm Juni–Okt.
Im gesamten Mittelmeerraum.
Vor allem auf Kiefern, auch auf anderen Bäumen und auf Telegrafenmasten.

3 Schwalbenschwanzhaft
Nemoptera sinuata
L bis 1,8 cm Sp bis 7 cm Mai–Aug.
Südöstliches Mittelmeergebiet von Kroatien bis Syrien.
An trockenen, grasigen Hängen, in Macchie und lichten Wäldern.

4 Schmetterlingshaft
Libelloides macaronius
L bis 3 cm Sp bis 5,5 cm Apr.–Sept.
Von Italien ostwärts, lokal auch im südöstlichen Mitteleuropa.
An warmen, grasigen Hängen und in steppenartigen Gebieten.

5 Ameisenjungfer *Palpares libelluoides*
L bis 6 cm Sp bis 13 cm Mai–Sept.
Im gesamten Mittelmeerraum.
An trockenen, warmen Hängen und in Dünen.

6 Gefleckter Wollschweber
Bombylius discolor
L bis 1,4 cm, Rüssel bis 1 cm Apr.–Juni
Gesamter Mittelmeerraum, Nordafrika, Asien bis nach Nordamerika.
In Kulturland, an Wegrändern, in Macchie.

7 Malariamücke *Anopheles maculipennis*
L bis 6 mm Juni–Sept.
Im gesamten Mittelmeerraum und in zahlreichen tropischen und subtropischen Ländern.
Meist in der Nachbarschaft von stehenden und langsam fließenden Gewässern, in denen sich die Larven entwickeln.

8 Pillendreher *Scarabeus* spec.
L je nach Art bis 4 cm Juni–Okt.
Im gesamten Mittelmeergebiet.
Vor allem auf Viehweiden, Schafstriften usw.

1

3

4

6

7

Insekten

1 Osterluzeifalter *Zerynthia polyxenia*
L bis 2,5 cm   Sp bis 5 cm   März–Mai
Südfrankreich bis Türkei, lokal weiter nördlich.
In lichten Wäldern und Macchie mit Osterluzei (Raupenfutterpflanze!), im Gebirge bis ca. 1500 m Höhe.

2 Erdbeerbaumfalter *Charaxes jasius*
L bis 3,2 cm   Sp bis 8,6 cm   Mai–Juni; Aug.–Sept.
Mittelmeerraum in Küstennähe.
In Macchie und lichten Wäldern, nur in Spanien auch im Landesinneren; Raupen auf Erdbeerbäumen.

3 Oleanderschwärmer *Daphnis nerii*
L bis 4 cm   Sp bis 11 cm   Mai–Okt.
Wandert aus den Tropen ins Mittelmeergebiet, selten auch nach Mitteleuropa.
Raupen auf Oleander und Immergrün.

4 Pinien-Prozessionsspinner *Thaumetopotea pityocampa* **(Gespinst)**
Überwinterungsnester bis 30 cm   Jan.–Dez.
Europäischer Mittelmeerraum, Türkei, Syrien.
Raupengespinste oft im Wipfelbereich von meist niedrigeren Kiefern; von dort Wanderungen zur Nahrungsaufnahme.

5 Spanische Flagge *Euplagia quadripunctata*
L bis 3 cm   Sp bis 6,5 cm   Juni–Sept.
Gesamter Mittelmeerraum bis Westasien (Rhodos!), lokal auch weiter nördlich.
An sonnigen Hängen und in Wäldern.

6 Erzwespe *Leucospis gigas*
L bis 1,2 cm   Mai–Juli
Im gesamten Mittelmeerraum.
In Macchie und Garigue; parasitiert Mörtelwespen.

7 Dolchwespe *Scolia flavifrons*
L ♂ bis 3,2, ♀ bis 4 cm   Juni–Sept.
Im gesamten Mittelmeerraum.
In Macchie und Garigue; parasitiert Nashornkäferlarven.

8 Orientalische Hornisse *Vespa orientalis*
L bis 3,3 cm   März–Okt.
Östlicher Mittelmeerraum bis weit nach Asien.
Überwiegend in Wäldern, seltener auch im Kulturland; meist wenig aggressiv.

1

3

5

Bäume und Sträucher

1 Libanon-Zeder *Cedrus libani*
bis 50 m Aug.–Okt. Baum
Kleinasien und Nordwestafrika.
Im Atlas-Gebirge und im Libanon-Gebirge noch vereinzelt ursprünglich, sonst in verschiedenen Unterarten angepflanzt. Die Zedern im Atlas-Gebirge auch als eigene Art oder Unterart betrachtet.

2 Aleppo-Kiefer *Pinus halepensis*
bis 20 m März–Mai Baum
Im gesamten Mittelmeerraum.
Bevorzugt küstennahe Landstriche mit kalkreichem Untergrund.

3 Pinie *Pinus pinea*
bis 30 m Apr.–Mai Baum
Im gesamten europäischen Mittelmeergebiet und in Kleinasien.
Charakterbaum küstennaher Landstriche am Mittelmeer, vor allem auf sandigen Standorten; oft gepflanzt.
Samen mit dicken Kernen und fast flügellos, eßbar („Pinienkerne").

4 Kanaren-Kiefer *Pinus canariensis*
bis 35 m Apr.–Mai Baum
Nur auf den Kanarischen Inseln (nicht auf Fuerteventura und Lanzarote).
Von hohen Mittelgebirgslagen bis nahe der Waldgrenze zum Teil das Waldbild beherrschend.

5 Mittelmeer-Zypresse
Cupressus sempervirens
bis 30 m März–Mai Baum
Vor allem im östlichen Mittelmeerraum verbreitet, aber auch sonst häufig angepflanzt; dabei bevorzugt die mit aufrechten Ästen säulenförmig wachsende Unterart. Die ursprüngliche Form im Gebirge zum Teil Waldbestände bildend.

6 Stech-Wacholder *Juniperus oxycedrus*
bis 10 m Apr.–Mai Strauch/Baum
Im gesamten Mittelmeerraum.
Häufiger im Landesinneren anzutreffen und auch in den Gebirgen vertreten, vor allem in Macchien und lichten Wäldern. Eine Unterart mit breiteren Nadeln und größeren Beerenzapfen im westlichen und mittleren Mittelmeergebiet vor allem auf Sandböden in Küstennähe.

1

2

4

5

7

8

Bäume und Sträucher

1 Kork-Eiche *Quercus suber*
bis 20 m Apr.–Mai Baum
Im westlichen Mittelmeerraum.
In natürlichen Vorkommen in immergrünen Wäldern auf basenarmem Untergrund; auch für die Korkernte angebaut, vor allem in Portugal.

2 Kermes-Eiche *Quercus coccifera*
bis 15 m März–Mai Strauch/Baum
Im gesamten Mittelmeergebiet; im Westen meistens als Strauch in niedrigen Gebüschen und als Unterwuchs in lichten Wäldern; die östliche Unterart auch als Baum.

3 Stein-Eiche *Quercus ilex*
bis 25 m Apr.–Mai Baum
Von Portugal bis in die Türkei und von Marokko bis Tunesien.
In den immergrünen Laubwäldern des Mittelmeerraumes wichtigster Waldbaum.

4 Zürgelbaum *Celtis australis*
bis 25 m Apr.–Mai Baum/Strauch
Im gesamten Mittelmeerraum. In lichten Wäldern natürlich verbreitet; oft auch angepflanzt.

5 Feigenbaum *Ficus carica*
bis 8 m Juni–Sept. Strauch/Baum
Typische Art für den gesamten Mittelmeerraum. Ursprünglich Gebirgsbewohner, vor allem in Felsspalten; aber schon lange eine weit verbreitete Nutzpflanze.

6 Gewürz-Lorbeer *Laurus nobilis*
bis 20 m März–Apr. Baum
Rund um das Mittelmeer verbreitet.
Ursprüngliche Vorkommen in Wäldern; weithin als Gewürz- und Zierbaum angepflanzt.

7 Weißer Maulbeerbaum *Morus alba*
bis 15 m Apr.–Mai Baum/Strauch
Für die Seidenraupen-Zucht kultiviert und angepflanzt.

8 Schwarzer Maulbeerbaum *Morus nigra*
bis 10 m Apr.–Mai Baum/Strauch
Ursprünglich in Asien heimisch; seit dem Altertum wegen der Früchte angebaut.

9 Dorniger Kapernstrauch
Capparis spinosa
30–150 cm Apr.–Okt. Strauch
Im Mittelmeergebiet verbreitet, teilweise wegen der Knospen („Kapern“) in Kultur.

1

2

4

5

7

Bäume und Sträucher

1 Johannisbrotbaum *Ceratonia siliqua*
bis 10 m Aug.–Nov. Baum
Aus dem östlichen Mittelmeerraum durch den Menschen rund um das Mittelmeer verbreitet. Ursprünglich in Macchien und an felsigen Berghängen; wegen der Hülsen häufig auch in Siedlungsnähe angepflanzt.

2 Japanische Mispel *Eriobotrya japonica*
2–10 m Okt.–Febr. Baum
Ursprünglich aus Südostasien stammend; wegen der wohlschmeckenden Früchte häufig angepflanzt.

3 Mandelbaum *Prunus dulcis*
bis 8 m Jan.–März Baum/Strauch
Ursprünglich aus Südwestasien stammend; im Mittelmeerraum als Frucht- und Schmuckbaum schon seit dem Altertum bekannt und genutzt. Häufig in Gärten, Plantagen und Parks.

4 Kätzchen-Akazie *Acacia longifolia*
bis 8 m Febr.–Apr. Baum/Strauch
Heimat dieser Art ist Australien; im Mittelmeergebiet und auf den Kanaren eingebürgert. Blühende Zweige als Handelsware.

5 Weidenartige Akazie *Acacia saligna*
bis 10 m Jan.–Dez. Baum
Bekannteste, ursprünglich in Australien beheimatete Akazienart; als Ziergehölz und als Schmuckreisig beliebt („Mimosen").

6 Europäischer Stechginster *Ulex europaeus*
1–2 m Jan.–Dez. Strauch
Im Mittelmeergebiet auf basenarmem Gestein verbreitet, zum Teil – vor allem auch auf den Kanarischen Inseln – eingebürgert.

7 Teideginster *Spartocytisus supranubius*
2–4 m Mai–Juni Strauch
Auf den Kanarischen Inseln La Palma und Teneriffa vor allem in der Strauchzone höherer Gebirgslagen.

8 Pfriemenginster *Spartium junceum*
1–3 m Apr.–Juli Strauch
Sowohl im Mittelmeergebiet als auch auf den Kanaren (hier allerdings eingebürgert). In niedriger Strauchvegetation, in Macchien, aber auch an Straßenrändern und als Zierstrauch; vor allem auf Kalk.

1

2

4

6

7

3

5

8

Bäume und Sträucher

1 Blasenstrauch *Colutea arborescens*
1–6 m Mai–Aug. Strauch
Im nördlichen Mittelmeerbereich Begleitstrauch von Gebüschen und lichten Laub- und Kiefernwäldern.

2 Apfelsine *Citrus sinensis*
2–5 m Apr.–Okt. Strauch/Baum
Alle *Citrus*-Arten ursprünglich nicht im Mittelmeerraum beheimatet, sondern in Südostasien; schon im Altertum eingeführt und durch Züchtung weiterentwickelt, zum Teil als Obstbäume kultiviert.

3 Zitrone *Citrus limon*
2–7 m Jan.–Nov. Strauch/Baum
In den meisten Ländern des Mittelmeerraums die wichtigste *Citrus*-Art.

4 Kanaren-Wolfsmilch
Euphorbia canariensis
2–3 m Apr.–Juli kaktusähnliche Gestalt
Auf allen Inseln der Kanaren.
Charakteristische Art der kanarischen Sukkulenten-Vegetation; gebietsweise recht verbreitet.

5 Balsam-Wolfsmilch
Euphorbia balsamifera
bis 2 m Dez.–Juli Strauch
Kanarische Inseln und Westafrika.
An windexponierten Hängen, vor allem in küstennahen Trockengebieten.

6 Echte Pistazie *Pistacia vera*
bis 10 m Mai–Juni Baum
Bekannter Fruchtbaum; immer angebaut (Heimat Zentralasien) und kaum einmal verwildert.

7 Mastixstrauch *Pistacia lentiscus*
bis 5 m März–Juni Strauch
Im gesamten Mittelmeerraum verbreitet.
Vor allem in der Macchie und in lichten Wäldern; vereinzelt auch kultiviert.

8 Französischer Ahorn
Acer monspessulanum
bis 8 m Apr.–Mai Strauch/Baum
Im nördlichen Mittelmeerraum und in Nordwestafrika.
Bevorzugt in sommergrünen Wäldern und Gebüschen.

1

2

4

5

7

8

Bäume und Sträucher

1 Echter Feigenkaktus
Opuntia ficus-barbarica
2–5 m Apr.–Juli Kaktusgewächs
Überall im Mittelmeerraum und auf den Kanaren anzutreffen. Als Frucht- und Heckenpflanze eingebürgert; ursprünglich nur im tropischen Amerika beheimatet.

2 Myrte *Myrtus communis*
1–5 m Juni–Aug. Strauch
Im gesamten Mittelmeergebiet verbreitet. Sowohl in Macchien und lichten Wäldern als auch als Zierpflanze in Gärten und Parks.

3 Gewöhnlicher Fieberbaum
Eucalyptus globulus
20–40 m Febr.–Juli Baum
Als schnellwüchsige Baumart aus Tasmanien im Mittelmeerraum eingebürgert.

4 Granatapfelbaum *Punica granatum*
bis 7 m Mai–Sept. Strauch/Baum
Im gesamten Mittelmeerraum und auf den Kanarischen Inseln. Als Frucht- und Ziergehölz angepflanzt; oft auch verwildert.

5 Baum-Heide *Erica arborea*
1–4 m März–Mai Strauch/Baum
In den weitesten Teilen der Mittelmeerländer und auf den Kanaren (hier zum Teil baumförmig). Weithin eine Charakterart der Macchien.

6 Westlicher Erdbeerbaum *Arbutus unedo*
1–3 m Okt.–März Strauch
Im gesamten Mittelmeerraum.
In Macchien und immergrünen Wäldern.

7 Ölbaum *Olea europaea*
bis 15 m Mai–Juni Baum
Als Wildpflanze noch vereinzelt in Macchien und Wäldern; ansonsten der am weitesten verbreitete Kulturbaum der Mittelmeerländer.

8 Oleander *Nerium oleander*
1–4 m Juli–Aug. Strauch
Als beliebter Zierstrauch in allen Mittelmeerländern und auf den Kanaren.
Wildwachsend an Flußufern und häufig in zeitweilig trockenfallenden Bachbetten.

9 Strauchiger Jasmin *Jasminum fruticans*
1–3 m Mai–Juni Strauch
Im Mittelmeergebiet verbreitet in Macchien und lichten Wäldern.

1

2

4

5

7

8

Bäume und Sträucher

1 Strauchige Seidenpflanze
Asclepias fruticosa
1–2 m Mai–Aug. Strauch
Als Zierpflanze aus Südafrika in das Mittelmeergebiet geholt und dort vor allem in Küstennähe verwildert und heute weit verbreitet.

2 Blaugrüner Tabak *Nicotiana glauca*
2–6 m Apr.–Okt. Strauch
Im gesamten Gebiet verbreitet als Zierpflanze, aber auch als Ruderal- und Wegrandpflanze.

3 Immergrüner Schneeball *Viburnum tinus*
1–3 m Jan.–Juni Strauch
Als Zier- und als Wildstrauch weit verbreitet, vorzugsweise wildwachsend an schattig-feuchten Standorten in der Macchie und in Hartlaubwäldern.

4 Keuschbaum *Vitex agnus-castus*
1–6 m Juni–Nov. Strauch
Wildwachsend an feuchten Standorten; sonst auch als Zierpflanze beliebt.

5 Wildprets Natternkopf *Echium wildpretii*
bis 3 m Juni–Aug. Holzgewächs
Eine der auf den Kanarischen Inseln endemischen *Echium*-Arten. Diese Art nur auf La Palma und Teneriffa, jeweils in der subalpinen Stufe.

6 Rauhe Stechwinde *Smilax aspera*
bis 15 m Aug.–Sept. Kletterpflanze
Im gesamten Gebiet in Macchien und Wäldern, gern auch an Mauern.

7 Zwergpalme *Chamaerops humilis*
1–6 m Apr.–Juni Strauch
Vor allem im westlichen Mittelmeerraum, oft auch als Zierpflanze. Sowohl auf felsigen als auch auf sandigen Standorten.

8 Echte Dattelpalme *Phoenix dactylifera*
10–20 m Febr.–Juni Baum
Aus Mesopotamien als Zierbaum in die Mittelmeerländer und auf die Kanarischen Inseln verbracht; in Südspanien, Nordafrika und Vorderasien in Bewässerungskulturen.

9 Drachenbaum *Dracaena draco*
bis 20 m Juli–Aug. Baum
Auf La Palma, Teneriffa und Gran Canaria noch vereinzelt an Felshängen und in Schluchten; häufiger in Gärten und Parks gepflanzt.

1

2

4

6

7

Krautige Blütenpflanzen

1 Kermesbeere *Phytolacca americana*
1–3 m Juli–Okt. ♃
Im gesamten Mittelmeerbereich und auf den Kanaren. Als Zier- und Färberpflanze aus Amerika vor allem in Weinbaugebieten eingebürgert und nicht selten verwildert.

2 Weicher Akanthus *Acanthus mollis*
bis 120 cm März–Juni ♃
Offensichtlich an den meisten Orten Gartenflüchtling, der in Wildlandflächen und lichten Gebüschen anzutreffen ist.

3 Weiße Resede *Reseda alba*
30–80 cm Apr.–Sept. ⊙
In allen Ländern rund um das Mittelmeer.
An Wegrändern und in Wildland, vor allem auf sandigen Böden.

4 Montpellier-Zistrose
Cistus monspeliensis
30–100 cm Apr.–Juni Strauch
Im Mittelmeerraum oft in großen Beständen auf freien Flächen, in niedriger wie in höherer Gebüschvegetation; meist auf basenarmen Böden.

5 Weiße Braunelle *Prunella laciniata*
10–30 cm Juni–Aug. ♃
Im ganzen Mittelmeergebiet weit verbreitet.
Eine häufige Art in Gras- und Kräuterfluren.

6 Kleinfrüchtiger Affodill
Asphodelus aestivus
50–150 cm März–Juni ♃
Ein im gesamten Mittelmeerraum und mit verwandten Formen auch auf den Kanaren weit verbreitetes Liliengewächs.
Vor allem auf beweideten Gras- und niedrigwüchsigen Gebüschflächen.

7 Gewöhnliche Meerzwiebel
Urginea maritima
bis 150 cm Aug.–Okt. ♃
Ein Liliengewächs mit bis zu 20 cm großen und bis zu 2 kg schweren Zwiebeln in sehr unterschiedlichen Biotopen: Sand- und Felsfluren, Weideland und Gebüsch.

8 Tazette *Narcissus tazetta*
20–50 cm Dez.–Apr. ♃
Schon lange als Zierpflanze in Kultur und dadurch weit verbreitet und formenreich.
Vor allem auf Wiesen und Weiden.

1

3

4

6

7

Krautige Blütenpflanzen

1 Gelber Hornmohn *Glaucium flavum*
20–80 cm Apr.–Aug. ⊙
Im gesamten Mittelmeergebiet, aber auch an anderen europäischen Küsten.
An Feld- und Wegrändern und auf Ruderalflächen.

2 Ranken-Waldrebe *Clematis cirrhosa*
bis 5 m Aug.–Apr. Kletterpflanze
An Waldrändern und in Gebüschen, aber auch an Gemäuern und Felsen. Von Spanien bis Kleinasien sowohl in den europäischen als auch in den afrikanischen Landschaften des Mittelmeerraumes.

3 Gold-Greenovia *Greenovia aurea*
30–40 cm März–Apr. ♃
Die größte und häufigste der vier auf den Kanarischen Inseln vertretenen Arten dieser Gattung. Sowohl auf Felsen als auch auf Hausdächern anzutreffen.

4 Nickender Sauerklee *Oxalis pes-caprae*
10–50 cm Dez.–Apr. ♃
Aus Südafrika stammende Art; kultiviert und in allen Mittelmeerländern verwildert.
Auf Feldern, in Gärten und an Wegrändern.

5 Gefranste Raute *Ruta chalepensis*
20–50 cm Apr.–Juli ♃
Im gesamten Gebiet recht häufig.
Auf Felsen und in niedriger Gebüschvegetation; häufig auch an krautreichen Weg- und Straßenrändern.

6 Meerfenchel *Crithmum maritimum*
10–50 cm Juli–Okt. ♃
An allen Küsten im Mittelmeerraum, soweit sie felsig sind und vom Spritzwasser erreicht werden.

7 Spritzgurke *Ecballium elaterium*
20–100 cm Apr.–Aug. ♃
Im Mittelmeerraum weit verbreitete Art.
Auf Brachland und an Wegrändern. Die reifen Früchte schleudern bei Berührung eine hautreizende Flüssigkeit mit den Samen heraus.

8 Mittelmeer-Strohblume
Helichrysum stoechas
10–40 cm Apr.–Juni ♃
Vorzugsweise im Küstenbereich auf Sand und auf Felsen, auch in der Garigue.

1

2

4

5

7

Krautige Blütenpflanzen

1 Strauchiges Brandkraut
Phlomis fruticosa
50–120 cm Apr.–Juli kleiner Strauch
Von Sardinien bis in die Türkei.
In niedriger Gehölzvegetation und auf Felsen; auch als Zierpflanze beliebt.

2 Einjähriger Strandstern
Nauplius aquaticus
10–40 cm März–Aug. ⊙
Im ganzen Mittelmeergebiet. Meistens in Küstennähe auf sandigen, feuchten Standorten.

3 Acker-Ringelblume *Calendula arvensis*
10–30 cm Apr.–Sept. ⊙
Im gesamten Mittelmeerraum.
Ein Kulturfolger auf Feldern und an Wegrändern, aber auch auf Brachflächen.

4 Sonnenwend-Flockenblume
Centaurea solstitialis
20–80 cm Juni–Sept. ⊙
Ebenfalls vor allem in der landwirtschaftlich geprägten Kulturlandschaft, aber auch auf Brach- und Ruderalflächen.

5 Spanische Golddistel
Scolymus hispanicus
20–80 cm Juni–Sept. ♃
Im gesamten Mittelmeergebiet.
Einer der vielen weit verbreiteten, distelartig dornig beblätterten Korbblütler an Straßen- und Wegrändern sowie auf Schuttplätzen.

6 Saflor *Carthamus tinctorius*
bis 100 cm Juli–Sept. ⊙
Alte Kulturpflanze, die der Farbstoff- und der Ölgewinnung dient („Falscher Safran" zum Gelbfärben von Textilien und Speisen).

7 Wilde Tulpe *Tulipa sylvestris*
30–40 cm Apr.–Juni ♃
Eines der vielen Zwiebelgewächse des Mittelmeerraumes, aber die einzige weiter verbreitete Tulpenart.
Auf extensiv genutztem Weideland und auf Feldern, auch in Obst- und Weingärten.

8 Große Affodeline *Asphodeline lutea*
40–100 cm Apr.–Juni ♃
Von Italien und Sizilien ostwärts bis Palästina; auch in Tunesien.
In Fels- und niedriger Gebüschvegetation, aber auch in Gärten und Parks.

1

3

5

6

Krautige Blütenpflanzen

1 Rote Mittagsblume
Carpobrotus acinaciformis
10–30 cm März–Juli ♃
Heimat dieser niederliegenden, bodendeckenden Art ist Südafrika; vielerorts im Mittelmeergebiet anzutreffen.
Eingebürgert als Zierpflanze und zur Böschungsbefestigung vor allem in Küstennähe. Eine nahe verwandte Art ist *Carpobrotus edulis* mit eßbaren Früchten („Feigenbaum der Hottentotten").

2 Breitblättrige Platterbse
Lathyrus latifolius
30–100 cm Juni–Aug. ♃
In Gebüschen, oft in Mauer- und Felsfugen; auch als Zierpflanze in Gärten; auch in Mitteleuropa verwildert.

3 Großblättrige Pfingstrose
Paeonia mascula
60–80 cm März–Juni ♃
Von Spanien bis Kleinasien verbreitet; aber meistens nur punktuelle Vorkommen in montanen Laubwäldern und Gebüschen. Stammform der Gartenpflanze ist die ebenfalls in Südeuropa heimische *Paeonia officinalis*.

4 Rote Spargelbohne *Lotus tetragonolobus*
10–40 cm März–Juni ☉
Eine Pflanzenart der mediterranen Kulturlandschaft; an Wegrändern und auf extensiv genutztem Weideland; als Zierpflanze weiter verbreitet.

5 Kronen-Anemone *Anemone coronaria*
10–40 cm Febr.–Apr. ♃
In Mitteleuropa als Schnittblume mit roten, blauen, violetten und weißen Blüten bekannt. Im Mittelmeerraum auf Brachland und auf felsigem Grund.

6 Französisches Leimkraut *Silene gallica*
10–40 cm Apr.–Juli ☉
Auf Kulturland, vor allem auf Brach- und Weideland, weit verbreitet; auch in Frankreich und vereinzelt in Westdeutschland.

7 Baumförmige Strauchpappel
Lavatera arborea
1–2 m Apr.–Juni ☉
Auch aus mitteleuropäischen Gärten bekannt. Am Mittelmeer oft auf Küstenfelsen und Ruderalfluren.

1

3

4

6

Krautige Blütenpflanzen

1 Graubehaarte Zistrose *Cistus creticus*
30–100 cm Apr.–Juni Strauch
Insgesamt im Mittelmeerraum fast 20 verschiedene Zistrosenarten, die alle 0,5–2 m hoch werden können. Obwohl die Zistrosengewächse schwerpunktartig im westlichen Mittelmeerraum verbreitet sind, ist diese Art im gesamten Mittelmeerraum anzutreffen.
In Macchie und Garigue.

2 Neapolitanisches Alpenveilchen
Cyclamen hederifolium
10 cm Aug.–Nov. ♃
Von Spanien bis zur Türkei verbreitet.
Ein Herbstblüher vor allem in nur im Sommer laubtragenden Wäldern und Gebüschen des Berglandes.

3 Eibischblättrige Winde
Convolvulus althaeoides
30–50 cm Apr.–Juni ♃
Ein Wildkraut der landwirtschaftlich geprägten Kulturlandschaft; auf Acker- und Brachland, häufig an Straßen- und Wegrändern.

4 Kanaren-Glockenblume
Canarina canariensis
bis 2 m Okt.–Apr. ♃
Auf den Kanarischen Inseln (ausgenommen Fuerteventura und Lanzarote) und nur dort von Natur aus Bewohnerin feuchter und schattiger Standorte im Bereich der immergrünen Lorbeerwälder.

5 Rote Spornblume *Centranthus ruber*
30–80 cm Apr.–Okt. ♃
Die auch in Mitteleuropa als Zierpflanze bekannte Art bewohnt im Mittelmeergebiet wildwachsend sowohl felsige Standorte als auch Gemäuer.

6 Saat-Siegwurz *Gladiolus italicus*
50–100 cm Apr.–Mai ♃
Im gesamten Mittelmeergebiet verbreitet.
Vor allem auf Getreidefeldern anzutreffen, aber auch auf Brachland.

7 Hunds-Zahnlilie *Erythronium dens-canis*
10–30 cm Febr.–Apr. ♃
In manchen sommergrünen Wäldern und Gebüschen auf der Iberischen und der Apenninen-Halbinsel, in Südfrankreich und in Dalmatien ursprünglich heimisch.

1

3

5

6

Krautige Blütenpflanzen

1 Dreifarbige Winde *Convolvulus tricolor*
10–30 cm März–Juni ⊙
Als besonders apartes Wildkraut auf Feldern und in Gärten, aber auch an Straßen- und Wegrändern im Mittelmeerraum weit verbreitet und fast überall recht häufig.

2 Narbonne-Lein *Linum narbonense*
30–50 cm Juni–Juli ♃
Nur im westlichen Mittelmeergebiet.
Vor allem auf felsigem Grund und grasigen Weideflächen.

3 Färber-Alkanna *Alkanna tinctoria*
10–30 cm Febr.–Juni ♃
Eine im Mittelmeergebiet weit verbreitete ehemalige Färberpflanze.
Sowohl auf Brachen und in niedriger Strauchvegetation als auch an Sand- und Felsküsten anzutreffen.

4 Boretsch *Borago officinalis*
20–80 cm Apr.–Sept. ⊙
Als Gewürzpflanze – auch unter dem Namen „Gurkenkraut" – aus heimischen Gärten bekannt. In Südeuropa und Nordafrika sowie in der Türkei wildwachsend an Wegrändern und auf Brachen.

5 Schmalblättrige Lupine
Lupinus angustifolius
20–80 cm Apr.–Juli ⊙
Sowohl in den Garigues als auch in der landwirtschaftlich geprägten Kulturlandschaft der Mittelmeerländer.
Am Blütenstand und an den Blättern leicht erkenn- und unterscheidbare Art.

6 Ysop *Hyssopus officinalis*
20–60 cm Juli–Okt. ♃
Als Gewürzkraut aus heimischen Gärten vertraut; gelegentlich wildwachsend auf Kalkgestein in Felsfluren und niedriger Gehölzvegetation.

7 Rosmarin *Rosmarinus officinalis*
50–150 cm Jan.–Dez. kleiner Strauch
In Mitteleuropa vielerorts nicht winterhart, ist dieser kleine Strauch in den Mittelmeerländern Bestandteil der unterschiedlichsten Gebüschformationen.
Die Blättchen mit eingerollten Rändern, als Bratengewürz beliebt.

1

3

4

6

7

Krautige Blütenpflanzen

1 Echter Lavendel *Lavandula angustifolia*
20–100 cm Juni–Aug. kleiner Strauch
In Mitteleuropa beliebte Gartenpflanze, in Südeuropa oft feldmäßig als Duftpflanze angebaut. Von Natur aus in Fels- und Gebüschfluren von der Ebene bis ins Bergland.

2 Schopf-Lavendel *Lavandula stoechas*
30–100 cm März–Juni kleiner Strauch
Außer in Südeuropa auch in Kleinasien und in Nordwestafrika.
In lichten Gebüschen und Kiefernwäldern.

3 Echter Salbei *Salvia officinalis*
20–60 cm Mai–Juli kleiner Strauch
Als Gewürzpflanze in mitteleuropäischen Gärten verbreitet, ebenso in Südeuropa, aber hier auch in steinigem und gebüschreichem Weideland und an Wegrändern.

4 Muskateller-Salbei *Salvia sclarea*
30–100 cm Mai–Aug. ⊙
Ebenfalls als Gewürzpflanze bekannt.
Sowohl an Wegrändern als auch an steinigen Berghängen und in lichten Wäldern weiter Teile des Mittelmeerraumes.

5 Großes Immergrün *Vinca major*
20–30 cm März–Mai ♃
In Mitteleuropa als Gartenpflanze neben der kleinblütigeren Art anzutreffen, häufig als Bodendecker genutzt. In Südeuropa, Kleinasien und Nordwestafrika an schattigen Orten in Wäldern und Gebüschen.

6 Strauchige Kugelblume
Globularia alypum
20–100 cm Okt.–Apr. kleiner Strauch
Im gesamten Mittelmeergebiet stellenweise auf felsigem Grund und in niedrigen Gebüschen große Bestände bildend.

7 Europäische Bleiwurz
Plumbago europaea
30–100 cm Juli–Okt. ♃
Auf Ruderalflächen und Brachen vielerorts im gesamten Mittelmeerraum.

8 Strauchiger Strandflieder
Limonium fruticans
20–50 cm Febr.–Apr. ♃
Nur auf Teneriffa in küstennahen Landstrichen ursprünglich; sonst als Zierpflanze weiter verbreitet.

1

2

4

5

7

8

Krautige Blütenpflanzen

1 Ritro-Kugeldistel *Echinops ritro*
20–60 cm Juli–Sept. ♃
In Südeuropa und in der Türkei anzutreffen; gelegentlich auch als Zier- und Bienenweidepflanze angebaut. Sonst an felsigen Hängen und auf Trockenrasen.

2 Schopfige Traubenhyazinthe
Muscari comosum
10–60 cm Apr.–Juni ♃
Im gesamten Mittelmeerraum sowohl auf Trockenrasen als auch in Kulturland.

3 Mittags-Schwertlilie
Gynandriris sisyrinchium
10–50 cm März–Mai ♃
Im gesamten Mittelmeerraum zu erwarten, vor allem in Grasfluren und in niedrigem und lückenhaftem Gebüsch.

4 Tellerförmiges Aeonium
Aeonium tabulaeforme
30–60 cm Mai–Aug. ♃
Nur auf Teneriffa, eine von 35 auf den Kanaren endemischen Arten dieser Gattung. Auf Felsvorsprüngen und in Schluchten.

5 Rizinus *Ricinus communis*
50–250 cm Febr.–Okt. ⊙–♃
Zierpflanze aus dem tropischen Afrika. Auch auf Schutt und an Straßenrändern.

6 Amerikanische Agave *Agave americana*
3–8 m Juni–Aug. ♃
Aus Mexiko in den Mittelmeerraum und auf die Kanarischen Inseln verbracht; dort seit 400 Jahren kultiviert und vereinzelt auch verwildert.

7 Stechender Mäusedorn
Ruscus aculeatus
10–80 cm Febr.–Apr. kleiner Strauch
In Mitteleuropa verstreut, im Mittelmeergebiet weit verbreitet in Wäldern und Macchien.

8 Großes Zittergras *Briza maxima*
10–50 cm Apr.–Juni ⊙
Im gesamten Gebiet auf Extensivweiden, an Wegrändern und als verwilderte Zierpflanze anzutreffen.

9 Samtgras *Lagurus ovatus*
10–50 cm Apr.–Juni ⊙
Im Küstenbereich und auf Brachen, vor allem auf Sandböden; auch als Ziergras.

Alljährlich reisen Millionen von Mitteleuropäern nord- und vor allem südwärts in ihre Urlaubsgebiete. Dort werden sie nicht nur mit anderen Sprachen und Kulturen, sondern auch mit Tier- und Pflanzenarten konfrontiert, die sie zumindest freilebend oder wildwachsend zuvor vielleicht noch nie gesehen haben.

Für viele interessierte Urlauber sind solche Erstbegegnungen mit Tier- und Pflanzenarten erfahrungsgemäß Erlebnisse ganz besonderer Art. Sie bleiben oft lange in Erinnerung.

Der Reiseteil des Kosmos Tier- und Pflanzenführers möchte Sie auf derartige Erlebnisse einstimmen und Ihr Interesse an der Fauna und Flora Ihres Urlaubsortes wecken. Er kann und will keine Tier- und Pflanzenführer der verschiedenen Urlaubsregionen ersetzen. Dazu ist die Artenfülle vor allem in den Urlaubsländern südlich der Alpen zu groß und die in diesem Band getroffene Auswahl notgedrungen zu willkürlich. Aber eine Vielzahl der Arten, die Ihre Aufmerksamkeit erregen, werden Sie hier wiederfinden.

Zum besseren Verständnis des Reiseteils werden hier einige Hinweise zur Benutzung aufgelistet:

1. Auch bei Streifzügen durch Landschaften der Urlaubsländer lohnt sich ein Blick in den Hauptteil dieses Naturführers. Viele in Mitteleuropa heimische Arten kommen auch im Norden bzw. im Süden vor.
2. Umgekehrt sind etliche typisch nordische und viele südländische Arten oft als ausgesprochene Seltenheiten auch an besonders kühlen bzw. besonders warmen Standorten in Mitteleuropa anzutreffen.
3. Das frostarme bis frostfreie Mittelmeerklima bietet Tieren und Pflanzen aus vielen warmen Ländern der Erde ausgezeichnete Lebensbedingungen. Deshalb sind in dieser alten Kulturregion die Artenvielfalt und der Grad der Durchmischung der Fauna und Flora mit Arten aus aller Welt besonders groß.
4. Einige der Kanarischen Inseln sind sehr reich an Pflanzenarten. Die meisten im Mittelmeergebiet weit verbreiteten Pflanzenarten kommen auch auf den Kanaren vor, darüber hinaus aber auch etliche Arten, die hier endemisch sind, d. h. die nur hier wachsen. Einige dieser Endemiten belegen das im vorausgehenden Reiseteil; im Text wird darauf besonders hingewiesen.
5. Bewußt fanden vor allem auffällige Baum- und Straucharten Berücksichtigung, ebenso einige der in Mitteleuropa als Garten- oder Gewürzpflanzen bekannte Arten. Sie im Süden wildwachsend wiederzusehen, ist möglicherweise für den naturinteressierten Urlauber ein heimatlicher Gruß.

Aichele 273/4, 279/5, 283/3, 285/3, 299/4, 301/1, 303/4, 303/6, 305/2, 307/3, 309/1, 311/1, 315/5, 317/1a, 319/2, 323/5, 325/5, 327/2, 329/3, 329/5, 329/6, 331/2, 331/3a, 331/3b, 331/4, 331/5, 333/2, 333/3b, 333/5, 337/5a, 337/5b, 341/1a, 345/2, 345/5, 353/1, 353/3, 353/4, 357/1, 357/2, 359/1, 365/2, 367/3, 367/4, 369/4, 371/4, 371/5, 373/5, 375/3, 375/6, 377/1, 377/2, 377/3, 377/4, 377/5, 379/1, 379/2, 379/5, 381/1, 381/2, 381/4, 383/5, 383/6, 389/4, 391/1, 391/2, 393/3, 403/3, 405/3a, **Aitken/Silvestris** 478/4, **Bärtels** 253/3b, 255/4b, 259/1, 265/2, 265/4b, 267/3, 267/4a, 269/2a, 271/1, 419/2, 419/3, 421/1, 425/2, **Bellmann** 141/4, 143/1b, 147/3, 157/2, 159/3a, 161/5, 165/1, 177/2, 197/5a, 201/5b, 205/5, 207/4, 207/5, 213/1a, 215/2, 215/5b, 217/3a, 217/3b, 217/4, 219/1, 219/3, 219/6, 221/1, 223/2, 223/3, 223/5, 231/3, 233/5, 235/2a, 235/2b, 245/1a, 247/2, 247/3, 283/1, 289/1, 321/4, 339/4, 391/6, 393/1, 393/2, 393/6, 395/5, 397/2, 397/5, 397/6, 399/3, 399/6, 401/3, 401/4a, 401/5, 405/2, 405/3b, 409/1, 455/5, 456/4, 456/7, 457/8, 461/3, 461/5, 462/4, 462/5, 467/5, 488/1, 488/5, 488/7, 489/6, 490/1, 502/7, 505/5, 512/3, 518/8, **Bergbauer** 482/1, **Brandl** 57/5, 103/2, 105/2, 105/5, 109/5, 229/3, **Brandl/Silvestris** 472/7, **Brockhaus/Silvestris** 459/6, 498/6, 501/3, 503/9, **Cramm** 479/3, 479/6, 484/4, 494/7, 494/8, **Cramm/Silvestris** 479/9, **Csordas** 141/1b, 307/1b, 343/3, 353/6a, 391/3, **Czimmeck** 49/2a, **Dalton/Silvestris** 466/7, **Danegger** 27/2, 27/4b, 29/1b, 29/3, 33/1a, 33/2, 51/1, 53/3, 53/4, 57/4a, 59/6, 67/3, 85/5, 97/2, 103/1a, **Diedrich** 31/3, 59/5, 61/1, 67/4, 71/5, 87/3, 97/1, 99/4, 99/6, 101/3, 111/1, 115/5, 127/3a, 127/5, **Dierßen** 315/3, 343/1, 345/3b, 373/3, 385/3, **Ewald** 141/2, 141/3, 189/5a, 189/5c, 197/1a, 251/1a, 259/4, 259/5, 259/6, 261/2, 263/2b, 267/1, 269/1b, 297/1a, 301/3b, 303/1, 305/5, 309/2, 347/1, 355/3a, 389/2b, 399/1, 401/4b, 407/3, 407/4b, 407/5, 463/3, 464/2, 494/1, 496/2, 507/8, 517/2, **Fey** 199/2a, 199/2b, **Fischer** 450/1, 470/1, 472/2, 475/8, **Fischer/Silvestris** 472/8, **Fürst** 77/2, 79/2, 83/6, 113/6, 121/4, 125/4b, 145/1b, 149/1b, 153/2, 153/5, 163/3, 171/1a, 173/4b, 177/5, 179/1, 179/2, 181/4a, 187/2, 187/3, 191/4, 191/5b, 209/2, 217/1b, 235/3, 243/6, 245/2, **Galán/Silvestris** 466/3, **Göthel** 437/1, 439/4b, 482/7, **Gomille** 105/1a, 119/4, **Groß** 51/2, 53/5, 73/3, 81/1, 83/2, 83/4, 87/1a, 87/2, 145/5, 149/1a, **Grossenbacher** 481/5, **Grüner** 473/3, 493/4, 498/4, **Haas/Juniors** 471/2, **Harz** 157/5b, **Haupt, J.** 167/4a, 199/4, 205/4, 237/2, 487/3, **Haupt, S.** 221/2, 229/2, **Hecker** 121/1b, 125/1b, 127/3b, 127/3c, 255/1b, 263/2a, 263/5, 267/5, 271/6, 275/4, 293/4a, 333/4, 383/3, 415/3, 435/1a, 452/1, 452/6, 453/3, 455/8, 463/6, 472/4, 474/5, 476/5, 486/2, 486/4, 486/7, 487/5, 488/2, 489/8, 490/4, 493/6, 498/2, 499/8, 501/6, 504/1, 506/1, 506/6, 509/8, **Hecker/Silvestris** 495/3, 500/2, **Hinz** 155/4, 171/4, 183/1, 189/2, 197/2, 223/1, **Hofmann** 387/3, **Jacobi** 119/1a, 123/1a, 125/4a, 245/1c, 263/4, 285/4, 289/5, 297/1b, 309/5, 313/3, 335/2, 335/4, 341/2, 351/2, 355/3b, 361/1, 363/3, 363/4, 413/5a, 415/2, 417/2a, 423/4, 472/5, **Janke** 431/1, 431/2, 431/6, 433/2, 435/1b, 435/2, 435/3a, 435/3b, 435/5, 437/3, 437/6, 439/2, 439/4a, 441/2a, 441/4b, 441/5, 443/2, 443/4, 443/5b, 445/2, 445/3a, 445/6, 454/2, 454/4, 454/7, 482/4, 484/5, 484/8, **Klees** 37/2b, 37/3, 51/3, 55/1, 59/4, 65/2, 65/5, 101/1a, 101/5, 103/1b, 351/5a, **König** 105/1b, 119/5, 143/2, 145/2, 145/6, 159/1a, 167/4b, 175/3, 179/3b, 185/4b, 205/2b, 215/1, 227/2, 233/2, 235/5, 237/1a, 237/1b, 241/2, 245/1b, 245/3b, 269/2b, 287/4, 303/3, 309/3, 311/2, 311/3, 315/4, 319/1, 359/5, 375/2, 379/4, 381/5, 383/2, 385/6, 389/3, 407/1, 409/6, 411/4a, 417/3, 431/3b, 431/5, 433/5, 435/4, 437/2, 437/4a, 439/1, 439/3, 439/5, 441/3, 443/5a, 445/4, 445/5, 454/6, 480/2, 483/2, 483/5, 482/6, 483/8, 484/2, 494/4, 495/6, 496/5, 500/4, 502/4, 513/7, 514/4, 514/6, 516/1, **Kremer** 257/2, **Kretschmer** 141/1a, 141/5a, 143/1a, 143/3, 153/3, 155/1, 155/2, 167/1, 169/5, 183/4, 189/1, 201/2, 203/1b, 205/2a, 209/4, 211/1b, 215/3b, 215/4a, 215/5a, 227/1, 227/3, 227/6,

233/3, 237/4, 237/5a, 241/3, 243/1, 301/5, **Kretzschmar** 437/4b, 441/1, 441/4a, 443/1, 443/3, 484/1, 484/7, 485/6, 485/9, 486/1, 488/4, **Kretzschmar/Lehmenkühler** 123/3, 241/1b, 295/4b, 335/1, 355/1, 355/4b, 468/2, **Kühnapfel** 448/6a, 505/8, **Labhardt** 31/2, 61/3, 99/2, 121/2, 123/4a, 127/1, 127/4, 141/5b, 151/1, 151/2, 151/3, 151/4, 153/1, 159/4, 161/4, 161/6, 163/1, 163/5, 165/4, 191/1c, 193/1a, 193/1b, 193/3a, 199/3, 201/3, 205/1a, 213/2c, 213/3b, 221/3b, 225/1c, 225/3, 235/1, 245/4a, 247/1, 249/2a, **Laux** 2/3, 251/2b, 251/3, 255/4a, 257/3, 257/4b, 261/1a, 261/1b, 261/3a, 265/1, 265/5, 267/4b, 271/2, 271/3, 271/5, 273/2, 275/1, 281/4, 281/5, 283/2, 287/1, 287/3, 287/6, 289/2, 289/3, 291/3, 291/4, 293/3, 293/5, 295/4a, 297/2, 297/3, 299/1, 305/3, 307/1a, 307/2, 307/4, 291/3, 291/4, 293/3, 293/5, 295/4a, 297/2, 297/3, 299/1, 305/3, 307/1a, 307/2, 307/4, 311/5, 313/2, 315/1, 315/2, 317/2, 317/5, 319/3, 319/4a, 319/4b, 321/1, 321/2, 323/2b, 323/3, 325/2, 325/4, 329/1, 333/1, 337/3, 337/4, 339/1, 339/5, 341/4, 341/5, 343/2, 345/1, 347/3, 347/4, 349/2, 349/4, 349/5 , 351/1, 351/4, 351/5b, 353/2, 355/4a, 359/4, 361/3, 363/5, 365/1, 367/5, 371/2, 373/1, 373/2, 375/5, 379/3, 381/3, 381/6, 383/1, 385/2, 385/4, 385/5, 395/1, 395/2, 399/4, 403/5a, 403/5b, 407/2, 407/4a, 409/2, 409/4, 411/1, 411/2, 413/1, 413/2, 415/1, 415/5, 417/1, 417/2b, 417/4, 419/4, 419/5, 421/3, 421/4, 423/2, 427/4, 427/6, **Layer** 37/1, 37/4b, 39/1, 39/4, 41/1b, 63/4, 71/4a, 71/6, 85/3, 85/4, 93/1, 93/2, 97/6, 103/3, 115/2, 145/1a, 221/4, 241/4b, 247/4, 253/2, 259/2, 279/1, 281/3, 283/5, 285/5b, 289/4, 301/4, 303/5, 317/3, 321/3, 327/5, 361/4, 365/3, 369/1, 369/3, 371/1, 389/1, 409/3, 419/1, 423/1, 433/3, 465/8, 469/3, 476/1, 492/5, 504/7, 508/5, 512/1, 513/2, 517/5, **Layer/Silvestris** 475/6, **Limbrunner, A.** 33/1b, 35/2a, 35/2b, 35/3, 39/2a, 41/4, 43/1a, 43/1b, 43/2, 43/3b, 43/4, 45/2, 47/2, 49/2b, 49/5b, 51/5, 57/1, 57/2a, 57/3, 59/1, 59/2, 59/3, 61/2, 61/5a, 63/1, 65/4, 65/6, 67/5, 67/6, 75/4, 79/1, 79/3, 79/4, 89/1a, 89/4, 89/5, 91/2a, 91/3, 93/4, 95/2, 95/4b, 97/3, 99/3, 101/1b, 107/2a, 109/3, 111/3, 113/2, 123/1b, 123/4c, 125/3, 149/4b, 169/4, 171/2b, 185/2a, 185/3, 209/1, 231/5a, 239/3b, 241/4a, 247/5a, 249/3, 249/4, 249/5, 249/6, 253/3a, 255/2, 255/3a, 255/3b, 263/1, 265/4a, 267/2, 277/1, 277/2, 283/4, 291/2, 301/3a, 303/2, 329/2, 335/5, 337/2, 339/2, 345/3a, 349/1, 387/2, 389/2a, 397/4, 399/2, 405/1, 405/5, 413/5b, 427/2, 468/4, 475/3, 477/4, 477/6, 478/7, 493/2, 504/6, 516/6, 519/3, **Limbrunner, H.** 143/5, **Lukasseck/Juniors** 446/3, **Marktanner** 125/1a, 149/3, 171/3, 171/5, 173/2, 175/1, 175/2, 175/4b, 175/5, 177/1, 179/3a, 181/2, 181/3, 181/5, 183/2a, 183/2b, 183/5, 187/5a, 191/5a, 193/2b, 193/4, 197/4, 239/1, 263/3, 275/3, 275/5, 275/6, 277/4, 281/2, 287/5, 297/5, 299/5a, 309/4, 313/5, 317/1b, 323/2a, 327/3, 333/3a, 337/1, 345/4, 349/3, 365/4, 367/2a, 369/2, 375/1, 415/4, 417/5, 421/2, 423/3, 425/1, 425/3, 427/1, **Moosrainer** 29/2, 49/1, 55/2, 55/3, 55/5b, 69/3, 71/3, 75/2, 77/1, 81/6, 91/1, 107/4, 109/1, 113/3, 113/4, **Moosrainer/Silvestris** 478/2, **Nill** 29/4, 33/4, 39/2b, 43/3a, 45/5, 69/2, 69/5b, 89/1b, 89/2, 89/3, 91/2b, 123/2, 159/1b, 191/3, **Nill/Silvestris** 448/1, 468/5, 468/6, **Partsch/Silvestris** 447/4, **Pölking/Silvestris** 471/7, **Pfletschinger/Angermayer** 161/2, 195/4, 201/5a, 203/1a, 203/5, 211/1a, 211/1c, 211/3, 213/2a, 213/3a, 219/5, 231/1, 231/1b, 231/4, 231/5b, **Pforr** 35/1, 41/2, 73/5, 77/4, 81/3, 111/4, 111/6, 115/3, 117/1, 117/2, 117/4, 119/3, 139/2, 139/4, 145/4b, 147/2, 153/4, 155/5, 161/3, 165/3b, 171/1b, 171/2a, 175/4a, 177/4, 181/1, 189/4, 193/5, 197/1b, 201/4, 203/2, 203/4, 207/2, 207/3, 211/2, 211/4, 225/1a, 227/5, 235/2c, 237/5b, 243/3, 245/4b, 273/1b, 275/2, 357/4, 462/2, 464/6, 481/3, 495/9, 497/6, 498/1, 500/8, **Pott** 431/3a, 433/4, 437/5, 441/2b, 445/1, 445/3b, 446/1, 454/1, 462/7, 464/1, 464/4, 465/5, 467/2, 485/3, 492/3, 509/6, 518/5, **Reinhard** 27/1a, 27/1b, 27/3, 27/4a, 29/1a, 33/3a, 37/4a, 41/1a, 41/3, 65/3, 87/1b, 87/4, 91/4, 129/1, 129/2, 129/5, 131/3, 131/4, 133/3, 135/3, 135/4, 135/5, 137/1,

139/5, 169/1a, 183/2c, 191/2, 221/3a, 225/4, 279/4, 331/1, 385/1, 395/4, 428 u. 429, 462/1, 462/8, 466/6, 472/1, 480/1, 494/5, 497/3, 505/3, 509/3, 510/1, 514/1, 518/7, **Reinhard/Angermayer** 35/5, **Rodenkirchen** 456/5, 458/1, 478/5, 480/6, 486/6, 491/8, 510/6, **Rohdich/Silvestris** 433/1, **Rohner** 167/2, 167/3, 243/2, **Roland/Silvestris** 508/7, **Rosing/Silvestris** 446/5, **Sauer** 482/3, **Schendel** 31/1, 45/1a, **Schmidt/Angermayer** 47/1b, 473/6, **Schmidt/Silvestris** 514/7, **Schneider** 139/1, **Schönfelder** 285/1, 291/5, 293/1, 293/2, 295/1, 297/4, 299/2, 299/3, 301/2, 335/3, 393/4, 393/5, 397/1, 397/3, 399/5, 401/1, 403/2, 413/3, 496/4, 496/7, 497/8, 499/5, 500/1, 500/5, 500/7, 501/9, 502/1, 502/2, 502/5, 502/8, 504/2, 506/3, 507/5, 508/4, 511/2, 511/4, 512/4, 514/3, 516/7, 517/8, 518/1, 518/4, 519/6, 519/9, **Schrempp** 33/3b, 39/3, 73/4, 117/3, 173/7, 195/3a, 213/1b, 229/4b, 229/5, 231/1a, 233/1, 241/5, 251/4a, 259/3, 265/3, 269/4, 273/1a, 277/3, 277/6, 279/2, 279/3, 341/1b, 365/5, 389/5, 391/4, 391/5, 395/3, 403/1, 403/4, 411/5, 413/4, **Schubert/Juniors** 474/7, **Schulte/Silvestris** 468/1, **Schwammberger** 45/4, **Schwirtz/Silvestris** 466/4, **Silvestris** 469/7, 478/1, **Singer/Kurz** 470/6, **Sprank/Silvestris** 477/2, **Synatzschke** 37/2a, 45/1b, 85/1, 85/2, 119/1b, 169/1b, 207/1, 217/1c, 239/2b, 245/3a, 247/5b, 251/4b, 253/1a, 253/1b, 253/4a, 257/1, 261/3b, 261/4, 271/4, 285/5a, 353/5, 361/5, 387/1, 387/4, 411/3, 421/5, 423/5, 425/5, 427/3, 456/1, 455/3, **Vogt** 121/1a, 217/2, 243/5, 249/1, 307/5, 325/3b, 327/1, 353/6b, 359/3, 409/5, **Voß/Silvestris** 503/3, **Wagner, H.** 159/3b, 169/2, **Wagner, K.** 143/4b, 181/4b, 251/1b, 255/1a, 269/3, 277/5, 281/1, 285/2, 287/2, 295/3, 299/5b, 305/1, 305/6, 311/4, 313/1, 313/4, 321/5, 323/4, 325/1, 325/3a, 327/4, 329/4, 339/3, 343/4, 347/2, 359/2, 361/6, 371/6, 373/4, 375/4, 383/4, 401/2, 405/4, **Waitzmann** 478/8, **Walz/Silvestris** 467/8, **Weber** 103/4, **Wendl** 47/1a, 47/3, 99/1, **Werle** 123/4b, 125/2, 157/3, 163/2, 187/5b, 474/1, 490/7, 506/7, **Wernicke** 99/5, 107/3, 111/5, 113/1, 115/1, 431/4, 448/4, 451/2, **Wernicke/Silvestris** 448/2, 449/3, **Willemeit/Juniors** 447/6, **Willner, O.** 143/4a, 173/1, 177/3, 179/4, 189/3, 197/5b, 251/2a, 291/1, 295/2, 323/1, 341/3, 343/5, 355/2, 367/1, 367/2b, **Willner, W.** 45/3, 73/1, 75/1, 105/4, 139/3, 143/6, 145/4a, 157/1, 157/4, 157/5a, 159/2, 161/1, 163/4, 165/3a, 169/3, 199/1a, 201/1a, 201/1b, 203/3, 217/1a, 219/2, 221/5, 225/1b, 225/2, 227/4, 237/3, 239/2a, 239/4, 239/5, 253/4b, 257/4a, 269/1a, 305/4, 347/5, 351/3, 361/2, 363/1, 363/2, 371/3, 411/4b, 425/4, 427/5, 457/6, 460/2, 460/6, 461/7, 464/7, 474/4, 490/3, 504/4, 512/6, 513/5, 516/3, 516/4, 518/2, **Wilmshurst/Silvestris** 458/5, 476/3, **Wisniewski** 447/2, 449/5, 449/6b, 469/8, **Wisniewski/Silvestris** 453/8, **Wothe** 31/4, 51/4, 55/4, 57/2b, 79/5, 97/4, 105/3, 109/2, 113/5, 147/1, 147/4, 169/1c. 187/4, 199/1b, 205/1b, 205/3, 209/3, 213/2b, 215/4b, 239/3a, 249/2b, 450/5, 451/6, 452/4, 453/5, 466/1, 474/2, 494/2, 498/7, 499/3, 515/2, 515/5, **Wothe/Silvestris** 450/3, 452/2, 496/1, **Zeininger** 35/4, 37/2c, 41/5, 43/5, 47/4, 49/3, 49/4, 49/5a, 53/1, 53/2, 55/5a, 57/4b, 61/4, 61/5b, 63/3, 63/5, 63/6, 65/1, 67/1, 67/2, 69/2, 69/4, 69/5a, 71/1, 71/2, 71/4b, 73/2, 75/3, 75/5, 75/6, 77/3, 77/5, 77/6, 81/2, 81/4, 81/5, 83/1, 83/3, 83/5, 93/3, 95/1, 95/3, 95/4a, 97/5, 101/2, 101/4, 107/1, 107/2b, 109/4, 109/6, 111/2, 115/4, 119/2, 121/3, 121/5, 127/2, 129/3, 129/4, 131/1, 131/2, 131/5, 133/1, 133/2, 133/4, 133/5, 135/1, 135/2, 137/2, 137/3, 137/4, 137/5, 137/6, 149/2, 149/4a, 153/6, 155/3, 185/1b, 185/2b, 193/3b, 233/4, 357/3, 451/4, 452/7, 456/2, 457/3, 459/2, 460/4a, 460/4b, 463/9, 470/4, 471/5, 473/9, 480/4, 480/7, 481/8, 487/8, 489/3, 491/5, 492/1, 507/2, 510/3, 511/7, **Zeiniger/Wendl** 470/3, **Zelesny** 508/2, **Zepf** 117/5, 145/3, 165/2, 173/3, 173/4a, 173/5, 173/6, 183/3, 185/1a, 185/4a, 187/1, 189/5b, 191/1a, 191/1b, 193/2a, 195/1, 195/2, 195/3b, 197/3, 215/3a, 219/4, 223/4, 229/1a, 229/1b, 229/4a, 235/4, 241/1a, 242/4, 458/3, 459/4, 460/1, 465/3, 490/6, 491/2, 503/6, 506/4, 508/1, 510/5,

Zweiteilige deutsche Namen wurden meistens nur einmal, und zwar mit vorangestelltem Gattungsnamen aufgeführt. So ist z. B. die „Stein-Eiche" nur unter „Eiche, Stein-" zu finden. Auf im Text genannte Artnamen verweist der Pfeil vor der Seitenzahl.

Texte zu den Pflanzenarten, zu den Säugetieren und Vögeln: Ursula Stichmann-Marny und Wilfried Stichmann
Texte zu den Amphibien, Reptilien, Fischen und Wirbellosen: Erich Kretzschmar
Gesamtbearbeitung: Ursula Stichmann-Marny

Mit 1518 Farbfotos, außerdem 67 Farbzeichnungen von Marianne Golte-Bechtle (26), Wolfgang Lang (29) und von Kosmos-Verlag (12) sowie 11 Schwarzweiß-Zeichnungen von Marianne Golte-Bechtle (3) und Hans-Christian Rost (8); TING-Symbol von Wolfgang Lang.

Die 226 Aufnahmen der Tierstimmen, die für den TING-Stift hinterlegt sind, stammen von Jean C. Roché.

Umschlaggestaltung eStudio Calamar unter Verwendung von 6 Farbfotos: 4 von Hecker (Fuchs, Baummarder, Roter Fingerhut und Uhu), 1 von Gartenschatz (Immergrün), 1 von Steinberger/ Digitalstock (Rotkehlchen). Das Blaukehlchen auf der Umschlaginnenseite stammt von Hecker.

Unser gesamtes lieferbares Programm und viele weitere Informationen zu unseren Büchern, Spielen, Experimentierkästen, DVDs, Autoren und Aktivitäten finden Sie unter www.kosmos.de

FSC® www.fsc.org
MIX
Papier aus verantwortungsvollen Quellen
FSC® C015829

Gedruck auf chlorfrei gebleichtem Papier

9. Auflage

ISBN 978-3-440-13090-2
Lektorat: Rainer Gerstle, Anne-Kathrin Janetzky, Angelika Holdau, Stefanie Tommes
Produktion Heiderose Stetter, Siegfried Fischer, Johannes Geyer
Printed in Italy / Imprimé en Italie